北京高等教育精品教材

操作系统原理教程
（第4版）

刘美华　翟岩龙　编著

电子工业出版社.

Publishing House of Electronics Industry

北京·BEIJING

内 容 简 介

本书主要介绍操作系统的基本概念、结构、基本功能和实现原理，以及当前世界上最流行的两大操作系统派系——UNIX/Linux 和 Windows 的特点和实现技术。

本书共分为三篇 18 章。第一篇分为 6 章，主要介绍操作系统的基本概念、三个基本操作系统类型（批处理、分时和实时）和特点、操作系统基本功能（处理机管理、存储器管理、文件管理和设备管理）和操作系统的进一步发展；第二篇分为 7 章，以 Linux 操作系统为例，介绍类 UNIX 系统设计和各部分功能的具体实现技术；第三篇分为 5 章，介绍以面向对象方法设计的特例 Windows 2000/XP 操作系统的实现技术。

本书注意吸收国内外较新的操作系统理论和实现技术，以反映现代操作系统发展的新动向。以操作系统的基本原理与实现技术为主要内容，同时注意到实际的应用。

本书可作为高等学校计算机科学与技术、软件工程，以及电子信息和自动控制类专业的教材，也可以作为计算机工程和应用人员的参考书。

图书在版编目（CIP）数据

操作系统原理教程 / 刘美华，翟岩龙编著. —4 版. —北京：电子工业出版社，2020.4
ISBN 978-7-121-38407-3

Ⅰ. ①操… Ⅱ. ①刘… ②翟… Ⅲ. ①操作系统－教材 Ⅳ. ①TP316

中国版本图书馆 CIP 数据核字（2020）第 022230 号

责任编辑：韩同平

印　　　刷：三河市鑫金马印装有限公司
装　　　订：三河市鑫金马印装有限公司
出版发行：电子工业出版社
　　　　　北京市海淀区万寿路 173 信箱　邮编　100036
开　　本：787×1092　1/16　印张：22.75　字数：655.2 千字
版　　次：2004 年 8 月第 1 版
　　　　　2020 年 4 月第 4 版
印　　次：2021 年 11 月第 4 次印刷
定　　价：65.90 元

前　言

操作系统是计算机系统中不可或缺的基本系统软件，主要用来管理和控制计算机系统的软、硬件资源，提高资源利用率，并为用户提供一个方便、灵活、安全和可靠地使用计算机的工作环境。

"操作系统"是计算机专业的核心骨干课程，也是计算机专业系统能力培养的重要环节。通过学习操作系统，学生能够首次将软件与硬件进行贯通，理解运行最简单的"Hello World"程序所需经历的全部过程。同时，操作系统也是从事计算机系统和应用开发人员的必备知识，可以从操作系统的设计和实现中学习很多的设计模式和程序设计方法，例如操作系统中大量采用的层次化软件设计模式、为了屏蔽底层软、硬件差异采用的面向接口的开发、不同存取速度存储介质之间的预取及交换等都是很多应用系统设计可以参考和借鉴的方法。

本书为北京市高等教育精品教材。本书第 1～3 版分别于 2004 年、2009 年和 2013 年出版。本书作者长期从事操作系统教学和科研工作，保持对国内外操作系统发展变化的追踪，通过分析典型操作系统的源代码不断加深对操作系统的理解。为适应技术的不断发展，满足课程的教学要求，以及"新工科"建设对于计算机系统能力培养的要求，作者决定对本书进行再次修订。第 4 版在内容上所做的修订主要包括以下几个方面：（1）完善和更新了知识体系。增加了多核处理器体系结构、多处理器调度、虚拟化技术等内容，涵盖了操作系统近年的一些重要技术内容。（2）细化了典型操作系统实例中部分模块的实现原理，包括 Linux 系统中 ext3/4 文件系统原理、Linux 系统中 O(1)和 CFS 调度算法、Windows 系统中 NTFS 文件系统等。（3）凝练了语言表达。对全书内容进行了细致的推敲和讨论，订正了一些不明确的表达和概念描述。

本书特色如下：

（1）注意吸收国内外较新的的操作系统理论与实现技术，以反映现代操作系统发展的新动向；以操作系统的基本原理为主要内容，同时注重原理在实际操作系统中的具体应用；力求做到理论联系实际、由浅入深、循序渐进，有利于学生的学习。

（2）重点讨论传统操作系统的基本概念、基本方法、基本功能和实现原理，通过本课程的学习，学生能够对操作系统有一个完整和清楚的了解。

（3）在操作系统基本原理讲解的基础上，以当代世界上最流行、最具代表性的两大操作系统 Linux 和 Windows 为例，较详细地讲解了它们的特点和实现技术，使学生通过实例的学习，充分理解和掌握操作系统的原理和技术。

（4）通过理论与实践的学习，掌握操作系统的设计方法和实现技术，从而培养学生分析问题和解决问题的能力，以满足学生今后从事科研和就业的需要。

全书共分三篇。第一篇为前 6 章，讲解了操作系统的基本概念、理论和实现原理，是本书的基本和必修内容。第二篇和第三篇分别讲解了 Linux 和 Windows 系统的原理和实现方式，建议授课教师以 Linux 系统为主，选取典型操作系统管理功能进行讲解，例如 Linux

系统的进程管理、存储器管理和文件系统、Windows 系统的体系结构等，其余部分可以留给学生自学。本书适合课堂教学的学时数为 48～72。

本书第 4 版由刘美华、翟岩龙编写，课程组的王全玉和刘利雄参与 Linux 和 Windows 部分章节的编写，翟岩龙对全书进行了统稿。教材中部分内容引用和参考了参考文献中列出的国内外著作中的部分内容，在此向这些作者表示衷心的感谢。同时也要感谢北京理工大学计算机学院部分 2017 级本科学生在教材修订过程中提出的众多修改意见。

限于作者水平有限，书中难免有不当或者疏漏之处，恳请各位同行、学生和读者批评指正。本书配套教辅资源可从电子工业出版社的华信教育资源网（www.hxedu.com.cn）下载，或者直接与作者联系。作者联系邮箱：ylzhai@bit.edu.cn

编著者

于北京理工大学

目　　录

第一篇　操作系统的基本原理

第二篇 Linux 操作系统

第一篇　操作系统的基本原理

第1章　操作系统概论

1.1　操作系统的定义

1. 计算机系统的组成

随着计算机技术的迅速发展，计算机系统的硬件和软件资源越来越丰富。从功能上，可把整个计算机系统划分为四个层次：硬件、操作系统、实用程序和应用程序，如图 1.1 所示。这四层的关系表现为一种单向调用关系，即外层的软件必须以事先约定的方式调用内层软件或硬件提供的服务。通常把这种约定称为界面或接口（interface）。下面简单介绍一下各个层次的特点。

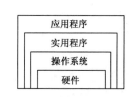

图 1.1　计算机系统的组成

（1）硬件

硬件层由计算机的硬件资源组成，它包括中央处理机（简称 CPU）、存储器和输入/输出设备。其中，存储器包括主存和辅助存储器（又叫外存，包括磁盘、磁带、光盘等）；输入设备包括卡片或纸带输入机、键盘、鼠标、图形扫描仪等；输出设备有卡片或纸带输出机、显示器、打印机、绘图机等。这种不加任何扩充的计算机称为裸机。一个裸机的功能即使很强，用户也很难使用，因为这些裸机的部件是通过执行机器指令来实现计算和输入/输出功能的。

（2）操作系统

操作系统是整个计算机系统的管理和控制中心。一个计算机如果没有操作系统，整个系统将无法工作。

（3）实用程序

实用程序层包括下面一些程序，且它们通常是驻留在磁盘上的。

① 各种语言编译程序。语言编译程序包括高级语言和汇编语言的编译和汇编程序。

② 文本编辑程序。文本编辑程序是用来建立和修改用户的源程序或其他文本数据的，这类程序种类繁多，功能各异，有面向行的和面向全屏幕的。

③ 调试排错程序。它用来帮助用户调试程序，从而方便地找出程序中的逻辑错误。

④ 连接装配和装入程序。连接装配程序把用户独立编译好的各目标程序连接装配成一个可执行的程序。而装入程序，则负责将一个可执行程序装入到主存运行。

还有一些实用程序，如标准过程和函数、系统诊断程序、文件加密/解密程序以及用户连网使用的 Internet 浏览器等。总之，这些实用程序为用户提供了一个良好的使用计算机系统环境。

（4）应用程序

应用程序是计算机系统的最外层软件，它主要负责解决用户的实际问题。这些程序通常由用户或专门的软件公司编制。这类软件比较丰富，如各种数据库管理软件、计算机辅助设计软件、各种事务处理软件（如制表软件、Web 浏览器）等。

2．操作系统的定义和设计目标

为了深入、全面地理解操作系统的含义，从以下两个方面来阐述：

① 从计算机系统设计者的角度看，操作系统是由一系列程序模块组成的一个大的系统管理程序，它依据设计者设计的各种管理和调度策略，对计算机的硬件和软件（程序和数据）资源进行管理和调度，合理地组织计算机的工作流程，从而提高资源的利用效率。由此可认为，操作系统是计算机软硬件资源的管理和控制程序。

② 从用户角度看，配上操作系统的计算机是一台比裸机功能更强、使用更方便简单的虚拟机。也即，它是用户与计算机系统之间的一个接口界面，用户通过它来使用计算机。它向用户及其程序提供了一个良好的使用计算机的环境。它使系统变得容易维护、安全可靠、容错能力强和更加有效。

从上述两个角度可总结出，设计操作系统的目标有两个：一个是使用户方便、简单地使用计算机系统，另一个就是使计算机系统能高效可靠地运转。故操作系统是现代计算机系统不可缺少的关键部件。计算机系统越复杂，操作系统越显得重要。为此，有必要了解操作系统的组成和功能，以便更好地利用计算机进行系统和应用开发。这正是本书要讨论的主题。

1.2 操作系统的形成与发展

1.2.1 顺序处理（手工操作阶段）

早期的计算机（20 世纪的 40 年代～50 年代中期），程序员直接与计算机硬件打交道，没有操作系统。计算机由 CPU、主存、某种类型的输入设备（卡片输入机）、一台打印机，以及装有显示灯、乒乓开关的操作控制台组成。用机器代码或汇编或高级语言编写的程序通过输入设备装入计算机，再由程序员或操作员从控制台上通过设置乒乓开关启动汇编或编译或装入程序运行等。程序处理过程中，若出现错误，则通过控制台上的指示灯指示错误产生的条件并停止运行。经修改后可再次运行。如果程序正常完成，将输出结果送打印机打印。然后，将计算机转让给另一个程序员使用。

早期的这种操作方式，操作员或程序员要花费大量时间操作计算机，导致系统昂贵资源的无效使用，这主要由下面两方面问题造成。

1．人工负责计算机的调度

计算机各资源的使用是通过一张纸登记的。一般的做法是，各用户说明他大约使用计算机多长时间，由机房负责人为他安排上机时间。如果一个用户预约 1 小时，结果用 45 分钟完成了，剩余的 15 分钟被浪费了。另一方面，若用户程序运行过程中出现问题，由于要检查错误和解决问题，被迫暂停，等待下一次进行预约后才能运行。

2. 人工负责编排作业的运行顺序

程序，又叫作业。在操作系统中，通常把用户在一次算题过程中要求计算机所做工作的集合叫做一个作业。以现在执行一个作业为例，用户在计算机上进行算题时，通常要经历以下几步：

① 采用某种语言按算法编写源程序，将源程序通过某种手段（如卡片输入机等）送入计算机；

② 调用某语言的汇编或编译程序，对源程序进行汇编或编译，产生目标代码程序；

③ 调用链接装配程序，将目标代码及调用的各种库代码连接装配成一个可执行程序；

④ 装入可执行程序和运行时所需数据，运行该程序并产生计算结果。

由此可见，一个算题任务通常要经历建立、编译、连接装配和运行，才能得到计算结果。把这些相对独立的每一步骤叫做作业步。一个作业的各作业步之间总是相互联系的，在逻辑上是顺序执行的。下一作业步能否执行，完全取决于上一作业步是否成功完成。比如，若汇编或编译失败，则不可能进行连接装配。

一次运行可能只是编译一个程序。为此要将编译程序和一个用高级语言编写的源程序装入主存，保存被编译好的目标程序。然后连接和装入目标程序和公共库函数。其中，每一步都涉及安装和卸下磁带或卡片叠等。如果在一次处理中出现错误，用户不得不返回到编排序列的开始重新运行，因此，大量时间用在编排程序运行上了，导致系统效率极低。这种操作方式叫顺序处理。

1.2.2　简单的批处理系统

早期计算机造价昂贵，上述的那种人工调度和编排作业的方式浪费了大量的计算机时间。简单的批处理系统（Simple Batch System）正是在 20 世纪 50 年代后期到 60 年代中期，伴随第二代计算机的出现而研制成功的。

简单的批处理模式的中心思想是使用一个监控程序软件，各个用户将各自作业的卡片叠或纸带交给机房的操作员，再由操作员将这些作业的卡片或纸带按序成批地放在一个输入设备上，由监控程序自动控制输入设备将各个作业读入到磁带上。之后，监控程序按照顺序自动地把一个个作业装入内存进行处理。

监控程序常驻主存，工作非常简单，就是将 CPU 的控制权自动地从一个作业转换到另一个作业。很清楚，手工操作阶段的两个问题已得到圆满解决：一方面由监控程序处理调度问题，各作业以尽可能快的速度执行，从而不存在空闲的机器时间；另一方面由监控程序处理作业编排问题。为了使监控程序能代替用户完成对作业的编排控制，系统向用户提供了一套作业控制命令。每当用户提交作业时，将对作业的控制意图用作业控制卡或作业说明书的形式提交给监控程序。下面是监控程序使用的几个典型的控制卡。控制卡以"$"开头，以区别其他一般的卡片。

控制卡	功能
$JOB	启动一个新程序
$FORTRAN	调用 FORTRAN 编译程序
$LOAD	调用装入程序，装入要执行的程序
$RUN	运行程序
$END	作业结束卡

图 1.2 给出了以卡片形式提交的一个用 FORTRAN 语言编写的程序及程序所用数据，以及控制作业执行的控制指令卡。

为了执行这个作业，监控程序首先读入控制卡 $FORTRAN，从外存磁带上装入 FORTRAN 编译程序。编译程序翻译紧跟其后的 FORTRAN 源程序为目标代码，并存入主存或外存磁带上。如果它存入主存，这个操作叫"编译、装入和执行"。如果它存入磁带上，只编译不装入执行，那么当要执行程序时，还需要读入一个 $LOAD 卡。监控程序读入该卡片后，通过执行装入程序将目标程序及其调用的标准函数装入主存。接着读 $RUN 卡，启动执行用户程序。在用户程序执行期间，用户程序的每个输入指令都引起读一张数据卡。一个用

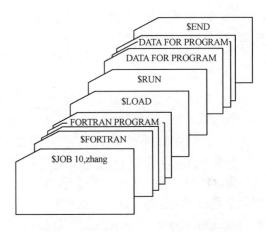

图 1.2　一个典型的输入作业的结构

户作业的成功或错误完成，都引起监控程序扫描输入卡，直到遇到下一个作业的控制卡 $JOB 为止。

当计算机运行中发生错误或意外时，监控程序通过控制台打字机输出信息向操作员报告。这种输出信息不仅比亮灯显示所表达的更为丰富，而且便于操作员理解。总之，用这种半自动方式控制计算机不仅提高了效率，而且方便了使用。这种简单的批处理在硬件结构上有两种不同的控制方式。

1．早期的联机批处理

早期的联机批处理的硬件控制方式是：作业的输入、计算和输出都是在 CPU 直接控制下进行的。这样，在输入或输出过程中，主机的速度降低为慢速的输入或输出设备的速度。图 1.3 给出了联机批处理的模型。

2．早期的脱机批处理

为了提高 CPU 的利用率，使 CPU 从慢速的外设控制中解脱出来，引入了早期的脱机批处理方式。该方式下，系统增设一台小型卫星机专门用来控制外部设备的输入/输出。其模型如图 1.4 所示。

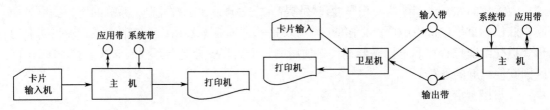

图 1.3　早期的联机批处理模型　　　　图 1.4　早期的脱机批处理模型

在这种模型中，小型卫星机的作用如下。
① 把卡片输入机上的作业逐个地记到输入磁带上，以便主机执行。
② 控制打印机输出由主机送入输出磁带上的作业的执行结果。

由此可见，采用这种脱机技术后，主机的所有输入/输出都是通过磁带进行的，而且主机与慢速外部设备可以并行，从而提高了主机运行效率。从 20 世纪 50 年代后期到 60 年代中期，脱机批处理运行得相当成功。脱机技术的实质是用快速的输入/输出设备代替慢速的设备。

1.2.3 多道成批处理系统

1. 多道程序设计（Multiprogrammed System）

进入 20 世纪 60 年代中后期，计算机的硬件有了突飞猛进的发展，产生了硬件通道、中断和缓冲技术，从而使得计算机在组织结构上发生了重大变革。原先以 CPU 为中心的体系结构，转变为以主存为中心，其结构模型如图 1.5 所示。

所谓通道，实际是一种比 CPU 速度较慢、价格较便宜的硬件。它是比小型卫星机更经济的、独立于 CPU 的、专门用于控制输入/输出设备的 I/O 处理机。通道连接着主存和外设，具有与主存直接交换数据的能力。当需要输入/输出时，CPU 只要向通道发一个命令，通道就独立地控制相应的外部设备完成指定的传输任务。通道通过中断机构向 CPU 报告其

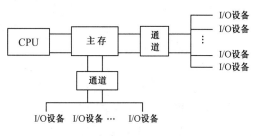

图 1.5　多道程序系统的计算机模型

完成情况。这样，利用缓冲技术，通道控制输入/输出传输任务，使 CPU 与外部设备的操作可以更充分地并行执行，提高了 CPU 的利用率。有关通道、中断和缓冲技术，将在本书后面章节介绍。

简单的批处理系统提供了作业自动定序处理。通道和中断的出现，使 CPU 摆脱了对慢速设备的控制，从而提高了系统的处理效率。但由于主存只存放一个用户作业，当作业请求输入/输出时，CPU 空闲等待输入/输出完成。如果能在主存同时放多个用户作业，当一个作业等待数据传输时，CPU 转去执行其他作业，从而保证 CPU 与系统中的输入/输出设备并行操作。

这种在主存中同时存放多个作业，使之同时处于运行状态的程序设计方法，叫做多道程序设计。对于一个单处理机的系统来说，"多作业同时处于运行状态"是从宏观上理解的，其含义是指每个作业都已开始运行，但都尚未完成。而从微观上看，各个作业是串行执行的。在任何特定时刻，只有一个作业在处理机上运行。

引入多道程序设计技术的根本目的是提高 CPU 的利用率，充分发挥系统设备的并行性。这包括程序之间、CPU 与设备之间、设备与设备之间的并行操作。为了更好地理解引入多道程序的好处，下面用两个例子进行说明。

（1）主存只有一道程序。这个程序每处理文件中的一个记录，平均需要执行 100 条指令。假定读一个记录需 0.0015 秒，执行 100 条指令需 0.0001 秒，写一个记录需 0.0015 秒，则

平均处理一个记录的时间：$0.0015 + 0.0001 + 0.0015 = 0.0031$（秒）

处理一个记录 CPU 的利用率：

处理机执行 100 条指令时间/平均处理一个记录的时间 $= 0.0001 / 0.0031 = 3.2\%$

由这个例子可看出，处理一个记录时，CPU 的利用率仅为 3.2%。也就是说，CPU 有

96.8%的时间在等待 I/O 设备进行记录的读和写,这显然是对 CPU 的极大浪费。

(2)主存同时放三个程序。当主存容量足够大时,为提高 CPU 的利用率,应在主存放足够多的作业,以便当一个作业等待 I/O 时,处理机转去执行其他作业。假设一个计算机系统,它有 256K 主存(不包含操作系统)、一个磁盘、一个终端和一台打印机,主存装有三个作业,分别命名为 JOB1、JOB2、JOB3,它们对资源的使用情况如表 1.1 所示。

表 1.1　三个作业的执行特点

作 业 编 号	JOB1	JOB2	JOB3
类型	计算型	I/O 型	I/O 型
占用主存	50K	100K	80K
需磁盘情况	NO	NO	Yes
需终端情况	NO	Yes	NO
需打印机情况	NO	NO	Yes
运行时间	5 分钟	15 分钟	10 分钟

由表 1.1 可见,作业 2 主要使用终端进行作业的输入,作业 3 主要使用磁盘和打印机。JOB2 和 JOB3 需要较少的 CPU 时间。

对于简单批处理,这些作业将按顺序执行。作业 1 运行 5 分钟完成,作业 2 等待 5 分钟再用 15 分钟完成。20 分钟后,作业 3 开始执行。30 分钟后三个作业全部完成。

若采用多道程序设计技术,让三个作业并行运行。由于它们运行中几乎不同时使用同类资源,故三个程序可同时运行。在作业 1 进行计算的同时,作业 2 可在终端上进行输入/输出,作业 3 使用磁盘和打印机。这样,作业 1 仍需 5 分钟完成,但在作业 1 结束时,作业 2 已完成三分之一,而作业 3 已完成一半。这样,这三个作业在 15 分钟内将全部完成。显然整个系统处理效率明显提高。

为了更好地理解引入多道程序的好处,下面先引入衡量批处理计算机系统性能指标的几个重要概念:

● 资源利用率:指在给定时间内,系统中某一资源,如 CPU、存储器、外部设备等,实际使用时间或者实际使用容量所占的比率。显然,要提高资源利用率,就必须使资源尽可能忙碌。

● 吞吐量(Throughput):指单位时间内系统所处理的信息量。它通常以每小时或每天所处理的作业个数来度量(这里以小时作为度量单位)。

● 周转时间(Turnaround Time):指从作业进入系统到作业退出系统所经历的时间。即作业在系统中的等待时间加运行时间。而平均周转时间是指系统运行的几个作业周转时间的平均值。

依据上述定义的三个概念,分别计算上述三个作业单道和多道运行时,处理机和存储器等资源的利用率:

① 单道运行时,只有 JOB1 占有处理机,三个作业运行完成需要 30 分钟。

处理机的利用率为:$5/(5+15+10)=17\%$

存储器的利用率为:$(50/256+100/256+80/256)/3=30\%$

② 多道时,15 分钟三个作业都完成,其中处理机使用 5 分钟。

处理机的利用率为:$5/15=33\%$

三个作业共享主存,主存利用率为:$(50+100+80)/256=90\%$

三个作业单道运行和多道运行时的各资源利用率见表 1.2 中。

由表可知,多道程序运行,使得系统资源的利用率、吞吐量和作业的平均周转时间大大优于单道程序运行,系统性能的改善是明显的。因此,将多道程序设计技术用于批处理系统就构成了多道成批处理系统。

表 1.2　多道程序与单道程序时平均资源利用率情况对比

	单　道	三 道 作 业
处理机利用率	17%	33%
存储器利用率	30%	90%
磁盘利用率	33%＝10/30	67%＝10/15
打印机利用率	33%＝10/30	67%＝10/15
三个作业完成运行耗费的时间	30 分钟＝5＋15＋10	15 分钟
吞吐量	6jobs/小时＝3/0.5	12jobs/小时＝3/0.25
平均周转时间	18 分钟＝(5＋20＋30)/3	10 分钟＝(5＋15＋10)/3

2．多道程序设计技术的实现

与简单批处理系统相比，多道批处理的实现必须解决好以下三个问题：

（1）存储器的分配和存储保护。采用多道程序设计技术，主存储器为几道程序所共享。因此，必须提供存储分配手段，使各个程序在主存拥有自己的一个区域。同时各程序在运行时，硬件必须提供必要的存储保护手段，限制它们只能正确地访问自己所占的区域，以避免相互干扰和破坏。特别是不能破坏操作系统。否则，整个系统将无法运行。

现在的微型机中，有些系统，如 MS-DOS 没有存储器保护技术，致使计算机的病毒泛滥成灾，系统遭受严重破坏。

另外，随着程序道数的不断增加，出现了主存容量不够用的问题。为此，必须解决存储器的扩充技术。这就是以后将要介绍的覆盖与交换技术，以及虚拟存储技术等存储器管理技术。

（2）处理机的管理和调度。在单处理机系统中，系统中的多道程序都要竞争使用处理机，处理机管理的主要任务就是实施处理机的分配和调度，以便解决好多道程序之间的转接和有效的运行。现代的计算机系统虽然广泛采用多 CPU 技术，但使用最多的还是集中式处理系统，即系统中只有一个功能强大的主 CPU，并由它完成系统主要的处理任务。因此，处理机管理主要涉及的是对处理机的分配调度策略、实施具体的分配等问题。

（3）系统其他资源的管理和调度。采用多道程序设计技术，系统的资源为多道程序所共享。系统资源除了上面提到的存储器、处理机之外，还有外部设备资源和一些软件即文件资源。因此，系统也要解决好这些资源的管理和调度问题，以使各道程序都能有条不紊地运行下去。

多道程序设计技术的出现，标识着操作系统渐趋成熟，具备了相应的处理机管理、存储器管理、外部设备和文件管理等功能。

1.2.4　分时系统

批处理系统使用多道程序技术后卓有成效地提高了系统资源的利用效率。但这样的系统仍存在以下几个问题：

（1）不能直接控制作业运行。用户一旦把其作业提交给计算机系统，便失去了对作业的控制能力。对于许多作业，如事务处理和一些短小作业的修改，用户希望能提供与系统交互的能力，以便直接控制作业的运行。

（2）作业的周转时间太长。在批处理系统中，用户提交的作业通常要经几小时甚至几天的延迟才能得到所需的结果。这对于仅需要计算时间很短的作业是不利的。

现在，交互计算设施特别是微型计算机已经满足这种要求，但在 20 世纪 60 年代这种情况是不可能的，那时大多数计算机很庞大，价格非常昂贵，代之的是开发了分时系统（Time-Sharing System）。

在分时系统中，一台计算机系统连接有若干台远近终端（通常终端是带有 CRT 显示的键盘输入设备），多个用户可以同时在各自的终端上以交互方式使用计算机。分时系统又叫做多用户多任务操作系统。

1．分时概念

所谓分时，在引入多道程序技术时就已经有了这个概念，它是以 CPU 与通道、通道与通道、通道与设备并行操作作为条件的。而并行操作又是以分时共享系统资源为基础的：CPU 与通道并行是通过分时使用主存和数据通路等来实现的；通道与通道并行是分时使用CPU、主存及通道的公用控制部分；同一通道控制的多台 I/O 设备又是分时共享使用主存、通道等的。这种分时是分时使用硬件，属于硬件设计技术。

这里的分时，是指将 CPU 的单位时间（比如 1 秒钟）划分成若干个时间段，每个时间段称为一个时间片（Time slice），并按时间片轮流把 CPU 分配给各联机用户使用，这样，每个用户都能在很短时间内得到计算机的服务，彼此感觉不到别的用户存在，好像整个系统为他独占。这样的系统叫分时系统。

早期的分时系统之一是兼容的分时系统（CTSS），与后来的分时系统相比，CTSS 非常简单，它的操作控制很容易理解。当 CPU 的控制分配给一个交互用户时，用户的程序和数据装入主存，每 0.2s（时间片）产生一个时钟中断。每个时钟中断产生时，操作系统获得控制，将处理机分给另一个用户。这样，以规定的间隔，当前用户被抢占，另一个用户被装入。为了使被抢占用户以后恢复运行，它的程序和数据被写到磁盘后才装入新用户的程序和数据。利用交换技术，使各个作业在主存与外存之间换入换出，以保证向用户提供合理的响应时间。将多道程序技术应用于分时系统就是功能完善的多道分时系统。

2．分时系统的特点

分时系统允许多个用户同时共享计算机，它具有以下几个特点：

（1）同时性。若干个终端用户可同时使用计算机。

（2）独立性。各用户之间彼此独立地占有一台终端工作，互不干扰。

（3）交互性。用户从终端键盘上输入各种控制作业的命令，系统响应和处理这些命令，并将处理结果输出显示，用户根据系统显示结果再继续输入。亦即采用一问一答形式控制作业运行。

（4）及时性。用户的请求能在较短时间内得到响应。分时系统的响应时间（response time）是指从用户发出终端命令到系统响应并开始进行应答所需的时间，是衡量分时系统的主要性能指标。它可以简单地表示为 $T=nq$，其中 T 代表响应时间，n 代表同时上机的用户数，q 代表时间片。通常的响应时间为 2～3s。显然，通过修改 n 和 q，可以获得合理的响应时间。

上述的 4 个特点为程序设计人员提供了比较理想的开发环境，他们可以直接使用计算机，边开发，边调试，边思考，边修改，从而显著地提高了程序开发、调试的效率。

批处理系统与分时系统又称为作业处理系统。用户是以作业为单位提交系统进行处理的。分时系统与批处理系统是为了适应不同需要而开发的：

● 批处理系统的自动化程度高，通过将各种不同类型的作业进行合理搭配，大大提高系统资源的利用效率。该系统适合处理的作业具有如下性质：比较成熟的、需要耗费较长处理时间的大型作业。

● 分时系统的目标是对用户请求的快速响应。该系统适合处理短小作业。因此，它广泛应用于各种事务处理，并为进行软件开发提供了一个良好环境。

1.2.5 实时系统

计算机不仅能用于科学计算、数据处理等方面，也广泛地用于工业生产的自动控制，军事上的飞机导航、导弹发射，各种票证的预订、查询，银行系统的借贷，以及情报检索等系统。通常把上述系统称为实时控制和实时信息处理系统，这两个系统统称为实时系统（Real-Time System）。

所谓实时，是指计算机对随机发生的外部事件能做出及时的响应和处理。这里的及时是指系统对特定输入做出反应所具有的速度，足以控制发出实时信号的那个设备。

实时系统不同于作业处理系统，它不以作业为处理对象，而以数据或信息作为处理对象，它不接收用户作业，只有几个由外部事件触发的任务。实时系统是一个专用系统，主要用于实时过程控制和实时信息处理。用于实时控制的计算机系统要确保在任何时候，甚至在满负荷时都能及时响应。因此，设计实时系统时，首先要考虑响应的实时性，其次才考虑资源的利用率。

实时操作系统能够在限定的时间内执行完所规定的功能，并能在限定的时间内对外部的异步事件做出响应。执行完规定的功能和响应外部异步事件所需时间的长短，是衡量实时操作系统实时性强弱的指标。有两种类型的实时系统：硬实时和软实时。在硬实时系统中，系统的所有可能的延迟是一定的。对于关键的任务，必须在指定时间范围内完成，否则，可能出现不可预知的错误和危险。在软实时中，即使任务没有在规定时间内完成，也还是允许的。例如，信息查询、多媒体和虚拟现实就属于这一类。

1. 实时系统的主要特点

（1）实时性。由于实时系统接收来自现场的事件，对这种事件的响应速度直接影响到现场过程控制的质量或服务的质量。与分时系统相比，实时系统对响应时间有更严格的要求。分时系统的响应时间通常是以人们能够接受的等待时间来确定的（2～3s），而实时系统则是以被控制过程或信息处理时能接受的延迟来确定的，通常可能是秒的数量级，也可能是毫秒级甚至微秒级。也即系统的正确性不仅依赖于计算的逻辑结果的正确性，而且依赖于结果产生的及时性。

（2）可靠性。实时系统要求硬件和软件措施有非常高的可靠性。因此实时系统要具有容错能力，往往采用双工机制。一台作为主机，用于实时现场控制或实时信息处理，另一台作为后备机与主机并行运行。一旦主机发生故障，后备机便立即代替主机继续工作，以保证系统不间断运行。

（3）确定性。确定性主要取决于系统响应中断的速度，其次取决于系统是否有足够的能力在要求的时间内处理完指定的请求。实时性通常与确定性密切相关。实时性是指系统内核应该保证系统尽可能快地对外部事件产生响应，而确定性是指系统对外部事件的响应性的最坏时间是可以预知的。

2. 实时系统的功能

（1）实时时钟管理。实时系统的主要设计目标是提供对实时任务进行实时处理的能力。通常，实时任务分两类：一类是定时任务，它是根据用户规定的时间启动该任务的执行，并按照规定的循环周期重复启动执行该任务。另一类是延迟任务，这类任务是推迟一规定的时间后再执行。这两类任务的控制时间，是由实时时钟进行计时控制的。

（2）简单的人机对话。由于实时系统是专用系统，其交互能力不及分时系统，它一般仅允许与系统中的特定实时任务进行有限制的交互能力，仅允许操作员通过终端访问有限的专用软件，不允许对现有系统软件进行修改。

（3）过载处理。虽然实时系统设计时，考虑了系统对所有实时任务的实时处理能力，但由于被处理任务进入系统时带有很大的随机性，使得某一时刻系统中的任务数超过了它的处理能力，而产生过载。为此，系统应按照任务的紧急程度排成一个队列，优先处理更紧急的任务，以保证系统在即使出现过载时，仍能正常运行。

1.2.6　嵌入式系统

嵌入式系统（Embedded System）是面向用户、产品、应用的系统，可以定义为以应用为中心、以计算机技术为基础、软硬件可裁剪、适应应用系统对功能、可靠性、成本、体积、功耗严格要求的专用计算机系统。凡是将计算机的主机嵌埋在应用系统或设备之中，不为用户所知的计算机应用方式，都是嵌入式应用。嵌入式系统运行的几乎都是实时操作系统。

1. 嵌入式系统的技术特点

嵌入式处理器的应用软件是实现嵌入式系统功能的关键。软件要求固化存储，具有高质量、高可靠性，高实时性是嵌入式操作系统的基本要求。制造工业、过程控制、通信、仪器、仪表、汽车、船舶、航空、航天、军事装备、消费类产品等，均是嵌入式计算机的应用领域。

2. 嵌入式系统的功能

嵌入式系统是形式多样、面向特定应用的软硬件综合体，其硬件和软件都必须高效地进行量体裁衣式设计。嵌入式系统的运行环境和应用场合决定了嵌入式系统具有区别于其他操作系统的一些特点。

大多数嵌入式操作系统通常是一个多任务可抢占式的实时操作系统核心，只提供基本的功能，如任务的调度、任务之间的通信与同步、主存管理、时钟管理等。其他的应用组件，如网络功能、文件系统、图形用户界面（GUI）系统等均工作在用户态，以函数调用的方式工作。因而系统都是可裁剪的，用户可以根据自己的需要选用相应的组件，构造自己的专用系统。

1.3　操作系统的功能、服务和特性

批处理系统、分时系统和实时系统是大、中、小型计算机上操作系统所具有的三种形式。这些机器的操作系统往往兼有批处理、分时处理和实时处理三者或其中两者的功能，而形成通用操作系统。如分时和批处理相结合，将分时作业作为前台任务，将批处理作业作为

后台任务，便是分时批处理系统。通用操作系统不仅能满足用户的特殊要求，而且能提高资源的利用率，因此得到广泛应用。

1. 操作系统的功能

操作系统提供了程序执行的环境。从资源管理的观点来看，操作系统的功能应包括：

（1）处理机管理。在多道程序或多用户系统中，由于处理机数目远远少于运行的作业数，且一个作业可能包含多个算题任务，因此，中央处理机的管理和调度就成为关键问题。特别是在单处理机的情况下，多个程序的并行运行是宏观上的。微观上，处理机在一个时刻只能执行一个作业。因此，不同类型的操作系统将针对各种不同情况采用不同的调度策略，如先来先服务（FCFS）、优先级调度、分时轮转，来提高系统资源的利用率等。

（2）存储器管理。存储器管理是指计算机的主存管理。主存是计算机硬件中除 CPU 之外的又一个宝贵的资源。如何对主存资源进行统一管理，使多个用户能分享有限的主存和方便存取在主存中的程序和数据，则是存储器管理的主要任务。其次要负责对用户存入主存的程序和数据提供存储保护，保证各用户程序和数据彼此不被破坏。另外，还要解决主存扩充，以便多用户方便地共享主存。

（3）设备管理。设备管理涉及对系统中各种输入设备、输出设备等的管理和控制问题。这些设备是用户与计算机进行交互的硬件。由于这些设备种类繁多，操作特性各不相同，因此，使得对这些设备管理和控制变得十分复杂。设备管理的主要任务是负责为多用户运行提供方便的运行环境，其中包括分配设备，并按照用户要求控制实现设备的数据传输，完成实际的 I/O 操作。

（4）文件管理。文件管理又称为信息管理或文件系统。现代计算机系统中，将程序、数据及各种信息资源（包括操作系统及各种实用程序等）组织成文件，长期保存在计算机的磁盘或磁带上。文件管理就是对这样复杂、庞大的软件资源进行存储、检索和保护，以便用户能方便、安全地访问它们。

2. 操作系统提供的服务

由操作系统的功能可总结出它提供的服务：

（1）用户接口（User Interface，UI）。操作系统是用户与计算机系统之间的接口，用户通过操作系统使用计算机系统。操作系统向用户提供了两种接口方法。一种是命令行接口；另一种是程序级接口。操作系统通过这些接口了解用户的意图，以便更好地服务于用户。

（2）执行程序。将用户程序装入内存，启动程序运行，并控制程序正常完成或错误终止。

（3）I/O 操作。为请求 I/O 的用户执行设备的启动、驱动和中断处理等。

（4）文件系统操作。为用户提供操作文件所需的各种操作和功能。

（5）通信服务。控制进程之间（即多道程序或多用户任务执行时）的同步和通信。

（6）错误检测和处理。

此外，操作系统为了使用户很好地共享系统资源，保证系统高效运行，还提供如下服务。

（7）资源分配。为用户的程序分配计算机的各种资源，以保证程序的正常运行。

（8）记账。不断统计各个用户程序占有的系统资源情况，防止故障程序的运行，使系统有效地工作。

（9）保护。在多用户多任务系统中，控制用户程序有限制地存取系统资源，以保证资源状态的一致性。

3．操作系统的特性

由上述的操作系统功能组成可见，操作系统是一个相当复杂的系统软件。特别是多道程序的引入，为分析和理解操作系统带来了非常大的困难。为了深入研究操作系统，有必要了解一下操作系统的特性，它主要表现在以下几个方面：

（1）并发性（Concurrency）。所谓并发性是指为了增强计算机系统的处理能力而采用的一种时间上重叠操作的技术。并发是指系统中存在着若干个逻辑上相互独立的程序或程序段，它们都同时处于活动状态，并竞争系统的各种资源，如 CPU、主存和硬盘等。在单处理机计算机系统中，这种并发执行是宏观上的概念。例如，系统中同时有三个程序在运行，它们可能以交叉方式在 CPU 上执行，也可能是一个在执行计算，一个在进行数据输入，另一个在进行计算结果的打印。为了使这些并发活动（又称为进程）能有条不紊地进行，操作系统必须有效地对其进行管理和控制。允许程序并发活动的系统称为多道程序系统（MultiProgramming）或多处理系统（MultiProcessing）。

（2）共享性（Sharing）。支持系统并发性的物质基础是资源共享。资源若不能共享，多任务并发就不能实现；同样，若没有多任务并发，也就没有资源共享。资源共享是操作系统追求的主要目标之一。为了提高计算机系统的资源利用率，更好地共享系统资源，操作系统的各部分功能设计中采用了各种各样的分配调度算法。

（3）虚拟性（Virtualization）。为了便于用户程序共享计算机系统的各种资源，操作系统把这些资源的一个物理实体变为逻辑上的多个对应物。如 CPU 的分时使每个用户感觉都拥有一个 CPU；虚拟存储器技术使多个用户程序不必担心存储器的容量就可以很好地共享存储器运行。有关这个性能，以后随时可以理解到。

（4）异步性（Asynchronism）。由于系统资源的共享，有限的资源使并发进程之间产生相互制约关系。系统中的各个进程何时执行、何时暂停以及以怎样的速度向前推进、什么时候完成等都是不可预知的。异步性给系统带来潜在的危险，有可能导致系统产生与时间有关的错误。操作系统必须保证有效地防止这些错误的发生。

由于操作系统的并发性、资源共享性及虚拟性和异步性，使得系统变得复杂和不可确定。这些问题将在以后各章中加以研究。

1.4　操作系统的进一步发展

进入 20 世纪 70 年代中期以后，计算机系统结构发生了重大变化，微型计算机（又叫个人计算机）、多处理机相继出现和发展，使计算机出现了大发展、大普及，之后计算机网络、分布式系统、巨型机更是快速发展，促使操作系统技术也有了进一步的发展，产生了各具特点的操作系统。20 世纪 90 年代中期，诺基亚发布了将手机与 PDA 进行整合的 N9000 智能手机，从此面向智能手机的操作系统逐渐发展起来，形成了 Symbian、RIM、iOS 和 Android 等一系列移动操作系统。

1．个人计算机操作系统

20 世纪 70 年代的个人计算机操作系统既不是多用户系统，也不是多任务系统，它不再追求系统资源的最大利用，而是考虑极大地方便用户使用和最快的响应速度。它是一个单用户的交互式操作系统，MS-DOS 等就是该时代的代表。个人计算机结构简单，规模小，它以磁盘文件管理为主，配有简单的设备管理，并向用户提供了一组功能丰富的键盘操作命令。20 世纪 80 年代个人计算机上最流行的操作系统是 MS-DOS 和图形工作站上运行的 UNIX 系列的操作系统。20 世纪 80 年代之后，微软公司发布了一系列与 DOS 兼容的具有图形用户界面的新型操作系统，如 Windows NT、Windows 95/98、Windows ME、Windows 2000/XP、Windows Vista、Windows 7、Windows 8、Windows 10 等。

另一类重要的个人计算机操作系统是 UNIX 系列，UNIX 具有很多版本，如 AT&T 公司的 UNIX 系统 V 、Sunsoft 公司的 Solaris、HP 的 HP-UX 等。虽然 UNIX 主要用于服务器，但也经常用在个人计算机上。由 Linus Torvalds 编写的基于 MINIX（1987 年发布的一个用于教育的 UNIX 类系统）的 Linux 系统备发展迅猛。由于 Linux 源代码公开，从而吸引了更多的软件开发者参与开发、改进，使得该系统具有了更大的发展前景，已经在个人计算机、服务器、嵌入式和移动设备领域广泛应用。

20 世纪 90 年代，多媒体技术已成为个人计算机的重要发展方向。多媒体计算机技术是计算机综合处理多种媒体信息（文本、图形、图像和声音），使多种信息建立逻辑连接，为用户提供一个具有交互性的、更为直观的集成环境，这样的系统要求处理机具有高速的信息处理能力，大容量的主存和海量的外存，高速大容量光缆传输，并为声音和图像的同步提供所需的实时多任务处理能力。总之，多媒体技术是 20 世纪 90 年代计算机的又一次革命，没有多媒体技术的计算机就不是真正的个人计算机。

2. 多处理机操作系统

现在的大多数个人计算机和工作站都只包含一个通用的处理机，任何时候只能运行一个程序。多处理机（Multi-Processors）系统就是由多个处理机组成的计算机系统，各处理机采用紧耦合方式进行连接，共享主存。这样的系统又叫做并行系统。

多处理机操作系统有两种模式：

（1）非对称多处理（ASymmetric MultiProcessing，ASMP）操作系统。通常指定一个处理机运行操作系统，其他处理机运行用户作业。运行操作系统的处理机为其他处理机分配和调度任务，这是一个主从模式。ASMP 操作系统特别适合在非对称硬件上运行，例如一个处理机带一个附属的协处理器或者两个并不共享所有可用主存的处理机一类的硬件。这种系统，一旦运行操作系统的处理机出现故障，整个系统就崩溃了。

（2）对称多处理（Symmetric MultiProcessing，SMP）操作系统。在对称多处理系统中，操作系统和用户程序可安排在任何一个处理机上运行，或者同时在所有处理机上运行，各处理机共享主存和各种 I/O 设备。目前几乎所有的现代操作系统（如 Windows、Max OSX 和 Linux 等）都支持 SMP，例如 Windows 7 的专业版、企业版和旗舰版都以 SMP 方式支持两颗 CPU。对称多处理系统比单处理机具有更多的潜在的优势：

① 增加了系统的吞吐率。多个作业可以分配在任何一个处理机上执行，大大增加了系统的吞吐率。

② 增加了系统的可靠性。一个处理机的失效，只是性能的降低，不会影响整个系统。

与多处理器发展相关的另一个方向是多核（multicore）处理器。多核，又称单芯片多处理器（Chip MultiProcessor, CMP），是在一个 CPU 芯片内部集成多个计算核，每个计算核内部具有一套完整、独立的执行部件，以及寄存器组和高速缓存等部件，不同计算核之间还有一些共享的高速缓存。这主要是因为随着 CPU 主频的提高，带来了 CPU 性能不能随着主频提高的现象，而且随着功率提高，散热问题越来越严重。因此，CPU 设计向更易于扩展的多核发展方向，例如 Intel 生产的 Core i7 处理器采用多核和超线程技术（HT），可以达到 4 核 8 线程或者 6 核 12 线程。图 1.6 所示为典型的具有三级缓存的 4 核处理器。

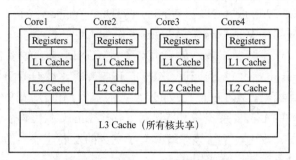

图 1.6　典型的具有三级缓存的 4 核处理器

　　多核处理器的设计可以更好地支持并行化的程序运行方式，应用程序可以采用多线程的并行编程模式或者多进程的模式来应用多核处理器的并行执行能力。同时多核处理器也给操作系统的设计引入了一些需要关注的问题，如操作系统对多线程的支持方式、多核处理器线程调度方法、多核间 Cache 一致性等。关于多核处理器操作系统设计的相关问题将在后续章节中具体阐述。

3．网络操作系统

　　计算机网络是通过通信设施将地理上分散的具有自治能力的计算机系统连接起来的松耦合的系统。在计算机网络中的用户可以共享网络系统中的资源，彼此进行通信和信息交换，但要求通信双方必须清楚相互的位置。

　　网络操作系统是为计算机网络配置的操作系统，网络中的各台计算机配有各自独立的操作系统，网络操作系统把它们有机地联系起来，其主要功能是为网络中各台计算机提供通信和网络资源的共享。因此，网络操作系统除了具有常规操作系统所应具有的处理机管理、存储器管理、设备管理、文件管理的功能外，还具有网络管理的功能。它是在各种计算机操作系统之上按网络协议（如 TCP/IP）标准开发的软件。网络管理功能主要包括：

　　（1）提供高效、可靠的网络通信能力。除了支持终端与计算机之间的通信外，还应支持网络中各计算机之间的通信。

　　（2）提供多种网络服务。在网络协议控制下，各计算机之间可以协同工作，实现用户需要的网络服务。例如：

　　① 文件传输服务：用于将一个计算机上的文件传输到另一个计算机上，以便共享。

　　② 分时系统服务：使网络上的远程用户也能像本地用户一样，使用其上的分时系统。

　　③ 远程作业录入服务。

　　④ 远程打印服务。

　　⑤ 电子邮件服务等。

　　因此，用户可以利用上述服务设施，灵活地访问网络中各计算机上的文件系统、分时系统和批处理系统等，方便地共享网络中的各种软、硬件资源。

网络操作系统的结构模式有客户/服务器模式和对等模式两种。对于客户/服务器（Client/Server）模式，系统有一个功能和资源配置完善的服务器，其他计算机都向该服务器提出服务请求，对于对等模式（Peer-to-peer），各个站点是对等的，既可作为客户请求服务，也可作为服务器，向其他计算机提供服务。

4．分布式操作系统

分布式计算机系统是由多个分散的计算机经互连网络连接而成的统一的计算机系统，其中的各计算机既高度自治又相互配合，能在整个系统范围内实现资源管理、资源共享、信息交换和协同执行任务。粗看起来，分布式系统与计算机网络系统没有多大区别，但就其实现功能来讲，仍具有明显的区别：

（1）计算机网络有国际标准化组织（ISO）制定的网络互连体系结构及一系列标准通信网络协议。而分布式系统没有制定标准协议。

（2）分布式计算机系统是多机系统的一种新形式，它强调资源、任务、功能和控制的全面分布。就资源分布而言，既包括处理机、辅助存储器、输入/输出系统、通信接口等硬设备资源，也包括程序、数据、文件等软件资源，它们分布在各个物理上分散的场地，各场地经互连网络相互通信，构成统一的计算机系统。这种系统的工作方式也是分布的。分布的原则有两种：

① 任务分布是指把一个计算任务分成多个可并行执行的子任务，分配给各场地协同完成。

② 功能分布是指把系统的总功能分划成若干子功能，由各场地分别承担其中的一部分或几部分子功能。

由此可见，分布式系统要求连网的多机有一个统一的操作系统，实现系统的统一操作性。为了把数据处理系统的多个通用部件合成一个具有整体功能的系统，必须引入分布式操作系统。为了保持各机的自治性，各处理机有自己的私有操作系统。对于系统中各物理资源的管理，分布式操作系统与各机的私有操作系统之间，不允许有明显的主从管理关系。

总之，分布式计算机系统是由若干可分离、自治的，但彼此间又相互通信、协同完成同一任务的小型或微型机，用互连网络连成的一种新型计算机系统。它既能利用原单机软硬件功能进行分布处理，又能互连成一个整体，协同配合实现并行处理。其基本特征是：① 软硬件结构上具有模块性；② 工作方式上具有自治性；③ 系统功能上具有协同并行性；④ 对用户具有透明性；⑤ 系统的容错性和坚固性。

分布式操作系统是负责分布式计算机系统中的资源分配和调度、任务划分、信息传输和控制协调工作的软件，其目的是向用户提供一个使用方便、友好的分布式用机环境。同时，尽可能提高整个系统的利用效率。

5．虚拟化与云计算

虚拟化（Virtualization）与云计算（Cloud Computing）是最近一些年经常同时出现的计算机术语。虚拟化可以认为是实现云计算的基础技术，主要是指将一台物理计算机变成多台虚拟计算机，每台虚拟计算机（简称虚拟机，Virtual Machine）可以运行独立的操作系统和应用程序，实现不同操作系统之间的隔离。虚拟化技术早在 20 世纪 60 年代就用在了 IBM 大型机上，以便多个用户并发执行任务。现在，虚拟化的概念已经被扩展到了很多的方面，例如 CPU 虚拟化、存储虚拟化、网络虚拟化、应用虚拟化、桌面虚拟化等。虚拟化的核心思想就是通过虚拟机监视器（Virtual Machine Monitor，VMM）（VMM 也称为 hypervisor）产生虚拟机，并处理虚拟机对底层硬件资源的请求，让虚拟机获得虚拟化的硬件资源。当采用了虚拟化技术之后，在计算机硬件上就运行了多个操作系统，其中虚拟机中运行的操作系统称为客户机操作系统（GuestOS）。如果 VMM 运行在主机的操作系统上，则该操作系统称为宿主操作系统（HostOS）。根据 VMM 是否运行在硬件上，虚拟化模式大体上可以分为以下两类：

（1）裸金属(bare metal)虚拟化模型

裸金属虚拟化模型也称为 Type I 型。在该模型中，Hypervisor 直接运行在没有安装操作系统的物理硬件上，拥有最高的特权等级，直接管理底层硬件资源；Hypervisor 之上安装虚拟机，虚拟机上的 Guest OS 通过 Hypervisor 访问底层硬件资源。此种模型由 Hypervisor 直接管理硬件资源，性能损失较少，整体性能较好，因此几乎所有的企业级数据中心都倾向采用此种类型的虚拟化模型。Type I 型的虚拟化产品包括 VMware vSphereESXi、Microsoft Hyper-V、Citrix Xen Server 等。

（2）宿主（hosted）虚拟化模型

宿主虚拟化模型也称为 Type II 型。在该模型中，Hypervisor 需要运行在宿主操作系统之上，就像一个普通的用户进程一样。虚拟机运行在 Hypervisor 之上，Guest OS 对底层硬件资源的访问需要被 Hypervisor 拦截，然后转交给 Host OS 进行处理。因此 Guest OS 访问资源需要经过的路径更长，性能损失更严重。采用此种模型的虚拟化产品包括 VMware Workstation、Oracle VirtualBox 等。两种虚拟化模型如图 1.7 所示：

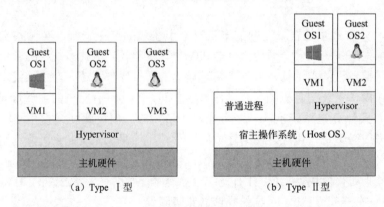

（a）Type I 型　　　　　　　　（b）Type II 型

图 1.7　虚拟化模型

虚拟机监视器针对处理器、内存和 IO 设备可以采用不同的虚拟化技术。针对处理器来说，常用的虚拟化技术包括全虚拟化（Full Virtualization, FV）、半虚拟化（Paravirtualization, PV）和硬件辅助虚拟化（Hardware-Assisted Virtualization）三种。

全虚拟化是指 VMM 为虚拟机模拟了完整的底层硬件，虚拟机操作系统不知道自己是运行在虚拟化环境上，像普通操作系统一样访问底层硬件，这些资源的访问会被 VMM 捕获，然后经过二进制翻译等技术手段完成资源的访问，并返回给虚拟机操作系统。全虚拟化中的虚拟机操作系统不需要做修改，适用性较好，但是由于需要额外的指令翻译，性能会受到影响。

半虚拟化是指为虚拟机操作系统提供一个经过修改的硬件抽象，以 Hypercall（由 VMM 给虚拟机操作系统提供的类似系统调用的接口）的方式来调用底层硬件。要求虚拟机操作系统要修改一部分内核，与 VMM 配合工作，这样就省去了异常捕获和指令翻译的过程，性能损失比较少。虚拟化技术 Xen 主要就是采用这种半虚拟化的方式支持虚拟机运行。

硬件辅助虚拟化是指硬件厂商为了更好地支持虚拟化技术，进行了硬件层面的扩展，例如 Intel VT-x 和 AMD-V 两种技术，将原来处理器支持的四种特权等级（Ring 0、1、2、3）进行扩展，增加了一个新的特权等级，称为 Root mode，也有人称为 Ring -1。VMM 可以运行在 Root mode，Guest OS 仍然可以运行在 Ring 0。这样就不再需要通过 VMM 进行指令翻译等过程了，也不需要对 Guest OS 做修改，性能损失也很少。目前主要的 Intel 和 AMD 处理器都支持虚拟化，很多虚拟化厂商的产品都已支持硬件辅助虚拟化模式。

各个软硬件厂商、研究机构都热衷于采用虚拟化技术，这主要是由于虚拟化技术在以下方面具有优势：

- 计算机硬件性能显著提升后，采用虚拟化技术能够使用较少的服务器支持更多的应用，进而提高资源利用率；
- 采用虚拟化技术能够比较容易地实现冗余系统，简化灾难恢复；
- 能够显著减少开发、测试环境的构建时间；
- 能够比较容易地实现应用环境的迁移和部署。

传统虚拟化技术需要在每个虚拟机中运行 Guest OS，这很好地实现了应用程序的隔离，但是也带来很大的性能损失。多数情况下，用户并不需要一个功能完整的 Guest OS，只是需要为应用程序提供良好的隔离环境，因此就有了容器（Container）技术。容器技术可以看作一种新型的轻量虚拟化技术。

1.5 用户与操作系统的接口

操作系统是用户与计算机系统之间的接口。用户在操作系统的帮助下，可以安全、可靠、方便、快速地使用计算机系统完成自己的各种任务。操作系统如何了解用户的意图，以便更好地服务用户呢？为此，操作系统向用户提供了使用计算机系统的接口，简称用户接口（User Interface，UI）。有两种接口方法：一种是提供给操作计算机的用户的操作接口，用户利用该接口来组织和控制作业的执行；另一种是提供给编程人员使用的低级接口——系统调用，编程人员在程序中利用该接口，向操作系统提出资源请求和一些功能服务。

1.5.1 用户与操作系统的操作接口

1. 命令解释程序（Command Interpreter）

操作接口是以命令行的形式出现的，通过命令解释程序解释执行。有些操作系统将命令解释程序作为操作系统内核的一部分，如 DOS 操作系统。有些操作系统把命令解释程序当做一个特殊的程序，当用户登入系统或启动一个作业时，命令解释程序被激活运行。UNIX 系统把它叫做 Shell。这种接口提供的是一组操作命令或作业控制语言。用户使用这些命令，组织和控制作业的执行。命令解释程序的主要功能是获得用户的命令并解释执行。

命令解释程序有两种实现方法。

（1）命令解释程序本身包含了执行这些命令的代码。这种情况下，由于每个命令都对应自己的执行代码，因此，提供的命令个数决定了命令解释程序的大小。如 DOS 操作系统的命令解释程序就是这样实现的。

（2）由操作系统核心实现命令要求的功能。这种情况下，命令解释程序只是获得命令，并检查命令和参数的正确性，之后它调用实现命令的操作系统代码，完成命令的执行。这样命令解释程序较小，而且增加新的命令时，命令解释程序不受影响。UNIX 操作系统的shell 命令解释程序就是这样实现的。

2．图形用户接口（GUI）

另一个用户友好的接口就是图形用户接口（Graphic User Interface，GUI）。这是基于鼠标（mouse）的窗口和菜单系统。通过移动鼠标和单击按钮来定位屏幕上代表文件、程序和系统功能的映像或图标，用于运行一个程序、打开一个文件或目录或下拉一个命令菜单等。

究竟选择命令行还是 GUI 方式，这完全取决于个人的喜好。大多数 UNIX 系统的用户喜欢采用命令行接口方式，因为该系统提供了功能强大的 Shell 接口，而且命令方式在远程连接到服务器的时候往往更便捷。而 Windows 用户则喜欢采用 Windows 的 GUI 环境，不喜欢使用 DOS 的命令行接口。

3．作业运行的控制命令

当用户使用批处理系统或分时系统时，如何控制其作业运行呢？也有以下两种控制方式。

（1）脱机作业控制命令。这是批处理系统提供给用户对作业控制时使用的命令。当进入系统的批处理作业被作业调度选中时，系统将按照用户提供的作业控制命令控制作业的执行。

作业控制语言通常包含两种类型的语句。一类是作业及其申请资源的说明语句，另一类是实现作业控制和具体操作功能的执行性语句。它大致应反映如下几方面要求：① 作业标识、作业说明，以及调度要求的参数；② 资源申请（主存、外设、CPU 等）；③ 程序和数据的控制功能；④ 调试功能；⑤ 控制转移功能；⑥ 作业撤销等。

通常，这类语言是解释执行，而不是编译执行的。负责解释作业控制语言语句的程序叫做作业解释程序或命令解释程序。

（2）交互式的作业控制命令。它提供给用户进行交互式作业或进程控制时使用的命令。实现这种方式的控制，系统提供了丰富的联机控制命令，又叫键盘命令，即 Shell 命令。

联机控制命令具体包括的功能如下：① 作业控制执行的命令（建立、修改、编译、连接、运行）；② 资源申请（各种外设的使用和重定向）；③ 文件的各种操作命令；④ 目录操作命令；⑤ 控制转移命令等。

每当一个新的用户登录系统，或开始一个新作业或进程时，命令行解释程序自动执行。等待用户输入命令并进行解释和执行。该方式下，系统的执行过程如图1.8所示。

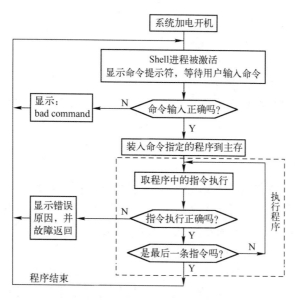

图 1.8 交互命令方式的程序执行过程

现代操作系统不再使用真正的批处理策略，但为了减少联机用户重复输入命令的负担，允许用户将一组复杂的操作系统命令组织成一个控制文件，然后批处理这个控制文件中的命令，使联机用户也可享受到自动批处理操作方式减轻用户负担的好处。

1.5.2 系统调用接口

系统调用（Srstem Call）提供了用户程序与操作系统内核的接口。所谓系统调用，就是操作系统内提供的一些子程序。编程人员通过使用系统调用命令，向操作系统提出资源请求或获得系统的一些功能服务，以取得操作系统的服务。系统调用接口通常是通过库函数调用映射进入操作系统的功能子程序的。

1．CPU 的两种操作方式

由于计算机系统有许多用户，每个用户可能有若干个任务并发地在系统中执行。为了防止用户程序破坏操作系统或直接操作硬件，必须严格区分操作系统代码和用户代码。为此，许多处理机在处理机状态字（Processor Status Word，PSW）或者特定寄存器（例如 x86处理器就是在 CS 寄存器）中增加执行方式位来区分两种操作方式：用户态（又称目态）（User Mode）和核心态（Kernel Mode）。核心态又叫管理态（Supervisor Mode）或特权态（Privileged Mode）。例如 Intel 的 x86 架构处理器提供了 0 到 3 四个特权级，数字越小，特权越高，Linux 操作系统中主要采用了 0 和 3 两个特权级，分别对应的就是内核态与用户态。x86 处理器中的 CS 寄存器的低 2 位（Current Privilege Level，CPL）用来表示处理器当前工作的特权级。处理器工作的特权等级决定了所能执行的操作：

（1）执行指令的特权性（指处理机能执行何种指令）；

（2）存储器访问的特权性（指现行指令能访问存储器的哪些单元）。

为此，系统把 CPU 的指令集划分为特权指令（Privileged Instructions）和非特权指令。所谓特权指令是指关系系统全局的指令，如存取和操作 CPU 状态、启动各种外部设备、设置时钟时间、关中断、清主存、修改存储器管理寄存器、改变用户方式到核心方式和停机指令等。这类指令只允许操作系统使用，不允许用户使用。

操作系统程序运行在核心态。在核心态下，允许执行处理机的全部指令集（包括特权和非特权指令），访问所有的寄存器和存储区。

用户程序运行在用户态。在用户态下，只允许执行处理机的非特权指令，访问指定的寄存器和存储区。如果在用户态下企图执行一条特权指令，CPU 就视其为非法指令，故障终止其运行。

2．系统调用功能

为了满足用户程序请求操作系统服务或请求系统资源，操作系统提供了功能丰富的系统调用命令。用户程序通过调用操作系统的这些服务程序，控制程序的启动、执行和使用系统中的各种资源和提供的服务。通常系统调用命令包括：

（1）进程控制。包括程序的正常和异常终止、程序的装入和执行、进程的创建和删除、得到和设置进程的属性、分配和释放主存，以及进程之间同步和通信等。

（2）文件管理。包括创建和删除文件、打开和关闭文件、读写和移动文件、得到和设置文件属性等。

（3）设备管理。包括请求和释放设备、读写设备、得到和设置设备的属性，以及连接和卸下设备等。

（4）其他服务。包括得到和设置系统的时间和日期、发送和接收消息等。

对于不同的操作系统，它们所提供的系统调用命令的条数、调用格式和所完成的功能不尽相同，这正如不同型号的计算机有不同的指令系统一样。一般来说，操作系统可提供的系统调用有数十条，乃至数百条。

系统调用很像预定义的函数或子程序，一般用在汇编语言指令中。有些系统调用直接用在高级语言程序中。

系统调用命令可以看成是机器指令的扩充。因为从形式上看，执行一条系统调用命令就好像执行一条功能很强的机器指令，所不同的是机器指令是由硬件执行的，而系统调用命令是由操作系统核心解释执行的。但从用户来看，操作系统提供了系统调用命令之后，就好像扩大了机器指令系统，增强了处理机的功能。因此，呈现在用户面前的是一台功能强、使用方便的虚拟处理机。

系统调用常常以 API 的形式出现。常用的有两种 API，即 Windows 的 Win32 API 和基于 POSIX 系统的 POSIX API（包括 UNIX 和 Linux 等）。系统维护一个系统调用接口表，每个系统调用都有一个名字，每个名字用一个数字表示，该数字就是查找这个表的索引。

3．系统调用的执行

从用户角度看，用户使用系统调用与一般的子程序调用非常相似，它们的执行会改变指令的执行流程，而且都可以共享和嵌套调用。一般的过程调用不涉及系统状态的转换，而系统调用的执行将使 CPU 的执行方式发生变化，将由用户态转换为核心态，执行相应的系统调用程序。完成系统调用功能后，CPU 再由核心态转换为用户态，返回用户程序继续执行。

虽然系统调用命令的具体格式因系统而异，但从用户程序进入系统调用程序的步骤及其执行过程来看，却大致相同。通常，用户必须向系统调用命令处理程序提供必要的参数，以便根据这些参数进行相应的处理。用户程序执行到系统调用命令时，硬件把它作为一个软件中断对待,控制通过中断向量传递给操作系统的一个服务例程,改变用户方式到核心方式。这种方式又称为异常(Exception)或陷入(Trap)。

当执行一个系统调用时,它检查中断指令以决定出现了什么系统调用。所带参数决定了用户调用的服务类型并使用寄存器、堆栈(即一块主存区)进行参数传递。在验证参数的合法性后,去完成特定的系统调用功能。需要指出的是,这个被调用的系统子程序可能还要调用其他的子程序完成更基本的子功能,从而形成系统功能的嵌套调用。当系统调用执行完成时,系统要把执行是否成功,以及成功时的执行结果再回送给调用者。之后恢复处理机执行系统调用前的状态——用户态,返回到用户程序继续执行。系统调用的执行过程如图 1.9 所示。

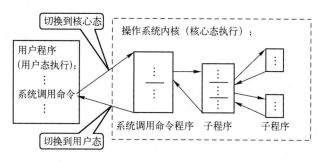

图 1.9 系统调用的执行过程

系统调用执行的一般过程可以概括为以下几步:

① 通过陷入(或异常)使系统切换到核心态,这需要硬件提供相应的支持。一旦 CPU 进入核心态,就可以按特权方式运行。

② 将程序计数器和处理机的当前状态存入任务的堆栈中。

③ 将系统调用号存入核心堆栈中。

④ 执行汇编代码来保存通用寄存器中的内容。

⑤ 调用相应的操作系统例程来完成系统调用。

⑥ 返回到用户方式。

1.6 操作系统的运行方式

由上一节的描述可以看出,操作系统通过两种模式的切换来保护自身免受应用程序代码的损害。由用户态切换到内核态主要发生在以下三种情况:中断、异常和系统调用。上一节介绍了系统调用的模式切换过程,本节简单描述中断和异常的基本原理。可以说操作系统内核代码的运行是通过中断或异常驱动和激活的。中断,又叫做外中断,是一些外部设备向CPU 泄放的一个硬件信号,如各种外部设备的 I/O 完成中断、时钟中断等,它与 CPU 执行的指令无关,是异步发生的,分为可屏蔽或不可屏蔽处中断。当中断产生时,CPU 响应中断,转入相应的中断处理程序执行。

异常又叫做陷入,是执行程序自己产生的,是同步发生的,而且是不可屏蔽的。其产生的条件是:① 由于程序错误,如程序的非法操作码、地址越界、除数为 0,包括存储器管理中的页面失效等;② 由于程序请求操作系统服务和请求系统资源等使用系统调用。一旦产生,立即转操作系统处理。

操作系统内核代码运行在核心态，主要是在中断或异常发生时嵌入到用户进程中运行的。当中断或异常发生时，保护当前进程的运行现场信息，将 CPU 的控制权交给操作系统内核。操作系统根据中断和异常产生的原因，进行相应处理。处理完成后，或者恢复被中断进程的现场，或者另选一个进程运行。因此由内核态切换回用户态主要发生在以下四种情况：完成中断或者异常的处理、新进程或者线程启动、进程调度选择执行新的进程、操作系统向进程发送信号。中断、异常和信号等详细内容参见第 12 章。

1.7 操作系统的设计规范和结构设计

1. 操作系统的设计规范

一个高质量的操作系统应具有高效性、可靠性、易维护性、可移植性、安全性、可伸缩性和兼容性等特征。到目前为止，还没有一个统一的标准来衡量一个操作系统。从以下几个方面描述操作系统的设计规范：

（1）系统效率：是操作系统的一个重要性能指标。体现系统效率的指标在前面已经陈述过，它包括资源利用率、吞吐量和周转时间及响应时间等。

（2）系统可靠性：是指系统能发现、诊断和恢复硬件和软件故障的能力。通常用下面几个指标进行说明：

① 可靠性 R（Reliability）：通常用系统的平均无故障时间（Mean Time Between Failures，MTBF）来度量。它是指系统能正常工作的平均时间值。R 越大，系统可靠性越高。

② 可维护性 S（Seviceability）：通常用平均故障修复时间（Mean Time to Repair Fault，MTRF）来度量。它是指从故障发生到故障修复所需的平均时间。S 越小，可修复性越高。

③ 可用性 A（Availability）：是指系统运行的整个时间内，能正常工作的概率。它由下面的公式计算：

$$A = MTBF / (MTBF + MTRF)$$

（3）可移植性：是指把一个操作系统从一种硬件环境移植到另一种硬件环境时系统仍能正常工作的能力。移植时，代码修改量越少，效率越高。

（4）可伸缩性：是指操作系统对添加软硬件资源的适应能力，尤其是指可能添加到硬件中的 CPU 资源的能力，也即操作系统可运行在不同种类的计算机上，从单处理器到多处理机的系统上。

（5）兼容性：主要指软件的兼容性，是指操作系统执行为其他操作系统或为同一系统的早期版本所编写的软件的能力。

（6）安全性：是指操作系统应具有一定的安全保护措施，如账号检查、系统接入检测、各用户资源分配和资源保护、用户的资源不受他人侵犯等。

2. 操作系统结构设计

操作系统是一个非常复杂的大型软件。为了使它的功能正确而又便于修改和维护，必须进行细心的工程设计。通常，首先应该划分成几个相对独立的任务，再将任务划分成许多小的模块。每一个模块都应该是一个很好定义的小系统。各个模块之间如何交互连接而构成一个性能良好的操作系统，这是下面要讨论的操作系统的结构设计问题。

（1）单块式内核（Monolithic kernel）设计方式

单体式内核，有时也称宏内核（Macrokernel），是指整个操作系统的全部或者大部分模块运行在内核空间内，模块之间可以直接调用，不用进行内核态到用户态的转换。许多操作系统设计之初没有在结构划分上下很大工夫，而是先构造一个小的、具有有限功能的简单的操作系统内核，之后根据需要再逐步添加。显然，这样的系统设计方法本身并不够优雅，模块之间依赖较多，会造成系统复杂，不易维护。图 1.10 所示的 DOS 操作系统就是这样一个例子。

DOS 操作系统表面看划分了层次，但实际是个单块结构，不提供硬件保护。因为系统中的任何一层程序都相互调用，特别是用户的应用程序能够直接访问硬件。因此，易导致 DOS 系统病毒泛滥，进而引起整个系统崩溃。同时，由于操作系统各模块之间可以直接调用，使得系统内核模块之间的通信开销非常小，因而单体式操作系统内核的性能较好。UNIX、Linux 和早期的 Windows 采用了单体式内核设计方法。

（2）层次式的结构设计

随着硬件功能的增强，操作系统可以划分成若干功能独立、更加合理的小模块，从而使操作系统能够获得对计算机的很好控制。通常按照应用的要求，采用自顶向下或者自底向上的方式进行分层设计。每一层都应该向上层提供独立于下层的软件接口，最终实现操作系统的功能。

UNIX 操作系统就是采用分层设计的典范。另外，它将 CPU 的执行模式分为用户态和核心态，从而保护操作系统不受用户程序的破坏，使系统具有健壮性和安全性。图 1.11 给出了 UNIX 操作系统大致分层的情况。

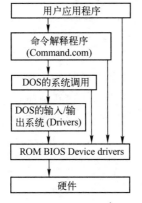

图 1.10　MS-DOS 分层结构

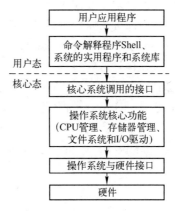

图 1.11　UNIX 系统分层结构

由于它的绝大部分代码用 C 语言编写，它的可移植性较好。POSIX 的操作系统标准就是依据 UNIX 操作系统标准制定的。

（3）基于微内核（Micro kernel）的 client/server 的设计

随着操作系统功能的不断扩充，系统内核越来越庞大，管理和维护越来越困难。卡内基梅隆大学于 1980 年开发了一个基于微内核的操作系统 MACH，该系统的特点是操作系统内核只保留最基本的功能，如只提供进程（线程）调度、消息传递、存储器管理和设备驱动等。而将其他功能，包括各种 API、文件系统和网络等许多操作系统服务放在用户层以服务的形式实现。

client 程序和 server 服务都在用户空间运行。微内核的主要功能就是提供 client 程序和

server 服务之间的以消息传递方式的通信设施。如果一个 client 程序希望访问文件时，它必须与文件服务器进行交互。这是通过向微内核发消息的形式间接交互实现两者的请求和服务功能的，如图 1.12 所示。

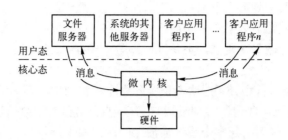

图 1.12　client/server 操作系统结构

微内核的好处是便于扩充操作系统的功能。这是因为新增加的功能放在用户空间，不需要修改操作系统内核。由于微内核是一个小内核，对操作系统的修改几乎没有什么影响。这样设计的最大好处是，使得操作系统很容易从一种硬件平台移植到另一种平台上。另外，微内核也更加安全和可靠。因为大多数服务是作为一个用户任务运行的，如果一个服务出现故障，操作系统的其他部分仍可以正常运行而不受影响。

微内核操作系统曾经被广泛研究，用于解决宏内核存在的诸多问题。例如 QNX、Minix、seL4 等都采用了微内核设计方法。

由于微内核将大量操作系统服务放在用户空间，消息传递增加了系统开销，使系统性能降低，早年计算机处理性能比较弱，所以这种设计方法没有被成熟操作系统广泛采用，但是随着硬件性能的提升，微内核设计方法也很有可能再次得到发展，例如目前谷歌正在研制的 Fuchsia 操作系统内核 Zircon，就采用了微内核的设计方法。

（4）混合结构操作系统内核设计

虽然在操作系统领域一直都存在着关于单体式结构和微内核结构设计方法之争，这就好像讨论 CISC 和 RISC 两种体系结构的优劣一样。实际上，为了更好地解决性能、安全性、可用性和可扩展性等问题，很多主流操作系统采用了混合结构，例如 Windows NT 之后的操作系统（Windows 8、Windows 10 等），以及 Mac OS X 都采用了混合结构。

1.8　小　　结

本章重点讨论了操作系统的基本概念、分类、功能、提供的服务，以及操作系统的运行环境等。

● 操作系统的三个基本类型：

① 批处理系统。它是在解决人机矛盾和 CPU 与 I/O 设备速度不匹配的矛盾过程中形成的，其特点是提高系统资源的利用率，增加系统的吞吐量。其缺点是用户无法与作业交互，作业的平均周转时间长。

② 分时系统。它克服了批处理系统的缺点，使用户与其作业直接交互，其特点是具有同时性、独立性、交互性、及时性，但其系统资源利用率不如批处理系统高。

③ 实时系统。它的主要特点是计算机能够在限定的时间内执行完所规定的功能，并能

在限定的时间内对外部的异步事件做出响应。它具有实时性和确定性、高度的安全可靠性。嵌入式系统实际是实时系统的一个分支。

- 从资源管理的观点来看，操作系统具有处理机管理、存储器管理、设备管理和文件管理等。为了实现这些管理，操作系统提供了多种服务。
- 多道程序的概念及特点：
  多道程序指主存存放多个用户程序，使这些程序同时处于运行状态。其特点就是主存有多道、宏观上并行、微观上串行。
- 批处理操作系统的性能指标指资源利用率、系统吞吐率和作业的平均周转时间等。
- 操作系统的三个基本类型的特征是并发性、共享性和虚拟性等；关于操作系统的运行通常或者由中断和异常激活，或者作为一个独立的进程运行。
- 操作系统的进一步发展，形成了多种类型的操作系统：
  ① 微型机操作系统，从简单的单用户、单任务到复杂的多用户、多任务系统等多种类型。
  ② 多处理机和对称多处理操作系统，多处理机共享主存，提高系统的吞吐量和系统的可靠性。
  ③ 网络操作系统，将各计算机有机地联系起来，使各计算机间实现通信和资源共享。
  ④ 分布式操作系统，是经网络连接的多机统一的操作系统，它强调资源、任务、功能和控制的全面分布，以提高整个系统的资源利用效率。
- 用户与操作系统之间的接口有两种：
  ① 操作接口，提供给联机用户操作的是 Shell 操作命令和图形用户接口，提供给脱机用户操作的是作业控制语言。这些接口命令由系统提供的命令解释程序进行解释执行。
  ② 编程接口——系统调用。用户程序利用系统调用命令请求系统资源和得到系统核心的服务。
- 本章还对操作系统的运行环境、设计规范、结构设计进行了讨论，应了解操作系统的运行特点和组成结构。

习　题

1-1　如何定义一个操作系统？

1-2　早期操作系统设计的主要目标是什么？

1-3　何谓作业和作业步？

1-4　引入多道程序设计的主要目的是什么？什么是多道程序设计？它有哪些特点？

1-5　叙述操作系统的基本功能和提供的服务。操作系统具有哪些特性？衡量一个批处理操作系统有哪些性能指标？

1-6　解释概念：吞吐量、周转时间和响应时间。

1-7　批处理系统、分时系统和实时系统各有什么特点？各适合应用于哪些方面？

1-8　何谓用户与操作系统之间的接口？在用户与操作系统之间通常提供哪几种类型的接口？其主要功能是什么？

1-9　设计一个操作系统应遵循哪些规范标准？

1-10　常用的操作系统结构设计有哪些分类方法？

1-11 什么是对称多处理？它有什么好处？

1-12 应在核心态运行的指令是（　　）。

  A．设置处理机运行状态　　B．读实时时钟　　　　C．设置实时时钟

  D．关中断　　　　　　　　　　E．改变内存页映射　　F．读操作系统的某些数据‖

1-13 为了实现系统保护，CPU 设计有多种状态，常用的是哪两种状态？各种状态下执行什么程序？什么时候发生状态转换？

1-14 操作系统的设计目标一般不关心（　　）。

  A．安全性　　　　　B．系统规模　　　　C．模块化　　　　D．高效性

1-15 批处理系统的主要缺点是（　　）。

  A．CPU 利用率低　　B．不能并发执行　C．缺少交互性　D．以上都不是

1-16 在分时系统中，当用户数为 100 时，为保证响应时间不超过 2 秒，系统设置的时间片长度应为（　　）。

  A．50ms　　　　　B．100ms　　　　　C．10ms　　　　D．20ms

1-17 下面关于并发性的定义中，描述正确的是（　　）。

  A．并发性是指若干事件在同一时刻发生

  B．并发性是指若干事件在不同时刻发生

  C．并发性是指若干事件在同一时间间隔内发生

  D．并发性是指若干事件在不同时间间隔内发生

1-18 批处理系统提高了系统各种资源的利用率和系统吞吐量，因而缩短了作业的周转时间。这句话对吗？请解释。

1-19 在批处理系统中，有两个程序参与运行。其中程序 A 要做的工作依次为：计算 10 分钟，5 分钟 I/O1，计算 5 分钟，10 分钟 I/O2，计算 10 分钟；程序 B 要做的工作依次为：10 分钟 I/O1，计算 10 分钟，5 分钟 I/O2，计算 5 分钟，10 分钟 I/O2。假定单道和多道运行时都是 A 先运行。分别计算两种方式运行时，两个程序的周转时间和 CPU 的利用率。

第2章 进程管理

现代操作系统的重要特性是程序的并发性和资源的共享性，二者是相互联系和依赖的。为了满足多用户并发计算的要求，现代操作系统围绕进程这个概念进行设计和构造。

本章讨论进程的引入、进程的描述、进程控制以及进程调度等重要概念。

2.1 进程的引入和概念

1. 程序的顺序执行

最简单的程序设计方法是顺序的方法。多年来，用户正是采用这种方法编制程序的。在早期的单道程序系统中，机器只执行一个程序，执行程序的一个操作，只有在前一个操作完成后，才进行下一个操作。这种执行方式叫做程序的串行执行。系统先将用户程序输入到计算机内部，之后完成对程序的计算，最后将程序的运行结果输出给用户。这种顺序执行的程序具有如下特点：

① 程序在运行时独占全机资源。因此，这些资源的状态只能由这个运行的程序决定和改变，不受外界因素影响。这叫程序运行环境的封闭性。

② 程序执行时，只要初始条件相同，无论程序是连续运行，还是断断续续地运行，程序的执行结果与其执行速度无关，其最终结果不变。这叫程序结果的可再现性。

顺序程序的封闭性和可再现性，为程序员调试程序带来了很大方便。但由于资源的独占性，使得系统资源利用率非常低。

2. 程序的并行执行

现代计算机可以同时运行几个程序。当它运行一个用户程序时，可以从磁盘或磁带上读数据，也可以向用户的终端或打印机上输出数据。在多道程序系统中，CPU 也要不断地在多道程序之间进行转接。图 2.1 描述了若干作业在系统中并行执行的情况。其中，作业 i 的输入、计算和打印操作分别用 I_i、C_i、P_i 表示。由图看出，同一作业的输入、计算和打印操作顺序执行，但一批作业可按如图中所示的方式并发进行。

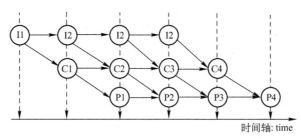

图 2.1 程序的并发执行

程序的并发执行增强了计算机系统的处理能力和提高了资源利用率，但也带来了一些新问题，产生了与程序顺序执行时完全不同的新特性：

（1）失去了程序的封闭性和可再现性。程序的并发执行，使得系统中的资源不再为一个程序独占，因此资源的状态也不再由一个程序决定，而是由并行执行的多道程序决定。举例说明：假如系统中有两道程序，这两个程序在执行过程中都要使用打印机进行打印输出。当程序输出完成时，释放打印机。设系统有一个变量 N 用来记录打印机的可用数量，初值为 1。这样，当两个用户程序使用完打印机时，都要对 N 执行 $N=N+1$ 的操作，以指示打印机被释放。下面是两个程序段释放打印机时应完成操作的伪代码：

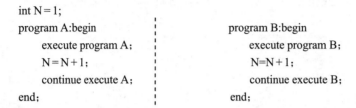

```
int N=1;
program A:begin                         program B:begin
    execute program A;                      execute program B;
    N=N+1;                                  N=N+1;
    continue execute A;                     continue execute B;
end;                                    end;
```

由于程序 A 和 B 各自以独立的速度向前推进，故程序 A 执行 $N=N+1$ 的操作与程序 B 执行 $N=N+1$ 操作是随机的。$N=N+1$ 的操作分解为三条机器指令"取 N 到 R；$R+1 \rightarrow R$；存 R 到 N；"。这两个程序执行 $N+1$ 的可能序列描述如图 2.2 所示。

时间	T_0	T_1	T_2	T_3	T_4	T_5
程序 A	$N\text{->}R_1$	$R_1+1\text{->}R_1$	$R_1\text{->}N$			
程序 B				$N\text{->}R_2$	$R_2+1\text{->}R_2$	$R_2\text{->}N$
N 的值	1	1	2	2	2	3

（a）顺序执行

时间	T_0	T_1	T_2	T_3	T_4	T_5
程序 A	$N\text{->}R_1$	$R_1+1\text{->}R_1$				$R_1\text{->}N$
程序 B			$N\text{->}R_2$	$R_2+1\text{->}R_2$	$R_2\text{->}N$	
N 的值	1	1	1	1	2	2

（b）交叉执行

时间	T_0	T_1	T_2	T_3	T_4	T_5
程序 A		$N\text{->}R_1$	$R_1+1\text{->}R_1$			$R_1\text{->}N$
程序 B	$N\text{->}R_2$			$R_2+1\text{->}R_2$	$R_2\text{->}N$	
N 的值	1	1	1	1	2	2

（c）交叉执行

图 2.2　程序 A，B 对共享变量 N 的可能执行序列

正常情况下，A，B 程序各释放一台打印机，系统应剩余 3 台可用打印机（即 $N=3$）。由图 2.2 看出，只有图（a）是正确的，图（b）和（c）都使得系统记录的打印机可用数量少 1台。显然这两种情况是不允许发生的。引发这种错误的原因是由于并发程序执行释放打印机序列的随机性。并发程序执行的结果与其执行的相对速度有关，且是不确定的。因而，使得顺序程序的封闭性和可再现性不再存在，出现了与时间有关的错误。

（2）并行执行的程序间产生了相互制约关系。前面已经讲过，支持多道程序运行的基础是资源共享性。由于资源共享，使得一些逻辑上相互独立的程序之间也发生了相互制约关

系。例如，系统中并发执行的程序段 A 和 B 在运行过程中都希望使用打印机输出计算结果，若系统只有一台打印机，分得打印机的程序段（假设是 A）可以继续运行，而没有得到打印机的程序段 B 就不得不暂停，等到 A 释放打印机后才能继续执行。AB 之间的这种制约关系称为间接制约关系。

各并发执行的程序段之间还有一种直接制约关系，这是由于它们之间需要协调速度共同完成同一个任务而引起的。

例如：type   a.c | more

该命令就需要管道符号两边的程序之间协作才能完成。执行快的程序要等待慢的。由此可见，在并发环境下由于程序之间的相互影响，程序的执行是间断性的。表现为：执行—暂停—执行。

（3）程序与 CPU 执行的活动之间不再一一对应。程序与 CPU 执行的活动，是两个不同的概念。程序是完成某一特定功能的指令序列，是静态的概念；CPU 执行的活动是一个动态概念，是程序的执行过程。程序在顺序执行（即单道运行）时，程序与 CPU 执行的活动是一一对应的；程序在并行执行（即多道程序）时，这种关系不再存在。例如，在分时系统中，多个用户都调用 C 编译对自己的源程序进行编译，实际系统只保留一个编译程序，多个用户通过共享执行它完成各自源程序的编译工作。这时，系统虽然只保留一个编译程序，但 CPU 现正在为多个用户执行编译。由此可见，编译程序与 CPU 执行的活动之间已经不再具有一对一的关系了。

由于并发程序的上述这些特点，使得系统中的活动以及各种活动之间的相互关系非常复杂。因此，"程序"这个静态的概念已不能如实地反映系统中的活动情况。为此，现代操作系统引入了进程的概念。

3．进程的概念

（1）进程定义

进程这个概念是为了描述系统中各并发活动而引入的。现代操作系统为了满足成千上万个用户的要求，正是围绕进程这个概念建造的。

进程（process），又叫做任务（task），是操作系统的最基本、最重要的概念之一，它对于操作系统的理解、描述和设计都具有非常重要的意义。但迄今为止对这一概念还没有一个确切的统一描述。下面将从 20 世纪 60 年代以来曾给进程下过的几种定义进行简单综述。

① 进程是程序的一次执行过程。

② 进程是程序在一个数据集合上顺序执行时发生的活动。它是系统进行资源分配和调度的一个独立单位。

上述这些定义都描述了进程的动态特性。为了使大家容易记忆，现将进程定义如下："进程是可以和其他程序并行执行的程序关于某个数据集合的一次执行过程。"

（2）进程与程序的联系和区别

为了进一步理解进程这个概念，下面再对进程与程序之间的关系进行说明，以凸显进程的特性。

① 进程是程序的一次执行过程，它具有动态性；程序是完成某个特定功能的指令的有序序列，它是一个静态的概念。程序可以作为一种软件资源长期保存。进程把程序作为它的运行实体，没有程序，也就没有进程。进程是程序的一次执行过程，它是临时的，有生命期

的，表现在它由创建而产生，完成任务后被撤销。为了深入理解，可以把程序看成是一个菜谱，而进程则是按照菜谱进行烹调的过程。

② 进程是系统进行资源分配和调度的一个独立单位，它具有独立性；程序则不是。以多用户进程共享一个编译程序为例，尽管编译程序是同一个，但被编译的源程序是不同的。因此，资源分配是以进程为单位的，而不是以程序为单位的。

③ 一个进程可以与其他进程并发执行，它具有并发性。程序则不具备这个特征。

④ 进程具有结构性。为描述进程的运行变化过程，系统为每个进程建立一个结构——进程控制块。从结构上看，进程是由程序、数据和进程控制块三部分组成的，它包含的程序可以有一个或多个。其数据还隐含可能包括一个或两个堆栈，主要用来保存函数调用和系统调用时要传递的参数、返回地址和一些临时变量等；进程控制块是操作系统对进程进行管理控制使用的一个结构，用来记录进程的属性信息。

由上面的描述可知，一个进程的存在是需要系统的一些资源的支持的，这包括 CPU 的时间、一定的存储器空间、一些要使用的文件和 I/O 设备。引入进程概念之后，可以更清晰地描述系统中的各种并发活动，使得对操作系统的理解更加深入，更便于对操作系统的设计、调试和维护。

2.2 进程的描述

1. 进程控制块

为了描述进程的运行变化情况，操作系统为每个进程定义了一个数据结构，叫进程控制块（Process Control Block，PCB），也叫进程描述符（Process Descriptor，PD），它是进程存在的唯一标识。它包含了进程的描述信息和管理控制信息，是进程动态特性的集中表现。操作系统依据进程控制块来管理和调度系统中的进程。通常，操作系统不同，进程控制块包含的具体内容也各不相同。但不管是哪一种系统，PCB 应包含如下一些基本信息。

（1）进程标识数。系统中的每个进程都有一个唯一的标识，通常是一个整数，以便区分或标识不同的进程。

（2）进程的状态以及调度和存储器管理信息。这是操作系统调度进程必需的信息。其中包括：进程目前所处的状态、进程优先级、程序在主存的入口地址、在外存的地址、信息允许的存取保护方式和进程所在队列的指针等调度信息。

（3）进程使用的资源信息。包括分配给进程的 I/O 设备、正在执行的 I/O 请求信息、当前进程正打开的文件等。

（4）CPU 现场保护区。当进程由于某种原因不能继续运行时，要将其 CPU 运行的现场信息保存起来，以便下次调度运行时恢复现场继续运行。通常，CPU 的现场信息包括：程序计数器（Program Counter，PC，又称为指令指针）、程序状态字（Program Status Word，PSW）、通用寄存器及堆栈指针等。

（5）记账信息。包括使用的 CPU 时间量、账号等。

（6）进程之间的家族关系。在树型结构进程的系统中，进程之间存在着家族关系。创建进程的进程称为父进程，被创建进程称为子进程。因此，进程控制块中应记录本进程的父进程是谁，它的子进程又是谁。

（7）进程的链接指针。为了管理的需要，系统在进程控制块中设置一个链接指针，用于将相同状态的进程链接在一起。

2．进程的状态

为了便于管理，进程在从无到有直到完成运行而消亡的整个生命期内，要经历五个状态的转换，如图2.3所示。

（1）创建态（Created）。指进程刚刚被创建，还没有正式提交给处理机调度程序对其进行管理时的状态。

（2）终止态（Terminated）。指进程不再受处理机调度管理，其原因是它可能已经正常完成或故障中断。

（3）就绪态（Ready）。已经获得了除CPU之外的全部资源，等待系统分配CPU，一旦获得CPU，进程就可以变为运行态。这时的进程状态为就绪态。

（4）运行态（Running）。正在CPU上执行的进程所处的状态为运行状态。在单CPU系统中，任何时刻最多只能有一个进程处于运行状态。

（5）阻塞等待态（Blocking or Waiting）。当一个进程因等待某个事件发生，如等待 I/O 完成或等待接收一个消息，而不能运行时，处于阻塞等待态。处于阻塞等待态的进程在逻辑上是不能运行的，即使CPU空闲，它也不能占用CPU。

由于系统、外界和进程自身的原因，一个进程在执行过程中可能要多次反复地经历就绪、阻塞和运行三个基本状态的转换，才能最终完成而被撤销。每个进程在执行过程中，任何时刻只能处于三个基本状态之一。

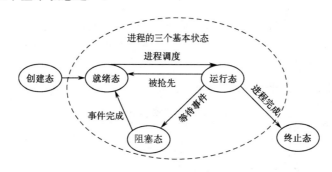

图 2.3　进程的五个状态

由进程状态转换图可以看出：

① 就绪态变为运行态。进程被处理机调度选中而获得CPU时的状态。

② 运行态变为阻塞态。这是运行进程自己主动改变的。例如，一个正在运行的进程启动了某一I/O设备后，使自己由运行态变为阻塞态，等待该I/O设备传输完成。

③ 阻塞态变为就绪态。这是由外界事件引起的。例如，上面所述的 I/O 设备传输已经完成时，请求中断，由I/O中断处理程序把等待这一I/O完成而阻塞的进程变为就绪态。

④ 运行态变为就绪态。处于运行态的进程被剥夺CPU时引起的。这通常与CPU的调度策略有关。如采用时间片轮转法调度时，当前运行进程用完分给它的时间片后，将由运行态变为就绪态；或采用优先级调度时，若有更高优先级的进程变为就绪态，当前进程被迫放弃CPU，使自己由运行态变为就绪态，之后转处理机调度。

3. 进程的组织

系统中存在许多并发进程，有的处于运行态，有的处于就绪态，有的处于阻塞等待态，且各进程等待的原因各不相同。进程控制块是系统对进程进行统一管理的依据。为了便于系统管理，通常对系统中的进程采用两种组织方式。

（1）线性表

线性表方式是把所有进程的 PCB 组成一个数组，系统通过数组下标访问每一个 PCB。其组织方式见图 2.4。

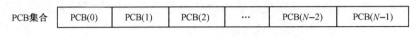

| PCB集合 | PCB(0) | PCB(1) | PCB(2) | ⋯ | PCB($N-2$) | PCB($N-1$) |

图 2.4　进程控制块采用线性表管理

这种方式的最大优点是简单，节省存储空间。其缺点是系统开销大。查找一个指定的 PCB 平均要花费查找半个 PCB 表长的时间。早期的 UNIX 系统就是采用这种线性表管理进程的。

（2）链接表

为了管理方便，通常把处于同一状态的进程 PCB 按照一定方式链接成一个队列，每一个队列有一个专用队列指针指出该队列中第一个 PCB 所在位置。这样就形成了就绪队列、阻塞队列。处于就绪态的进程可按照进程调度的某种策略排成多个就绪队列。处于阻塞态的进程又可以根据阻塞原因的不同，组织成多个阻塞队列。例如，等待磁盘 I/O 队列、等待磁带 I/O 队列等。

在单 CPU 的计算机系统中，任何时刻只有一个进程处于运行状态。为此，系统专门设置一个指针指向当前运行进程的 PCB。UNIX 系统中就有一个 CURRENT 指针，指向当前运行进程的 PCB。

图 2.5 给出了操作系统管理进程的一种组织形式。

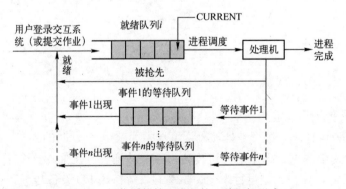

图 2.5　操作系统管理进程的一种组织形式

2.3　进程的控制

从进程的定义和它的动态特征可知，进程是在系统运行过程中不断产生和消亡的。它们经历产生、状态转换、消亡而最终撤离系统。整个过程是由进程控制实现的。所谓进程控制，是指系统使用一些具有特定功能的程序段来创建、撤销进程以及完成进程各状态间转换的一系列有效管理。这些程序段是系统内核实现的。内核是操作系统中最核心的部分，其运行频率很高，如进程调度、中断处理等，它紧挨硬件，常驻内存，以便提高操作系统的运行效率和安全性。进程控制是由不允许被中断的程序，或叫其执行过程不可分割的原语实现的。用于进程控制的原语如下。

1．创建原语

（1）创建进程的时机

① 批处理系统中，通过磁盘或磁带向操作系统提交一个批作业控制流时，操作系统除准备接纳一个新作业外，还要为每个作业创建一个用户进程。

② 一个分时系统，用户在终端上登录时，系统为每个用户创建一个终端进程。

③ 已存在的进程可以创建一个或多个子进程，完成指定的用户任务。

（2）创建原语的功能

进程控制块是进程存在的唯一标识，所以创建一个进程的主要任务是为其建立一个控制块。创建原语的功能是扫描系统的 PCB 集合表，找到一个空闲的 PCB，并获得该 PCB 的内部名称，作为进程的标识。若其实体（程序和数据等）不在主存，也应为其分配主存，并调入主存，然后把调用者提供的参数：进程名、进程优先级、实体所在主存的起始地址、所需的资源清单、记账信息及进程家族关系等，填入 PCB 结构中，并将新创建进程的状态置为就绪状态，再插入就绪队列中。

2．撤销原语

如果一个进程已完成指定任务或由于故障不能继续运行时，应被撤离系统而消亡。所谓撤销，是指撤销进程存在的标识——进程控制块，从而使其从系统中消亡。

一般来说，在进程家族的树形结构中，当一个进程被撤销时，还要将其创建的各个子孙进程也全部撤销。

撤销原语的功能是在 PCB 集合表中寻找所要撤销的进程。若找到，再检查该进程是否有子进程。若有，则先将其子进程所占用资源收回给系统，并撤销各子进程对应的进程控制块。之后，把该进程占用的系统资源归还系统，最后将它的 PCB 撤销。从而该进程及其子孙进程不再存在。

下面是 UNIX 系统 V 的进程创建 fork()和终止 exit()的一个简单程序例子。

```
# include <stdio.h>
void main ( )
{
  int pid,i;
  pid = fork( );    /*pid is the created process identifier*/
  if(pid<0) {
    fprintf(stderr,  "fork failed"); exit (–1); }
  if(pid = = 0){    /*the created subprocess's context*/
    execlp("/bin/ls",  "ls", NULL);}      /*子进程执行 UNIX 的列出目录清单命令/bin/ls*/
  else {                                  /*parent process's context*/
      wait(NULL);                         /*等待子进程执行完毕*/
```

```
            printf("Child Complete!");
            exit(0);                              /*父进程退出*/
        }
    }
```

3．阻塞原语

处于运行状态的进程，在其运行过程中期待某一事件发生，如等待键盘输入、等待磁盘的数据传输完成或等待其他进程发送一个信息等。当被等待的事件还没有发生时，进程自己执行阻塞原语，使自己由运行态变为阻塞态。

阻塞原语的功能是，处于运行态的进程中断 CPU，将其运行现场保存在其 PCB 的 CPU 现场保护区；将其状态置为阻塞态，并插入相应事件的等待队列中；最后转处理机调度。

4．唤醒原语

当某进程期待的事件已经到来时，根据等待事件的不同，可分以下两种情况讨论。

① 当进程期待的事件是等待输入/输出完成时，在输入/输出完成后，由硬件设备提出中断请求，CPU 响应中断，暂停当前进程的执行，转去进行中断处理。在中断处理中，检查有无等待该输入/输出完成的进程。若有，则将等待者唤醒，将其由阻塞态置为就绪态，从等待队列抽出，插入就绪队列，然后结束中断处理。之后，或者返回被中断进程继续执行，或者转处理机调度，重选一个进程投入运行。

② 若期待的事件是等待某进程发一个信息，当信息发送给该等待进程时，由发送进程把该等待者唤醒，并将其由阻塞态置为就绪态，插入就绪队列即可。

5．挂起原语

在实时系统中，根据实时现场的需要，通常引入挂起原语和解挂（激活）原语，以便将正在执行的或还未执行的进程挂起一段时间。或一个进程被创建后，处于挂起状态。此时被挂起进程由活动状态变为静止状态。当其执行的条件成熟时再将它解挂变为活动状态。只有处于活动状态的进程才有可能被处理机调度选中运行。

使用挂起原语可将某进程挂起。常用的挂起方式有：① 挂起当前运行进程自己。② 挂起指定进程。③ 挂起指定进程及其子孙进程等。一个进程一旦被挂起，它或者由运行变为静止就绪，或者由活动就绪变为静止就绪，或者由活动阻塞变为静止阻塞。

实际上，为进程引入挂起和解挂状态也可用于其他系统，如批处理和分时等。特别是分时系统，当一个进程用完它的时间片时，可以把它从主存换出到磁盘，这时进程就处于静止就绪。当阻塞进程从主存调出到磁盘，它就由活动阻塞变为静止阻塞。

6．解挂（激活）原语

当挂起进程的原因可以被解除时，调用解挂原语，将被挂起进程解挂，使它由静止变为活动。若进程原先为阻塞态，将其变为活动阻塞；若原先为就绪态，则变为活动就绪。当被解挂的进程变为活动就绪时，通常立即转处理机调度。

2.4 处理机的调度

无论是多道批处理系统还是多用户分时系统，系统中的用户进程数都远远超过处理机数，除用户进程要占用处理机外，操作系统还要建立若干个系统进程完成系统功能。这么多的进程竞争处理机，就要求系统采用一些策略，将处理机动态地分配给系统中的各个就绪进程。分配处理机的任务是由处理机调度程序（CPU Scheduler）完成的。处理机是计算机最重要的资源，如何提高处理机的利用率，在很大程度上取决于它的调度策略。其调度性能的好坏，直接影响操作系统的性能。

1．处理机调度的级别

为了提高系统的资源利用率，通常把 CPU 的调度分为三级：

① 处理机的高级调度，又称为作业调度（Job Scheduler）。在多道批处理系统中，作业调度是非常必要的。因为，系统接纳若干用户作业，多个作业以成批的形式（Spooled）提交到外存中排队。此时作业处于后备状态，等待被调度执行。作业一旦被作业调度选中，就处于运行态。运行完成后就处于完成态。处于完成态的作业等待善后处理后最终撤离系统。各用户作业如何有效地共享系统资源，则由作业调度算法来解决。为了充分利用系统资源，通常将 I/O 量大与 CPU 量大的作业结合在一起进行调度。

在分时系统中，通常没有作业调度，其目的是为了对各用户命令的及时响应，使用户进程得到快速运行。

② 处理机的低级调度，又叫做进程调度（Process Scheduler）。显然，由作业调度程序选中的作业只是有资格获得 CPU，作业的运行完成必须通过进程来实现。系统要为被调度的作业创建一个用户进程，进程什么时候真正获得 CPU 执行，则取决于处理机低级调度及其所采用的调度策略。

作业调度和进程调度的主要区别在于调度程序执行的频度。作业调度主要控制多道程序运行的道数，也即作业进入内存的个数。如果多道程序的道数保持不变，仅当有一个作业退出系统时，作业调度程序才需要被调用执行。进程调度的目标是使一些进程并发执行，以最大化 CPU 的利用率。因此，进程调度是比较频繁的。其调度的频度取决于系统采用的调度算法和进程本身的特点等。

③ 处理机的交换调度。在通用操作系统中，为了使系统资源的利用更为合理，又增加了处理机的中级调度或交换调度（Swapper）。交换调度又称换入换出，是指为了充分利用系统资源和更快地响应各进程，将处于主存就绪或主存阻塞等暂不具备运行条件的进程换出到外存交换区。将处于外存就绪具备运行条件的进程换入到主存，以便运行它。这一部分又经常放在存储器管理部分介绍。

处理机的三级调度的示意图如图 2.6 所示。

2．进程调度的功能

进程调度就是系统按照某种算法把 CPU 动态地分配给某一就绪进程的过程，也称为处理机的低级调度。由于进程调度是处理机调度中最重要和最核心的调度，所以在不严格的场景下进程调度往往也可被直接称为处理机调度。处理机调度工作是通过处理机调度程序来完成的。其主要功能可描述如下：

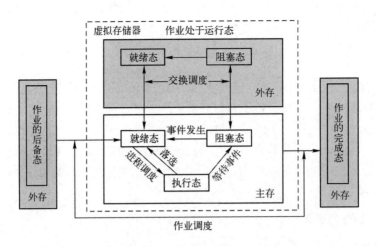

图 2.6　处理机的三级调度示意图

（1）管理系统中各进程的执行状况。为了很好地实现处理机调度，处理机调度程序首先必须管理系统中各进程的进程控制块（PCB），将进程的状态变化及资源需求情况及时地记录到进程控制块中。处理机调度程序就是通过 PCB 变化来准确地掌握系统中所有进程的执行情况和状态特征的。

（2）选择进程真正占有 CPU。这是处理机调度的实质，即按照系统规定的调度策略从处于就绪状态的进程中选择一个进程占有 CPU。具体的调度算法，下面再具体介绍。

（3）进行进程上下文的切换。进程的上下文是指操作系统为运行进程设置的相应的运行环境和进程的物理实体。它由三部分组成：用户级、寄存器级和系统级的上下文。

用户级的上下文就是进程的实体中的程序和数据；寄存器级的上下文就是 CPU 的现场信息；而系统级的上下文就是进程控制块、进程运行时的系统环境，包括进程的状态和存储器的管理信息等。

当处理机调度选中一个进程占有 CPU 时，处理机调度程序要做的主要工作则是进行进程上下文切换（Context Switch）：将正在执行进程的上下文保留在该进程的 PCB 中，以便以后恢复执行。将刚选中进程的运行现场恢复起来，并将 CPU 的控制权交给被选中进程，使其执行。

3．进程调度的方式和调度时机

（1）进程调度方式

进程调度通常采用两种方式：

① 非抢先（或非剥夺）方式（Non preemptive Scheduling mode）。在非抢先方式下，调度程序一旦把 CPU 分配给某一进程后便让它一直运行下去，直到进程完成或发生某事件（如进程正确完成或由于发生某种错误终止，或提出 I/O 请求，阻塞等待 I/O 完成）而不能运行时，才将 CPU 分给其他进程。但当一个紧急任务需要及时处理时，该调度方式无法满足，从而影响系统的实时性。这种调度方式通常用在批处理系统中，它的主要优点是简单、系统开销小。

② 抢先（或剥夺）方式（Preemptive Scheduling mode）。与非抢先方式不同，这种方式规定，当一个进程正在执行时，系统可以基于某种策略剥夺 CPU 给其他进程。抢先的情况

有：按照时间片轮转策略，分给进程的时间片用完被抢先；或采用优先级调度策略时，有更高优先级进程变为就绪而被抢先。这种调度方式更多用在分时系统和实时系统，以及现代的多任务操作系统中，以便充分保证进程的并发性和及时响应。

（2）进程调度的时机

所谓进程调度的时机，是指什么时候引起进程调度程序工作。进程调度时机与进程调度的方式密切相关。由上述的调度方式，可总结出调度的时机：

① 现行进程完成执行或由于某种错误而中止运行；
② 正在执行的进程提出 I/O 请求，等待 I/O 完成；
③ 分时系统中，按照时间片轮转，分给进程的时间片用完；
④ 基于优先级调度，有更高优先级进程变为就绪；
⑤ 进程执行了某种原语操作，如阻塞原语或唤醒原语时，都可能引起进程调度。

4. 处理机调度算法

处理机调度究竟采用什么算法是与整个系统的设计目标相一致的。对于不同的系统，有不同的设计目标，通常采用不同的调度算法。在批处理系统中，系统的设计目标是增加系统吞吐量和提高系统资源的利用率，尽量减少各个作业进程的等待时间和转换时间；而分时系统则保证每个分时用户能容忍的响应时间；对于实时系统，则要保证系统对随机发生的外部事件做出实时的响应。因此，处理机调度常采用如下一些算法。

（1）先来先服务调度法（First Come First Service，FCFS）

先来先服务调度算法是一种最简单的方法，系统维护一个 FIFO 队列，按照进程到达就绪队列的先后次序顺序调度运行。对于不太复杂的系统常采用这种方法。其优点是节省机器时间，运行效率高。其主要缺点是容易被大作业进程垄断，使得平均等待时间延长。

例如，假定三个作业几乎同时到达。j1 运行 2 小时，j2 和 j3 分别只需要 3 分钟。若系统先运行 j1，再运行 j2 和 j3。显然，j1 等待时间为 0，j2 等待 2 小时，j3 等待 2 小时 3 分钟，再运行 3 分钟，3 个进程才能完成。

三个作业的平均等待时间为：$(0+2 \times 60+2 \times 60+3)/3=81$（分钟）。

（2）最短作业的进程优先调度法（Short Job First，SJF）

这种算法要求每个作业的进程提供所需的运行时间，每次调度时总是选取运行时间最短的进程运行。这种算法对于运行时间短的进程有利，进程的平均等待和周转时间最佳，也容易实现。

对于上面的例子，若采用最短进程优先算法，系统应先运行 j2，再运行 j3，最后运行 j1。系统先运行 j2 时，j1 和 j3 等待 3 分钟后 J2 完成，之后 j3 运行 3 分钟完成，最后 j1 运行 2 个小时，三个作业全部完成。

三个作业的平均等待时间为：$(0+3+6)/3=3$（分钟）。

由此可见，短进程优先调度算法大大降低了作业的平均等待时间。但可能使得长进程没有机会运行，这种现象叫做饿死。

（3）响应比高者优先调度法（High Response Next，HRN）

为了克服上述两种算法的缺点，这种算法兼顾了运行时间短和等待时间长的作业。响应比 R_p 定义如下：

$$R_p = (作业等待时间 + 作业估计运行时间) / 作业估计运行时间$$
$$= 1 + 作业等待时间 / 作业估计运行时间$$

每当调度作业时，都要计算各个作业的响应比，总是选择响应比高的作业运行。在通常情况下，优先运行短作业，当长作业等待时间足够长时，它也就变为可优先运行的作业了，从而克服两者的缺点。但由于每当进行作业调度时，系统需要花费大量时间计算各个作业的响应比，系统开销比较大。

这三种算法常常用于批处理系统中的作业调度。显然，作业的平均等待时间和周转时间与运行作业进程的特点密切相关。

关于作业调度算法，还有很多，这里不再一一介绍。

（4）优先级调度法（Priority Scheduling）

这是最常用的一种进程调度方法。当有作业提交或完成等事件发生时，引起进程调度。系统总是将 CPU 分配给就绪队列中优先级最高的进程。通常确定优先级的方法有两种，即静态优先级法和动态优先级法。

静态优先级是在进程创建时确定的，它依据进程的类型是用户进程还是系统进程。通常赋予系统进程较高优先级；对于用户进程，还要根据申请资源情况决定，申请资源量少的赋予较高优先级。如果用户要为其进程申请高的优先级，这通常是用高的经济费用来换取的。一旦进程的优先级确定了，在其整个运行过程中将保持不变。这种算法最大优点是简单，但不能动态反映进程特点，与 SJF 一样，使得低优先级的长进程没有机会运行。

为了克服静态优先级的缺点，采用动态优先级。所谓动态优先级，是指进程在开始创建时，根据某种原则确定一个优先级后，随着进程执行时间的变化，其优先级不断地进行动态调整。动态计算各进程的优先级，系统要付出一定的开销。有关动态优先级确定的依据有多种，通常根据进程占用 CPU 时间的长短或等待 CPU 时间的长短动态调整。UNIX 系统正是采用这种方法动态调整进程优先级的。

（5）轮转法（Round Robin，RR）

轮转法通常用在分时系统中，它轮流地调度系统中所有就绪进程。在实现时，它利用一个定时时钟，使之定时地发出中断。时钟中断处理程序在设置新的时钟常量后，即转入处理机调度程序，选择一个新的进程占用 CPU。时间片长短的确定遵循这样的原则：既要保证系统各个用户进程及时地得到响应，又不要由于时间片太短而增加调度的开销，降低系统的效率。

下面给出的是采用轮转法时的 CPU 调度情况和进程的周转时间的一个示例。

若有三个进程几乎同时到达，它们的运行时间分别是 p1 为 10 分钟，p2 为 4 分钟，p3 为 2 分钟。为了简单，假定时间片为 2 分钟。

第一次轮转：p1 运行第一个时间片，依次是 p2，p3。p3 运行完成，p3 的周转时间为 6 分钟。

第二次轮转：p1 运行第一个时间片，第二个分配给 p2，p2 完成，p2 的周转时间为：6 + 4 = 10（分钟）。

第三次轮转时，只剩下 p1，p1 再运行 6 分钟，最终完成。p1 的周转时间为：6 + 4 + 6 = 16（分钟）。

三个进程的平均周转时间：(6 + 10 + 16) / 3 = 11（分钟）。

（6）多级反馈队列轮转法（Multi-level Feed back Queue，MFQ）

在轮转法中，进程在就绪队列的情况有如下几种：① 刚刚被创建的等待被调度的进程；② 已经被调度执行过，但还没有执行完，等待下一次调度；③ 正在执行的进程还未用完分给它的时间片，因请求 I/O，等待 I/O 完成被迫放弃 CPU，当等待原因解除后又一次进入就绪队列等待运行。为了反映各进程这三种可能的情况，系统通常设置多个就绪队列，且进程在其生命期内可能在多队列中存在，几个队列可以采用前后台运行。前台队列采用 RR 法调度，后台队列采用 FCFS 法调度。前台进程的优先级都高于后台进程。前台的各种队列的时间片也不一样，高优先级队列进程的时间片较短，低优先级队列进程的时间片较长。通常刚创建的进程和因请求 I/O 未用完时间片的进程排在最高优先级队列。在这个队列中各进程轮流运行 2～3 个时间片，未完成的进程排到下一个较低优先级队列。这样，系统可设置 n 个优先级队列。系统在调度时，总是先调度优先级高的队列，仅当该队列空时，才调度次高优先级队列。依此类推，第 n 个队列进程被调度时，必须前 $n-1$ 个队列为空。不论什么时候，只要较高优先级队列有进程进入，立即转处理机调度，及时调度高优先级队列的进程。其组织形式如图 2.7 所示。

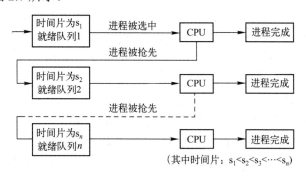

图 2.7　多级反馈队列轮转调度

这种多级反馈队列算法能较好地满足各类作业的用户要求，既能使分时用户作业得到满意的响应，又能使批处理用户的作业获得较合理的周转时间。

上述的调度算法常用于批处理和分时系统。对于实时系统，其调度算法一直是计算机科学研究的热门领域之一。通常采用的算法有：

① 时钟驱动法（Clock-Driven）。在采用时钟驱动的实时调度的系统中，各任务的调度安排通常是在系统开始运行前就确定的。硬实时系统的任务的所有参数是固定的和可知的。调度程序按照这个安排进行任务调度。

一个常用的选择是以规则的间隔时间进行调度决策。该系统使用一个硬件定时器，这个定时器被周期性地进行设置，时间到期后，系统就启动要执行的任务。

② 加权轮转法（Weighted Round-Robin）。与轮转法不同之处在于不同的进程可以给不同的权值。因此，一个进程的权就是分配给它的一小部分处理机的时间。每次轮转时，各个进程获得处理机的时间就是它具有的权值长度。一次轮转的时间长度等于各就绪进程的权值之和。通过调整权值，就可以加快、放慢或延迟每个进程的完成进度。该算法广泛应用在高速开关网的实时控制中。

有关实时调度算法还有许多，这里不一一介绍。

5. 多处理器调度

前面章节介绍了一些单处理器系统的调度问题和算法，多处理器和多核处理器的调度方法与单处理器的调度方法有很多类似之处，但是也带来了很多新的挑战。在第 1 章中我们介绍了多处理器的系统架构有非对称多处理器 AMP 和对称多处理器 SMP 两种，几乎目前所有的现代操作系统，如 Windows、Unix、Linux 和 Mac OSX 都支持 SMP，因此为了简单起见，本书仅讨论 SMP 的调度问题。多处理器调度首先要面临多处理器负载均衡和处理器亲和性问题。

对于 SMP 系统来说，保持多个处理器的负载均衡可以更好地提高多个处理器的利用率，否则一些处理器比较空闲，一些处理器负载较高，会降低系统整体的利用率。如果多处理器是从全局共享的统一就绪队列中取待处理的进程，那负载均衡问题会比较容易处理，任意处理器空闲都可以从队列中分配一个新的进程执行。但是多处理器共享队列需要通过使用自旋锁来保证多处理器对队列的正确访问和修改，系统性能会有所下降。因为很多 SMP 系统都是为每个处理器准备一个私有的就绪队列，此时负载均衡问题就会比较难以解决。目前主要的做法是，通过一个特定的周期性任务来检测各处理器负载情况，发现负载不均衡时将进程在不同的处理器之间进行迁移。通过迁移进程可以实现多处理器的负载均衡，但是这会产生另一个问题，就是每个处理器内部都有专门的缓存，进程从一个处理器迁移到其他处理器时，原来缓存里的数据就失效了，需要在新的处理器上重新填充缓存的数据，缓存数据重新加载的过程代价很高，这也就是多处理器调度需要解决的处理器亲和性问题。

除了在解决负载均衡而迁移进程的时候会有重新加载缓存的情况，在进行进程调度时，如果一个进程切换时被调度程序放到了不同的处理器执行，它在原处理器缓存中加载的数据也会失效，同样需要在新的处理器缓存上重新加载数据。大多数 SMP 系统的调度程序都试图避免将进程从一个处理器调度到另一个处理器执行，而是尽量使其保持在同一个处理器上运行，以提高缓存内数据的命中率，这称为处理器亲和性（processor affinity），即一个进程对其原本运行的处理器具有亲和性。操作系统一般都是试图保持进程运行在同一处理器上，但是这个进程也可以迁移到其他处理器，这称为软亲和（soft affinity）。程序员也可以通过类似 Linux 系统中 sched_setaffinity 这样的系统调用来设置亲和处理器，这种方式称为硬亲和（hard affinity）。由上述内容可以看出，负载均衡通过调整进程运行的处理器来提高处理器整体的利用率，但是调整进程运行的处理器又可能会影响进程的亲和性，降低缓存的命中率，这也是操作系统设计时需要平衡的问题。针对多处理器的调度算法也在不断发展，典型的调度算法有负载共享（Load Sharing）调度算法、群调度（Gang Scheduling）算法、处理器专派（Dedicated Processor Assignment）调度算法、动态调度算法等。

多核处理器调度与多处理器调度具有一定的相似性，但是多核处理器的调度要更复杂一些，因为现代多核处理器为了将执行指令和等待内存进一步并发，往往为每个物理内核分配两个或者多个硬件线程，从操作系统角度看，每个硬件线程都可以看作一个逻辑内核。Intel 的超线程（Hyper-Threading，HT）技术就是通过硬件线程来实现更多的逻辑内核的，例如 Intel 的 Core i7-3960X 就实现了 6 核 12 线程。操作系统调度程序负责决定将哪个软件线程运行到处理器的哪个硬件线程（逻辑内核）上。

2.5　线程的引入

为了实现程序之间的并行执行，20 世纪 60 年代以来，操作系统围绕进程这个概念进行设计和构造。进程作为系统资源分配和调度的独立单位确实提高了系统的并发程度和吞吐量。但随着系统应用面的不断扩大，需要同时处理的事件增多，简单地用进程这个概念已显得不够有效，为此，20 世纪 80 年代引入了线程（thread）。本节讨论线程的概念和它与进程的差异。

1．线程的概念

迄今为止所讨论的进程模型中，进程是系统资源的分配和调度单位。隐含一个进程包含一个单线程。在现代计算机特别是多处理机系统中，为了减少程序并发执行时系统付出的时间和空间开销，使系统运行得更加有效，引入了线程模型。在引入线程的操作系统中，把线程作为处理机调度的基本对象，而把进程只作为除 CPU 外的系统资源的分配对象。

进程在逻辑上表示操作系统必须做的一个任务，线程表示完成该任务的许多可能的子任务。线程是进程中的一个可执行实体，是被操作系统调度的一个独立单位。一个进程可以有多个线程，多线程共享该进程拥有的所有资源。

一个线程也由一个线程控制块描述，它包含系统管理线程所需的全部信息。一般由如下几部分组成：

（1）有一个唯一的标识符；

（2）有表示处理机状态和运行现场的一组寄存器，用于保护 CPU 的现场信息；

（3）有两个堆栈，分别用于用户态和核心态调用时进行参数传递；

（4）有一个独立的程序计数器，或叫做一个私有的存储区；

（5）关联的进程和线程指针。

进程的多线程模型如图 2.8 所示。从图中可以看出，这个进程有 3 个线程，每个线程可以运行进程程序区中不同的或相同的函数，消耗不同的数据或处理不同的外来请求。通过共享进程的存储空间，进行信息交换，协同完成该进程的任务。

由于线程拥有较少的资源，但又具有传统进程的许多特性，因此一般又把线程叫做轻型进程（Light Weight Process），而把传统的进程叫做重型进程（Heavy Weight Process），是拥有一个线程的进程。

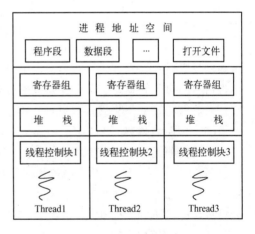

图 2.8　进程的多线程模型

2．线程与进程的比较

为了更好地认识进程和线程，对两者比较如下：

（1）拥有的资源。从前面给出的进程控制块中已经知道，每个进程拥有一个独立的存储空间，用来装入由若干代码段和数据段组成的实体。此外它还拥有打开的文件，以及至少一个线程。这些资源随着进程的生成而产生，当进程终止时，它们也同时被撤销。进程被创建时，系统同时为进程创建第一个线程。

进程中的其他线程是通过调用线程创建原语显式创建的。进程中只要还有一个线程在执行，这个进程就不会终止，直到它的所有线程终止后，它才终止。

（2）调度。处理机调度时，进行进程上下文的切换需要较大的系统时间和空间的开销；而采用线程调度时，由于同一进程内的线程共享进程的资源，其上下文切换只把线程仅有的一小部分资源交换即可，从而提高了系统的效率。也就是说，线程切换比进程切换快得多。但是，在由一个进程的线程向另一个进程的线程切换时，将引起进程上下文的切换。

（3）并发性。引入线程后，系统的并发执行程度更高。也就是说，此时的系统不仅进程之间可以并发执行，而且同一进程内的多线程也可并发执行。

创建多线程进程对解决从用户接收请求并为每一请求执行同一代码的文件服务器来说是一种有效的方法。对于每一个被接收的请求，文件服务器进程都可以为其创建一个线程来服务于该请求。所有用户的请求将被并行处理。若文件服务器用一个进程来处理这个问题，各用户的请求只能顺序处理。

在多 CPU 的对称多处理系统中，引入线程后，使得它们在宏观和微观上都可以并行，从而提高了系统的资源利用率和吞吐量。

（4）安全性。由于同一进程的多线程共享进程的所有资源，一个错误的线程可以任意改变另一个线程使用的数据而导致错误发生。而采用多进程实现则不会产生这一问题。因为系统绝不允许一个进程有意或无意破坏另一进程。从保护的角度看，使用多进程比多线程在安全性上可能更有效。

3．系统对线程的支持

系统对线程的支持可分为两类：用户级线程和核心级线程。

（1）用户级线程

用户级线程是指有关线程的所有管理工作都由用户程序通过调用用户态运行的线程库（如 POSIX 的 pthread 库）完成，系统内核并不知道线程的存在。应用程序从一个线程开始执行，该应用程序和它的线程对应核心管理的一个进程。但应用程序可以根据需要，在同一进程中创建线程，自己设计调度算法，调度指定线程运行。由于内核是单线程，仍以进程为单位进行调度。这样，任何一个用户级线程的阻塞，都将引起整个进程的阻塞。用户态的多线程对应核心态的一个线程或进程，称这种模型为多对一的模型。

（2）核心级线程

核心级线程是指有关线程的所有管理工作都由系统内核完成。用户应用程序是通过调用线程的应用程序编程接口 API 来管理线程的。由于内核支持线程，任何一个线程的阻塞，一般不影响同一进程的其他线程的执行。在一个多处理机系统中，可以将同一进程的不同线程调度到不同的处理机上。用户态的一个线程对应核心态的一个线程或进程，称这种模型为一对一的模型。Linux 和 Windows 等都实现了一对一的模型，但这样的系统通常对一个应用创建的线程数量有一定限制。

（3）两级组合

有些系统既支持用户级，也支持核心级的线程。多个用户级的线程可以对应等量或少量的核心级的线程（$m:n$）。任何一个应用可以分配多个核心线程，从而使核心线程在多处理机上并行。当一个线程阻塞时，核心可调度同一进程或不同进程的另一个线程执行，使得线程在宏观和微观上都能很好地并行，大大加快了应用程序的运行速度。用户态的多线程对应核心态的多个线程或进程，称这种模型为多对多的模型。

2.6 小 结

本章重点讨论了顺序程序的特点，进程的概念、进程的特点、进程的描述、进程的状态及状态转换、进程的组织、进程控制和处理机调度，并引入了线程的概念。

1．顺序程序的特点

程序顺序执行时的最大缺点是系统资源的利用率极低，但由于顺序性，使程序具有了运行环境的封闭性和结果的可再现性，使得编程简单，便于调试。

为了增加系统的吞吐率，提高资源的利用率，引入进程的概念。

2．进程的定义和进程与程序的区别

进程是操作系统中最基本的概念，它是系统进行资源分配和调度的独立单位。所谓进程，是指可并发执行的程序在一个数据集合上的运行过程。进程具有并发性、动态性、独立性和结构性。程序是一个静态概念，只要不删除，程序永远存在。

从结构上看，进程是由进程控制块、它要执行的程序段和程序运行所需的数据组成。进程有三个基本状态：就绪、运行和阻塞等待。

进程控制主要包括进程的创建、撤销、阻塞、唤醒、挂起和解挂。进程控制由原语实现。

为了管理进程，系统按照一定的方式将所有进程组织起来，或者采用一维表，或者采用多种进程队列。

3．处理机调度

包括处理机调度的方式（抢先式或非抢先式）、时机、调度的功能和常用的处理机调度算法。为了提高资源的利用率，处理机调度通常分为三级（作业调度、进程调度和交换调度常用于批处理系统）或两级（进程调度和交换调度常用于分时系统）。另外，对于批处理系统，还给出了衡量调度性能的参数——平均周转时间和等待时间等。

4．线程的概念及线程与进程之间的关系和区别

现代操作系统为了提高系统的并发程度，特别是多处理机系统中，都引入了线程概念。有的系统把线程叫做轻量级的进程。引入线程后，进程是资源的分配单位或叫做资源的容器，线程是处理机的调度单位。一个进程可以有多个线程，进程内的多线程共享该进程的全部资源。线程的具体实现可分为三级：用户级线程、核心级线程和两级相结合的线程。

为了实现保护，多进程比多线程使系统更安全。因此，线程之间应该协调和同步执行。

习　　题

2-1　何谓进程？试从动态性、并发性和独立性上比较进程与程序。

2-2　进程控制块的作用是什么？它主要包括哪几部分内容？

2-3　进程有哪几种基本状态？试举出使进程状态发生变化的事件并描绘它的状态转换图。

2-4　处理机的调度通常分为几级？它们的主要职能是什么？为什么要引入交换调度？

2-5　试从调度性、并发性、拥有资源及系统开销 4 个方面对进程和线程进行比较。

2-6　作业调度存在于哪种类型的操作系统中？为什么？

2-7　若当前运行进程（　　　）后，系统将会执行进程调度原语。请进行如下选择，并说明理由。

A．执行了一条转移指令　　　　B．要求增加主存空间，系统已经满足它的要求

C．执行了 I/O 指令　　　　　　D．执行程序期间发生了 I/O 完成中断

2-8　给定一组作业 J_1，J_2，…，J_n。它们的运行时间分别为 T_1，T_2，…，T_n，假定这些作业同时到达，并且在一台处理机上按单道方式运行。试证明按最短作业优先算法调度时，平均周转时间最短。

2-9　有五个作业正等待运行，它们估计运行时间分别为 9，6，3，5 和 x。为了获得最小的平均周转时间，应按照什么顺序运行它们？（你给出的答案应是 x 的函数）。

2-10　下面哪种调度算法可能导致进程饥饿现象的发生？

A．先来先服务　　B．短作业优先　　C．轮转法　　D．优先级法

2-11　就下面的问题，应由处理机的哪一级调度完成？为什么？

（1）在处理机即将空闲时，应为它分配一个就绪进程。

（2）在内存负载繁重的情况下，应设法减轻系统负载，以提高系统的运行效率。

2-12　假定系统有四道作业，它们的提交时间及估计执行时间（以小时为单位）如下表所示。在单道批处理系统中，采用先来先服务、最短作业优先和响应比高者优先的调度算法时，分别计算下表列出作业的平均周转时间。

作业号	提交时间（小时）	估计运行时间（小时）
1	8.0	2.0
2	9.0	1.2
3	9.5	0.5
4	10.2	0.3

2-13　给出 5 个批作业 A～E，它们几乎同时到达计算中心。它们各自所需的运行时间大约为 10，6，2，4 和 8 分钟，优先级分别为 3，5，2，1 和 4。假定 5 是最高优先级，所有作业都是计算型的，且一次仅运行一个作业的进程，直到它完成。对于下面的调度算法，忽略它们调度时所用时间，求作业进程的平均周转时间。

（1）轮转法（时间片为 2 分钟），按照作业的顺序轮转。

（2）优先级调度法。

2-14　假定一个计算机系统的性能特征是：处理一次中断，平均需要 1ms；一次进程调度需要 2ms；恢复被选中的进程的运行现场，平均需要 1ms。另外，定时器每秒产生 100 次中断。请问：

（1）操作系统处理时钟中断花费百分之几的 CPU 时间？

（2）如果采用时间片轮转法调度进程，10 个时钟中断为一个时间片，那么，操作系统用于进程调度（包括调度、恢复被选中的进程的运行现场和引起调度的时钟中断处理）花费百分之几的 CPU 时间？

第3章　进程之间的并发控制和死锁

3.1　并发进程的特点

在操作系统中，并发执行的进程或要共享系统资源，或要协作完成同一个任务，彼此之间可能相互影响和相互制约。

（1）对资源的共享引起的互斥关系

由于共享资源，使得本来没有逻辑关系的进程因相互竞争系统资源而产生了制约关系。例如，进程 P1 和 P2 在运行中都要使用打印机，为了保持各进程输出的完整性，打印机必须独占使用。这样，一旦系统将打印机分配给进程 P1，那么进程 P2 必须等待；P1 使用完打印机并释放后，P2 才能使用。进程之间本来是相互独立的，但由于共享资源而使进程之间产生了这种制约关系。这是一种间接制约关系，即互斥关系。这种关系可用"进程—资源—进程"来描述。

（2）协作完成同一个任务引起的同步关系

通常，一个用户作业涉及一组并发进程，这些进程须相互协作（Cooperating），共同完成这项任务。这样，在运行过程中，这些进程可能要在某些同步点上等待协作者发信息后才能继续运行。进程之间的这种制约关系叫做直接制约关系，又叫同步关系。这种关系可用"进程—进程"来描述。

（3）进程之间的前序关系

由于进程之间存在着直接和间接制约关系，使得并发执行的进程就具有了前序关系（Precedence Relations）。这些关系决定了各个进程创建和终止的时间。图 3.1 给出了进程之间可能存在的几种前序关系。

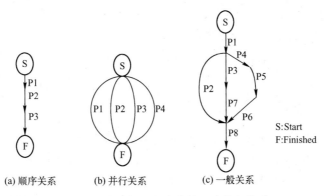

(a) 顺序关系　　(b) 并行关系　　(c) 一般关系

图 3.1　进程之间可能存在的几种前序关系

图（a）代表进程 P1、P2、P3 是必须顺序执行的进程流图，图（b）代表 P1、P2、P3、P4 彼此是相互独立的进程，是完全可以并行执行的进程流图，图（c）代表的是进程之间更加复杂的关系的流图。显然，除图（b）外，其他两个图的进程之间存在前序关系。由图（a）、（b）、（c）可以总结出下列表达式，式中的 S 代表进程必须顺序执行的关系

（Serial），P 代表进程可以并行执行的关系（Parallel）。

  （a）S(P1,P2,P3)

  （b）P(P1,P2,P3,P4)

  （c）S(P1,P(P2,S(P3,P7),S(P4,P5,P6)),P8)

  弄清进程之间的前序关系，才能够使并发进程正确地运行。下面用图 3.2 给出用户在工作站上的一次会话过程中的进程流图。

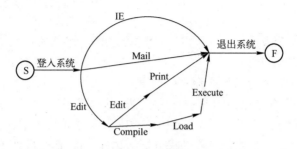

图 3.2 用户的一次会话过程中各个进程之间的关系

3.2 进程之间的低级通信

  操作系统为了对运行的程序进行管理，抽象出了进程的概念，并为每个进程定义了地址空间，实现对进程的封装和地址访问的控制。多个进程可以在系统中并发执行，正常情况下，一个进程是不能直接访问另一个进程的地址空间的，进程之间彼此独立。但是很多任务需要不同进程之间协作完成，因此产生了进程之间的同步和互斥关系。协作的进程就需要进程间通信（InterProcess Communication，IPC）机制，以允许不同进程之间交换数据与信息。进程间通信的方式是多样的，可能是一个比特的信号信息，也可能是一整块数据，或者是有特定结构的数据类型。根据进程间交换的信息量大小和效率高低，可以分为进程间低级通信和高级通信两类。低级通信主要用于进程之间的同步和互斥等控制信息的传递。高级通信主要用于大量数据的传递，具体相关技术将在 3.4 节中详细介绍。下面介绍如何通过进程低级通信的方式来解决进程同步与互斥问题。

3.2.1 进程之间的互斥

1. 临界资源和临界区

  进程之间的互斥是由于共享资源而引起的。为了描述这类情况，引入临界资源（Critical Resource）和临界区（Critical Section）的概念。所谓临界资源，就是一次仅允许一个进程使用的系统中的一些共享资源。这些资源既包括慢速的硬设备，如打印机等资源，也包括软件资源，如共享变量、共享文件和各种队列等，如第 2 章中记录打印机可用数量的变量 N 就属于临界资源。而临界区就是并发进程对 N 变量必须互斥操作的那段程序。

  关于临界区的概念，下面再举一个简单而通用的例子来理解。为了满足并发进程打印文件的要求，操作系统建立了一个打印进程 printer 和一个系统专用的存放打印文件的 spool 目录。

  一个 spool 目录有很多目录项，编目为 0，1，2，…，其中每一个目录项保存一个要打印的文件名和相关属性。假定某时刻，目录项 0～3 中的文件已打印完成，为空，4～6 已放置了要打印的文件名，为满，如图 3.3 所示。为了对其管理，设置了两个指针变量 out 和 in。in 指出目录中下一个空目录项，此时 in=7。out 指出下一个要打印的文件目录项，此时 out=4。显然，in 变量是一个临界资源。因为，多个要求打印文件的并发进程通过 in 将要打印的文件名写入 spool 的一个目录项中。打印进程 printer 不断地检查该 spool 目录，看是否有要打印的文件。如果有，它负责顺序地打印各个文件，并将打印完成的文件名从该 spool 目录中清除掉。将要打印的文件名送入指定目录项的操作如下：

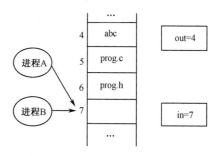

（in）→局部变量 i

要打印文件名送局部变量 i 所指位置

局部变量 i+1→in

图 3.3　spool 目录

假定系统中有两个异步运行的进程 A 和 B 都要打印文件，若进程 A 先运行，它读 in（目前为 7），并将 in 的值存入它的局部变量 i 中。若此时产生时钟中断，将 CPU 的使用权转让给进程 B，进程 B 也执行读 in，得到的值仍然是 7，B 将要打印的文件名存入第 7 个目录项，并修改 in 为 8。之后，当进程 A 再从断点接着运行时，检查局部变量 i 的值为 7，将它的文件名也写入第 7 个目录项。之后，进程 A 将局部变量 i 增 1，并将 i 的值存入变量 in 中。显然，进程 B 的文件名被进程 A 的文件名覆盖了，进程 B 将永远无法得到它要打印的正确结果。

这里，共享变量 in 就是临界资源，而对共享变量 in 的操作就是它的临界区。由于 AB 两个进程未能对 in 互斥进行操作导致出现上述错误。

现在对临界区进行定义：临界区就是并发进程访问临界资源的那段必须互斥执行的程序段。显然，一个变量可以有几个相关的临界区。对于第 2 章中给出的记录打印机可用数量的变量 N，就有两个临界区：申请打印机的减 1 操作和释放打印机的加 1 操作。因此，要求并发进程任何时候只能有一个进程在相关临界区内执行，其他进程必须等待。否则，将引起与时间有关的错误。操作系统必须防止这种情况发生。

如何保证临界区的互斥执行呢？为此，系统为并发进程制定了进入临界区需要遵循的如下四个准则：

① 不能同时有两个进程在它们的临界区内执行——互斥使用；

② 等待进入临界区的进程，应释放处理机后阻塞等待——让权等待；

③ 在临界区之外运行的进程不可以阻止其他的进程进入临界区——有空让进；

④ 不应该使要进入临界区的进程无限期地等待在临界区之外——有限等待。

如何保证这些准则的实施呢？这需要设计一个协议，每个进程在进入临界区之前，必须请求许可权。实现这个请求的代码段叫做 enter section。进程退出执行时，执行 exit section 代码段释放对临界区操作的使用权。这些代码段的执行是不可中断的，从而保证并发进程互斥地进入临界区。一个进程 P 进入临界区执行的一般结构如图 3.4 所示。

图 3.4　进程含有临界段的一般结构

2．解决进程之间互斥的硬件实现方法

为了使进程互斥地进入临界区执行，可采用如下的解决办法。

（1）关中断

解决进程互斥的最简单办法是当一个进程正在临界区执行时，关闭所有的中断。因为 CPU 从一个进程转接到另一个进程是由于时钟中断（时间片到）或其他中断引起的，因此，用开、关中断可以保证各进程互斥地进入临界区。描述如下：

```
{ 关中断(disable)
〈critical section〉
开中断(enable)串
    … }
```

采用开、关中断方法解决临界区的互斥执行，方法简单，但系统要付出较高代价。这样做的结果是，限制了处理机交叉执行程序的能力。在多处理机情况下，这种方法往往会失效。因为任何时候同时有多个进程在不同的处理机上运行。关中断仅仅对执行本指令的那个 CPU 有效，而不能保证在不同处理机上运行的进程对临界区的互斥执行。

（2）使用测试和设置硬件指令（test and set）

测试和设置指令是一类由处理器硬件支持的机器指令，该类机器指令可以原子性地读取一个变量的值，然后再设置新的值，例如 x86 处理器的 bts 指令。测试与设置指令不仅可以在单处理器上保持原子性，还可以在多处理上保持原子性，因此是实现 SMP 上自旋锁的重要方法。test&set 指令执行时，会首先测试（读取）锁位变量的值，然后将锁位变量的值设置为 1，并返回之前测试得到的值，这个测试和设置的过程是原子操作。使用 C 语言可以描述为以下的函数的形式，只不过该函数是不能被中断的。

```
test&set(&address)
{
    result = M[address];
    M[address] = 1;
    return result;
}
```

当使用测试和设置指令进行互斥时，会将 test&set 放到循环中，例如以下的方式：

```
while(test&set(w));
```

如果 w 为 0，该指令会将 w 置为 1；因为返回的是 0，所以循环将结束，表明已经获得了锁，可以进入临界区。如果 w 为 1，表明资源已经被占用，该指令将 w 置为 1；因为返回的是 1，所以循环将继续执行，不断检测和设置 w 的值，直到其值变为 0 为止。

当进程使用完临界资源退出临界区时，再重置 w 的值为 0，以表示资源空闲，这叫做开锁。用加锁和开锁指令保护临界区的互斥执行。

下面给出两个或多个进程利用这条指令实现资源互斥使用的过程。

在这个过程中，n 代表并发执行的进程数，w 代表某类临界资源的锁位标识。其中的 parbegin 和 parend 是一个语句括号。在此语句括号内的多进程可以以任意方式（并行、交叉、顺序）执行。但由于"测试与设置"是一条机器指令，故其执行是不会被中断的，从而

保证锁位 w 测试和设置的完整性。

```
int n=5;                        //n 表示进程数
int w;                          //w 是某类临界资源的锁位标识
procedure p(i)                  //诸进程申请使用临界资源要调用的过程
begin
    while (test&set(w));        //加锁
        〈Critical Section code〉  //临界区代码
    w=0;                        //开锁
    …
end
begin                           //主程序
    w=0;
    parbegin
        p(1)；p(2)；…p(n)；       //启动多个并发进程
    parend
end
```

显然，采用这种加锁语句，保证了互斥进入临界区，但由于进程循环测试锁位，白白浪费了大量的 CPU 时间。这种现象又叫做"忙等待"。

在多处理机系统中，大多采用类似加锁指令的转锁（spinlock）机制，也有效地解决了临界区的互斥执行。转锁机制的具体实现，参见第二篇和第三篇的相关部分。

3.2.2 进程之间的同步

进程的同步是指一组共行进程，各自以独立的、不可预知的速度向前推进，在前进过程中彼此之间需要相互协调步伐，才能正确地完成同一项任务。例如，管道命令"DIR|SORT"，就是需要两个进程合作的典型例子。管道符号的左右两边的命令各需要一个进程执行，且这两个进程只有很好地配合才能正确地完成这个命令行。

下面再举一个简单的例子，说明两个进程通过共享缓冲区完成一个用户计算任务的同步过程。计算进程负责对用户数据进行处理，并将处理结果送入共享缓冲区，供打印进程取数据打印。在这个例子中，有两种情况应该避免发生：

① 缓冲区空时，打印进程不能取数据，或重复取已经打印过的数据；

② 缓冲区已装满数据时，计算进程不能再送数据，否则，会将还未打印的数据覆盖掉。

正确的做法应该是当缓冲区空时，打印进程等待；满时，计算进程等待。显然，计算进程与打印进程中出现的两种不正确结果不是由于两个进程同时访问共享缓冲区，而是由于它们访问缓冲区的速度不匹配造成的。为了使进程正确地同步，必须引入新的同步机制——信号量机制。

3.2.3 信号量和 P、V 操作

管理和控制铁路及公路交通的重要工具是信号灯。交通管理人员利用信号灯的状态（颜色）控制各种车辆的正常通行。同样，使用信号灯也可以正确地管理各并发进程对计算机系统中的共享资源的互斥使用和协作同步关系。这正是 1965 年由荷兰学者 Dijkstra 提出

的一种卓有成效的同步机制——信号灯（信号量：semaphores）机制。

信号量表示系统共享资源的物理实体，它用一个数据结构描述：

```
typedef struct{
            int value;
            struct process *list;
      }semaphore;
```

其中，value 是一个整型变量，其值大小表示该类资源的可用数量。系统初始化时为 value 赋值；list 是等待使用该类资源的进程排队的队列头指针。对信号量 s 的操作只允许执行 P、V 原语操作。P、V 操作分别是荷兰语的 proberen(test)和 verhogen(increment) 的意思。

P 操作用 P(s)表示，描述为：执行 P 操作时，将信号量 s.value 的值减 1，若 s.value≥0，则执行 P 操作的进程继续执行；若 s.value<0，则执行 P 操作的进程变为阻塞状态，并排到与该信号量有关的 list 所指队列中等待。之后转处理机调度。

V 操作用 V(s)表示，描述为：执行 V 操作时，将信号量 s.value 的值加 1，若 s.value 的值不大于 0，则执行 V 操作的进程从与该信号量有关的 list 所指队列中释放一个进程，使它由阻塞变为就绪状态，之后执行 V 操作进程继续执行或转处理机调度；若 s.value 的值大于 0，执行 V 操作进程继续前进。

操作系统正是利用信号量的状态对进程和资源进行管理的。从物理意义上理解，P 操作相当于申请资源，V 操作相当于释放资源。有的资料用 wait()和 signal()来取代 P/V 操作。描述如下：

```
wait(s){
    s.value--;
    if(s.value<0)    {    add this process to s.list; block();}
}
signal(s){
    s.value++;
    if (s.value<=0){    remove a process from s.list; wakeup();}
}
```

1. 利用信号量实现进程之间的互斥

为了正确地解决一组并发进程对临界资源的互斥共享，这里引入一个互斥信号量，用 mutex 表示。对于互斥使用的资源，其信号量的初始值只能为 1。任何欲进入临界区执行的进程，必须先对互斥信号量 mutex 执行 P 操作，即将 mutex 值减 1。若减 1 后 mutex 值为 0，表示临界资源空闲，执行 P 操作进程可以进入临界区执行；若 mutex 减 1 后的值为负，说明已有进程正在临界区执行，执行 P 操作的进程必须等待，直到临界区空闲为止。正在临界区执行的进程，完成临界区操作后，通过执行 V 操作释放临界资源，使等待使用临界资源的进程使用。这样，利用信号量方便地解决了临界区的互斥执行。

假定系统有两个进程 P1 和 P2 要共享一临界资源，采用信号量解决进程之间互斥的算法描述如下：

```
int mutex=1;                        //为临界区设置的信号量
parbegin
    p1:begin
        P(mutex);                   //申请进入临界区
        (critical section);         //互斥在临界区执行
        V(mutex);                   //退出临界区
        ⋮
    end
    p2:begin
        P(mutex)
        〈critical section〉
        V(mutex)
        ⋮
    end
parend
```

由算法可知，用信号量可以方便地解决 n 个进程互斥地执行临界区代码的问题。n 个进程并发执行时，信号量的可能取值范围为 $+1 \sim -(n-1)$。信号量的值为负时，说明有一个进程正在临界区执行，其他的进程正在信号量等待队列中等待，等待的进程数就等于信号量的绝对值。

2. 利用信号量实现进程之间的同步

下面用信号量机制实现上一节的计算进程与打印进程之间的同步过程。为了简单起见，假定计算进程和打印进程共享一个单缓冲区。这里需要引入两个同步信号量 s1 和 s2。s1 指示缓冲区是否为空，用来制约计算进程，s1 的初值设为 1 表示缓冲区为空；s2 用来指示缓冲区中是否有可供打印的数据，用来制约打印进程，由于开始时缓冲区为空，故 s2 的初始值为 0。计算进程（Pc）和打印进程（Pp）之间的同步算法描述如下：

```
int s1=1, s2=0;
parbegin
    Pc:   begin
            computer next number;
            P(s1);          //申请一个空缓冲
            add the number to buffer;
            V(s2);          //释放一个满缓冲
            ⋮
        end
    Pp:   begin
            P(s2);          //申请一个满缓冲
            take next number from buffer;
            V(s1);          //释放一个空缓冲
            print the number;
            ⋮
        end
parend
```

3.2.4 利用信号量解决计算机中的经典问题

1. 生产者和消费者问题（The Producer-consumer Problem）

计算机中进程之间的同步问题可以一般化为生产者和消费者问题。运行中的进程当其释放一个资源时，可把它看成是该资源的生产者。而当其申请使用一个资源时，又可把它看成是该资源的消费者。例如，上述的计算进程既可以看成是被打印数据的生产者，又可看成是空缓冲区的消费者；而打印进程可看成是被打印数据的消费者，又是空缓冲区的生产者。为此，用生产者和消费者问题更深入地描述进程之间的同步问题。

假定有一组生产者（M 个）和一组消费者（N 个）进程，通过一个有界环形缓冲区发生联系。正常情况下，生产者将生产的产品放入缓冲区，消费者从缓冲区取用产品。当缓冲区满时，生产者要等消费者取走产品后才能向缓冲区放下一个产品；当缓冲区空时，消费者要等生产者放一个产品入缓冲区后才能从缓冲区取一个产品。设有界缓冲区的容量为 k。为了正确地存取缓冲区，要求把这个环形缓冲看成是一个临界资源，各生产者与消费者进程必须互斥使用。

用信号量解决这个问题，必须定义如下一些信号量：

（1）互斥信号量 mutex，以控制生产者和消费者互斥使用缓冲区。mutex 的初值为 1。

（2）同步信号量 empty，指示空缓冲区的可用数量，用于制约生产者进程送产品，初值为 k。

（3）同步信号量 full，指示装满产品的缓冲区个数，以制约消费者进程取产品，初值为 0。

（4）设置两个送取产品的指针变量 i, j，初值都为 0。

（5）另外再设两个临时变量 x, y，分别用来代表要送和取的产品。

现将生产者与消费者问题描述如下：

```
int mutex,empty,full;
int mutex=1;empty=k;full=0;
int array[0..-1];           //缓冲区的定义
int i=0,j=0;                //缓冲区的送取产品的指针
int x,y;                    //产品变量
parbegin
  producer:  begin
    produce a product to x;
    P(empty);              //申请一个空缓冲
    P(mutex);              //申请进入缓冲区
    array[i]=x;            //add the product to buffer
    i=(i+1) mod k;        //修改缓冲区的送产品指针
    V(full);              //释放一个产品
    V(mutex);             //退出缓冲区
      ⋮
  end;
  consumer:  begin
    P (full);             //申请一个产品
    P(mutex);             //申请进入缓冲区
    y=array[j];           //take a product from buffer
```

```
        j:=(j+1) mod k;
        V(empty);               //释放一个空缓冲
        V(mutex);               //退出缓冲区
        ⋮
    end;
  parend
```

应该注意，无论是生产者还是消费者，P 操作的顺序是重要的。如果把生产者进程中的两个 P 操作的次序交换，当缓冲区满时，生产者欲向缓冲区放产品时，将在 P(empty)上等待，但它已得到了使用缓冲区的权力。若此后，消费者欲取产品时，由于申请使用缓冲区不成功，它将在 P(mutex)上等待。从而导致生产者等待消费者取走产品，而消费者却在等待生产者释放缓冲区，这种相互等待就会造成系统发生死锁现象。

2. 读者与写者问题（The Readers-writers Problem）

读者与写者问题也是计算机理论要解决的一个典型问题。一个文件可能被多个进程共享。为了保证读写的正确性和文件的一致性，要求当有读者进程读文件时，允许多读者同时读，但不允许任何写者进程写；当有写者进程写时，既不允许任何其他写者进程写，也不允许读者进程进行读。

为了解决读者和写者问题，需设置如下一些量：

（1）互斥信号量 wmutex，用于实现读写进程互斥和写写进程互斥地访问共享文件。初值设为 1。

（2）计数器变量 readcount，用来记录同时进行读的读者数。初值设为 0。

（3）互斥信号量 rmutex，用于控制读者互斥地修改计数器 readcount。初值设为 1。

读者—写者的同步问题描述如下：

```
    int rmutex=1, wmutex=1;
    int readcount=0;
    parbegin
    reader: begin                  //读者进程
        P(rmutex);                 //申请对读者计数加 1
        if readcount==0 then
            P(wmutex);             //第一个读者申请读文件的使用权
        end if;
        readcount=readcount+1 ;    //同时读的读者计数加 1
        V(rmutex);                 //释放对读者计数的使用权
        ⋮                          //读文件操作
        P(rmutex);                 //读完退出时，申请对读者计数减 1
        readcount=readcount-1;     //读者计数减 1
        if readcount==0 then
            V(wmutex);             //最后一个读者释放文件的使用权
        end if;
        V(rmutex);                 //释放对读者计数的使用权
        ⋮
    end ;
    writer:  begin                 //写者进程
```

```
                 ⋮
        P (wmutex);                        //申请写文件
        向文件写；
        V(wmutex);                         //释放文件的使用权
                 ⋮
     end;
   parend
```

这个算法是读者优先的描述，只要有一个读者在读，其他读者都可以读，若读者不断到来，可能导致写者永远得不到运行而处于饿死状态。希望学生在理解该算法的基础上写出写者优先和读写公平竞争的算法。

还有一些经典问题，如哲学家就餐问题等，这里不再——列出，将以习题的形式留给读者解决。

3.3 管　　程

利用信号量和 P、V 操作可以实现并发进程之间的互斥和同步。但由于程序中使用大量的 P、V 操作，一方面会给用户编程增加很大的负担，另一方面也会因 P、V 操作使用不当（如 P、V 操作的次序错误或遗漏）或由于某些特定的执行序列发生时，引起错误，甚至产生死锁。程序中使用大量的信号量和 P、V 操作，会使程序的易读性差，检查程序中的错误比较困难，不利于修改和维护。

为了解决这类错误，引入了新的同步机制——管程（monitor）。

1. 管程的定义

1973 年，Hansan 和 Hoare 提出了具有高级语言结构的管程。管程提供了与信号量同样的功能，但使用方便和容易控制。其基本思想是将共享变量以及对共享变量进行的所有操作过程集中在一个模块中。Hansan 对管程进行如下定义：管程是关于共享资源的数据结构及一组针对该资源的操作过程所构成的软件模块。管程与 C++中的类相似，它隐含了代表资源的数据的内部表示，向外部提供的只是为各方法规定的操作特性。管程保证任何时候最多只有一个进程执行管程中的代码。并发进程在请求和释放共享资源时调用管程，从而提供了互斥机制，保证管程数据的一致性。

一个管程由三部分组成：① 局部于该管程的共享数据的说明；② 对共享数据执行的一组操作过程说明；③ 局部于该管程的共享数据置初值的语句。另外，还要为管程提供一个名字标识。

管程中的数据只能由该管程的过程存取，不允许进程和其他管程直接存取。其定义描述如下：

```
Monitor monitor_name
{
   ……                                 /*局部于该管程的共享变量说明*/
   define   name1，name2，…;           /*本管程内定义的过程（或函数）名字表*/
   use …;                             /*本管程内引用的外部模块的说明*/
   procedure name1(…，形式参数，…){     /*本管程内的各过程或函数的定义*/
```

```
        过程 1 局部变量说明;
        "过程体 1"
    }
    procedure name2(…, 形式参数, …) {
        过程 2 局部变量说明;
        "过程体 2"
    }
        ⋮
    procedure namei(…, 形式参数, …) {
        过程 i 的局部变量说明;
        "过程体 i"
    }
        ⋮
    {          /*局部于该管程的共享数据置初值的语句*/
    }
}
```

当一个进程进入管程执行它的一个过程时, 如果因某种原因而被阻塞, 应立即退出该管程, 否则就会阻塞其他进程进入管程, 而导致系统死锁。为此, 管程内提供了一种同步机制——条件变量 c 和两个操作条件变量的同步原语 wait(c) 和 signal(c)。

原语 wait(c): 执行 wait(c) 的进程将自己阻塞在条件变量 c 的相应等待队列中。在阻塞前, 检查有无等待进入该管程的进程。若无, 阻塞自己并释放管程的互斥使用权。若有, 则唤醒第一个等待者, 以便被唤醒者进入该管程。

原语 signal(c): 执行 signal(c) 的进程检查条件变量 c 的相应等待队列。如果队列为空, 则执行此操作的进程继续; 否则, 唤醒 c 队列中的第一个等待者, 以便被唤醒者重新进入该管程。

例如, 若进程 P 唤醒在条件变量 c 的队列等待的进程 Q, 则随后可有两种选择进程执行的方式 (进程 P、Q 都是管程中的进程):

Hoare 采用的算法是让 P 等待, 直到进程 Q 离开管程或下一次等待。

1980 年, Lampson 和 Redell 采用的算法是将 Q 送入 Ready 就绪队列, 直到进程 P 离开管程或下一次等待。因为 P 已经在管程内执行, 为此, 将原语由 signal(c) 改为 notify(c)。

下面举例说明使用管程的进程是如何进行同步的。

2. 利用管程解决进程之间的同步与互斥

(1) 用管程解决临界资源的互斥使用

假定系统中有一个临界资源, 用管程作为同步机制, 正确解决并发进程对资源的互斥使用。描述如下:

```
Monitor    mutexshow
{
    Boolean busy;                //管程中的临界资源的状态变量的说明
    Condition nonbusy;           //等待队列的条件变量
    Define request,release;      //管程中可供进程调用的说明
    Use wait,signal;             //引用的外部模块的说明
    Procedure request{           //申请使用资源过程
```

```
            if busy then wait(nonbusy);        //若资源忙，调用者在条件变量 nonbusy 相关队列等待
            busy=true;                          //申请成功，置资源已经被占用标识
        }
        Procedure release{                      //释放资源过程
            busy=false;                         //设置资源已经空闲的标识
            signal(nonbusy);                    //唤醒在条件变量 nonbusy 上的等待者
        }
        {                                       // 初始化局部于该管程的变量
            busy=false;                         // （表示资源空闲可用）
        }
    }
```

这个例子的管程名字是 mutexshow，它有两个局部变量和两个过程。变量 busy 指示临界资源是否空闲可用，其初值为 false，表示资源的初始状态为空闲可用；条件变量 nonbusy，当资源不可用时，申请者进程应排到与之相关的等待队列等待。过程 request( )和 release( )分别用于申请和释放临界资源。

在 request( )过程中，通过 busy 判断资源的状态。若资源空闲可用，则修改 busy 为 true，表示申请成功。当资源不可用时，通过调用 wait( )，使调用者进程阻塞等待。

在 release( )过程中，修改 busy 为 false，表示资源空闲可用。之后调用外部过程 signal(nonbusy)，若该资源等待队列中有进程等待，则唤醒一个进程，否则立即返回。

调用者进程通过调用这两个过程，较好地实现了资源的互斥使用。

（2）用管程解决生产者和消费者问题

前面给出了利用信号量和 P、V 操作解决生产者和消费者共享缓冲区的问题，现在用管程来描述生产者和消费者共享环形缓冲区的问题。

```
        Monitor prod_conshow
        {
            char buffer[N];                     //具有 N 个元素的环形缓冲区
            int  k;                             //k 是缓冲区中的产品个数
            int nextempty,nextfull;             //nextempty,nextfull 分别是送取产品的指针
            condition nonempty,nonfull;         //条件变量
            define put,get;                     //管程中定义的过程说明
            use wait( ),signal( );              //引用外部模块的过程说明
            procedure put(char product){        //向缓冲区送产品的过程
                if k==N then wait(nonfull);     //缓冲区已满，生产者等待
                buffer[nextempty]=product;
                k=k+1 ;                         //可用产品个数增 1
                nextempty=(nextempty + 1)mod N;
                signal(nonempty);              //唤醒等待取产品的消费者
            }
            procedure get(char goods){          //从缓冲区取元素过程
                if k==0 then wait(nonempty);    //缓冲区空，消费者等待
                goods=buffer[nextfull];
                k=k - 1;                         //可用产品个数减 1
                nextfull=(nextfull + 1)mod N;
                signal(nonfull);               //唤醒等待送产品的生产者
```

```
        }
    {       //初始化
        k=0;
        nextempty=nextfull=0;
    }
}
```

由例子可见，该管程包含两个过程：put( )向缓冲区送产品，get( )从缓冲区取产品。nonempty 和 nonfull 是两个条件变量，分别指示缓冲区不空和不满的标志。

任何生产者或消费者工作时，都应调用管程的相应过程以实现同步。它们的执行过程描述如下：

```
producer:                              consumer:
    {   char item;                         {   char item;
        produce an item;                       prod_conshow.get(char item);
        prod_conshow.put(item);                consume the item;
    }                                      }
```

3.4 进程的高级通信

3.3 节讨论了系统中的进程由于要共享资源或协作完成指定任务，通过信号量及有关操作实现进程互斥和同步。例如，生产者和消费者问题涉及一组协作进程，它们通过信号量达到使用缓冲区递交和取用产品的目的。这是一种低级通信方式，优点是速度快，但传送信息量小且效率低。每次通信只能传递一个单位的信息量，若传递较多信息则需要进行多次通信。特别是 P、V 操作的使用增加了程序的复杂性。实践证明，P、V 操作使用不当，容易导致死锁。尤其对程序非正常撤离时，查找只做 P 操作而未做 V 操作的进程是很困难的。

高级通信是指进程采用系统提供的多种通信方式，如消息缓冲、信箱、管道和共享主存区等，实现的通信。通信进程通过发送消息和接收消息的办法，把通信内容直接或间接地传给对方，一次通信过程可交换若干个信息。

当进程通过消息缓冲进行数据交换时，是以消息为单位的。进程利用系统提供的一组命令实现的。操作系统隐藏了通信的实现细节，大大简化了通信编程的复杂性，因而得到广泛应用。

对于发送进程，有两种可能的通信方式：它发送完消息后，或不等消息被接收就继续前进，或阻塞等待，直到收到接收者的回答消息才继续前进。

对于接收进程，同样也存在两种可能的通信方式：若有消息，则接收这个消息后继续前进；若无消息，它可能或者等待消息的到来，或者放弃接收而继续前进。

由此可见，接收者和发送者进程在采用消息通信方式时，有以下三种可能的组合：

（1）非阻塞发送，阻塞接收。发送进程发完消息后继续前进，接收进程尝试接收消息而未收到消息时，阻塞等待。这是通常采用的一种组合方式。在这种方式下，允许一个进程尽快地向各接收进程发送一个或多个消息，各接收进程要阻塞等待消息的到来。

（2）非阻塞发送，非阻塞接收。这是目前多用户系统广泛采用的信件通信方式。发送进程发完信件后继续前进，接收进程在接收信件时，若有信件，就接收，否则继续前进。

上述的两种通信方式称为单向通信方式，如图3.5所示。

（3）阻塞发送，阻塞接收。发送者进程在发送完消息后阻塞等待接收者进程发送回答消息后才能继续前进，接收者进程在接收到消息前，阻塞等待，直到接收到消息后再向发送者进程发送一个回答消息。这称为双向通信，如图3.6所示。

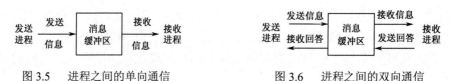

图 3.5　进程之间的单向通信　　　　图 3.6　进程之间的双向通信

3.4.1　消息缓冲通信

消息缓冲通信有两种实现方法。其一是系统负责设立一个消息缓冲池，其中每个缓冲区可以存放一个消息（或一封信件），每当进程欲发送消息时，向系统申请一个缓冲区，将消息存入缓冲区，然后把该缓冲区链接到接收进程的消息队列上。消息队列通常放在接收进程的进程控制块中。其二是每个进程设立一个信箱，每个信箱可容纳多封信件。此信箱中的信件由系统执行发送原语将信件投入指定信箱，由接收者自行接收信件并进行处理。消息缓冲是操作系统提供给进程的直接通信方式。发送进程发消息时要指定接收进程的名字，接收进程接收消息时要指明发送进程的名字。

在消息缓冲机制的实现中，操作系统提供了发送原语 send( )和接收原语 receive( )，通信的双方通过调用这两个原语进行通信。

1. 消息通信原语

（1）发送消息原语

send(接收者，被发送消息始址);

每当进程欲发送消息时，在自己的地址空间形成一消息发送区，将消息写入其中。之后调用发送原语发送消息。该原语的作用是，首先在系统缓冲区中申请一个消息缓冲区，将消息从发送区传入其中，并将发送者进程的名字、接收者进程的名字、消息始址及消息的长度等填入缓冲区中。消息的长度通常以字节或字为单位。之后将该消息缓冲区挂到接收进程的消息链上。

（2）接收消息原语

receive(发送者，接收区始址);

其中"发送者"是指发送消息的进程名；"接收区始址"是指接收到的消息存放处。接收原语 receive 的主要工作是检查消息链上是否有消息，若无，则根据采用的通信方式决定其进一步的行动；若有，将消息接收到接收区。若之后消息缓冲区已经变空，则释放该缓冲区。发送进程与接收进程通过消息缓冲区的通信方式见图3.7。

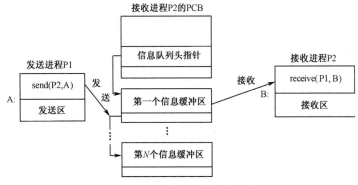

图 3.7　消息缓冲区的通信方式

在采用 send 和 receive 原语发送和接收消息时，需要的一些数据结构和实现的功能，描述如下：

① 消息缓冲区描述为：

```
type message buffer = record
    sender：消息发送者的名字
    receiver：消息接收者的名字
    size：消息长度
    text：消息正文
    next：指向下一个消息缓冲的指针
end
```

② 修改进程控制块（PCB），其中应增加一些字段：

```
mq：消息队列头指针
mutex：互斥使用消息队列的信号量
sm：消息队列中的消息个数的信号量
```

③ 发送原语描述如下：

```
send (receiver,a)             //参数为接受者的名字和发送区的首地址
{
    getbuf(a.size,i);         //按消息大小申请一个缓冲区 i
    i.sender=a.sender;        //将消息从发送区移入消息缓冲区
    i. size=a.size;
    i. text=a.text;
    i. next=0;
    getid(PCB set,receiver,j);  //由 PCB 集合中得到接收者 PCB 的标识 j
    P(j.mutex);                //申请进入消息队列
    Insert(j.mq,i);            //将消息插入消息队列
    V(j.mutex);                //释放消息队列
    V(j.sm);                   //消息个数加 1
}
```

④ 接收原语描述如下：

```
receive(b)                    //参数为接受区的首地址
{
```

```
        j=get caller's internal name;    //获得自己的内部标识
        P(j.sm);                         //检查消息队列中是否有消息
        P(j.mutex);                      //若有，申请进入消息队列取消息
        Remove(j.mq,i);                  //从消息队列取走一个消息送 i
        V(j.mutex);                      //释放消息队列
        b.sender=i.sender;               //将消息复制到 b 区
        b.size=i.size;
        b.text=i.text;
    }
```

发送进程 P 在发送消息之前，应先在自己的内存空间开辟一个发送区 a，然后调用发送原语，准备发送消息。发送进程 P 的执行序列如下：

```
    { …
        a=malloc(mbytes);               //分配 mbytes 字节的空间作为消息发送区
        put message to a;
        send(q,a);                      //发送消息
        ⋮
    }
```

接收进程 Q 在接收消息前，先在自己的内存空间准备一个存放消息的区域 b，然后调用接收原语准备接收消息。接收进程 Q 的执行序列如下：

```
    {
        ⋮
        b=malloc(nbytes);              //分配 nbytes 字节的空间作为消息接收区
        receive(b);                    //接收消息
        ⋮
    }
```

2. 信箱通信原语

信箱是操作系统提供给进程的间接通信方式。发送进程发消息时不指定接收进程的名字，而是指定一个中间媒介——信箱。一个信箱可以容纳若干个信件。通过调用发送原语将信件投入指定信箱，由接收者自行接收信件并进行处理。

关于信箱通信原语，也是用 send 和 receive 原语实现的。其格式如下：

```
    send(A,Msg);     //发送一个信件 Msg 到信箱 A
    receive(A,Msg)   //从信箱 A 中接收一个信件 Msg
```

当有进程发送信件时，调用 send(A,Msg)。若指定的信箱 A 未满，则将信件 msg 送入信箱的指定位置。否则，发送失败。

当有进程接收信件时，调用 receive(A,Msg)。若指定信箱中有信件，则取走一封，并检查是否有发送者在等待发送，若有等待的发送者，则唤醒之。

3.4.2 其他通信机制

1. 管道通信

管道（pipe）通信是指用于连接一个写进程和一个读进程的一个共享文件，又称为 pipe

文件。该文件按照先进先出方法实现它们之间的通信。是通过操作系统管理的核心缓冲区（通常几 KB）来实现的单向通信方式。

有关命令方式下的管道通信前面已有叙述，程序方式的管道通信在后续的 UNIX/Linux 系统的相关章节专门介绍。

2. 共享存储区

诸进程为了相互交换大量数据，在主存中划出了一块共享存储区（shared memory），并将该共享存储区连到它们各自的地址空间的某一部分。诸进程通过读或写共享主存区中的数据来实现通信。这是进程通信中最快捷的一种方式，但要注意协调它们之间的速度，以保证共享数据的一致性。有关这部分内容参见后面 UNIX/Linux 的相关部分。

3.5 死 锁

在多道程序环境中，多个进程可能同时竞争系统中的有限资源。如果某一进程请求已被其他进程占用的资源而进入阻塞状态，导致系统其他进程也因请求资源处于阻塞状态，这种阻塞等待可能永无止境。这种情况就叫做死锁。例如，一个计算机系统，它有 4 台磁带机和 2 个并发执行的进程，每个进程在一次运行中最多需要 3 台磁带机。某一时刻，每一进程都已占有 2 台磁带机。当两个进程继续运行申请各自的最后一台磁带机时，由于系统已无空闲的磁带机，两者就处于永远的等待状态，这时就说系统产生了死锁。为此，系统必须采取一些措施，来设法避免并发进程由于竞争系统资源而出现的这种情况。本节就来讨论涉及死锁的一些概念和解决死锁的一些方法。

3.5.1 死锁的定义和死锁产生的必要条件

1. 资源的特性

计算机系统中的资源分为两类：可抢占和不可抢占。

可抢占资源是这样一类资源，当资源从占用进程剥夺走时，对进程不产生什么破坏性的影响。主存和 CPU 就属于这一类。例如，一个系统，它具有 512KB 的用户存储空间，一台打印机和两个 512KB 大小的进程，每个进程在运行中都要输出打印。假设进程 A 先装入主存运行，在运行过程中，进程 A 请求并获得了打印机，之后边计算边打印。在它完成计算之前，由于它的时间片用完，被交换出主存。进程 B 现在运行，并设法请求打印机，但由于打印机被 A 占用，它没有得到打印机。这时，A 占有打印机，B 占有主存，A、B 在没有获得彼此占用的资源之前，谁都不能前进。有一个死锁情况存在。但由于存储器是可抢占资源，可将 B 交换出主存，把 A 交换进主存，让 A 继续运行，完成它的打印，然后，释放打印机。对于可抢占资源，通过资源的重新分配，很容易解决存在的死锁情况。也就是说不会因竞争这类资源使系统进入死锁状态。

不可抢占资源，又叫做临界资源，如慢速的设备、共享变量和队列等。对于这类资源，当资源从占用进程剥夺走时，可能引起进程计算失败。如果一个进程正在打印，将打印机从占有进程夺走，分配给另一进程使用，势必造成打印结果的混乱。因此，打印机是不可抢占的资源。关于共享变量的例子前面已经描述清楚，这里不再介绍。

通常情况下，死锁涉及的是不可抢占资源。一般情况下，一个进程必须按下述三个顺序事件使用系统资源（CPU 除外）。

（1）请求资源。若请求不能立即满足，则申请者等待。

（2）使用资源。获得资源后，可使用它。

（3）释放资源。使用完毕，将资源归还系统。

2．死锁的定义

一组进程是死锁的，是指这一组中的每个进程都正在等待这一组中的其他进程所占有的资源时可能引起的一种错误现象。

3．死锁产生的必要条件

由上述死锁的定义，可得出产生死锁的 4 个必要条件。

（1）互斥条件。每个资源是不可共享的，它或者已经分配给一个进程，或者空闲。

（2）保持和等待条件。进程因请求资源而被阻塞等待时，对已经分配给它的资源保持不放。

（3）不剥夺条件。进程所获得的资源在未使用完之前，不能被其他进程强行剥夺，只能由获得资源的进程自己释放。

（4）循环等待条件。存在一个进程循环链，链中有二个或多个进程，每一个进程正在等待链中的下一个成员保持的资源。

当死锁产生时，上述的 4 个条件必定同时存在。如果有一个不存在，死锁也不可能存在。

4．死锁产生的原因

由死锁产生的必要条件可以总结出死锁产生的原因：

（1）系统资源配置不足，因而引起进程竞争资源。

（2）系统的各并发进程请求资源的随机性，这包括所请求的资源类别和数量。

（3）各进程在系统中异步向前推进，造成进程推进顺序的非法性。

从死锁产生的原因来分析，前两个原因是很难改变的，第三个是解决死锁问题最有可能的突破点。设法控制进程的行进速度，以使系统不出现死锁。

3.5.2　解决死锁的方法

为了对解决死锁的方法进行较深入的研究，在这里引入进程-资源分配的有向图这个有力的工具。图中有两种节点：圆圈代表进程，方块代表资源。从资源节点（方块）到进程节点（圆圈）的有向弧表示资源已经分配给进程。图 3.8（a）示出资源 R 当前已分配给进程 A；图 3.8（b）示出进程 B 正等待资源 S，故有一条有向边从进程指向资源。图 3.8（c）示出存在一个死锁：进程 D 在保持资源 T 时请求资源 U，而进程 C 在保持资源 U 时，等待资源 T。这两个进程将永远等待，使进程和资源构成了一个循环链 C→T→D→U→C。

总之，如果资源分配图没有环路存在，系统就不会处于死锁状态。否则，系统有可能处于死锁状态。

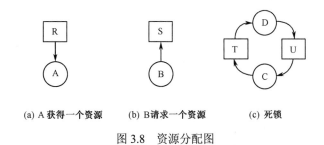

(a) A 获得一个资源　　　(b) B 请求一个资源　　　(c) 死锁

图 3.8　资源分配图

为了防止系统出现死锁，常用的解决死锁的方法有忽略、死锁的预防、死锁的避免，以及死锁的检测与恢复。下面将详细解释。

1．鸵鸟算法

解决死锁的最简单方法就是鸵鸟算法（置之不理或忽略，ignore）。即像鸵鸟一样，当遇到危险时，将头埋进沙子里，假装毫无问题。当死锁在计算机中很少出现时，比如说每五年或更长时间才出现一次时，人们就不必花费更多的精力去解决它，而是采用类似鸵鸟一样的办法忽略它。严重时，可重启机器或者简单地删除一些进程。现代操作系统，如 UNIX、Linux 和 Windows 等都采用这样的策略。

以 UNIX 系统为例，它潜在地存在死锁，但它并不花功夫去解决死锁，而是忽略不去理睬。在早期的 UNIX 系统中，系统允许创建的进程总数是由进程表中包含的 PCB 个数决定的。因此，PCB 资源是有限资源。如果由于进程表中已经无空闲的 PCB 而使创建子进程操作（FORK）失败，则执行 FORK 操作的进程可以故障终止或等待一段时间之后再试，而不是阻塞等待。

假定 UNIX 系统有 100 个 PCB 项，10 个进程正在运行，每个需要创建 12 个子进程。在每个进程已经创建 9 个进程后，原来的 10 个进程和新创建的 90 个子进程已用完了进程表。这样，原来的 10 个进程现在都处于创建子进程的无限循环中——死锁。出现这种情况的可能性是非常小的，但还是有可能发生的。一旦出现，或者调用进程自己故障终止，或者系统管理员忽略现运行进程的现场，重新启动机器，让它们重新开始运行即可。

2．死锁的预防（deadlock prevention）

死锁产生时，产生死锁的四个必要条件必定同时保持。如果至少能使其中一个条件不满足，那么死锁将是不可能的了。

（1）破坏互斥条件。资源的互斥使用条件是由资源本身的性质决定的，因此不能破坏。但如果采用 spooling 技术，就可以借助于共享设备的一部分空间将一台独享设备改造成多台设备，以满足多个进程的共享使用。但实际中，不是所有设备都能采用 spooling 技术的。即使采用 spooling 技术，由于多个进程竞争磁盘空间，磁盘空间的不足，仍可能导致死锁。

（2）破坏保持和等待条件。进程在开始运行前，必须获得其所需的全部资源。若系统不能满足，则该进程等待。这就是资源的静态分配。这种分配方式使资源利用率很低。而且，许多进程在开始运行之前，不能精确提出所用资源数量。

（3）破坏非剥夺条件。为了破坏非剥夺条件，当一个进程占有一个资源，例如打印机，而申请绘图机不能满足时，则在进入阻塞状态前强行使其释放打印机。以后运行时，再重新申请。这个办法显然也不行，因为保护进程放弃资源时的现场以及之后现场的恢复，系统要付出很高的代价。

（4）破坏循环等待条件。该方法就是采用资源的有序分配法。将系统全部资源按类进行全局编号排序。例如，令输入机=1，打印机=2，绘图机=3，磁带机=4，磁盘=5。所有进程对资源的请求必须严格按序号递增顺序进行。不难看出，当采用这种限制后，进程-资源图就不会形成环路，因而，也就破坏了死锁。

例如，系统有两个进程 A 和 B。如果 A 请求到资源 j，B 请求到资源 i，如果 $i>j$，允许 A 请求 B 占有的资源 i，但绝不允许 B 请求 A 占有的资源 j，从而使进程资源图不会形成环路。但是，找到能满足所有进程要求的资源编号的组合也是不可能的。到目前为止，还没有一个有效办法来预防死锁。

3．死锁的避免

在大多数系统中，进程对资源的请求是动态的。这样，系统必须能够确定，分配资源给一个进程后，系统是否仍是安全的。仅当安全时，才进行分配。下面讨论如何避免死锁发生的问题。

（1）进程-资源轨迹

系统可以通过细心的资源分配，找到避免死锁的方法。避免死锁的主要方法是以系统的安全状态为基础的。在描述这个方法之前，用图 3.9 讨论一个容易理解的系统安全状态的概念。

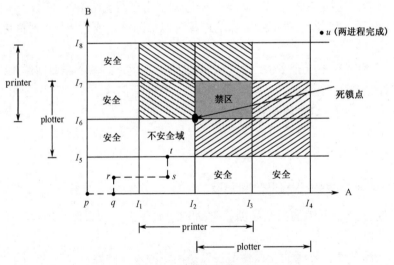

图 3.9　进程资源轨迹图

虽然这个图不能直接翻译成算法，但却能对问题的实质给以较好的直观理解。图中有两个进程 A、B 和两个资源（一台打印机 printer 和一台绘图机 plotter）的轨迹模型。水平坐标表示进程 A 执行的指令序列，垂直坐标表示进程 B 执行的指令序列。在水平坐标的 I_1 点，A 请求打印机，I_2 点请求绘图机；在 I_3 点和 I_4 点，进程 A 分别释放打印机和绘图机。进程 B 从 I_5 到 I_7 需要一台绘图机，从 I_6 到 I_8 需要一台打印机。图中虚线上的每一点 (p,q,r,s,t) 表示两个进程的联合调度状态。最初的状态是 p 点，两个进程都还没有开始执行。如果处理机调度先选择 A 运行，直到图中的 q 点，A 已经执行了若干条指令，但 B 还没有运行。在 q 点轨迹变为垂直向上，这表示在此点调度程序已选中 B 运行。因为只有一个 CPU，所有的路径必定或者是水平的，或者是垂直的。而且总是向上或向右，而决不会向下或向左（进程决不可能倒退）。

当进程 A 从 r 到 s 经过 I_1 那条线时，它请求并获得了打印机。当进程 B 到达 t 点时，它请求绘图机。现在看一下图中的阴影部分。由右下到左上的这些线组成的域表示两个进程都占用打印机，由互斥使用打印机的原则可知，两进程同时进入这个域是不可能的；由左下右上斜线组成的域表示两进程都占有绘图机，这也是不可能的。

如果进程 A 和 B 按照图中所示的轨迹顺序向前推进，进入由 I_1、I_2、I_5、I_6 组成的域，系统再向前推进到 I_2 和 I_6 的交叉点，势必造成死锁。在这一点，A 请求绘图机，B 请求打印机，由于两个资源都已分配，使得这个域变成不安全域。故要想进程安全运行，就应设法避免进入这个不安全区域。这样，在进程 B 到达 t 点时，比较安全的做法是运行 A 直到它到达 I_2，请求分配到绘图机，之后的任何能够到达 u 点的运行轨迹都是安全的。因此，当进程 B 到达 t 点请求资源时，系统应让其阻塞等待，直到 A 运行到将其占用的两个资源释放时，再让 B 运行。从而使系统避免了死锁。

（2）同一类资源的银行家算法（Banker's Algorithm）

避免死锁的算法是 Dijkstra 在 1965 年提出的，被称为银行家算法。这个算法是用来模拟一个小城镇的银行家为一批顾客贷款的问题，如图 3.10 所示。

顾客	拥有量	最大要求
A	0	6
B	0	5
C	0	4
D	0	7

系统拥有量：10

(a) 初始状态

顾客	拥有量	最大要求
A	1	6
B	1	5
C	2	4
D	4	7

当前剩余量：2

(b) 安全状态

顾客	拥有量	最大要求
A	1	6
B	2	5
C	2	4
D	4	7

当前剩余量：1

(c) 不安全状态

图 3.10　资源的三种分配状态

有四个顾客 A、B、C、D，每个顾客提出的最大贷款数量分别为 6、5、4、7（以千美元为单位）。银行家知道不是所有顾客都马上需要其全部贷款。因此，他只保留 10 个单位而不是全部 22 个单位资金为这些顾客服务。在这个模型中，顾客是进程，资金是资源，而银行家就是操作系统。

顾客不断地从银行贷款，某一时刻，贷款情况如图 3.10（b）所示，这种状态是安全的。因为还余下 2 个单位资金。此时，银行家决定除顾客 C 以外的其他请求一律不满足。这样 C 得到全部贷款后，很快将其全部贷款还清。银行家再利用这笔款贷给 D 或 B，假定给 D，D 满足剩余贷款后，最终完成而还清全部贷款。依此类推，4 个顾客最后都最终完成，将全部贷款还给银行。因此说系统是安全的。

如果顾客 B 先请求一个单位贷款，此时会出现的情况如图 3.10（c）所示。由图中看出，这种状态是不安全的。如果所有顾客突然请求其最大贷款，银行家不可能满足任何一个要求，使系统出现死锁。但一个不安全状态不一定导致系统死锁，因为顾客有可能不需要它的全部贷款额就完成而归还贷款，但银行家不能指望这种情况发生。现将银行家算法陈述如下：

① 当一个进程提出一个资源请求时，假定分配给它，并调用检查系统状态安全性的算

法。如果系统是安全的，则对申请者的假分配变为实际的分配。否则，推迟它的请求，让其阻塞等待。

② 检查系统状态安全性的算法。根据系统剩余的资源情况，银行家进行检查，看满足请求者的要求后，是否仍使系统中的所有进程都能正常完成（即能找到一个进程完成序列）。若能，系统是安全的。否则，系统是不安全的。

将该算法应用于图 3.10（b）时，由于现系统状态下可以找到一个进程完成序列 C-D-B-A，故系统状态是安全的。而将算法应用于图 3.10（c）时，若满足 B 提出的一个资源请求，就找不到一个进程完成序列，系统状态可能导致出现死锁。故不能满足进程 B 的请求，让其等待。

由银行家算法可以推导出，对于系统中有 n 个并发进程共享使用 m 个同类资源时，若每个进程需要的最大资源数量为 x，仅当 m、n 和 x 满足如下的不等式时，才能保证系统处于安全状态：

$$n(x-1)+1 \leqslant m$$

已知 m 和 n 时，x 得到如下的解。

$$x = \begin{cases} 1 & (m \leqslant n) \\ 1+\dfrac{m-1}{n} & (m > n) \end{cases}$$

上面陈述了对同一类资源的银行家分配算法，对于多种类型的资源又是如何实现的呢？系统需要维护几个数据结构，记录系统资源的分配状态。图 3.11 给出 5 个进程 P1～P5 对系统 4 类资源的使用情况组成的矩阵。左边一个是目前进程已获得的资源的分配矩阵：Alloc，右边是目前进程还未满足的资源组成的剩余请求矩阵：Need。还有一个系统当前剩余的各类空闲资源组成的向量：Avail。其中 Avail＝(1,0,2,0)。

进程	磁带机	绘图机	打印机	光驱
P1	3	0	1	1
P2	0	1	0	0
P3	1	1	1	0
P4	1	1	0	1
P5	0	0	0	0

(a) 进程当前的分配矩阵Alloc

进程	磁带机	绘图机	打印机	光驱
P1	1	1	0	0
P2	0	1	1	2
P3	3	1	0	0
P4	0	0	1	0
P5	2	1	1	0

(b) 进程当前的剩余请求矩阵Need

图 3.11　多种资源的银行家算法使用的数据结构

由图中的这几个数据结构不难推导出：系统拥有的四类可用资源，分别是 6 台磁带机，3 台绘图机，4 台打印机和 2 个光盘驱动。各个进程最大请求矩阵 Max＝Alloc＋Need，如图 3.12 所示。

（3）多类资源的银行家算法

根据上面给出的几个数据结构，现将多资源的银行家算法描述如下。

① 判断系统状态的安全性

进程	磁带机	绘图机	打印机	光驱
P1	4	1	1	1
P2	0	2	1	2
P3	4	2	1	0
P4	1	1	1	1
P5	2	1	1	0

图 3.12　各个进程的最大请求矩阵 MAX

a．设置两个变量 Work 和 Finish 分别代表可用的资源类 m 个和并发运行的进程类 n 个的向量。初始化 Work = Avail。对于进程 i（$i=0,1,\cdots,n-1$），若 Pi 的 Need[i]>0，则 Finish[i] = false，否则，Finish[i] = true，表示进程 Pi 已经满足了资源的最大请求，且已经完成。

b．由 Need 矩阵中找到一行 i，它满足：

Finish[i]=false，同时 Need[i] ≤ Work，转◎；如果没有这样的行存在，转 d。

c．使 Work = Work + Alloc[i]；且 Finish[i] = true，转 b。

d．如果对于所有的 i(i=0,1,$\cdots$,n-1),Finish[i] = true，则系统状态是安全的。否则是不安全的。

② 当进程请求资源时，调用系统状态安全性算法

设 request[i] 是进程 Pi 的请求向量。若 request[i][j]=K，是指进程 Pi 请求 j 类资源 K 个。当进程 Pi 请求资源向量用 request[i] 表示时，系统应该执行如下步骤，以决定能否满足它：

a．若资源请求向量 request[i] ≤ Need[i]，则转 b，否则给出错误信息"请求不合法，终止运行。"

b．若资源请求向量 request[i] ≤ 系统当前剩余的空闲资源向量 Avail，则转 c，否则进程 Pi 等待。

c．假定满足它的资源请求，为其分配资源，并修改系统状态：

    Avail=Avail-request[i]；
    Alloc[i]=Alloc[i]+request[i]；
    Need[i]=Need[i]-request[i]；

d．调用判断系统状态的安全性算法。若系统状态是安全的，则假定的分配变为真分配。否则，让进程 Pi 等待。

现在将该算法应用到图 3.11 时，可以确定当前系统的状态是安全的。这是因为将安全检查算法应用到剩余请求矩阵 Need 时，系统可以找到一个进程完成序列 P4，P1，P5，P2，P3，按照这个序列分配资源，所有进程都能完成，被标记成为终止进程。

之后，假定进程 P2 请求一台打印机，能否满足呢？应用银行家算法，假定先分配给 P2 一台打印机。之后，在 Need 矩阵中找到一行 i=4，系统剩余的资源向量 Avail =（1，0，1，0）可以满足进程 P4 的剩余资源请求。进程 P4 最终完成任务释放资源后，使 Avail =（2，1，1，1）。这之后可以在 Need 矩阵中找到一行 i=1 或 5，任选一个进程 P1，使系统剩余的资源向量 Avail 满足进程 P1 的剩余资源请求，进程 P1 最终完成任务释放资源后，使 Avail =（5，1，2，2）……依次检查剩下的其他进程，结果找到一个进程完成序列 P4，P1，P5，P2，P3。因此，进程 P2 的请求可以满足。显然，在查找进程完成序列时，其结果不是唯一的。但只要找到其中一个即可。

倘若在满足 P2 后，进程 P5 请求最后一台打印机，根据银行家算法，显然不能满足它。因为若满足它，系统将处于不安全状态，所以应让其等待。

银行家算法是在系统运行期间实施的，需要花费大量时间判断系统状态的安全性，而且算法本身比较保守。

4．死锁的检测和恢复

死锁的检测和恢复技术（deadlock detection and resume）是指系统不试图防止死锁发

生，代之的是让它发生。当它发生时，再设法检测，然后采取措施恢复之。下面讨论常用的死锁检测和恢复方法。

（1）死锁的检测

为了简单起见，假定每类资源只有一个单位数量。例如，系统有一台打印机、一台绘图机和一台磁带机。这样，可以用图 3.8 所示的简单资源图构成系统。所谓死锁检测，就是对系统中的进程资源构成的图进行检查。如果进程资源图包含了一个或多个循环，就存在死锁，且环路中的任何一个进程都是死锁进程。如果没有环路存在，则该系统没有死锁。

用一个更复杂的例子说明死锁的检测过程。假定一个系统有 7 个进程：A～G，6 个资源：R～W。某时刻资源的使用情况如下：

① 进程 A 保持资源 R 并请求资源 S。

② 进程 B 没有保持资源，但正在请求资源 T。

③ 进程 C 也没有保持资源，正请求 S 资源。

④ 进程 D 保持资源 U，正请求 S 和 T 资源。

⑤ 进程 E 保持 T，并请求 V 资源。

⑥ 进程 F 保持 W，请求 S 资源。

⑦ 进程 G 保持 V，请求 U 资源。

这样一个系统是死锁的吗？如果是，哪些进程是死锁进程？

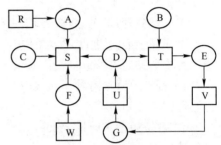

图 3.13　进程资源图

为了回答这个问题，可以用上述的进程对资源的请求序列构造进程资源图，如图 3.13 所示。显然，这个图包含了一个环路：D→T→E→V→G→U→D。在这个环路中，进程 D、E、G 是死锁进程。由图看出，进程 A、C、F 不是死锁进程，因为将资源 S 分配给它们任何一个进程，它们都可以完成。释放资源后可供其他剩余进程使用，它们都可以依次完成。

为了检测实际系统中是否存在死锁，现引入一个简单的死锁检测算法。该算法需要一个数据结构 L，用来记录各被检查的节点。在算法执行过程中，对已检测过的弧要进行标记。算法陈述如下：

① 对于图中的每个节点 N，以 N 为起始节点，执行以下 5 步。

② 将 L 初始化为空表，以表示所有弧都未标记过。

③ 将当前节点加到 L 的末端，检查这个节点在表中是否出现过。如果出现过，这个图包含一个环路，算法终止。如果没有，转④。

④ 由这个节点再看是否有未标记的引出弧。如果有，转⑤；否则转⑥。

⑤ 任意选择一个未标记的引出弧并标记它。然后，将引出弧所到节点作为新的当前节点，转③。

⑥ 若所有从这个节点引出的弧都已标记，则返回到前一个节点；如果这个节点是最初开始的节点，这个图没有包含环路，算法终止；若不是最初节点，再以该节点作为当前节点，转④。

下面对图 3.13 使用这个算法，检测该算法的实际应用效果。该算法处理节点的顺序是任意的。假定从左到右，从顶到底检测。运行这个算法，将 L 初始化为空表。

首先从 R 开始，然后依次为 A，B，C，S，D，T，E，F 等。如果找到了一个环路，该算法终止。

以 R 为起始节点并将 L 初始化为空表。将 R 加入表中，从 R 出发，只有一个未标记的弧，标记它，随后它指向 A，将 A 加入 L 中，此时 L＝［R,A］。由 A 到 S 也只有一个未标记的弧，标记它，将 S 加入表中，此时 L＝［R,A,S］。由于 S 没有引出弧，S 为终结节点，由 S 回退到 A。由于 A 没有未标记的弧，再回退到 R，完成了对 R 的检测。由于 R 是最初开始的节点，该图未包含环路，算法终止。

现在以 A 为起始节点开始这个算法，重置 L 为空。这次检索很快停止（因为 A 又指向 S）。再从 B 开始。由 B 继续跟踪引出弧一直到 D，得 L＝［B,T,E,V,G,U,D］。此时 D 有两条引出弧，若向 S 方向，由前面可知，S 是终结节点（没有引出弧）。因此，由 D 只能向 T 前进，并修改 L＝［B,T,E,V,G,U,D,T］。由表中看出，T 出现两次，因此，该图包含环路，停止算法的执行。由于存在环路，故存在死锁。死锁进程为 D、E、G。

（2）死锁的恢复

当使用死锁检测算法检测到死锁存在时，下一步就是如何使系统从死锁状态得以恢复。下面介绍几种死锁恢复方法。

① 故障终止一些进程

a．故障终止所有死锁进程。这种方法简单，被终止进程原先的计算作废，以后重新开始计算。

b．一次故障终止一个进程，直到死锁解除为止，这将会使系统开销很大。因为每次都要探测死锁是否已经解除。

在选择撤销进程时，最好选择能从开始处重新运行，又没有什么坏的影响的进程。例如，编译进程属于这种类型的进程。因为它所做的全部工作是读源代码文件，产生目标代码文件。所以当它在运行中途被撤销时，第二次运行不受第一次运行的影响。相反，在数据库管理系统中，一个修改数据库记录的进程，并不总能安全地进行第二次运行。如果这个进程对数据库中的某个记录执行加 1 操作，运行一次后撤销它，则造成错误结果。因为被撤销进程下次再运行时，还要再一次对该记录执行加 1 操作。

选择撤销进程时，尽可能对系统影响较小。通常应遵循如下一些原则：目前刚刚启动的进程；目前为止产生的输出最少；撤销时，系统耗费的处理机时间较少；目前为止分配的资源总量最少；进程的优先级最低。

② 资源剥夺

为了使死锁恢复，暂时从当前占有者夺走一部分资源给另一些进程，直到死锁恢复。

例如，为了将一台激光打印机从占有者处取走，操作员要将已经打印的纸张放在一边，然后将进程挂起（标记为不可运行）。这时将打印机分配给另一个进程。当那个进程完成后，再将未打印完的纸张放回到打印机，使原来进程从断点继续运行。

a．从一个进程取走资源给另一进程使用。然而，从一个进程取走资源之后再返回给它的能力是与资源本身的特性密切相关的。采用剥夺方法使系统从死锁中恢复常常是困难的，或不可能的。选择挂起进程也仅仅依赖于进程本身。如果占有资源的进程容易重新得到资源，并对进程无影响时，才能选择它；否则，进程的恢复执行将是不可能的。

b．滚回一些进程。为了使系统从死锁状态得以恢复，可以将一个或多个死锁进程滚回。如果系统具有对进程设置检查点和重新启动的设施，可以让进程部分滚回。为一个进程设置检查点是指将进程的执行状态信息写到一个文件中，以便以后从这个检查点重新启动该进程的执行。检查点的内容不仅包含存储器映像，而且还包括分配给进程的各资源的状态。为了今后使用方便，新的检查点不应覆盖老的，而应写到一个新文件上。这样，当一个进程执行时，就要保存一系列的检查点文件。

当检测到一个死锁时，很容易搞清死锁涉及的资源情况。为了恢复，让一个拥有死锁涉及资源的进程释放资源后滚回到获得死锁涉及的资源之前时的执行点。这样自检查点之后做的工作作废。实际上，这种做法就是将一个进程设置到没有获得资源时的状态，然后将这个资源分配给其他死锁进程。如果重新启动的进程运行时再一次申请资源，它将等待，直到资源可用。如果这样做使死锁解除，则系统正常运转。否则，重复选择另一些进程，直到死锁解除为止。

有时选择一个不在环路中的进程作为目标，让它释放其占用资源给环路中的死锁进程。例如，一个进程可能占有一台打印机，申请一台绘图机，另一个进程占用一台绘图机，申请一台打印机，这两个进程处于死锁状态。如果此时系统有第三个进程存在，它占有一台绘图机和一台打印机，并且正在运行。撤销第三个进程后，就可使前两个进程得以恢复。

死锁检测与恢复算法虽然有效，但消耗系统的时间太多，实际很少使用，往往采用简单的人工干预，来解除死锁。

3.6　小　　结

本章重点讨论了进程之间的并发控制和死锁。进程之间的并发控制，也即进程之间的低级通信和高级通信。

1．进程之间的低级通信

进程的并发执行，使得它们之间存在着两种制约关系：由共享资源引起的间接制约关系称为互斥；由于协作完成同一任务而引起的直接制约关系称为同步。显然，进程之间的低级通信就是进程之间的互斥和同步，以及相应的实现机构。

实现临界区互斥，常采用硬件指令（锁或关中断）或软件方法；为了正确地解决进程之间的同步和互斥，系统设置信号量机构，这通常由原语实现。

为了正确而方便地控制进程之间的低级通信，又引入了管程。管程的引入，一方面保证系统数据的完整性；另一方面减轻用户的编程负担。

2．进程之间的高级通信

进程之间的高级通信机构有消息缓冲、信箱、管道和共享主存等，其最大特点是通信双方可交换大量的数据，大大提高了通信速度。

3．死锁

对死锁的定义、死锁产生的必要条件和解决死锁的办法进行了较详细的讨论。系统中并发运行的进程，由于共享资源或相互通信，如果调度不当，可能导致系统死锁。

解决死锁的方法有 4 种：

① 忽略不计，出现死锁时，重新启动系统。

② 预防死锁，它是通过破坏死锁的 4 个必要条件实现的。

通常微小型计算机采用①和②这两种方法。

③ 避免死锁，它是在进程请求分配资源时，采用银行家算法防止系统进入不安全

状态的。

④ 检测和恢复死锁，它是通过设置一个死锁检测机构，进行死锁检测的。一旦检测出系统存在死锁，通过逐一撤销进程等方法使系统恢复。

习　题

3-1　并发执行的进程在系统中通常表现为几种关系？各是在什么情况下发生的？

3-2　什么叫临界资源？什么叫临界区？对临界区的使用应符合哪些规则？

3-3　若信号量 S 表示某一类资源，则对 S 执行 P、V 操作的直观含义是什么？

3-4　在用 P、V 操作实现进程通信时，应根据什么原则对信号量赋初值？

3-5　程序段 S1、S2、S3 和 S4 之间存在如图 3.14 所示的前序关系。试说明哪些程序段可以并发执行？

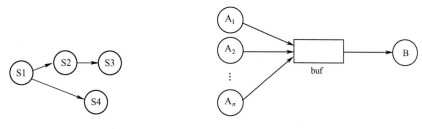

图 3.14　题 3-5 的图　　　　　　　　图 3.15　题 3-7 的图

3-6　当进程对信号量 S 执行 P、V 操作时，S 的值发生变化，当 S>0、S=0 和 S<0 时，其物理意义是什么？

3-7　设系统有 $n+1$ 个进程，其中有 n 个发送进程和 1 个接收进程。如图 3.15 所示，A_1，A_2，…，A_n 通过一个单缓冲区分别不断地向进程 B 发消息，B 不断地取走缓冲区中的消息，而且必须取走发来的每一个消息。刚开始时，缓冲区为空。试用 P、V 操作正确实现进程之间的同步。

3-8　有一容量为 100 的循环缓冲区，有多个并发执行进程通过该缓冲区进行通信。为了正确地管理缓冲区，系统设置了两个读写指针分别为 OUT、IN。IN 和 OUT 的值如何反映缓冲区为空还是满的情况？

3-9　有一阅览室，共有 100 个座位。为了很好地利用它，读者进入时必须先在登记表上进行登记，该表表目设有座位号和读者姓名，离开时再将其登记项擦除。试问：

（1）为描述读者的动作，应编写几个程序？应设几个进程？它们之间的关系是什么？

（2）试用 P、V 操作描述读者之间的同步算法。

3-10　什么是死锁？死锁产生的原因和 4 个必要条件是什么？

3-11　如何利用银行家算法判断一个系统的状态是否安全？

3-12　假定系统有 4 个同类资源和 3 个进程，进程每次只申请或释放一个资源。每个进程最大资源需求量为 2。请问，这个系统为什么不会发生死锁？

3-13　一个计算机系统有 6 个磁带驱动器，n 个进程，每个进程最多需要两个磁带驱动器驱动。当 n 为何值时，系统不会发生死锁？

3-14 假定系统有 N 个进程共享 M 个同类资源，规定每个进程至少申请一个资源，每个进程的最大需求不超过 M，所有进程的需求总和小于 $M+N$。为什么在这种情况下也决不会发生死锁?试证明。

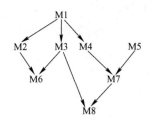

图 3.16 进程之间的优先关系

3-15 设有 8 个进程 M1，M2，…，M8，它们有如图 3.16 所示的优先关系，试用 P、V 操作实现这些进程间的同步。

3-16 设有 5 个哲学家，共享一张放有 5 把椅子的圆桌。每人分得 1 把椅子。但是，桌子上总共只有 5 把叉子。哲学家们在肚子饥饿时才试图分两次从两边检起 2 把叉子就餐。条件:

a. 每人只有拿到 2 把叉子时，哲学家才能吃饭。

b. 如果叉子已在他人手上，则该哲学家必须等到他人吃完之后才能拿到叉子。

c. 任性的哲学家在自己未拿到 2 把叉子吃饭之前，决不放下自己手中的叉子。

试问：(1) 什么情况下 5 个哲学家全部吃不上饭?

(2) 描述一种避免有人饿死（永远拿不到 2 个叉子）的算法。

3-17 在本章前面的读者与写者问题中，是用读者优先解决问题的。试分别用读者与写者公平竞争（无写者时，读者仍遵循多个读者可以同时读）、写者优先的算法解决这个问题。

3-18 有一个理发师、一把理发椅和 n 把供等候理发的顾客坐的椅子。如果没有顾客，则理发师便坐在椅子上睡觉，当一个顾客到来时，必须唤醒理发师，请求理发；如果理发师正在理发时，又有顾客来到，只要有空椅子，他就坐下来等待，如果没有空椅子，他就离开。请为理发师和顾客各编写一段程序来描述他们的同步过程。

3-19 假定系统中只有一类资源，进程一次只申请一个单位的资源，且进程申请的资源数不会超过系统拥有的资源总数。假定进程申请的资源总数为 2，且系统资源总数如下，问下列哪些情况会发生死锁?

	进程数	系统资源总数		进程数	系统资源总数
(1)	1	2	(4)	3	3
(2)	2	2	(5)	3	5
(3)	2	3	(6)	4	5

3-20 系统有同类资源 10 个，进程 P1，P2 和 P3 需要该类资源的最大数量分别为 8，6，7。它们使用资源的次序和数量如图 3.17 所示。

(1) 试给出采用银行家算法分配资源时，进行第 5 次分配后各进程的状态及各进程占用资源情况。

(2) 在以后的申请中，哪次的申请可以得到最先满足? 给出一个进程完成序列。

次序	进程	申请量	次序	进程	申请量
1	P1	3	5	P2	2
2	P2	2	6	P1	3
3	P3	4	7	P3	4
4	P1	2	8	P2	2

图 3.17 题 3-20 的图

3-21 考虑某一系统，它有 4 类资源 R1，R2，R3，R4，有 5 个并发进程 P0，P1，P2，P3，P4。请按照银行家算法回答下列问题：

（1）各进程的最大资源请求和已分配的资源矩阵及系统当前的剩余资源向量如图 3.18 所示，计算各进程的剩余资源请求向量组成的矩阵。

（2）系统当前处于安全状态吗?

（3）当进程 P2 申请的资源分别为（1，0，0，1）时，系统能立即满足吗?

	分配向量				最大需求量			
	R1	R2	R3	R4	R1	R2	R3	R4
P0	0	0	1	2	0	0	1	2
P1	1	0	0	0	1	7	5	0
P2	1	3	5	4	2	3	5	6
P3	0	6	3	2	0	6	5	2
P4	0	0	1	4	0	6	5	6

当前剩余资源向量

R1	R2	R3	R4
1	5	0	2

图 3.18 题 3-21 的图

3-22 图 3.19 的资源分配图中，方框代表资源实体，其内的小圆圈代表实际的资源数；圆圈代表进程实体。化简该图并说明有无进程处于死锁状态。

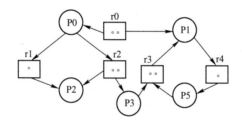

图 3.19 题 3-22 的图

第4章 存储器管理

众所周知，存储器是计算机的重要资源，它是现代计算机系统的操作中心。它不仅要为 CPU 提供执行的指令和数据，而且还要与 I/O 系统频繁地进行数据交换。因此，为了改善 CPU 的利用率和加快对各个用户的响应，如何管理存储器，是操作系统的重要课题之一。

4.1 概　　述

为了使多道程序共享主存，就要很好地解决存储器的分配和存储器的保护问题。由于用户程序和非常驻的系统程序是随机且动态地进入系统的，因此，不论是用户还是系统均不能预先知道其程序究竟放在存储器的哪一部分。它们不能按主存的实际地址对程序进行编址，只能用逻辑地址编址。这样，存储器管理要解决地址转换或重定位问题。综上所述，存储器管理主要涉及以下五个方面的功能：

（1）存储器分配。主要解决多道程序或多进程如何共享主存的问题。

（2）地址转换或重定位。研究各种地址变换方法及相应的地址变换机构。

（3）存储器保护。研究采用什么方法，防止故障程序破坏操作系统和存储器内的其他各种信息的问题。

（4）存储器扩充。研究采用多级存储技术实现虚拟存储器及所用的各种管理算法。

（5）存储器共享。研究并发执行的进程如何共享主存中的程序和数据问题。

下面先介绍存储器管理涉及的几个重要概念。

1. 地址空间（Address Space）

在用汇编语言或高级语言编写的程序中，通常用符号名访问程序中的语句和变量。把程序中的各种符号名的集合所限定的空间叫符号名字空间。汇编或编译程序将源程序中的各种符号名转换成机器指令和数据组成的目标程序。由于程序在主存中的位置是不可预知的，编译或汇编时，程序中各个地址总是以"0"作为参考地址，其他所有地址都是以 0 为起始地址顺序编码的。因此把程序限定的空间叫做逻辑地址空间。其中的地址叫做相对地址或逻辑地址。

2. 存储空间（Memory Space）

存储空间是指物理存储器中全部物理单元的集合所限定的空间，它是由字或字节组成的一个大的阵列，每一个字或字节都有它自己的编号。这些编号就叫做物理地址或绝对地址，又叫实地址。存储器的地址寄存器中包括的是物理地址。显然程序地址空间的大小由被编译和链接后的程序大小决定，而存储空间的大小由系统的硬件配置决定。一个程序只有从地址空间装入到存储空间后才能运行。

3. 地址重定位（Address Relocation）

（1）程序的链接

链接程序的功能就是将汇编/编译产生的一个或多个目标代码与所需要的库函数装配成一个可执行映像（程序）。程序的链接有两种方式：静态和动态。采用静态链接时，在程序装入内存运行之前，就将目标模块与语言支持的库例程事先链接成可执行程序（即将使用的被调用模块的符号地址修改为可直接访问的地址）；动态链接又分为装入和运行时两种。采用装入时的动态链接就是将各目标程序模块装入主存时，边装入边链接。采用运行时的动态链接就是对目标模块的链接一直推迟到程序运行时才进行链接。与装入时的动态链接比较，其好处就是便于模块的共享，且它使系统空间和时间上的开销最小，系统效率更高。

显然静态链接后映像形成的是个一维的地址域，该地址域就叫该程序的地址空间。该域中的各个地址就叫做该程序的线性地址或虚地址。通常 CPU 产生的地址是线性地址。

当要将用户程序装入主存运行时，首先要为它分配一个适当大小的存储区域。程序使用的是逻辑或线性地址，这些地址往往与分配到的存储空间的地址是不同的。把程序的地址空间的逻辑地址转换为存储空间的物理地址的工作叫做地址重定位，又叫地址映射或地址变换（Address Mapping）。实现由虚地址映射到物理地址的工作是由叫做存储器管理单元（Memory Management Unit，MMU）的硬件实现的。

把用户程序由地址空间装入到存储空间是由系统的装入程序实现的。根据用户程序地址变换的时间和所采用的技术不同，地址重定位的方式又分为静态重定位和动态重定位两种。

（2）静态重定位（Static Relocation）

在装入进程时，由装入程序把用户程序中的指令和数据的地址全部转换成存储空间的绝对地址。由于地址转换工作是在程序执行前集中一次完成的，这样在程序执行时就无须再进行地址转换工作，这叫做静态重定位。这个工作只需要一个静态重定位装入程序即可完成。一旦要改变程序在主存的位置，必须重新装入一次。显然，采用静态链接或装入时的动态链接方法是通过静态重定位程序完成地址重定位的。

静态重定位不需要硬件支持，因而容易实现。但静态重定位要求程序占有连续的存储区，而且程序在执行时不允许在主存移动。这显然只能用于早期的单道批处理和单任务系统中。

（3）动态重定位（Dynamic Relocation）

多道批处理和分时系统出现后，在程序执行过程中，其存储位置经常会被改变，因此必须采用动态重定位技术。动态重定位是靠硬件的地址转换机构来实现的。通常采用的办法是设置一个重定位寄存器。在存储器管理为程序分配一个主存区域后，装入程序把程序和数据原样装入到分配的存储区中，然后把这个存储区的起始地址送入重定位寄存器中。在程序执行时，对于每一个存储器的访问，都要将相对地址转换成主存的绝对地址。由于这种定位方式是在指令执行过程中进行的，所以叫动态重定位。这种定位方式允许程序在主存中移动，此时只要用新地址修改重定位寄存器即可。图 4.1 示意了动态重定位的过程。

当将程序装入到主存始址为 1000 的区域中时，在程序执行前，由硬件将 1000 装入重定位寄存器中。程序执行时，由硬件自动地把指令的相对地址(10)与重定位寄存器的内容

(1000)相加，形成访问主存的物理地址(1010)，按照这个地址完成取指令的操作。

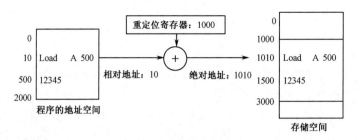

图 4.1 动态地址重定位过程

动态重定位与静态重定位相比有如下优点：

① 主存利用充分。系统在将用户程序移动位置后，只要按新分配的存储空间的起始地址修改重定位寄存器即可。

② 允许程序不必占有连续的存储区域。对于程序占用的每一个存储区域，都设置一个相应的重定位寄存器即可。

③ 便于多用户共享存储器中的同一程序和数据。

虽然动态重定位技术需要额外硬件支持，增加了系统成本，但它却大大提高了存储器的利用率。现代计算机都广泛采用了这种技术。

4. 存储器保护（Memory Protection）

存储器通常划分为两部分：一部分是操作系统占用区，另一部分是多用户进程分享的用户占用区。存储器管理就是对用户占用区的管理。

存储器保护涉及两个方面内容：地址越界和存取方式的保护。如何防止地址越界错误呢？这主要由实际采用的存储器管理方案决定。但无论采用什么存储器管理方案，一般对进程运行时产生的所有存储器访问的地址都要进行检查，以确保只访问为该进程分配的存储区域，防止地址越界破坏操作系统和其他用户的信息。除了防止地址越界外，系统还要对其操作方式进行检查，以防止由于误操作，使其数据的完整性受到破坏。

5. 存储器共享（Memory Sharing）

存储器共享是存储器使用灵活性的一种体现。为了提高存储器的利用率，允许多个进程共享同一个主存区，这个被共享的主存区既可以是数据，也可以是程序（如编译程序等），只是各个进程应进行受控的存储器访问。被共享的程序又叫做可重入程序（reentry program），其代码在执行过程中不会被修改。具有这种性质的程序又叫纯代码（pure code）。

4.2 单用户单道程序的存储器分配

最简单的存储器管理方案是单一连续区分配（Monoprogramming or Contiguous Memory Allocation）。它用在早期的单道批处理和现代的个人计算机的单用户单任务系统中。单一连续区分配是指主存只有一个用户作业。系统把用户程序从磁盘或磁带上装入主存，并独占全部用户区和所有的系统资源。

在个人计算机中，这种管理方法的组织结构如图 4.2 所示。操作系统驻留在 RAM（Random Access Memory）中 0～m 的低地址部分，见图4.2（a），或驻留在 ROM（Read Only Memory）高地址部分，见图 4.2（b），或设备驱动程序驻留在 ROM 的高地址部分，操作系统的其余部分在 RAM 的低地址部分，见图 4.2（c）。IBM PC 的操作系统和 MS-DOS 的操作系统采用的就是图 4.2（c）的结构。它将位于 1M 域内的高 8KB 存放设备驱动程序。这部分又叫做基本输入/输出系统（Basic Input Output System，BIOS）。

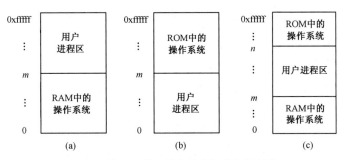

图 4.2　单一连续区的存储空间的组织结构

采用这种组织方式，每次只能运行一个用户进程。当用户在终端上输入命令时，操作系统接收后就从磁盘上装入指定的程序运行。当用户进程完成或错误中断时，操作系统在终端上输出一些必要信息后，给出系统提示符，等待输入下一个命令。

单一连续区分配的存储保护很容易实现。当操作系统放在低地址区（图（a））时，对 CPU 产生的每个访问主存的地址 addr 必须大于 m；当操作系统放在高地址区（图（b））时，对 CPU 产生的每个访问主存的地址 addr 必须小于 m；当操作系统占用图（c）中的位置时，对 CPU 产生的每个访问主存的地址：$m<addr<n$，否则，产生地址越界错误，终止程序执行。

需要说明的是，个人计算机的单用户单进程的操作系统，如 DOS，通常没有存储保护功能，故计算机系统经常受到"病毒"的侵袭，使整个系统处于瘫痪状态，而无法运行。

这种单用户单道程序的存储器管理系统，整个系统的资源利用率较低。

4.3　多用户多道程序的存储器分配——分区分配

分区存储器管理是为了适应多道程序设计技术而产生的最简单的存储器管理方案。它把主存划分成若干个连续的区域，每个用户进程占有一个。根据分区情况，它又分为固定式分区和可变式分区。

4.3.1　固定式分区

在第 1 章操作系统概述中已经知道，多道程序设计使 CPU 的利用率大大提高。固定式分区（Fixed Partition）是适合多道程序运行的最简单的存储器管理，它把主存用户区预先划分成几个大小不等的分区，当进程到达时，选择一个适合进程要求的最小空闲分区分给进程；没有适合的空闲分区时，让其等待。为了充分利用存储器，将进程按照请求空间的大小在不同分区排队等待，如图 4.3（a）所示。

这种方法管理简单，但有可能出现大分区队列空闲，而小分区队列拥挤的现象。当这种情况出现时，会使存储器造成更大的浪费。为了充分利用存储器，系统只维持一个存储器等待队列，如图 4.3（b）所示。任何时候，只要有一个分区变为空闲，队列中的一个进程就可装入运行。

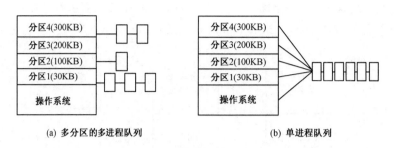

(a) 多分区的多进程队列　　　　　　　　　　　(b) 单进程队列

图 4.3　固定式分区的组织

为了实现固定式分区管理，系统通常设置一个分区说明表，用以描述主存各分区的使用情况，如图 4.4 所示。

在这个图中，指出各分区的起始地址、分区大小，以及分区占用标志。占用标志指示指定分区是否被占用，0表示空闲，非 0 表示占用，并给出占用该分区的进程名字。表中指出 30KB 的分区由进程 J1 占用，200KB 的分区由进程 J2 占用，100KB 分区和 300KB 分区空闲未用。

分区起始地址	分区大小	占用标志
50KB	30KB	J1
80KB	100KB	0
180KB	200KB	J2
380KB	300KB	0

图 4.4　固定式分区主存使用情况表

固定式分区在早期的 IBM 360 计算机上曾使用多年，由操作人员在每天早上根据当天情况，把存储器划分成若干个分区。这种方法简单，易于实现。

采用这种技术，虽然可使多个进程共享主存，但主存的利用是不充分的。因为进程的大小不可能刚好等于划分的分区的大小。

4.3.2　可变式分区

为了提高存储器的利用率，存储空间的划分推迟到装入进程时进行。当进程要求运行时，系统从空闲的存储空间划分出大小正好等于进程大小的一个存储区分配给进程。这种技术叫可变式分区或动态分区（Dynamic Partition）。使用可变式分区技术时，分区的大小和个数在系统中不断变化，如图 4.5 所示。最初，进程 A 在主存。然后进程 B 和 C 从盘上装入。之后进程 A 运行完，进程 D 装入。进程 B 完成。最后，进程 E 装入主存。其变化情况如图 4.5 所示。

可变式分区与固定式分区相比，当进程不断进出主存时，对于进程的数量、大小及其占用的存储位置，后者保持不变，前者会不断地改变。可变式分区能改进存储器的使用效率，却使存储的分配和释放工作复杂了。

1．管理分区使用的数据结构

对可变式分区进行管理常用的数据结构有：分区说明表、空闲区链等。

（1）分区说明表

为了方便主存的分配和回收，分区说明表可由两张表格组成。一张是已分配区表，记录已分配给进程的分区情况；另一张是未分配区表，记录主存空闲区的情况，如图 4.6 所示。图中的两张表的内容是对图 4.5（e）情况的描述。

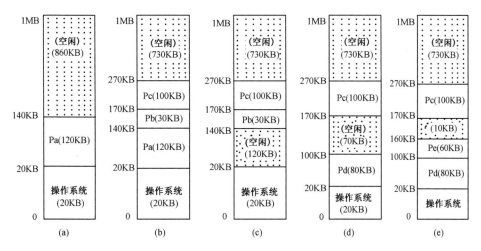

图 4.5　可变分区管理下的主存使用情况

始址	长度	占用标志
20KB	80KB	Pd
100KB	60KB	Pe
170KB	100KB	Pc
		空
		空
……		

始址	长度	占用标志
160KB	10KB	有效
270KB	730KB	有效
		空
		空
		空
……		

(a) 已分配区表　　　　　　　　(b) 未分配区表

图 4.6　可变分区分区说明表

当有进程要求分配主存时，首先按照某种算法从未分配区表中找一个足以容纳该进程大小的空闲区，若这个分区比较大，则一分为二，一部分分配给进程，另一部分仍作为空闲区留在表中。再在已分配区表中找一个空表目，填入进程分配的相应信息。

采用分区说明表比较直观、简单，但由于主存分区个数不定，所以表格长度应设置合理，否则会造成浪费，或造成表格溢出。

（2）空闲区链

记录存储空间使用情况的一种较好方法是将表格信息附加在每个已分配区和未分配（空闲）区中。通常将表格信息放在每个分区的首字或尾字中。已分配区的信息放在各个进程的 PCB 表中，空闲区的信息则采用空闲区链进行管理，从而较好地解决了上述由于表格设置不当而存在的问题。依附在分区的表格信息有：

① 状态位。"0"表示分区空闲，"1"表示分区已占用。

② 分区的大小（以字节或字为单位）。

③ 单向指针（又叫向前指针），指向其下一空闲区所在地址。为了便于查找，通常设置两个指针，使空闲区组成双向链，便于双向查找。首字指针（向前指针）指向下一空闲区所在地址，尾字指针（向后指针）指向其上一空闲区位置。图 4.7 给出了带有表格信息的双向链的分区格式。

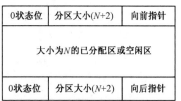

0状态位	分区大小(N+2)	向前指针
大小为N的已分配区或空闲区		
0状态位	分区大小(N+2)	向后指针

图 4.7　附有表格信息的分区格式

为了便于管理，将所有的空闲区链接起来，系统设置一个指向链首分区的指针。将图 4.6（b）的空闲区表用空闲区双向链表示时就变为图 4.8。

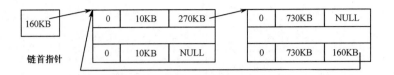

图 4.8　空闲区双向链表

当有进程要求分配主存时，首先依据某种算法从链头开始，沿链查找一个足以容纳该进程的空闲区，若这个分区比较大，则一分为二。一部分分配给进程，另一部分则按照算法要求放入链中适当位置，使链保持完整。

2．分配算法

为了方便主存的分配和回收，常用的分配算法有三种。

（1）首次适应（first fit）法。空闲区表或空闲区链中的空闲区按照起始地址从小到大排列。当进程要求装入主存时，存储分配程序从起始地址最小的空闲区开始扫描，直到找到一个足够大的空闲区，然后将该空闲区分配给进程，剩余的部分继续保留在队列中。这种分配方法叫首次适应法。

（2）最佳适应（best fit）法。为进程分配存储空间时，存储分配程序要扫描表或链中所有的空闲区，直到找到能满足进程需求且为最小的空闲区为止。由于它总是将最接近进程需求的空闲区分配给进程，故称为最佳适应法。

由于最佳适应算法每次分配都要查找所有的分区，而且它可能把主存划分得更小，出现很多无用的碎片，故最佳适应算法比首次适应算法效率低。

（3）最坏适应（worst fit）法。它与最佳适应算法的思想正好相反。每当进程要求分配存储空间时，它也要扫描所有的空闲区，直到找到能满足进程要求且为最大的空闲区为止。之后，把这个最大的空闲区一分为二，一部分分给进程，另一部分仍留在链中。其想法在于使剩下的空闲区仍能分配给其他进程。但这样一来，一旦有一个更大进程要求分配时，可能没有一个空闲区能满足要求而过早阻塞在存储器之外。

为了提高分配存储区的速度，对最佳适应算法和最坏适应算法进行改进，使空闲区按其尺寸分别从小到大和从大到小排队，从而使最佳、最坏适应法的查找速度与首次适应法一样高效。但每当分配一个空闲区，且有一部分剩余空闲空间时，要重新进行表或链的整理以便按序排列，从而增加了系统的开销。

进程运行完成时要释放占用的分区。为了尽可能保持较大的空闲区，当系统回收一个释放区时，要考虑它是否有邻接的空闲区。若有，要进行合并，再将合并后的空闲区插入空闲区表或链的适当位置中。

释放区邻接分区的情况存在如图 4.9 所示的 4 种可能。

图（a）释放区的低地址部分邻接一空闲区 F1。将其与 F1 合并，合并后的空闲区仍记为 F1，其始址保持不变，大小为两者之和；图（b）释放区的高地址部分邻接一空闲区 F2，将其与 F2 合并，合并后的空闲区记为 F2，其始址为释放区始址，大小为两者之和；图（c）释放区的高低地址部分都邻接空闲区，三个分区合并为一个大的空闲区，并记为 F1，其始址保持不变，大小为三者之和；图（d）释放区的高低地址部分都不邻接空闲区，将释放区插入空闲区表或链中适当位置，如何插入，由采用的分配算法而定。

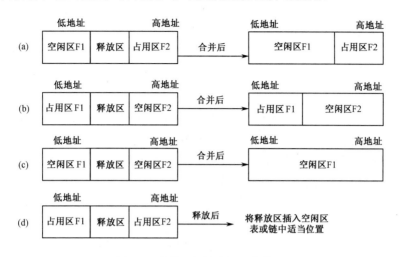

图 4.9 释放区邻接空闲区的情况

4.3.3 分区管理的地址重定位和存储器保护

通常固定式分区采用静态重定位。进程运行时，使用的就是主存的绝对地址。当采用静态重定位方式装入进程时，系统通常设置两个界限寄存器来实现存储器的保护。上界为进程在主存区的最高地址，下界为进程在主存区的起始地址。CPU 形成的每个访问存储器地址应满足：下界寄存器≤CPU 访存地址≤上界寄存器。否则，产生地址越界错误，停止进程运行。

对于可变式分区，则采用动态重定位。为此，系统设置一个基址（或重定位）寄存器，存放运行进程分配的主存区起始地址。另外再增设一个限长寄存器，用来存放运行程序的大小。在进程运行时，每当 CPU 产生一个访问存储器的相对地址时，硬件先将该地址与限长寄存器的内容比较，若其小于限长寄存器的内容，再将它与基址寄存器的内容相加，形成物理地址。否则产生地址越界中断，终止程序运行。从而保证限制程序只能在其分配的区域内运行，保护其他进程和操作系统不被破坏。这个技术已经在图 4.1 中给以描述。

负责检查和映射地址的机构由存储器管理部件（Memory Management Unit，MMU）实现。显然，存储器保护也是由硬件完成的。

4.3.4 分区管理的优缺点

主要优点为：

（1）实现了多道程序共享主存。

（2）实现分区管理的系统设计相对简单，不需要更多的软硬件开销。

（3）实现存储器保护的手段也比较简单。

缺点为：

（1）主存利用不够充分。系统中总有一部分存储空间得不到利用，这部分被浪费的空间叫碎片（或零头）。要克服碎片，可以采用拼接技术，将已分配区的信息移动，使空闲区进行合并。但这将花费大量的 CPU 开销。另外，无法实现多进程共享存储器的信息。

（2）没有实现主存的扩充问题。当进程的地址空间大于存储空间时，进程无法运行。也即进程的地址空间受实际存储空间的限制。

4.4　覆盖与交换技术

采用单一连续区和分区管理时，系统将进程的全部信息一次装入一个连续的主存区，直至运行结束。当进程的大小大于主存可用空间时，就无法运行。这些管理方案限制了在计算机系统上开发较大程序的可能。覆盖与交换是解决大进程与小主存矛盾的两种存储器管理技术，在一定程度上对主存进行了逻辑扩充。

1. 覆盖（Overlay）

所谓覆盖，是指同一主存区可以被一个或多个作业（或进程）的不同程序段重复使用。通常一个进程由若干个功能上相互独立的程序段组成，进程在一次运行时，也只用到其中的几段。利用这样一个事实，就可以让那些不会同时执行的程序段公用同一个主存区。为此，把可以公用同一个主存区的相互覆盖的程序段叫做覆盖段。而把它们共享的主存区叫做覆盖区。覆盖段与覆盖区一一对应。

覆盖的基本原理可用图 4.10 的例子说明。一个用户程序由六段组成，图（a）给出了各段之间的调用关系。由图看出，主程序是一个独立的段，它调用子程序 1 和子程序 2，且子程序 1 与子程序 2 是互斥被调用的两个段，在子程序 1 执行过程中，它调用子程序 11，而子程序 2 执行过程中它又可能调用子程序 21 或子程序 22，显然子程序 21 和子程序 22 也是互斥被调用的。因此可以为该程序建立如图（b）所示的覆盖结构：主程序段是常驻段，而其余部分组成两个覆盖段。根据分析，子程序 1 和子程序 2 组成覆盖段 0，子程序 11、子程序 21 以及子程序 22 组成覆盖段 1。为了实现真正覆盖，相应的覆盖区应为每个覆盖段中最大程序段的大小，于是形成图（b）中所示的主存分配。

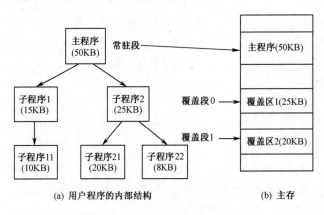

(a) 用户程序的内部结构　　　　　　　　(b) 主存

图 4.10　用户程序的覆盖结构

为了实现覆盖管理，系统必须提供相应的覆盖管理控制程序。当进程装入运行时，由系统根据用户提供的覆盖结构进行覆盖处理。当程序中引用当前尚未装入覆盖区的例程时，调用覆盖管理控制程序，请求将所需的程序段装入覆盖区中。系统响应请求，并自动将其装入主存运行。

覆盖技术的关键是提供正确的覆盖结构。通常，一个进程的覆盖结构要求编程人员事先给出。对于一个规模较大或比较复杂的程序来说是难以分析和建立它的覆盖结构的。因此，通常覆盖技术主要用于系统内部程序的主存管理上。例如，现代磁盘操作系统通常分为两部分，一部分是操作系统中经常用到的基本部分，它们常驻主存且占有固定区域；另一部分是不经常用的部分，它们放在磁盘上，当调用时才被装入主存覆盖区中运行。

覆盖技术的主要特点是打破了必须将一个进程的全部信息装入主存后才能运行的限制，在一定程度上解决了小主存运行大进程的矛盾，在逻辑上扩充了主存。但当同时运行程序的代码量大于主存时仍不能运行。

2. 交换（Swapping）

交换技术被广泛地运用于早期的小型分时系统的存储器管理中。其目的，一方面解决主存容量不够大的问题；另一方面使各分时用户能保证合理的响应时间。所谓交换，就是系统根据需要把主存中某个（或某些）暂时不运行的进程的部分或全部信息移到外存，而把外存中的某个（或某些）进程移到相应的主存区，并使其投入运行。

交换通常在以下情况发生：① 进程用完分配的时间片或等待输入/输出时；② 进程要求扩充其占用的存储区而得不到满足时。

利用这种反复的换进换出技术，既可以实现小容量主存运行多个用户进程，也可以使各用户进程在有限的时间内得到及时响应。

由于这种交换系统只保留一个运行进程的完整信息在主存中，故它不能使主存得到充分利用，也不能保证分时用户的合理响应时间。为此，将交换技术与多道程序技术结合起来，使主存同时保留多个进程，每个进程占用一个分区，这样既减少了交换次数，也降低了各进程的响应时间。

交换技术的关键是设法减少每次交换的信息量。为此，常将进程的副本保留在外存，每次换出时，仅换出那些修改过的信息即可。

同覆盖技术一样，交换技术也是利用外存来逻辑地扩充主存。它的主要特点是打破了一个程序一旦进入主存便一直运行到结束的限制。其缺点也是进程的大小受实际主存容量的限制。

4.5　页式存储器管理

分区存储器管理中，每道程序要求占用主存的一个连续的存储区域，随着作业或进程的进入和退出，主存中往往存在许多碎片。要解决碎片问题，系统就要花费很高的代价进行拼接。为此，开发研制了页式存储器管理（Paging Management）。它允许一个进程占用不连续的存储区域，从而克服了碎片。

1. 页式管理的实现原理

页式管理的主要特征是把编址为 0，1，2，…，n 字节的主存分成大小相等的若干块

（block），又叫做页框（Page Frame）。块的大小可根据实际情况定，一般为 1024 或 4096 字节等 2 的整次幂。例如容量为 32768 字节的主存，若 1 块大小为 1024 字节，则该主存的 0～1023 字节为第 0 块，1024～2047 字节为第 1 块，…，31744～32767 字节为第 31 块，共 32 块。

与此对应，运行进程的地址空间也划分成与主存块同样大小的页或虚页（page），并依次命名为第 0 页，第 1 页，…，第 $m/I-1$ 页。这里 m 为用户程序的大小，I 为主存块的大小，m/I 应向大取整。

为了实现分页，硬件把 CPU 产生的地址分解为页号和页内地址两部分。其中页号与页内地址各占多少位，同页的大小和主存最大容量有关。例如，若页大小为 1024，主存容量为 1MB，则页号部分占 10 位，页内地址部分占 10 位。

19	…	10	9		0
	页号P			页内地址W	

在进行存储分配时，总是以块为单位进行的，而且允许分配的主存块不连续，从而克服了主存的碎片问题。例如，一个进程要求申请 6150 字节的存储区，当页的大小为 1024 字节时，它共有 7 个（6150/1024≈7）页，主存分配程序要选择 7 个空闲块分给该进程，如图 4.11 所示。

为了实现动态地址变换，系统为进入主存的进程建立一个页表，记录该进程的逻辑页与主存块的映射关系。图 4.11 的中间部分给出了页表结构。对应每一页都有一个表目，指出该逻辑页分配的主存块号。页表放在主存，且页表在主存的始址和页表长度记录在进程控制块中。

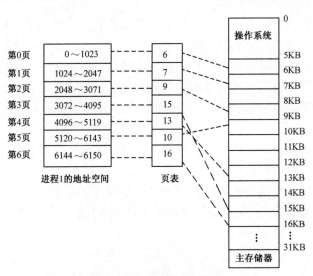

图 4.11　页式管理的逻辑图

与分区管理相类似，在页式管理中，系统为每个处理机设立一个控制寄存器，用以记录现运行进程的页表在主存的起始地址和页表长度。在每个进程被进程调度选中运行时，操作系统中负责恢复现场的程序把进程的页表始址和页表长度送入该控制寄存器，以便地址转换时使用。

2. 页式动态地址变换

现在举例说明运行进程的地址变换过程。以图 4.11 的进程 1 为例，该进程的地址空间共有 7 个页，其对应的主存块在页表中已列出。假定页表在主存始址为 500，若该程序从第 0 页开始运行，某时刻，程序计数器内容为 4000。根据分块大小，可知，一个逻辑地址分解的页号 p =（逻辑地址/页的大小）$_{取整}$=4000/1024=3，页内地址 w =（逻辑地址/页的大小）$_{余数}$ =4000－1024×3=928。故硬件将其划分为页号 p =3，页内地址 w =928。

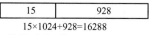

硬件动态地址转换机构负责将这个逻辑地址转换为物理地址。工作过程如下：

（1）把该进程的页表始址和页表长度放入 CPU 的控制寄存器中。

（2）将程序计数器内容的页号部分与控制寄存器中的页表长度相比较，若页号 p 小于页表长度时转（3），否则产生地址越界，终止程序运行。

（3）将程序计数器中的页号与控制寄存器中的页表始址相加，得到该访问操作所在页号在页表中的入口地址。这里的加是根据页表项占用的字节数决定的。假定一个页表项占 2 个字节：

页号在页表中的入口地址＝页表始址＋页号×页表项占用的字节数＝500＋3×2=506

（4）用该地址去访页表，获得该页所对应的主存块号为 15。

（5）把主存块号 15 与程序计数器中的页内地址相拼接，从而得到该操作对应主存的物理地址：

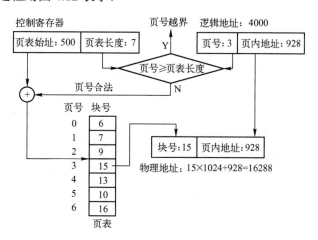

（6）根据这个地址 16288，完成指定操作。

整个地址变换过程用图 4.12 表示。

图 4.12　页式管理地址变换过程

3．快表和联想存储器

从上述地址转换过程可以看出，执行一次访内操作至少要访问主存两次。一次是访页表，一次是实现指定操作。这样就把程序的执行速度降低了 1 倍。为了提高存取速度，通常设置一个专用的硬件高速缓冲寄存器组，又叫联想存储器（Translation Lookaside Buffer，TLB）。在 TLB 中，包含了最近用过的大多数的页表项。把存放在高速缓冲寄存器中的页表叫快表，它的存储单元能被同时读取，并与虚页值同时比较。一般访问主存的时间为 750ns，访问联想存储器的时间为 50ns。显然，联想存储器的存取速度比主存高得多，但造价也高。因此只能少量使用。通常，整个系统只需要使用 8～16 个寄存器即可大大提高程序的执行速度。快表的格式见图 4.13。

页号	块号	访问位	状态位
P	B		
⋮	⋮	⋮	⋮

图 4.13　快表

其中"状态"位指示该寄存器是否被占用。通常"0"表示空闲，"1"表示占用。"页号"是程序当前访问的页号，"块号"是该页所对应的主存块号。访问位指示该项的页最近是否被访问过，以作为该项被覆盖的依据。"0"表示没有被访问，"1"表示访问过。

为了保证快表总是存放现正运行进程的页表项内容，在每个进程被选中时，由恢复现场程序恢复已保存的快表内容，或把快表的所有状态位清"0"。另外，在设置快表的情况下，硬件地址转换机构在进行地址变换时，同时开始两个变换过程。一个是利用主存页表进行的正常变换过程，另一个是利用快表进行的快速变换过程。一旦快表中找到相匹配的页号时，将立即停止正常的访问主存页表过程，并将快表中的块号与 CPU 给出的页内地址相拼接，得到访问主存的绝对地址。

当利用快表进行变换时，若没有找到要访问的页，则继续正常的地址转换的页表查找过程，直到形成访问主存的绝对地址。而且还要把从主存页表中取出的块号和 CPU 给出的页号一起写入快表中状态位为 0 的一行中。若没有这样的行存在，则写入访问位为 0 的某一行中，并同时置状态位和访问位为 1。

需要说明的是，快表的地址转换是非常快的，因为它是将页号与快表中的各行同时比较的，从而大大减少了地址变换时间，基本上克服了两次访问主存的缺点。采用快表后，系统实现页式地址变换过程如图 4.14 所示。

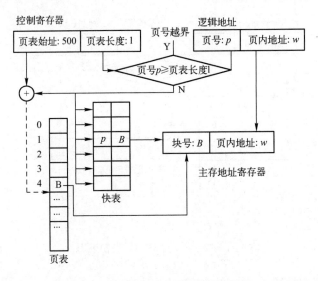

图 4.14　使用快表时的地址变换过程

4．页式管理的主存分配与保护

（1）页式主存分配

为了实现分页管理，系统必须建立和管理三种表。

① 页表

每个进程一个，放在主存的专门区域，用来实现将进程的虚页转换成主存的物理块。

② 进程控制块

这个表是在系统接纳进程时已有的。为了实现页式管理，系统必须在进程控制块中增加这样的信息：该进程的页表在主存的始址和页表长度（即进程地址空间的大小）。

当进程装入主存时，操作系统负责填写这部分信息。当进程被调度运行时，再由操作系统将这些信息装入控制寄存器。

③ 存储空间使用情况表

为了记录存储空间的使用情况，通常使用下面两种数据结构之一：

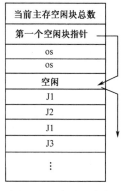

图 4.15 存储分块表

a. 存储分块表

存储分块表用来管理存储空间的使用情况，如图 4.15 所示。它记录哪些块空闲，哪些块被占用，被谁占用。表的第一项指出当前主存空闲块总数，第二项为指向第一个空闲块的指针，各空闲块通过单向链链接在一起。

当进行主存分配时，先检查存储分块表有无足够的空闲块满足进程的要求。若不能满足，则进程等待；若能满足，由存储分块表的第一项中减去本次分配块数，再由第二项空闲块指针找到所需各块，并为进程建立页表、修改存储分块表第二项的空闲块指针。

当一个进程完成时，根据进程的页表信息将其占用的主存块归还系统，将释放的空闲块链入链中，并修改存储分块表的空闲块总数等各项。

b. 位示图

使用位示图时，每一个存储块对应位示图中的一位。位图中的某位为 0 表示对应的存储块空闲，为 1 表示被占用。存储空间划分的块数决定位示图的大小。根据主存使用情况，位示图中的各位不是 1，就是 0。系统设置一个变量，用来记录主存的空闲块个数。图 4.16 给出了具有 64 个主存块的主存某时刻的位示图表示。

```
1 1 1 1 1 0 0 0 0 1 1 1 1 1 1 1
0 0 0 0 0 1 1 1 1 1 1 1 1 1 0 0
0 1 1 1 0 0 0 0 0 0 0 0 0 0 0 0
1 0 0 0 0 0 0 0 0 0 0 0 0 0 0 0
```

图 4.16 存储器的使用情况的位示图表示

采用位示图为进程分配主存时，通过查位示图中为 0 的位的个数来满足进程的分配要求。将查到位示图中的字节、位转换成主存相对块号，并将该位置 1，以表示该块被占用。进程释放主存时，系统应将页表中的主存块号转换为位示图中的字节、位，并将对应位由 1 变为 0，以表示该块空闲。之后修改系统的空闲块总数变量。

主存分块的大小是一个很重要的设计问题。分块越小，位示图越大。分块越大，位示图越小。但块越大，可能会产生页内碎片。应折中考虑。查找位示图是费时的操作。

（2）页式管理的存储器共享与保护

在系统中，很多代码是可以共享的，如命令解释程序、编译程序和编辑程序等。在页式存储器管理中实现存储的共享是比较容易的，只需要在不同进程的页表中指向相同的物理页框就可以了。当然，在实现页共享的同时也需要增加一些共享计数和存取控制等相关的信息。

为了实现页式管理的存储器保护，需要硬件提供与每个页框相关的读写或只读或只执行等保护标识位。正常，这些位保存在页表中。对于进程的每个存储器的引用，通过页表找到对应的页表项，先检查是否允许执行指定操作，若不允许，故障终止进程的执行。若允许才进行地址转换。

4.6　段式存储器管理

前面介绍的各种存储器管理技术中，用户的逻辑地址空间已被静态地链接成一个一维的地址空间。这与现代的编程方式不太符合。一个进程通常由若干个程序段和数据段组成。用户进程共享现有的一些程序段和数据段是现代操作系统必须解决的问题。段式管理正是为了适应这种需要而产生的。

1．段式管理的实现原理

段式管理要求每个进程的地址空间按照程序自身的逻辑关系划分成若干段，每个段都有自己的名字和长度。这样进程的地址空间是一个二维的地址空间。为了管理方便，系统为每一个段名都规定了一个内部段号，并按照程序访问各段的顺序，依次编号为 0，1，…的连续正整数。因此，一个逻辑地址就由<段号 S，段内地址 W>组成。显然这种地址结构能使程序的指令访问到该程序地址空间中任何一段的任何一个地址。一个 C 编译程序，对用户的程序进行编译时，可能会创建如下几个独立的段：代码段、全局变量段、堆（需要动态分配的内存）、堆栈和标准 C 语言库函数段等。图 4.17 给出了用汇编语言编写的几个分段的结构。

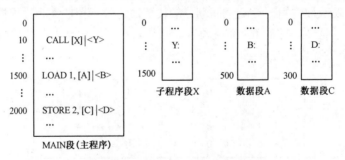

图 4.17　段式管理下的进程地址空间情况

假定某机器指令地址部分为 24 位，其中，0～15 共 16 位为段内地址部分，16～23 共 8 位为段号部分。显然这样的地址结构，一个进程最多可分为 2^8 段（256 段），每段的最大长度为 2^{16}（64K）。事实上，任何一个进程的分段个数只能小于 2^8，若等于 2^8，则存储器只能容纳一个进程了。

段式存储器分配是以段为单位进行的，为进程的每一个分段分配一个连续的主存区，各段之间可以不连续。系统在主存设置一个专门区域，即段表，用来记录一个进程各个分段分配的主存的始址、本段的长度和允许的访问方法。并将该进程的段表在主存的始址和段表长度记录到进程控制块中。图 4.18 给出了段表的基本结构。

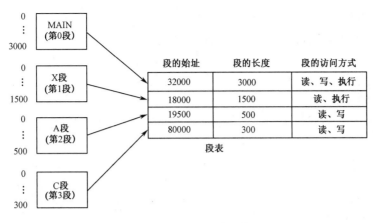

图 4.18 段表的基本结构

与页式管理一样，系统也为每个处理机设立一个控制寄存器，用以记录现运行进程的段表始址和段表长度。在每个进程被调度运行时，操作系统中负责恢复现场的程序把该进程的段表始址和段表长度送入控制寄存器，以便进行地址转换。

2. 段式动态地址变换

段式动态地址变换与页式管理基本相同。在进程运行时，由系统将该进程的段表在主存的始址和段表长度送入控制寄存器中。当进程访问某段时，其逻辑地址（如 $S=1$，$w=234$）中的段号 S 先与控制寄存器的段表长度相比较，若 $S \geqslant$ 段表长度，则产生段号越界中断，停止进程运行。否则将段号 S 与控制寄存器的段表始址相加，形成访问段表的入口地址。访问段表，找到对应的段表项。先根据允许的访问方式检查本次操作是否合法，若不合法，则错误终止，否则找到 S 段对应主存的物理地址，再将段内地址 w 与该段表项中的段长比较，若 w 大于段长，产生段地址越界中断，停止该进程运行；否则将段在主存始址 + 段内地址 w，形成访问主存的物理地址，完成指定的操作。其地址转换过程见图 4.19。

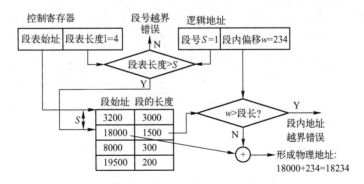

图 4.19 段式地址转换示意图

3. 段式管理的存储器保护和共享

（1）段式管理的存储器保护
由于段是信息的逻辑单位，因此容易实现对各段的保护。通常采用如下方法实现：
① 由前面的地址转换过程已经比较清楚，若下面的检查都通过，才进行地址转换，否

则故障终止程序执行。

    a．检查段号的合法性：利用控制寄存器的段表长度对段号的合法性进行检查；

    b．检查段内地址的合法性：由段表中的段长对逻辑地址中的段内地址进行合法性检查。

    ② 由段表中的访问方式对正在执行的操作进行合法性检查。若不合法，产生访问违约错误，停止程序执行。

    仅当访问的操作方式、段号和段内地址都合法时，才能执行指定操作。

    （2）段的共享

    段式管理的另一个优点就是容易实现信息的共享。这是通过使各进程的段表项指向共享段在主存的物理地址来实现的。

4．段的存储器分配

    段的存储器分配类似于可变式分区，其分配策略同样可采用首次适应、最佳适应或最坏适应算法。所不同的是，可变式分区管理是以进程为单位分配一个连续的分区，而段式管理是以段为单位进行分配的。段式与分区管理类似，其碎片问题同样也是不可避免的。

5．段式与页式管理的比较

    虽然段式管理与页式管理的地址变换机构非常相似，但两者有着概念上的根本差别，表现在：

    （1）段是信息的逻辑单位，它是由用户划分的，因此段对用户是可见的；页是信息的物理单位，是为了方便管理由硬件划分的，对用户是透明的。

    （2）页的大小固定不变，由系统决定。段的大小是不固定的，由其完成的功能决定。

    （3）段向用户提供的是二维地址空间，页向用户提供的是一维地址空间，其页号和页内地址是机器硬件的功能。

    （4）段是信息的逻辑单位，允许动态扩充，便于存储保护和信息的共享；页是信息的物理单位，其大小是固定不变的，页的保护和共享受到限制。

    （5）段式管理与分区管理一样可能产生主存碎片，而页式管理则较好地消除了碎片。

    （6）段式管理便于实现动态链接，而页式管理只能进行静态链接。

    （7）段式与页式一样，为了实现管理，需要系统设置更多的表格，系统开销较大。

4.7　虚拟存储器管理

4.7.1　虚拟存储器

    前面所讲的存储器管理技术的特点是要求运行进程的地址空间必须全部装入主存。当进程的地址空间大于主存可用空间时，该进程就无法运行。这种存储器管理技术叫做实存管理技术。

    与实存管理技术相对应的是虚拟存储器（Virtual Memory）管理技术。现在许多功能较强的各种计算机，如微型、小型、中大型机，均采用了虚拟存储器管理技术。

1．虚拟存储器的概念

    顾名思义，虚拟存储器是为满足应用对存储器容量的巨大需求而为用户构造的一个非常大的地址空间。它允许进程的地址空间不必全部进入主存就可以执行，从而使用户在编程时无须担心存储器之不足。实现用户这一要求的方法是系统在设计指令地址时，其指令地址部分能覆盖的地址域远大于实际主存的容量。例如，某机器的主存容量为 2^{20}，而机器的指令地址部分为 2^{32}，这样就提供了比实际存储器容量 1M 大得多的地址空间 4G。当系统提供给用户程序的有效寻址范围与主存大小无关时，称该机器提供了虚拟存储器管理技术。

2．程序访问的局部性原理

引入虚拟存储器管理技术之后，用户的程序和数据是在比实际主存大得多的虚存空间中运行的。那么如何将一个大进程装入一个小主存运行呢?为了说明这个问题，先分析一下程序实际执行时的特点:

（1）时间局部性。程序中往往含有许多循环，一旦某部分的指令被执行或某部分数据被访问后，则在不久之后会重复执行或访问这一部分。

（2）空间的局部性。程序中有些部分是彼此互斥的（例如程序中含有许多分支），这样，程序一次运行时，只有其中满足条件的那部分代码运行，不满足条件的代码不被执行。例如，程序中包含的出错处理代码，仅当在数据和计算出现错误时，才会用到。即使顺序执行的程序，也会随着程序的执行，其地址域在相对短的时间段内，变化不大。

上述这些特点被称为程序的局部性原理。由分析可见，进程执行时没有必要把全部信息同时装入主存储器中，只要装入部分信息，就可以运行。在运行过程中用到哪部分信息时再由系统自动装入。这种技术使得进程之间共享主存的信息比覆盖更容易实现，而且大大提高了主存的利用效率。

3．支持虚拟存储器的物质基础

通常为了向用户提供巨大的地址空间，系统采用了多级存储结构，最流行的是由主存和外存的一部分组成的二级存储器，以及相应的地址转换机构（MMU）。这样，使用户程序一方面可获得具有很大容量的外存空间，另一方面仍保持高速主存的存取速度。

4.7.2　页式虚拟存储器管理

1．实现原理

页式虚拟存储器管理又叫请求页式（Demand Paging）管理。它是在前面介绍的页式管理基础上增加交换技术而实现的。请求页式管理与页式管理的主要区别是，将进程信息的副本存放在磁盘等的快速辅助存储器中，并为其建立一个外页表，指出各页对应的辅存地址。当进程被调度运行时，只将进程当前需要的较少页装入主存，在执行过程中，访问不在主存页时，再将其换入。

决定进程地址空间的哪些部分进入主存，哪些部分被交换到外存的工作由操作系统负责。这部分工作涉及三方面的内容:

① 取页。将进程的哪个或哪些页交换进主存。

② 置页。取来的页放在主存的什么位置。

③ 置换。当主存无空闲空间时，将哪个或哪些页换出去。

采用这种模式，需要一定的硬件支持，以区分进程的哪个页在主存，哪个页在外存。为此要修改页表。首先增加一个有效位，用来指示某页是否在主存。该标识位为 1，表示对应页在主存，此时页表中的块号指出该页在主存的块号。如果为 0，则表示该页不在主存。

进程执行中要访问某个页时，由页号查页表，先检查该页对应的有效位，若为 1，根据页表中信息，完成正常的地址变换。若该页的有效位为 0，则由硬件发出一个缺页中断，转操作系统进行缺页处理。处理的办法是先检查主存分块表是否有空闲块，若有，分配一块。若无，选择一页淘汰。

为了有效地选择被淘汰的页，通常页表中还要增加另一个标识位——修改位。修改位指示该页调入主存后是否被修改过。"1"表示修改过，0 表示未修改过。每当页中的任何一个字节或字被写时，硬件设置该页的修改位为 1，以指示该页已经被修改。当选择一页淘汰时，若它的修改位为 1，要将被淘汰的页写回到磁盘，以保证信息的一致性；若修改位为 0，因为磁盘上有副本，新调页直接覆盖它即可。存储不在主存的页的磁盘空间通常叫交换区（swap area）。有关交换区的管理这里不做介绍。

由于从磁盘交换区向主存调入一页需要的时间较长，故在调页过程中应将请求调页的进程置为阻塞状态，直到该页交换入主存再将其唤醒。另外，在产生缺页中断时，一条指令并没有执行完，这样在操作系统进行缺页中断处理完成后，应重新执行被中断的指令。之后由于要访问的页已在主存，因此就可以正常地执行下去。图 4.20 是请求页式管理中执行一条指令的流程图。

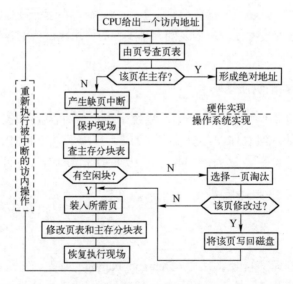

图 4.20　请求页式管理中执行一个访内操作的流程图

2．页面淘汰算法

虚拟存储器能为用户提供一个容量很大的"存储器"，这时的主存相当于一个公共缓冲池。主存空间远小于虚存空间。当多道程序运行使主存空间装满各运行程序页时，若再产生缺页中断，操作系统必须按一定的算法把已在主存的某页淘汰出去，这个工作叫页面淘汰或页面置换。选择哪个页淘汰，非常重要。如果选择不当，就会出现这样的现象：刚被淘汰的页面马上又要用，因而又要把它调入。调入不久再被淘汰，淘汰不久再次装入。如此反复，使整个系统处于频繁的调入调出状态，大大降低系统的处理效率，这种现象叫抖动（thrashing）。一个好的算法应避免这种现象的出现。

为了衡量一个页面调度算法的优劣，先介绍几个概念。为了简单起见，假定一个进程分配的主存块数固定不变，且采用局部淘汰，即只考虑本进程内部实施淘汰。假定进程 J_i 共有 m 页，系统分配给它的主存块为 n 块，这里 $m>n$。开始时，主存没有装入一页信息。如果进程 J_i 在运行中成功访问的次数为 S，不成功的访问次数，也就是产生缺页中断的次数为 F，则进程执行过程中总的访问次数为 A。这里，$A=S+F$，进程 J_i 执行过程中的缺页率为 $f=F/A$。

（1）最佳置换（Optimal，OPT）算法

显然，一个理想的淘汰算法应该是：选择以后不再访问的页或经很长时间之后才可能访问的页进行淘汰。故称为最佳算法。但这样的算法是不现实的，因为产生缺页时，操作系统不知道每个页的下次访问时间。通常使用这种算法去衡量所采用算法的性能好坏。

（2）先进先出淘汰算法（FIFO）

最简单的算法是先进先出淘汰算法。当淘汰一页时，选择在主存驻留时间最长的那一页。为此，操作系统维护一张当前页表。表的长度为当前运行进程分配的主存块数。另外设置一个指针指向最早进入的页。当需要淘汰一页时，就选择指针所指的页，将新调入的页装入该页所在的块，并修改当前页表项为新调入页号，指针向前推，指向下一个最早进入的页。图 4.21 给出了按照该算法执行一个进程的情况。该进程有 5 个页面，执行时引用的页面序列为

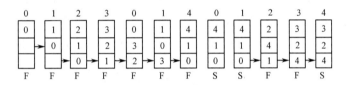

图 4.21 FIFO 页面淘汰算法

$$0,\ 1,\ 2,\ 3,\ 0,\ 1,\ 4,\ 0,\ 1,\ 2,\ 3,\ 4$$

共访问 12 个页面。为了指示执行情况，以 F 代表缺页，S 代表成功访问。由图看出，为它分配 3 个主存块时，共产生 9 次缺页中断，3 次访问成功。其缺页率 $f=9/12=75\%$。

虽然这种算法实现简单，但效率不高。因为在主存时间最长的页未必是最长时间以后再被访问的页。这样，有可能出现抖动。另外，Belady 在 1969 年发现，采用 FIFO 算法时，为进程分配的主存块多时，有时产生的缺页中断次数反而比分配主存块少时增多。这种奇怪的现象就叫做 Belady 异常。图 4.22 给出分配 4 个存储块时却产生了 10 次缺页中断，比分配 3 个块时还多一次。

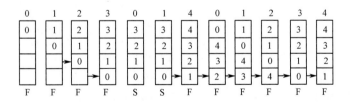

图 4.22 采用 FIFO 页面淘汰算法的 Belady 异常

对这个例子采用最佳算法 OPT 时，当主存已经被 0、1、2、3 页占满时，访问第 4 页产

生缺页中断。缺页中断处理程序选择以后不再访问的页或经很长时间之后才可能访问的页进行淘汰。目前主存这 4 页以后都要用到，OPT 算法选择第 3 页淘汰。因为它离现在最远才被用到。这样，缺页次数为 6，其 $f = 6/12 = 50\%$，比 FIFO 小得多。其实现过程如图 4.23 所示。

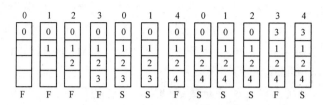

图 4.23　采用 OPT 页面淘汰算法

（3）最近最少使用的页面淘汰算法（Least Recently Used，LRU）

这种算法是淘汰那些在最近一段时间里最少使用的一页。它是根据程序执行时所具有的局部性原理考虑的。所谓程序局部性原理，是指在一段时间内，进程集中在一组子程序或循环中执行，导致所有的存储器访问局限于进程地址空间的一个固定子集。称进程在一段时间内集中访问的这个固定子集为该进程的工作集。

LRU 算法则是选择上次访问时间距当前时间最远的页淘汰。这是完全符合程序局部性原理的，而且只要将程序的已经执行轨迹给以记录，就可以确定被淘汰的页。实验证明，这是一个较好的算法。但系统的开销较大。下面介绍几种近似的 LRU 算法。

第一种是使用一个特殊硬件实现。系统设置一个 64 位的硬件计数器 C，每当一条指令所在的页被引用后都自动计数。此外，页表的每一项还必须含有足够大的字段存放这个计数器的值。每次访问主存后，再把计数器 C 的值存入刚被访问页的相应字段。产生缺页中断时，操作系统查看所有页表，找出计数值最小的页作为最近最少使用的页进行淘汰。

第二种是利用堆栈记录页的使用情况。每当一个页被引用时，该页总是放在栈顶。若它不在栈顶，将它从栈中移到栈顶。栈底是最近最少使用的页。由于可能被移的项可放在栈的任何地方，最好的办法是采用双向链，这样移动一个页最多可能修改 6 个指针。对于上例，采用堆栈实现时，其缺页次数为 8 次，其缺页率 $f = 8/12 = 67\%$。实现原理如图 4.24 所示。

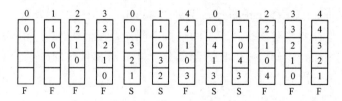

图 4.24　采用 LRU 的堆栈页面淘汰算法

由以上可看出，当分配 4 个主存块时，LRU 的缺页次数比 FIFO 要低。这是因为，它基本满足了进程的工作集要求。但这不是一个典型的例子。

具有 LRU 算法特性的一类算法，都满足如下这样的性质：

$$M(m,r) \subseteq M(m+1,r)$$

这里，m 随进程分配的主存块而变，r 是引用串的索引。这个公式表明，在任何时刻 t，主

存块为 $m+1$ 时，存于主存中的一串页面中必然包含有主存块为 m 时存于主存中的各页。而且这种关系对所有的 m 和 r 都成立。它决不会出现 FIFO 算法中的 Belady 异常。把具有这种性质的算法叫栈式算法。

（4）时钟页面置换算法

时钟页面置换算法又叫做第二次机会算法（Second-Chance Algorithm），它也是近似的 LRU 算法。实施该算法，要求在页表中增加一个引用位，以指示该页最近是否被引用。0 表示最近未被引用，1 表示最近被引用。再将进程所访问的页像时钟一样放在一个循环链中，链中的节点数就是为该进程分配的主存块数。假定一个进程在主存分配 6 个块，分别放置了 A、B、C、D、E 和 F 页，且各页的引用位如图 4.25（a）所示。系统设置一个指针指向最早进入主存的页。

使用该算法要淘汰一页时，先检查指针所指的页。如果它的引用位为 0，则淘汰这一页，新装入的页置换这一页，且将新装入页的引用位置 1，然后指针向前走一个位置；如果它的引用位为 1，清除它，并将指针前进一个位置，继续检查下一个页的引用位。重复这个过程，直到找到引用位为 0 的页为止。

对于图 4.25（a）应用该算法。要淘汰一页时，先检测指针所指的页 A。因为 A 的引用位为 0，将要装入的页 G 置换页 A，且将新页 G 的引用位置 1，然后指针向前走一个位置指向 B，如图 4.25（b）所示；如果页 A 的引用位不是 0 而是 1，则清除它，并将指针前进一个位置，继续检查页 B 的引用位。由于页 B 的引用位为 0，G 置换 B，且将新页 G 的引用位置 1，然后指针向前走一个位置指向 C。如图 4.25（c）所示。

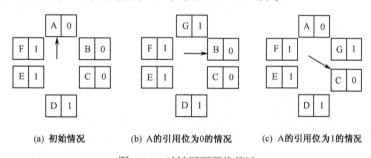

(a) 初始情况 (b) A的引用位为0的情况 (c) A的引用位为1的情况

图 4.25　时钟页面置换算法

还有很多淘汰算法，这里不再一一介绍，请参看有关文献资料。

许多请求页式管理系统都设法记录每个进程的工作集，并确保在进程运行前将其工作集调入主存，以大大减少进程的缺页率。这种方法叫工作集模型法。由于进程工作集所涉及的页可能随时间而变化，为了实现工作集模型法，操作系统必须记录那些属于进程工作集的页，并跟踪进程的运行情况，以便及时调整。这样就可以大大减少进程产生缺页中断的次数，甚至在一段时间内不产生缺页中断。从而大大提高了系统的运行效率。

4.7.3　页式管理设计中应考虑的问题

为了使分页系统有效运转，操作系统的设计者必须细心考虑如下几个问题。

1．交换区的管理

交换区是操作系统利用磁盘的一部分空间扩充主存的主要方法。根据存储器管理的实现方法，操作系统使用交换区的方法可能不同。例如，它可以或者用来保存进程运行的整个映像，或者简单地存储分页系统可能被淘汰的页。交换空间的设置有两种方法：可以从文件系统中分割一部分空间作为一个大文件使用；或者用一个磁盘分区或独立的磁盘。因此，一个系统需要交换区的大小可能依赖于物理存储器的大小、需要备份的虚存的大小，以及使用虚存的方法。通常，磁盘空间的变化范围很大，从 MB 量级到 GB 量级。

2．页面尺寸

虚拟地址空间被分成页，因此，页是硬件级保护的最小单位。页面大小是操作系统的设计者可以选择的一个参数。例如，即使硬件已设计成 512B 的页，操作系统也很容易认为页的尺寸是 1KB。在为进程分配时，可把连续的两个 512B 的存储块作为一个 1KB 的块处理。

确定最佳的页尺寸需要均衡考虑几个冲突的因素。一个进程通常包括代码段、数据段和堆栈段，这些段不可能正好填满所分配的各页。平均来讲，最后一页的半页是空的，也即每个段平均浪费半页，这部分叫内部碎片。具有 n 个段的进程，若一页的尺寸为 p 字节，则平均一个进程将有 $np/2$ 个字节被浪费。从这方面考虑，为了减少内部碎片，应设法减小页尺寸。

选择小的页还有一个好处。一个程序若由 8 个顺序的段组成，每个段 4KB。若页的大小为 32KB，程序在运行的全部时间都必须分配 32KB 的页。若页大小为 16KB，它仅需分配 16KB。若页大小为 4KB 或更小，任何时候它只需要 4KB 即可。由此可见，页尺寸越大，将使得无用的程序装入主存就越多，从而使主存浪费更大。

然而，页尺寸越小，程序需要的页越多，页表就越大。一个 32KB 程序只需要 4 个 8KB 页。而若页为 512B，则需 64 个页。页的内外存传送通常一次一页。大量时间是寻道和旋转延迟，这样传输一个小页和传输一个大页所需时间几乎相同。假定装入一页需 15 毫秒，这样，装入 64 个 512B 的页可能要花费 64×15 毫秒。而装入 4 个 8KB 页仅用 4×15 毫秒。由此可见，应该选择大页，以减少页的传输时间。

由于一个页必须具有一种保护方式，如果一个大页中既包含只读代码也包含可读写代码，该页只能被标为可读写。这样，由于 bug 存在，可能由于保护设置不正确，使只读保护的核心态的代码被修改破坏。在这方面，小页的好处是明显的。

为了更加有效地工作，一个系统往往允许同时存在几个不同的页尺寸。x86 体系结构引入了扩展分页机制后，允许系统同时有 4KB 或 4MB 大小的页存在。

大页的优点是引用已经在 TLB 中的大页内的其他数据时加速地址转换。如果使用小页，相同虚地址域需要更多的 TLB 项。而且，可能使已经在 TLB 中的项，由于重复多次转换的需要，使得 TLB 中的一些项被退回到页表中而大大降低地址转换的速度。

最后用数学方法分析页大小选择的影响。设进程平均尺寸为 s 字节，页大小为 p 字节。并假定每个页表项占 e 字节。每个进程所需的页数近似为 s/p，页表占用空间为 se/p 字节。进程由于内部碎片浪费的存储空间为 $p/2$。因此，页表和内部碎片引起系统的总开销为

$$se/p + p/2$$

式中，第一项 se/p 是页表开销，页越小，页表越大；第二项 $p/2$ 是内部碎片开销，页越大，内部碎片越大。对上式进行优化，对 p 求导，得到如下方程：

$$-se/p^2 + 1/2 = 0$$

解方程得：$p = \sqrt{2se}$。在只考虑页表占用尺寸和内部碎片时，p 就是页的最佳尺寸。

对于 $s=128$KB，$e=8$B（每个页表项占 8 个字节），最佳页尺寸为 1448B。实际上 1KB 或 2KB 的大小都可使用，另外还要考虑磁盘的速度。大部分商用计算机使用的页尺寸为 512B～8KB。

3. 页的共享

页式管理的另一个问题是页的共享问题。在分时系统中，通常几个用户同时运行同一个程序（如编辑、编译等）。很清楚，更有效的办法是共享这些页，以避免在主存同时有多个相同页的副本。但并不是所有页都可共享的，通常只读页，如程序文本，可以被共享，而可读写的数据页不可共享。共享页还有另一个问题。假定进程 A 和 B 正在共享编辑程序编辑它们的各页，如果调度程序决定将进程 A 从主存调走，让其他程序占用这些空白块，同时也将共享的编辑程序调出，这将使进程 B 产生大量的缺页中断再将调出的编辑程序调进主存。同样，当 A 终止时，它必须能够发现哪些页还在使用，以便这些页的空间不会由于不小心而被收回。检索所有页表确定页是否被共享的开销通常是很高的，因此，需要一个专门的数据结构记录共享页。一种较有效的办法是将被共享页锁在主存，并在页表中增加引用计数项，仅当其引用计数为 0 时，才允许调出或释放共享页占用的空间。

4. 多级页表的结构

现代计算机都支持大的地址空间（2^{32} 或 2^{64} 字节）。这样大的环境，页表本身变得非常庞大。例如，在 x86 系统平台中，一个页的大小为 4096（2^{12}）B。进程的 32 位虚地址空间需占 2^{20} 个 4KB 大小的页。这样，一个页表由 1M 个页表项组成，若一个页表项占 4B，则页表就要占用 $2^{20}\times4=4$MB 的物理空间。显然，不可能为页表分配这么大的连续的物理空间。解决的办法就是采用多级页表结构，使页表不再占用连续的主存空间，且页表在使用时才被装入，从而大大节约了主存空间。

另外，由于页表占用很庞大的空间，页表的建立不再是进程装入主存时，而是推迟到要访问页时，才为包含该页的页表分配空间和建立页表页。这种方法已经广泛应用于 Linux 和 Windows 等系统。

随着逻辑地址的长度的不断增长，可将页表划分成二级、三级或四级等，划分的级数越多，执行一个访内操作花费的时间就越长。为了减少查找多级页表时间，可以采用散列算法构造页表或采用转置页表。有关这些方法的具体实现，请参看后面 Linux 和 Windows 的相关章节和其他相关资料。

5. 写时复制技术（Copy-on-Write）

写时复制的页面保护是主存管理程序用来节约主存的一种优化技术。当两个进程要读写相同内容的主存时，系统就给该主存区赋予写时复制的页面保护。这样，若没有进程向共享物理主存写时，两个进程就共享之。一旦一个进程要向某页写时，系统就把此物理页复制到主存的另一个页框中，并更新该进程的页表指向此复制的页框，且设置该页为可读写。而这个被复制的页面对其他进程不可见。其他进程继续共享未经改动的页。

在有些系统中，父进程创建子进程，子进程复制父进程地址空间时也采用写时复制技术。这种技术提供快速创建进程和使分配给新创建进程的页框最少。父子最初共享父进程的所有页，并将这些页标记为写时复制。当子进程要修改其中一页时，操作系统识别该页具有写时复制属性，就为它创建该页的一个复制，并映射它到子进程的地址空间。子进程就可以修改该页。而所有未修改的页，仍然由父子进程共享，从而大大提高了主存的利用率。这种技术已经应用在 Linux 等系统中。

4.7.4 段式虚拟存储器管理

1. 实现原理

段式虚拟存储器管理又叫请求段式管理。段式虚存管理把进程的所有段的副本存放在磁盘一类的辅助存储器中。当进程被调度运行时，首先把当前需要的段装入主存，在执行过程中访问不在主存的段时，再将其装入。

在这种情况下，每个进程的各段并不全部在主存，为此要修改段表。首先增加一个有效位，以指示某段是否在主存的标识。若某段的有效位为 1，表示该段在主存；若为 0，则表示该段不在主存。另外，还要增加访问位、修改位。其访问位和修改位分别作为是否淘汰和回写磁盘的依据。由于段是信息的逻辑单位，有些段，如动态数组和动态表，在使用过程中可能需要动态扩充。但有些段，如代码段则不能扩充。为此，还要增设段是否允许动态增长的标识位。若标识位的值为 0，表示不允许动态增长。其值为 1，表示该段允许动态增长。这样在段长越界时，根据该标识，操作系统或者故障终止其运行，或者按照要求扩充其段长。经扩充后的段表如图 4.26 所示。

状态位	主存始址	段长	操作方式	修改位	访问位	动态增长位

图 4.26　段式虚存管理的段表

在进程执行中访问某一段时，由硬件地址转换机构查段表。若该段在主存（有效位＝1），则完成正常的地址转换。若不在，则硬件产生一个缺段中断。由操作系统完成缺段中断处理。操作系统先查主存是否有足够大的空闲区存放该段。若有，将该段装入；若找不到，再看空闲区长度总和能否满足要求，若能，则通过移动或拼接技术将小空闲区合并为一个大的空闲区，再装入进程的该段。若空闲区总和仍不能满足该段要求，则淘汰一个或几个已在主存的段后再装入该段。

之后，检查该操作的段内地址是否超过段长。若是，产生段长越界中断，转操作系统处理。操作系统查段表，检查该段是否允许动态增长。若不允许，输出"地址越界错"，并终止该进程的运行。若允许，操作系统按超出部分为其增加段的长度。之后检查本次操作方式是否符合要求，若符合，则完成地址转换，否则，输出"访问违约"，终止进程。有关段的地址变换过程的流程图要求学生自己画出。

2. 段的动态链接和装入

链接是指多个目标模块在执行时的地址空间分配和相互引用。单一连续区、分区、页式和段式的实存管理下运行的程序通常采用静态链接的方法实现。它的最大好处是简单，但造成时间和空间上的巨大浪费。

为了减少不必要的时间和空间上的浪费，段式虚存管理采用段的动态链接，是在程序装入或运行时进行的链接。通常被链接的共享代码称为动态链接库（Dynamic-Link

Library，DLL）或共享库（shared library）。在一个程序运行开始时，只将主程序段装配好装入主存即可。在主程序段运行过程中，用到哪些子程序和数据时，再将新段装配好并与主程序段连接上。这种链接既节省时间，又便于实现多个进程共享。由于运行程序由多个文件组成，增加了程序执行时的链接开销，且增加了管理的复杂度和开销。

为了实现动态链接，需要增加硬件的功能：间接编址字和连接中断位。间接编址字也即硬件指令的间接地址中包含的字。假定某系统的间接编址字的格式如下：

L		直 接 地 址

其中，L 表示是否需要动态链接的标识位。当 L=0 时，表示不要进行动态链接，按照一般的指令去处理；当 L=1 时，表示要进行动态链接，产生链接中断信号，转操作系统处理，完成段的动态链接。

为了理解段的动态链接过程，先以编译程序的工作为例，介绍间接字的形成原理。编译程序在编译每一段程序时，遵循这样的原则：若该段的指令是访问本段地址，则编译成直接型指令；若访问外段地址，则编译成间接型指令，并在直接地址中形成间接字：L=1 和直接地址。在直接地址中存放要链接段的段名和段内地址（例如 X 段内的 Y 地址）。为了便于管理，可以将每一段的间接编址字这些可变单元集中放在一个专门的段中。

操作系统在处理链接中断时，首先根据执行程序的现场信息找到间接字，并利用其地址部分取出欲访问段的段名和段内地址（X 和 Y）；由符号表查得段名 X 对应的段号 X′ 和段内地址 Y 对应的段内实际地址 Y′；之后将 X′ 和 Y′ 取代间接字中原先的段名 X 和段内地址 Y，再由段号 X′ 查段表，检查 X′ 段是否在主存。若在，则将连接标识位 L 置 0，用段号 X′ 和段内的实际地址 Y′ 替换原先的段名 X 和段内地址 Y，实现两段的链接。若 X′ 段不在主存，则按欲访问段 X′ 的段长为其分配主存并将其装入。之后再修改间接字和段表。至此，段的动态链接全部完成。

为了更好地理解动态链接的实现，现举例说明。假定主程序段中有如下的汇编指令：

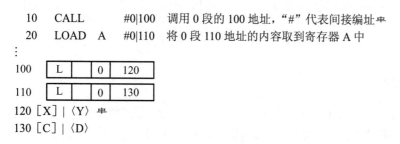

当主程序执行到第 10 条指令时，它是一条子程序调用指令，由"#"可知，该指令是间接地址型，按"0|100"地址取出间接字，检查其 L=1，因而产生链接中断，转操作系统处理。

操作系统根据间接字内的地址"0|120"（即 0 段，段内地址为 120）去取信息，得到欲访问段的符号名和段内地址：[X]|〈Y〉。操作系统根据 [X]|〈Y〉查符号表，查得为 X 分配的段号为 1，Y 对应的段内地址为 150，再由段号 1 查段表，看第 1 段是否已在主存。若不在，为该段分配主存，并装入。此时，再用"1|150"取代间接字中的地址"0|120"部分，并修改其 L=0。至此，链接中断处理完成，返回到被中断指令重新执行。

当 CPU 再次执行"CALL# 0|100"这条指令时，检查间接字的 L=0，所以按照间接字

的地址部分"1|150"去实现子程序的调用功能。

3. 段的共享

段式虚存管理利用上述段的动态链接很容易实现段的共享。由于各进程对共享段的使用情况不同，每个进程为其分配的段号也不同。例如，对于共享子程序 SQRT（开平方函数），进程 1 为其分配的段号为 1，进程 2 可能为其分配的段号为 3。

为了便于多进程共享主存中的公用子程序，可在主存中设置一个共享段段表，其内容可包括共享段名、在主存的始址、段长、调用该段的进程数及进程名。当某个进程首次调用某个共享段而产生链接中断时，如果该段在共享段表中没有查到，则在进行动态链接时，先将其装入主存，再在共享段中开辟一个表目，填上共享段名和主存始址，及使用该段的进程名，并置共享进程数为 1。若该段在共享段中找到，则除修改本进程间接字外，还要修改共享段的有关表目（即将共享进程数加 1，并填写共享该段的这个进程名字等）。

4.7.5 段页式虚拟存储器管理

段与页有着各自的优缺点，将页式管理和段式管理组合起来，就可以获得页式管理高的主存利用率和段式管理便于信息保护和共享的优点。目前大、中、小及高档微机和工作站上都广泛采用段页式虚拟存储器管理技术。这种方案的基本思想是程序的逻辑结构按段划分，每段再按页进行划分。这样不仅保留了程序的结构特征，而且提高了主存的利用率。

下面以 Intel x86 计算机为例，简单介绍它的段页式管理机制。

在 x86 系统中，CPU 产生以段为单位的逻辑地址（段号，段内地址）。存储器管理单元（MMU）通过一个段硬件管理机构（Segmentation Unit）将每个逻辑地址（段号和段内地址）转换成一维的线性地址（即虚地址），再通过页硬件管理机构（Page Unit）将线性地址转换成主存的物理地址。如图 4.27 所示，

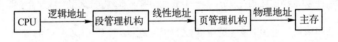

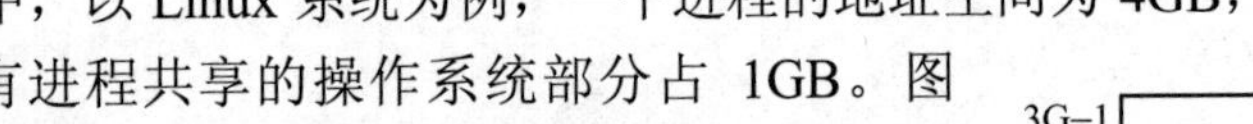

图 4.27　Intel x86 结构的地址转换

1. x86 系统的分段

x86 体系结构中，以 Linux 系统为例，一个进程的地址空间为 4GB，其中，进程的私有部分占 3GB，所有进程共享的操作系统部分占 1GB。图 4.28 给出了 x86 处理机上的一个 C 程序的存储空间的一般布局。

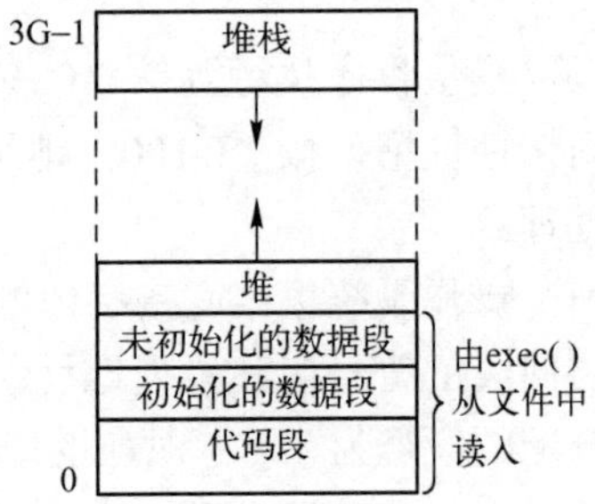

其中，代码段就是由 CPU 执行的机器指令部分。通常该段为可共享的程序（如文本编辑器、C 语言编译器和 Shell 等）；初始化的数据段是出现在任何函数之外声明的、被系统显式赋初值的一些变量（如 int x＝100;）；未初始化的数据段通常称为 bss（block started by symbol）段，它是在任何函数之外声明的一些变量，系统将此段中的变量初始化为 0 或空指针（如 Long sum[100];）；堆栈保存的是一些

图 4.28　进程的私有虚拟
地址空间的布局

自动变量以及每次函数调用时需要保存的一些信息；堆用于进行动态内存的分配。栈顶和堆之间未用的虚空间是很大的。

进程的私有部分被局部描述符表（LDT）记录，所有进程共享部分被全局描述符表（GDT）记录。每个表的最大段数为 8K。表中的每一项代表一个段描述符，占 8B，描述相应段的有关控制信息，如该段的基地址、段长以及该段的保护方式等。

进程地址空间的每个逻辑地址都由段选择子和段内地址组成。段选择子占 16 位，如图 4.29 所示。其中，s 指示段号，g 指示该段是在全局描述符表 GDT（g=0）还是局部描述符表 LDT（g=1）中，p 表示该段选择子的特权级，即该段应在核心态还是用户态下

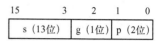

图 4.29　x86 的段选择子结构

运行。仅当请求者的特权级（Requestor Privilege Level，RPL）高于或等于该段选择子的特权级 DPL 时，才允许访问该段。段内地址占 32 位，即允许一个段的最大长度为 4GB。

该结构的计算机的段寄存器用来存放段选择子。它们分别是代码段寄存器 cs，数据段寄存器 ds，堆栈段寄存器 ss 等。其中 cs 段寄存器含有一个两位的字段，以指示处理机的当前特权级（Current Privilege Level，CPL）。00 代表核心态，11 代表用户态。图 4.30 给出了段的地址转换机构将一个段的逻辑地址转换为线性地址的过程。

（1）根据段寄存器给出的段选择子中的 g 标识判断段 s 是在 GDT 还是 LDT 表中。

（2）再以 s 为索引，在相应表中找到该段的段描述符。

（3）由段描述符的段的特权级标识 p 检查操作是否合法。若不合法，则错误终止。

（4）由段描述符的段长检查段内地址 w 的合法性。若不合法，则错误终止。若合法，将其与段的基地址相加转换为线性地址。

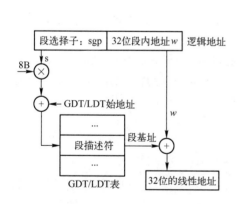

图 4.30　段式地址转换机构

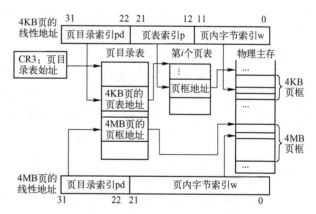

图 4.31　虚拟地址映射到物理地址的转换结构

2．x86 系统的分页

x86 体系结构允许一个页的大小为 4KB 或 4MB。对于 4KB 的页，它使用两级页表来索引所有的页。将 32 位的线性地址划分成页目录表的索引（占高 10 位）、页表索引（占次高 10 位）和页内字节索引（最低 12 位）。对于 4MB 的页，只使用一级页表，即页目录表。将 32 位的线性地址划分成页目录表的索引（占高 10 位），和页内字节索引（占低 22 位）。两种页的地址转换过程如图 4.31 所示。

其中页目录表中专门设置有页的大小的标识。如果该标识已经设置，则页的大小为

4M，否则为 4K。其转换过程如下：

（1）由 CR3 找到页目录表始地址，以页目录索引 pd 为索引找到页目录表项。

（2）检查该项的页大小标识是否已经设置，若已经设置，则该项给出的是 4MB 页对应的页框地址，且线性地址的低 22 位就是 4MB 页框中的页内地址，转（4），否则继续执行（3）。

（3）若检查该项的页大小标识没有设置，该项指向一个页表地址，再以 p 为索引，在该页表中找到对应的主存页框。

（4）页框地址与页内地址 W 相加，生成主存的物理地址。

为了改善主存的利用，还可以将当前不用的页表换到磁盘。这时相应的页目录表项的有效位被置为无效，且使用其他 31 位指示该页表在磁盘的位置。

4.8　小　　结

本章重点介绍了以下一些内容。

（1）存储器管理涉及的主要概念有：地址空间、存储空间、逻辑地址、线性地址、物理地址和地址重定位等。引入了程序链接的功能实现、链接的类型以及虚拟存储器等重要概念。

（2）存储器管理实现的功能：① 存储器分配；② 地址转换或重定位；③ 存储器保护；④ 存储器扩充；⑤ 存储器共享。

（3）存储器管理方案。介绍了从单道程序的单一连续区分配，到多道程序的分区分配；程序的覆盖与交换技术；从实存的页存管理、段式管理，到虚拟存储管理技术支持下的请求页式、段式和段页式管理各种方案的实现功能和实现原理。

（4）各种存储器管理方案所需要的数据结构。对上述各种管理方案的主存分配和地址变换机构进行了详细的描述。

① 分区分配需要的数据结构有分区说明表和空闲区链，分配算法有首次适应法、最佳适应法和最坏适应法。实现将程序地址空间的相对地址变换为主存的物理地址需要的地址变换机构和存储器保护是基址加限长等以及存在的优缺点。与单一连续区一样，一个进程占有一个连续的主存区。因此，容易产生碎片。

② 实存的分页和分段分配，实现地址转换需要的数据结构有页表和段表。段式与页式管理的优缺点的比较。

③ 请求页式、段式和段页式管理是利用虚拟存储器技术实现的。它们都是基于程序的局部性原理，不需要将进程的全部信息同时装入主存，只要装入当前使用的一部分即可运行。运行过程中，通过请求，将需要的信息由系统采用换入换出的淘汰方法自动装入。请求页式管理的页面置换算法有 FIFO、LRU 和时钟算法等，并引入 OPT 最佳算法来衡量实际算法的性能指标。引入了进程工作集的概念，以及抖动的概念和解决抖动的办法。

（5）引入了写时复制技术、交换区和多级页表等的概念和实现原理等。

习　　题

4-1　解释下列术语：名字空间、地址空间、存储空间、逻辑地址、线性地址、物理地址。

4-2　什么是地址重定位？它分为哪两种？各是依据什么实现的？试比较它们的优缺点。

4-3　存储器管理的主要功能是什么？

4-4　存储保护的目的是什么？对各种存储器管理方案实现存储保护时，硬件和软件各需做什么工作？

4-5　给出可变分区的分配和回收算法的流程图（分别采用首次、最佳、最坏适应算法）。

4-6　什么是覆盖？什么是交换？两者之间有什么相同点和不同点？覆盖管理与虚存管理技术有什么相同点和不同点？

4-7　简述页式管理的地址变换过程。它需要什么硬件和软件支持？

4-8　从以下几个方面比较可变式分区、分段和分页式存储器管理的问题。

（1）外部碎片；（2）内部碎片；（3）进程共享代码的能力。

4-9　段式存储器管理有什么优点？它与页式管理的主要区别是什么？

4-10　叙述虚拟存储器的基本原理。虚拟存储器的容量能大于主存容量加辅存容量之和吗？

4-11　叙述产生缺页中断时，系统应做哪些工作？

4-12　如果主存中某页正在与外围设备交换信息，那么当发生缺页中断时，可以将这一页淘汰吗？为什么？

4-13　什么叫系统抖动？工作集模型如何防止系统抖动？

4-14　考虑有一个可变分区系统，含有如下顺序的空闲区：10K,40K,20K,18K,7K,9K,12K 和 15K。现有请求分配存储空间的序列：（1）12K；（2）10K；（3）9K。

若采用首次适应算法时，将分配哪些空闲区；若采用最佳、最坏适应算法呢？

4-15　有如图 4.32 所示的页表中的虚地址与物理地址之间的关系，即该进程分得 6 个主存块。页的大小为 4096。给出对应下面虚地址的物理地址。

（1）20；（2）5100；（3）8300；（4）47000

0	2
1	1
2	6
3	0
4	4
5	3
6	x
7	x

段始址	段的长度
219	600
2300	14
92	100
1326	580
1954	96

图 4.32　题 4-15 的图　　　　　　　　图 4.33　题 4-17 的图

4-16　一个进程在执行过程中，按如下顺序依次访问各页，进程分得四个主存块，问分别采用 FIFO、LRU 和 OPT 算法时，要产生多少次缺页中断？设进程开始运行时，主存没有页面。页访问串顺序为：0, 1, 7, 2, 3, 2, 7, 1, 0, 3, 2, 5, 1, 7。

4-17　考虑图 4.33 的段表，给出如下所示的逻辑地址所对应的物理地址。

（1）0，430　　（2）1，10　　（3）2，500　　（4）3，400　　（5）4，112

4-18　一台计算机含有 65536B 的存储空间，这一空间被分成许多长度为 4096B 的页。有一程序，其代码段为 32768B，数据段为 16386B，栈段为 15870B。试问该机器的主存空间适合这个进程吗？如果每页改成 512B，适合吗？

4-19　在某虚拟页式管理系统中，页表包括有 512 项，每个页表项占 16 位（其中一位是有效位）。每页大小为1024个字节。问逻辑地址中分别用多少位表示页号和页内地址？

4-20 有一个虚存系统，按行存储矩阵的元素。一进程要为矩阵进行清零操作，系统为该进程分配物理主存共3页，系统用其中一页存放程序，且已经调入，其余两页空闲。按需调入矩阵数据。若进程按如下两种方式进行编程：

```
var A:array[l..100，1..100] of  integer;
    程序 A:                        程序 B:
    { for i:=1 to 100 do          { forj:=l to 100 do
        for j:=1 to 100 do            for i:=l to 100 do
            A[i,j]:=0;                   A[i,j]:=0;
    }                              }
```

（1）若每页可存放200个整数，问采用程序A和程序B方式时，各个执行过程分别会发生多少次缺页？

（2）若每页只能存放100个整数时，会是什么情况？

4-21 一个请求分页系统中，内存的读写周期为8ns，当配置有快表时，查快表需要1ns，内外存之间传送一个页面的平均时间为5000ns。假定快表的命中率为75%，页面失效率为10%，求内存的有效存取时间。

4-22 设计一个页表应考虑哪些因素？选择页大小时应考虑哪些因素？现代操作系统为什么采用多级页表？

4-23 某计算机的CPU的地址长度为64位，若页的大小为8192B，页表项占4B。要求一个页表的信息应该放在一个页中。问采用几级页表比较好？

4-24 给出段式虚拟存储器管理实现地址变换的流程图。

4-25 什么是写时复制技术？它有什么好处？

4-26 解释下列术语：程序的局部性原理、动态链接。

4-27 本章共介绍了10种存储器管理方案，请指出每一种方案有哪些特点？存在哪些问题？后一种方案对前一种方案进行了改进，系统增加了哪些软硬件开销？

第 5 章　文 件 系 统

文件系统（File System）是操作系统对用户最可见的部分。它向用户提供联机存储和访问计算机系统中的所有程序和数据的机制。程序和数据通常是以文件形式存放在外部存储器（如磁盘、磁带和光盘等）上的。

文件是操作系统管理信息的基本单位。如何组织、命名、存取、使用、保护文件等则是操作系统设计的主要内容。操作系统中涉及文件的那部分功能叫做文件系统。文件系统通常由两大部分组成：一组信息文件和一个目录结构。文件存储的是各种相关的程序和数据；目录结构负责组织和提供系统中所有文件的控制信息。文件系统提供高效、方便和灵活的信息存储和访问功能。

下面分几部分介绍文件系统所涉及的内容。

5.1　文件和文件系统

1. 文件

（1）文件定义

从用户角度看，文件是存储在外部存储器的具有符号名的相关信息的集合。文件可以表示范围很广的对象：一个源程序，一批数据，各种语言的编译程序，各种编辑程序，银行的各种账目，公司的各种记录等都可以构成一个文件。

（2）文件属性

从操作系统管理的角度看，为了对文件进行管理，一个文件应该具有一定的属性，包括：

① 文件名。用户为其文件定义的可读的符号。文件的命名规则随着系统的不同而异，但几乎所有的操作系统允许用 1～8 个字符作为合法的文件名。有的允许用数字和一些特殊字符，像 2、Fig.2-1 等都可作为文件名。有些文件系统区分大、小写字母，如 UNIX 系统；有的则不加区分，如 MS-DOS 和 Windows 等。

② 文件标识。每个文件有一个唯一的数字值，它是操作系统管理文件的唯一的标识。

③ 文件类型。由文件扩展名给出，例如：.OBJ，.EXE，.BAS，.C，.PAS，.ADA，…。

④ 文件位置。给出文件所在设备的具体位置。

⑤ 文件大小。以字节或块为单位的文件长度。

⑥ 文件的保护方式。通常有读、写、执行等。

⑦ 文件的创建或修改日期等。

这些信息构成了文件控制块（File Control Block，FCB）。显然文件控制块包含了文件的说明信息和管理控制信息。由此可见，一个文件由两部分组成：文件控制块和文件体。操作系统通过文件控制块管理文件，用户关心和使用的是文件体，即文件的实际内容。为了便于管理，操作系统将文件的控制块保存在一个文件目录的结构中。每个文件在其中占有一项。目录也是以文件形式存储在外存介质上的。

下面是 MS-DOS 的文件目录项的具体结构，即文件控制块的组成，从 DOS2.0 到 DOS5.0，一个目录项占有 32 个字节，划分为 8 个字段。

字节数：	8	3	1	10	2	2	2	4
	文件名	文件扩展名	文件属性	保留	时间	日期	文件的首簇号	文件大小

文件的首簇号占用 2 个字节，给出文件在磁盘上的位置。

文件属性各位的含义如下：

bit	7	6	5	4	3	2	1	0
	保	留	档案	子目录	卷标	系统	隐藏	只读

b0 位为 1，表示该文件是只读文件，对于这种文件既不能修改，也不能删除。

b1 位为 1，表示该文件是隐藏文件。通过 DIR 命令查看目录文件列表时，该性质的文件不被列出。

b2 位为 1，表示该文件是系统文件，与隐藏文件一样，不响应 DIR 命令。

b3 位为 1，表示该目录项是盘卷标的目录项，这时的文件名字段给出的是卷标名。

b4 位为 1，表示该目录项登记的是一个子目录文件，其对应的文件名为子目录名。

对于普通文件，b3、b4 都为零。

b5 位为 1，表示该文件是新创建或最近被修改过的需要存档的文件。该位由系统自动置 1。

bit6 和 bit7 保留未用。

2. 文件的分类

为了便于管理，可以对文件进行多种分类。按用途分，有系统文件、库文件、应用程序文件和用户文件，其中系统文件、库文件，应用程序文件是提供给用户程序调用的，如各种编辑和编译程序等；按文件的保护方式分，有只读文件、读写文件、无保护的文件；按信息的流向分，有输入文件、输出文件和入 / 出型文件；按设备类分，有硬盘文件、软盘文件、磁带文件等。

在 UNIX 系统中，为了方便用户操作文件，按文件的组织和处理方式划分为如下三类：

（1）普通文件。这种文件既包括系统文件、应用程序文件、库文件，也包括用户的各种文件。它们可以是由 ASCII 码组成的字符文件，也可以是二进制代码构成的文件。通常把由 ASCII 字符组成的文件叫文本文件，它们可以显示在屏幕上，或输出到打印机上。

（2）目录文件。这是由文件目录构成的一类文件。目录文件是用来维护文件系统结构的文件。通过目录文件，系统可以检索普通文件。由于目录文件也是由字符序列组成的，因此对它的处理（包括读、写和执行）与普通文件相同。

（3）特别文件。指系统中所有的输入、输出和输入/输出型设备，以及其他一些特殊文件。把输入、输出设备（如终端、打印机等）叫做字符型特别文件，把输入/输出型的设备（如磁带、磁盘、光盘等）叫块特别文件。从使用角度上看，这些文件与普通文件相同，都要查找目录、验证使用权限、进行读或写等。只是系统把对特别文件的操作转为对不同设备的操作。

文件无论如何分类，其目的是便于系统对不同类型的文件进行不同的管理，以实现文件的保护和共享等。

3. 文件系统

文件系统是操作系统中管理文件的软件机构。它既包括操作系统中用于文件管理的那些程序，也包括运行这些程序所需的各种数据结构，还可能包含系统引导操作系统的引导程序信息等。有了文件系统之后，用户只需给出一个代表某一程序或数据的文件名，系统就能自动地找到文件所在位置，以实现对文件要执行的各种操作命令。由此可见，文件的使用，文件系统的建立，使得用户能非常方便地实现按名存取系统存储的各种信息。

一个理想的文件系统应具备以下功能：

（1）管理磁盘、磁带等组成的文件存储器。记录哪些空间被占用，哪些空间空闲，以便用户创建文件时，为其分配存储空间。修改或删除文件时，调整或收回相应空间。

（2）实现用户的按名存取。当用户通过文件名存取文件时，应能快速定位文件的目录结构。

（3）提供灵活多样的文件结构和存取方法，便于用户对文件进行存储和加工处理。

（4）提供一套方便、简单的文件操作命令。

（5）保证文件信息的安全性。

（6）便于文件的共享。

由此可见，引入文件和文件系统之后，用户就可以用统一的观点看待各种文件存储介质上的信息，用户所要知道的只是文件名和文件的特征信息，如文件建立日期，允许的访问权限等。至于文件在外存空间的分配和文件存放的物理位置等物理操作均由文件系统自动实现。

5.2　文件目录结构

引进文件系统的主要目的是实现用户按文件名存取文件存储器上的信息。同时，使用起来方便灵活，安全可靠，并便于文件的共享和保密。实现这些功能的主要结构是文件目录。所谓文件目录是指记录文件的名字及其存放物理地址的一张映射表，表中包括了许多文件控制块。由于文件系统中有很多文件，故文件目录也很大。文件目录与文件一样，存放在文件存储器中。为了减少文件的查找时间，方便文件管理，通常文件目录采用多种结构形式。下面介绍三种主要的目录结构形式。

1. 一级目录结构

文件目录可以简单地理解为文件名与其存储位置的映射表。最简单目录结构是采用一级目录结构。即为文件存储器上保存的全部文件建立一张一维目录表。图 5.1 给出了这种表的简单结构。

每当建立一个新文件时，就在该目录表中增加一个新目录项；当撤销一个文件时，就删除该文件所对应的目录项；每当访问某个文件时，按文件名顺序查找各目录项，从而找到对应文件的

文件名	第一个物理块号	其他管理和控制信息
A	25	
B	15	
⋮	⋮	⋮

图 5.1　文件目录表的结构

目录项。在经过访问权限验证后，就可以根据文件的物理地址确定本次要访问的物理块。

这种目录结构虽然简单，但不允许不同的文件具有相同的文件名，否则将出现二义性。另外，当文件较多时，查找一个文件花费时间太多。因此，这种目录只在低档微机或早

期的小型机上使用。

2．二级目录结构

为了解决文件重名问题，可采用二级目录结构。即为每个用户建立一个独立的目录，叫做用户文件目录（User File Directory，UFD）。系统维护一个主文件目录（Master File Directory，MFD），记录各用户名字及用户文件目录所在的物理地址，如图5.2所示。

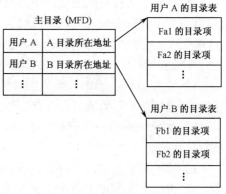

图5.2　二级目录树结构

当一个新用户开始使用文件系统时，系统先为其分配一个记录用户文件的目录块，在主文件目录表中找一个空表目，登记该用户名和目录块地址。当用户建立一个新文件时，文件系统先按用户名在主目录中找到他的文件目录起始地址，然后在用户文件目录表中为其建立一个目录项，填上文件名及文件的管理和控制信息。当用户要访问他的一个文件时，也是先按用户名在主目录中找到他的文件目录位置，再按文件名在用户文件目录中找到该文件的有关信息，最后完成指定的文件操作。当用户要撤销一个文件时，通过主目录找到用户文件目录，并撤销该文件的目录项。当该用户的文件目录中文件都被撤销时，将其所占目录表区释放，并将该用户在主目录表中的目录项撤销。之后该用户在主目录中再没有任何登记信息了。

二级目录结构解决了命名冲突，但当系统中文件很多时，存取速度仍然较慢，而且无法实现文件共享。

3．多级目录结构

（1）树形目录

现代操作系统向用户提供了功能更强，更加灵活的目录结构，这就是层次式的树形目录结构。和二级目录类似，它有一个主目录（又称根目录），在根目录下有许多用户目录和普通文件目录项，每个用户目录下依次有许多子目录或普通文件作为其目录项。如图5.3所示。

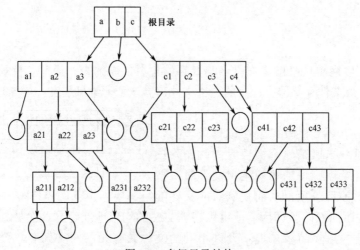

图5.3　多级目录结构

图中方框代表目录表，圆圈代表普通信息文件。在这种多级目录结构中，文件的访问必须采用路径名。一个文件的固有名（即完全路径名或绝对路径名）是由根（或主目录）到文件通路上所有目录与该文件的符号名拼接而成的。图 5.3 中的文件 c432 的路径名为／c／c4/c43/c432。当查找文件 c432 时，首先从主目录找到 c，然后从目录 c 中找到第二级目录 c4，再由 c4 中找到 c43，最后由 c432 找到物理文件。由此可见，虽然路径名有利于文件名的选择，但每次存访文件时，要求用户采用文件的完全路径名，一方面不方便，另一方面查找一个文件需要花费的时间较长。现代操作系统广泛采用这种树形目录结构。

（2）当前目录

为了加快文件的查找速度，引入了"当前目录"（或工作目录）。用户根据自己的工作需要，在一定时间内，指定某一级的一个目录作为当前目录。当用户欲访问该目录下的某个文件时，便不用给出文件的完全路径名，只需给出从"当前目录"到欲访文件之间的路径名即可。这种路径叫相对路径。

（3）无环图型目录结构

与上述的目录结构相比，无环图型目录结构更便于共享文件和子目录。共享文件在磁盘上只存在一个副本，文件的任何改变都会对其他用户可见。通常采用硬链接和符号链接来实现。在创建链接时要避免出现环，有环的图会使操作变得很复杂。

多级目录优点：层次结构清晰，便于管理和保护；有利于文件分类；解决文件重名问题；提高文件检索速度；能进行存取权限的控制。

多级目录缺点：管理开销大。同时按路径名查找一个文件需逐层检查多级目录，多次访盘，影响文件的访问速度。而且只能采用绕道和链接的方法实现文件共享。

在现实生活和应用中，多级树形目录更具有它的普遍性，因而备受用户欢迎。例如，大学管理机构可分为校、系、专业和校、处、科、班组等多级组织结构。其中每一级组织既可能有它直接管辖的组织，又可能有它的下属一级组织。

一级目录、二级目录和多级目录表按卷构造和保存。目录表的保存方法有两种，一种是放在卷的固定区域，如 DOS 的根目录表；另一种是把目录表作为普通文件保存在文件数据区中。后者更适合文件系统的特点，如 UNIX/Linux 系统等。

由于目录表按卷构造，相应的目录表及其信息文件保存在同一外存卷中，因此可通过物理地搬动这些卷（如一片软盘，一组磁盘叠，一盘磁带等），将文件从一个系统转移到另一个系统。由于它们可以脱机保存，从而大大扩充了文件存储器的空间。

5.3　文件的逻辑结构和存取方法

文件结构是指文件的组织形式。文件系统的设计者通常从两种不同的观点去研究文件的结构。一种是从用户使用角度，研究用户如何组织和使用文件，其目的是为用户提供一种逻辑结构清晰、使用简便的文件结构，用户将按照这种形式去存储、检索和使用文件；另一种是从系统实现的角度，研究存放在存储介质上的实际文件，即物理文件，其目的是选择一些工作性能良好，设备利用率高、存取速度快的物理文件结构，系统将按照这种结构选择文件存储设备，存储信息并控制设备上的信息传输。

文件系统的重要作用之一是在用户逻辑文件和物理文件之间建立映射，实现二者之间的相互转换。

文件的逻辑结构通常分为两种形式。一种是无结构的字节流式文件，如图 5.4（a）所示；一种是有结构的记录式文件。记录式文件又划分为定长式和变长式两种。记录则是由若干字段组成的一些相关联的信息项。一个记录式文件由若干个记录组成，并按照记录出现的逻辑顺序进行编号，记为记录 0，记录 1，…。如图 5.4（b）和（c）所示。

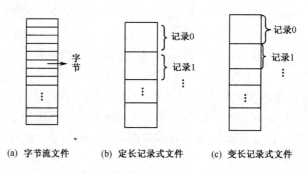

(a) 字节流文件   (b) 定长记录式文件   (c) 变长记录式文件

图 5.4　文件的逻辑结构

由图中可看出，无结构的字节流式文件是由先后到达的字节流组成的，其文件长度就是它所包含的字节个数。对于定长记录式文件，其文件长度等于记录个数乘以记录长度；对于变长记录式文件，其长度等于各记录长度之和。事实上，操作系统不了解也不关心文件的内容，它所"看到的"都是字节流。文件信息的实际意义是由用户级应用程序（如数据库系统）关心和处理的。UNIX 系统和 Windows 系统等就是以无结构的字节流形式组织文件和处理文件的。

文件的存取方法是由文件的性质和用户使用文件的情况决定的。也就是说，用户以什么方式对文件中的信息进行定位和存取。通常，根据对文件信息的存取次序不同，把文件的存取方法分为两大类。

（1）顺序存取（Sequential Access）。无论是无结构的字节流文件，还是有结构的记录式文件，对文件的存取都是在前一次存取的基础上进行的。这是最简单的存取方法。为此，在文件存取过程中，系统设有两个位置指针指向其中要读写的字节位置或记录位置。根据要读写的字符个数或记录长度，系统自动修改指针位置。由此可见，顺序存取就是严格按照字节或记录出现的先后次序顺序依次存取的。

（2）直接存取（Direct Access）。直接存取又叫做随机存取。对于直接存取，通常是对记录式文件而言的，它允许用户随意地存取文件中的一个记录，而不管上一次存取的是哪个记录。在请求对某个文件进行存取时，要指出存取的记录号或记录中的一个关键字。对于定长记录式文件，直接存取方便且高效；而对于变长记录式文件，则十分低效。要读取某个变长记录，必须从文件的起始位置开始顺序地通过前面的所有记录，才能找到要读记录的起始地址。故对于变长记录文件，通常采用顺序存取法。

前面讲过，UNIX 系统对文件的管理是把文件看成无结构的字节流文件，仍允许用户随机地存取文件中任何位置的信息。但要求用户先用相应的系统调用命令把文件的读写指针调整到欲读写的位置，然后再进行读写。

顺序存取和直接存取是操作系统中最常用的存取方法。实际上，在复杂的文件系统中，特别是现在广泛流行的数据库管理系统中，文件的存取方法远不止这两种。例如，文件的存取是根据记录中给定的关键字（又称键值）进行，文件的基本操作是获得指定键值的记录，这时，人们不关心所含键值的记录在文件中的精确位置，也不关心增加一个新记录到文件中时应存放的位置，这些具体问题都由操作系统完成。

5.4 文件的物理结构和存储介质

5.4.1 文件的物理结构

文件的物理结构是指一个文件在文件存储器上的存储方式及其与文件逻辑结构的关系。它与文件的存取方法也是密切相关的。因此，一种文件只有在设计存储结构时考虑用户的特殊要求，才可能方便有效地适合用户的应用。

为了有效地管理文件存储器的空间，通常把它们划分成若干个大小相等的块，叫物理块。一个物理块可以包括一个扇区或几个连续的扇区。为了和逻辑文件及文件的逻辑记录相对应，存储在文件存储器上的文件称为物理文件，存放文件记录的物理块叫物理记录。显然，对于无结构的字节流文件，将它按物理块大小划分成若干块，存放在各个物理块中。对于记录式文件，文件的逻辑记录不一定正好等于物理块的大小。为了讨论简单，下面都假定逻辑记录长度与物理块大小相等。

为了适应用户的应用要求，文件的物理结构基本上分为连续、链接和索引三种。

1. 连续文件

连续文件又叫做顺序文件，是最简单的文件物理结构，它是把逻辑上连续的文件信息存储在连续的物理块中的一种组织方式。系统为已经存储的文件建立一个目录表，记录各个文件的控制信息，见图 5.5。

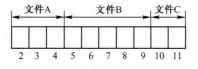

图 5.5 连续结构的文件组织

连续文件的优点：
① 实现简单。只要记住文件的第一块所在位置及文件包括的块数即可。
② 支持顺序存取和随机存取。只有这种结构的文件才适合存放在磁带上。
③ 存取速度快。只要访问一次文件的管理信息，就可方便地存取到任一记录。
连续文件的缺点：
① 不灵活。要求在文件创建时，就给出文件的最大长度，且一旦创建就不允许动态修改。
② 容易产生碎片。当文件被删除时，文件存储空间可能出现许多小的无法利用的空洞。虽然可以采用"拼接"方法解决，但由于代价太高，很少采用。这种结构适合存储操作系统和实用程序一类长度不变的系统文件。

2. 链接（或串联）文件

如果用户基本上是顺序存取文件中的信息，为了克服采用连续结构而产生的碎片问题，可以将逻辑上连续的记录分配到不连续的物理块中，存放信息的每个物理块中设置一个指针指向下一个物理块。文件的最后一个物理块的指针通常为 0，以指示该块是链尾。链接结构文件如图 5.6 所示。

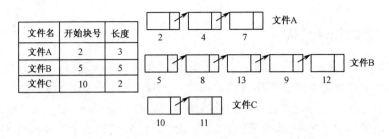

图 5.6　链接结构的文件组织

链接结构文件的优点是允许文件动态增长，增加了使用的灵活性。它不仅允许文件在尾部增长，也允许在任两个记录之间插入或删除一个或多个记录。

其缺点是只能顺序存取。因为，要得到后面某一块信息，必须从文件的第一物理块开始，读出前面所有的块，才能找到所需块的位置。

为了克服链接结构文件不能随机存取的缺点，可以把指针字从文件的各物理块中取出，放在一个表中或在存储器中建一个索引。图 5.7 给出了用图 5.6 的例子建的索引表。表的长度就是文件存储器能划分的物理块数。用物理块作为索引，文件 A、B 的链接情况从第一个物理块号就可以很容易地追踪得到。MS-DOS 就使用这种方式分配和管理磁盘空间，并将此表叫盘文件映射表或文件分配表（File Allocation Table，FAT）。

利用文件分配表，虽然存取任一记录时仍需沿链查找，但由于该表在系统初始化时已放在主存，所以不必访问磁盘就能很快定位一个记录的位置。

这个方法的主要缺点是在系统工作期间，整个表必须在主存。当磁盘容量比较大时，假

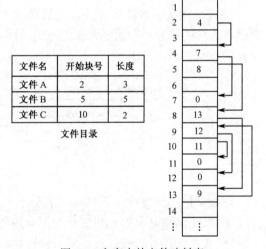

图 5.7　主存中的文件映射表

定为 1GB，若每块仍按 512B 计，则这个表将占用 2M 项。每项至少占用 3B。因此，这个表要占用 6MB 的主存。即使为了节省主存，不将盘文件映射表全部装入主存，盘文件映射表也必须作为一个文件放在磁盘上。此时要求存放一个文件的各个盘块不要过于分散。否则，为了在盘文件映射表找到文件的各个块，可能要读取盘文件映射表的多个或所有物理块，从而减少了它的优越性。

3. 索引文件

由上述可知，连续和链接结构文件存在许多问题。为了方便用户存取文件，为存储的文件建立一个索引表，该表指出文件的逻辑块与物理块的映射关系。将文件索引表所在物理

块登记在文件目录表中。图5.8给出了为链接结构的文件 B 建立的索引表块的内容。

文件名	索引表块号	文件长度
文件 A	14	3
文件 B	24	5
文件 C	17	2

文件 B 的索引块 24

0	5
1	8
2	13
3	9
4	12

图 5.8　索引结构的文件组织

如果一个文件的记录很多，一个索引块放不下时，索引表需要占用几个物理块。这时可将各索引块构成一个链表。文件目录中指出索引表所在的第一个索引块块号。采用索引文件的分配形式既支持随机存取，也支持顺序存取，因此，它是最流行的文件分配形式。

对于按键值存取的文件，其物理组织同样可以采用索引结构。这里，索引表是由一组键值和对应的物理块组成的。

当索引表很大时，可把索引表看成一个文件，并通过增加一级索引来查找它。例如，假定物理块长度为 N，文件记录数为 K，且满足 $N<K\leqslant N^2$ 时，可采用二级索引。第二级索引表的表目指向第一级索引表，第一级索引表的表目指向相应记录所在的物理块号。若 $K=N^2$，则共需 $N+1$ 个索引块，每个索引块有 N 个表目。第二级索引占一个物理块，第一级索引占 N 个索引块。如图 5.9 所示。

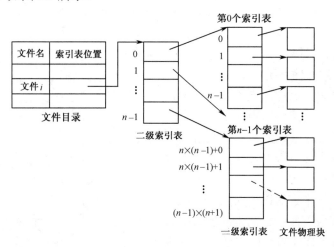

图 5.9　多级索引结构

显然这种索引结构可以进一步扩展，构成一个多级索引树，以适应 $K>N^2$ 的情况。UNIX 采用的就是多级索引。其具体实现，参看有关 UNIX 的文件系统部分。

索引结构文件的优点不仅允许文件动态修改，同时增加了使用的灵活性。更重要的是，它允许用户按照要求，直接对文件进行存取。但具有索引结构的文件，由于使用了索引表，一方面增加了存储空间的开销，另一方面降低了文件的存取速度。因为，每个文件的存取至少需要访问外部存储器二次：一次访问索引表，一次访问文件信息。

4. 索引顺序文件

它是索引文件和顺序文件的组合形式。它将顺序文件中的所有记录分成若干组，并为其建立索引表。在索引表中，为每组的第一个记录建立一个索引项，其他记录不建立索引项。其中，各个记录本身在介质上是顺序存放的。它能像顺序文件一样进行快速处理，既允许按物理存放次序（记录出现顺序）进行处理，也允许按逻辑顺序（由记录主关键字决定的顺序）进行处理。这是专为磁盘文件设计的一种文件组织方式，采用静态索引结构。

5.4.2 文件的存储介质

文件的存储介质是指存储文件信息的材料。常用的文件存储设备有磁盘（硬盘和软盘）、光盘、磁带等。这些设备的特点是存储容量大，存取速度快，都是以块为单位进行信息存储和传输的。

磁盘、光盘是直接存取的设备，上述的三种物理结构在磁盘和光盘上都可以采用。磁带则是一种顺序存取的设备，只适合采用连续结构。究竟选择哪一种设备和采用什么样的存取方法，则视文件的使用情况而定。硬盘的容量较大，从几十 MB 到几百 GB，而且硬盘速度比较快，价格相对比较便宜，它被广泛用做联机的辅助存储器或文件存储器。下面简单介绍磁盘的组织结构。

1. 文件卷的结构

一个磁盘介质在能够使用之前，必须进行一些预处理。首先对磁盘进行低级格式化，通常由生产厂家完成。将磁盘划分成若干磁道，每个磁道划分为若干扇区，每个扇区按 512B 进行格式化。每个扇区以一个头标（preamble）开始，然后是一个扇区的 4096 位（512×8）的空间。头标记录该扇区所在的柱面号、磁头号和扇区号。在硬盘能够使用之前，必须进行分区。即使只使用一个分区，也必须进行此项工作。最后再对各分区进行逻辑格式化，制作需要的文件系统（即文件卷）。

文件卷是指可独立拆卸的文件系统。下面以 DOS 操作系统为例，介绍一个磁盘卷的结构。

一个硬盘由若干盘片组成一个磁盘叠。一个盘片有两个面，每个面有一个磁头，每个面有若干同心圆组成的若干磁道，每个磁道由若干扇区构成。各盘片的相同半径的磁道组成一个柱面。磁盘叠的最上面和最下面的盘面上的所有磁道不用。对于软盘，每个柱面只有两个磁道。图 5.10 给出了硬磁盘叠的示意图。

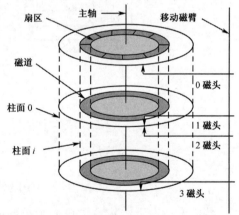

图 5.10　硬磁盘叠的组织结构

在该磁盘叠中，由三个盘片组成。假定每面有 50 个磁道，每个磁道有 9 个扇区。这样它有 50 个柱面，最外边的柱面编号为 0，最内层的为 49。其扇区的编号规则如下：

（1）先对 0 柱面的 0 磁头对应面的 0 磁道的各个扇区进行编号，依次为 0,1,…,8；之后对 0 柱面 1 磁头对应面的 0 磁道的各个扇区进行编号，依次为 9,10,…,17；依次类推,直到 0 柱面所有磁头对应的 0 磁道的扇区编完为止。

（2）对 1 柱面的 0 磁头对应面的 1 磁道的各个扇区进行编号，…直到对所有柱面上的所有磁道上的扇区编完为止。

为了使用上的方便，通常对硬盘进行分区。各个分区都有一个独立的驱动器号，好像一个独立的物理硬盘一样。故一个磁盘叠仅需要一个驱动马达就够了。

当使用磁盘时,驱动电机带动磁盘高速旋转(通常约 7200 r/min),磁盘的表面定位一个读写磁头,系统的信息通过读写头可由磁盘读出或写入到磁盘上。磁盘寻址方式是多维的,即读写磁盘一个扇区通常应给出驱动器号、柱面号、磁头号和扇区号。为了减少移动臂所花费的时间,每个文件信息不是按照盘面上的磁道顺序存放信息,而是按照柱面顺序存放的。即同一个柱面上各个磁道放满后,再放另一个柱面。

硬盘主引导扇区指的是硬盘的物理地址 0 面 0 道 1 扇区,是用 FDISK 命令进行硬盘分区时产生的,它属于整个硬盘而不属于某个独立的分区。

硬盘主引导扇区通常由三部分组成。第一部分是硬盘主引导程序,第二部分是描述各个分区划分情况的信息表,第三部分是分区扇区的结束标识 AA55h。

① 使用硬盘引导时,首先将硬盘主引导扇区的信息读入内存以确定哪个分区是活动分区,之后找到活动分区并将其引导代码读入内存,控制转给引导代码,将操作系统引导入内存。

② 分区信息表用来记录各个分区的相关信息:哪个分区是活动分区,各个分区占用的起始磁头号、起始扇区号和起始柱面号,以及结束磁头号、结束扇区号和结束柱面号,该分区的第一个扇区在硬盘上的相对扇区号,以及该分区包含的扇区个数。

通常将硬盘划分为三个区:主 DOS 分区就是被指定为 C 驱动器盘的那一部分,DOS 或 Windows 系统就驻留在该分区中;扩展 DOS 分区只能作为数据盘使用,它又可以划分为多个逻辑分区(如 D:、E: 等);非 DOS 分区则是指非 DOS 操作系统占用区,如 UNIX/Linux 等。硬盘上若驻留有两个不同的操作系统,可以将任何一个系统作为活动系统。所谓活动系统,是指系统加电后自动被引导的系统。若 DOS 分区是活动分区,则系统加电后自动引导 DOS 或 Windows。

硬盘分区后,再使用 FORMAT 格式化命令对分区分别进行格式化。这种格式化的工作实际是将一个分区或一个逻辑盘看成一张软盘,对其进行具体的数据组织,也即制作文件系统(又叫

引导或保留扇区	文件分配表1(FAT1)	文件分配表2(FAT2)	根目录区	文件数据区

图 5.11　DOS 卷的组成

文件卷)。DOS 操作系统支持的文件系统由四部分组成,分别为引导扇区、文件分配表、根目录区和文件数据区,如图 5.11 所示。

其中,引导或保留扇区,占用分区的第一个扇区。当它用做数据盘时,该扇区保留不用。当它作为系统盘时,用以读入并引导操作系统。

DOS 支持的文件分配表有 FAT12 和 FAT16 两种形式。12、16 是指记录磁盘块号使用的位数。文件分配表区由若干个扇区组成,用来指出整个文件存储空间的使用情况(哪些扇区被使用,哪些空闲)。为了安全起见,还为 FAT 区留出一个备份 FAT2;根目录区,由若干个扇区组成,记录根目录中保存的文件和子目录情况。其中根目录的大小由文件卷的容量决定,一般为 512 个目录项;文件数据区用来存放系统文件、子目录文件和各种各样的应用程序和用户文件。

为了存取磁盘上的一个扇区,首先应使磁头做径向运动,必须移动磁头至相应的磁道或柱面上,这个时间叫做寻道(或移臂)时间(seek time),这是一个费时操作;之后,将磁头定位到指定扇区,这是磁盘做的圆周运动,使指定的扇区旋转到读写磁头下,这个时间叫做旋转延迟时间(Latency time);之后才能读写扇区信息,并实现磁盘与主存之间的数据传输,这个时间叫读写传输时间。所以,衡量一个磁盘的速度由三个参数组成,这就是寻道

时间、旋转时间、读写传输时间之和。

2. 磁带

磁带是属于顺序组织的存储设备，宜采用连续分配的文件结构。所以，它对于顺序存取的文件是非常适合的。多数磁带机对物理记录无选择能力。由于磁带小而便宜，且可拆卸，所以它可以作为一种有效的脱机存档的文件存储器和顺序存取的文件存储器。

通常使用下面两个参数考核磁带设备的性能：① 信息密度，即每英寸的字节个数；② 磁带速度，即每秒钟走的英寸数。

3. 文件存储器的主要参数

文件存储器是文件系统的物质基础，是文件系统功能强弱的重要因素。熟悉它们的一些关键参数对了解和设计文件系统是大有好处的。文件存储器的主要参数有：

① 容量。每个文件存储器存储信息的最大数量，通常以字节为单位计算。

② 物理记录尺寸。一个物理记录是设备上可以寻址的连续信息的最小单位。

③ 可拆卸性。所谓可拆卸性，是指可以随时装卸的物理设备的性能。磁带、光盘、软盘等属于此类设备。由于这个特点，可认为用户能享用的文件存储器容量是无限大的。

④ 旋转（或延迟）时间。设备进行读写前的延迟时间或等待时间，如等待磁盘旋转到欲读写位置所需的时间（7200/rmin）或磁带机从静止状态加速到额定速度所需要的时间。

⑤ 寻道（或移臂）时间。指磁头在动臂带动下运动到欲访问柱面所需时间。

⑥ 传输速率。设备每秒能传输的字节数。

5.5 文件记录的组块与分解

用户文件是用户根据需要进行组织的。为了简单，前面假定逻辑记录与物理块的大小相等。显然，对于记录式文件，记录大小是由文件的性质决定的，而存储介质上的块的划分与存储介质的特性有关，块的大小常常是固定不变的。因此，实际一个逻辑记录与物理块的大小是不等的。当用户文件的逻辑记录远小于物理块大小时，一个逻辑记录存放在一个物理块中，将会造成极大的浪费。为此，可把多个记录存放在一个物理块中，也允许一个逻辑记录跨块存放。当用户需要一个逻辑记录时，可通过分解块中的信息进行提取。这样，一方面可以大大提高文件存储器的利用率，另一方面减少了启动 I/O 操作的次数，提高系统效率。

1. 记录的组块

把多个逻辑记录存放在一个物理块中的工作叫做记录的组块。把一个块中存放的逻辑记录个数叫做块因子。

由于信息交换是以物理块为单位的，因此，进行组块操作时，必须使用主存缓冲区。当用户要写记录到磁盘时，系统为它分配一个主存缓冲区，将要写记录先写入主存缓冲区中。当缓冲区写满时，才真正启动磁盘进行实际写，从而大大降低了启动磁盘的次数，延长了磁盘介质的寿命。

2．记录的分解

从一个物理块中将一个逻辑记录分离出来的工作叫做记录的分解。由于用户使用信息的单位是一个逻辑记录，在读写记录时，实际读写的是磁盘的一个物理块。因此，对于读，必须将包含该逻辑记录的物理块读入主存缓冲区。然后系统进行记录分解，以帮助用户获得所需的逻辑记录。对于写，先将逻辑记录写入主存缓冲区。当主存缓冲区被写满时，系统负责写入磁盘文件。

5.6 文件存储器存储空间的管理

关于文件存储器的空间管理，主要介绍对磁盘存储空间的管理。常用的方法有以下三种。

1．空白文件目录

所谓空白文件，是指一个连续未用的空闲盘块区。系统为所有这些空白文件建立一张表，叫空白文件目录。每个空白文件占用其中的一个表目，如图 5.12 所示。

第一物理块号	空白块个数
15	4
23	10
⋮	⋮

图 5.12 空白文件目录

这是一种最简单的空闲区管理技术，适合于文件的静态分配（即连续结构的文件分配）。当用户请求分配存储空间时，系统依次扫描空白文件目录表目，直到找到一个适合要求的空白文件。或全部分给用户，或将剩余块作为一新的空白文件仍留在原目录项中。当用户撤销一个文件时，系统回收文件所占空间，若该释放空间与原空白文件相邻接，还应考虑合并问题（这一点与主存管理分区的空闲区合并类似）；否则，在空白文件目录中找一个空表目，记录该释放区的第一块号和块数。

2．空闲块链

适合文件动态分配的一种简单方法是把所有空闲块链接成一个链，即空闲块链。主存保留一个链头指针。当写文件时，从链头取出一块或几块进行分配。当文件被删除时，则把被释放的空闲块依次放入链头即可。这种方法管理简单，但工作效率较低，分配和释放多个盘块时要多次访问磁盘才能完成。

为了改进磁盘空闲块链效率较低的缺点，采用空白块成组链表，即利用盘中的空闲块自己管理空闲块，每个磁盘块记录尽可能多的空闲块而组成一组，各组之间也用链指针链在一起。在主存保留该链表的链头指针。若盘块大小为 1KB，每个磁盘块号用 16 位表示，则每个空闲块能记录 512 个空闲块号。一个 20MB 的磁盘，需要最多 40 个磁盘块保存全部的 20K 个磁盘块，见图 5.13。

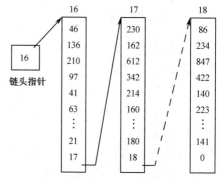

图 5.13 成组空闲块链表

当用户要求分配文件存储空间时，可由链头指针将链表中记录第一组空闲块的物理块装入主存缓冲区中，查找所需的空闲块数。当回收时，若主存缓冲区未满，则将释放的盘块记录在主存的缓冲区中即可。若缓冲区已满，先将主存缓冲区内容写入释放的该磁盘块，再清除主存缓冲区，把释放块记录到主存缓冲区中，并将其放到链头即可。显然这种管理方法既适合连续结构，也适合链接和索引结构。

这种结构的典型应用为 UNIX 系统 V。关于 UNIX 的成组链接，请参看有关资料。

3．位映像表（bit map）或位示图

适合文件静态分配和动态分配的最简单管理方法是采用位映像表。位映像表使用一个位向量，磁盘中的每个块占用其中的一位。具有 n 个磁盘块的磁盘，其位映像表有 n 位。表中为 0 的位相应于空闲块，为 1 的位相应于已被占用的块。一个 20GB 的磁盘，每个盘块为 1KB 时，它需要一个 20MB 的映像表，这个表仅占 2560 个盘块。

采用位映像表，系统要做的工作是：

（1）分配时，将位映像表中搜索的空闲块对应的字节号和位号转换成相应磁盘的相对块号。磁盘的相对块号＝字节号×8＋位号

（2）释放时，将磁盘的相对块号转换成字节号、位号。

　　　　　字节号＝（相对块号/8）的商　　　位号＝（相对块号/8）的余数

如何转换成磁盘的物理地址，与磁盘的具体结构有关，这里不做详述。

采用位映像表有两个优点：① 比较容易找到一个或几个连续的空闲块。② 这种位映像表尺寸固定，通常又比较小，可以保存在主存中，从而可高速地实现文件的分配和回收工作。

5.7　文件的共享与保护

在多用户系统中，文件共享是文件系统的一个重要问题，它是文件系统性能好坏的标识之一。共享是指允许多个用户共同使用一个文件。例如，树形结构的各级用户，希望共享其所拥有的各分枝的文件；计算机网络各个网点的用户，要求共同使用网上的各个文件，以便协作完成某个大型任务或互相交换信息情报等；对于计算机系统本身，实现文件共享既可以节省外存空间，又能减少 I/O 和主存中文件副本。

文件的保护与存取控制，主要是对文件安全性的考虑。文件保护是指防止数据丢失和被无权使用的用户窃取；文件的存取控制是指用户对文件共享加以限制，规定"谁能使用和如何使用"等。

1．文件的共享

当几个用户共同完成一个工程项目时，他们常常需要彼此共享同一个文件。最简单的共享方式是使一个共享文件或目录同时出现在属于不同用户的不同目录中。这种目录的构成有的称为无环图目录结构。如图 5.14 所示，用户 C 的一个文件/C1/C11/c1 和一个目录/C/C1/C12 出现在用户 B 的一个目录 B2 下。使用户 B 与用户 C 共享其中的文件。

用户 B 与用户 C 共享的目录和文件之间的连

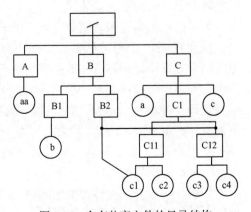

图 5.14　含有共享文件的目录结构

线叫做链接（Link）。通常采用硬链接或符号链接来实现共享。值得指出的是，采用这种链接方法共享文件或目录时，在共享文件或目录的目录项中，必须增加一项"连访"属性，即"用户计数"字段，说明有几个用户共享使用该文件。当用户要撤销某个共享文件时，先对"用户计数"减1，若该计数不为0，只删除指定路径，文件继续保留；直到所有的用户都不再使用时，才真正删除该物理文件。现代操作系统，特别是类 UNIX 系统，都支持这种形式的共享。

有的系统允许采用绕道法来实现文件的共享，如 MS-DOS 和 Windows 系统。

对于共享文件，并发进程的访问涉及读者和写者问题，需要特别关注，如何解决，不同系统提供的方法可能不同。

2．文件的保护

文件的保护包括两方面：

① 防止自然灾害（如火灾、水灾、地震等）和硬件、软件错误造成磁带、磁盘上的数据受到破坏。

② 防止其他用户对文件的有意破坏或窃取文件。

（1）文件复制

对于第一种情况，为了防止文件的丢失和破坏，可以对系统保存的所有文件进行双份或多份复制，一旦一份被破坏，就可以使用另一份。文件复制的方法基本上有两种，一种是周期性的全量转存（massive dump），另一种是增量转储（incremental dump）。

周期性的全量转储是按固定时间间隔，把文件存储空间中的全部文件都转存到某一存储介质上，如脱机磁盘或磁带。系统失效时，使用这些转存磁盘或磁带来恢复系统。

增量转储是每当用户退出系统时，系统将他这次从 login 登录到 logout 退出使用过程中，新创建和修改过的文件以及文件的有关控制信息转储到磁盘或磁带上。为了确定哪些文件要转存，文件被修改过就要在相应目录项中有标记或增设修改日期。

一旦系统发生故障，文件系统的恢复过程就由这两种转储方式配合使用来完成：

① 从最近一次全量转储盘或带中装入全部系统文件，使系统得以重新启动，并在其控制下完成以下操作；

② 由近到远从增量转存盘上恢复文件。

③ 对于增量转储中仍未恢复的文件，再由全量转储进行恢复。

（2）增设防护设施

为了防止其他用户对文件的有意破坏或窃取，可分几种情况讨论：

① 由计算机病毒引起的文件破坏。计算机病毒已成为微型机上破坏较严重的问题。计算机病毒是一段程序，它附加到系统保存的一个正常程序上。它不仅感染文件，还删除、修改文件，甚至对文件加一些密码，使正常运行程序无法运行，严重时造成系统瘫痪。

对待病毒破坏的简单方法是重新格式化硬盘，然后，再安装可信赖的系统软件和恢复有备份的文件。另一个方法是，对于二进制文件常驻的目录不允许普通用户对其修改。这样，病毒修改二进制文件就比较困难。这种技术常用在 UNIX 文件系统中。

② 用户的鉴别——口令。鉴别用户最流行的形式是口令。口令保护是容易理解和容易实现的方法，通常，在多用户系统中广泛采用。系统中保存有一个已被加密的口令文件，每个用户在文件中占有一行。每当用户要求使用计算机系统时，系统登录程序要求用户输入他

的用户名和口令，然后登录程序读这个口令文件。先由用户名进行逐行查找，找到后，再将这行包含的已加密的口令与刚输入的口令比较。若匹配，则允许进入系统，否则拒绝登录。

为了防止文件中的口令被窃取，系统一方面要求用户经常不断地修改他们的口令，另一方面限制无权用户在一个终端上登录的次数。

③ 物理鉴定。使用磁卡、指纹和签名等技术，实现文件的保护。

④ 对文件加密。为了防止文件泄密，对一些关键文件进行加密。用户加密一个文件时，须提供一个代码键，加密程序根据这一个代码键对用户文件进行变换，从而得到其相应的密码文件。在读取和执行文件时，加密程序再用相同的代码键对文件进行解密，还原成正常文件后再使用。

衡量一个加密程序的好坏，主要看破译加密文件所需的工作量，以及加密文件时花费的时间和空间的开销。加密技术具有保密性强的优点，与口令不同，代码键由用户自己保存。因此，即使是系统程序员也无法得到代码键。

3. 文件的存取控制

文件的存取控制主要是指防止核准的用户误用文件和未核准的用户存取文件。为此，文件系统提供控制存取文件的保护机制。一个文件的存取控制信息包含在文件目录中。

下面简单介绍常用的几种方法。

（1）保护域（Protection Domains）

计算机系统包含了许多需要保护的对象，这些对象可能是硬件（如 CPU、存储器中的各存储段、终端、磁盘驱动、打印机等），也可能是软件（如进程映像、文件、数据库等），每个对象都规定有一个唯一的名字和对其能施加的操作。例如，对文件适合的操作可以是读、读写、写等。为了防止无权的用户存取对象，这里引入域的概念。保护域规定了进程对一组对象的存取权限。一个域就是一组（对象、存取权限）偶对。每一个偶对说明一个对象和允许对其施加的一组操作。图 5.15 指出了三个域，每个域中给出了它能操作的对象和每个对象允许的存取权限。

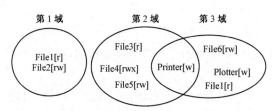

图 5.15　具有三个保护域的系统

同一个对象可能出现在几个不同的域中，在每个域中可能具有不同的存取权限。对于域，可以用以下几种办法实现：每个用户是一个域、每个进程是一个域或者每个过程是一个域。当一个用户规定为一个域时，对一个域的存取，首先识别用户的身份，不同用户不能存取同一个域的对象；当一个进程规定一个域时，对一个域的存取，首先识别进程的标识；而对于一个过程是一个域时，属于该过程的局部变量只能被该过程存取。

下面以 UNIX 系统为例，讨论域的具体实现。在 UNIX 系统中，一个用户是一个域。

域的改变相当于临时改变用户的标识。每个进程的域是由它的 uid（用户标识）和 gid（组标识）定义的。给定一个（uid，gid）组合，就可以列出这组用户能存取的所有对象。具有不同（uid，gid）值的进程对同一组对象具有不同的存取权限。同时，在 UNIX 系统中，每个进程可能工作在两种不同状态，即核心态和用户态。当进程进行一个系统调用时，它将从用户态转换到核心态。核心态的存取对象权限与用户态完全不同。核心态的进程可以存取物理存储器的所有页、整个磁盘和系统所有的其他被保护资源。因此，一个系统调用可以引起域的转换。这个域又称为环（ring）。所以，UNIX 系统支持两个环。操作系统处于环 0 运行，而用户进程处于环 3 运行。

在早期的 MULTICS 系统中使用了功能更强的域转换机制。对每个进程 CPU 不仅有核心和用户两个域，而且它可以支持直到 64 个不同的域。MULTICS 系统中，一个进程由一组过程组成，每一个过程运行在某一个域中。图 5.16 示出了四个环。最内层环是操作系统内核，它具有最大的权限，从内核向外的各环的权力依次减小。

当外层环运行的过程中要调用内层环中的一个过程时，产生一个失陷（trap），此时系统改变进程的保护域。因此，MULTICS 进程在它的生命期内可以操作在多至 64 个不同的域中。为了记录各个域对文件的存取权限，下面给出它的存取控制矩阵，如图 5.17 所示。

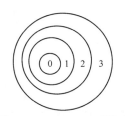

图 5.16　MULTICS 系统中
的四个环保护域

对象 / 域	F1	F2	F3	F4	F5	printer	F6	plotter	D1	D2	D3
D1	r	rw								进入	
D2			r	rwx	rw	w					进入
D3						w	rw	w			

图 5.17　存取控制矩阵

（2）存取控制表

在实际中，几乎很少存储如图 5.17 中的存取控制矩阵。因为大多数域对系统中的大部分文件没有存取权。通常采用按行或按列存储。下面先介绍按列存储的实现技术。

这个技术的实现是每个对象有一个有序表，它包含了有权存取该对象的所有域。这个表叫存取控制表（Access Control List，ACL）。由于只存储矩阵中的非空项，所有存取控制表组合在一起需要的存储空间远小于整个矩阵所需量。

存取控制表如何工作呢?在 UNIX 系统中，一个域是由（uid，gid）偶对说明的。现在假定有四个用户：U1，U2，U3，U4，分别属于 SYSTEM，administor,student,student 的四个小组成员。假定一些文件的存取控制表如下：

File0:(U1,*,RWX)
File1:(U1,SYSTEM,RWX)
File2:(U1,*,RW-),(U2,administor,R),(U4,*,RW-)
File3:(*,student,R)
File4:(U3,*,-)(*,student,R)

圆括号中给出的存取控制表指出了一个为 uid，一个 gid，和允许这个偶对的存取权限（R-Read，W-Write,X-eXecute）。"*"代表所有的 uid 和 gid。对于 File0，它可由具有 uid 为 U1，gid 为任意的用户进程读写、执行；File1 可被由 uid 为 U1，gid 为 SYSTEM 的进程读写、执行；File2 可以被 uid 为 U1，gid 为任意的进程读写，也可被 uid 为 U2，gid 为 administor 的进程读，还可以被 uid 为 U4，gid 为任意的进程读写；File3 可被 gid 为 student 的进程读；File4 可以被除 uid 为 U3 之外任意一个 gid 为 student 的进程读。

实际上，UNIX 系统远比上述简单得多，且允许文件主通过 chmod 命令修改文件的存取权限。

5.8 文件的操作命令

不同的文件系统提供了对文件和目录的各种操作命令，以便实现对文件的存储和检索。下面是与文件有关的常用的一些系统调用命令，关于目录操作的命令，与文件的命令类似，这里不进行介绍。通常，根据文件所在设备不同，文件类型不同，系统设置不同的命令。下面以 UNIX 为例，给出各种命令的调用格式。

（1）创建（CREATE）文件

创建一个文件的主要功能是在指定设备上为指定路径名的文件产生一个目录项，并设置文件的有关属性，如文件名、文件的存取方法（读、写和执行）等，并将文件大小置为 0。通常文件创建后自动打开，并返回打开文件描述符。调用命令的格式如下，其中，fd 是返回的文件描述符。

> fd=create(文件路径名，为文件规定的属性);

（2）删除（DELETE）文件

当一个文件不再需要时，可用此命令将它删除掉。其实现的功能是根据文件的路径名找到指定的目录项。根据目录项的信息回收文件占用的各个物理块，再将文件的目录项置为空。之后文件在系统中不再存在。其格式如下：

> delete(文件路径名);

（3）打开（OPEN）文件

所谓打开文件就是按照文件路径名找到文件目录项，进而找到文件控制块（FCB）信息，之后，把 FCB 复制到内存，并记录到系统打开文件表。在现代操作系统中，系统打开文件表是由系统中的文件对象组成的链表，文件对象记录了该文件的读写位置指针、文件方法和共享该文件对象的进程数等信息。在 Linux 系统中，文件对象的地址记录在进程打开文件表里，返回给进程的是进程打开文件表的索引；在 Windows 系统中，文件对象的地址记录在进程句柄表里，返回给进程的是句柄表的索引，即句柄。进程通过打开文件，建立起与磁盘文件之间的联系，为之后的读或写文件做好准备。刚打开文件时，文件的读写位置指针指向文件的开头处。打开文件的格式如下：

> fd=open(文件路径名，打开时的操作方式);

（4）关闭（CLOSE）文件

当进程对文件的所有存取完成后，应该将它及时关闭，释放文件使用时的所有主存资源，以便让以后需要打开的文件占用。在关闭时，若该目录项调入主存后修改过，要将其复制到磁盘。对于基于缓冲的文件读写，还要将未写入磁盘的缓冲区信息写入磁盘。之后释放该目录项占用区和系统缓冲区。文件关闭后，不能再使用。要使用，需要再打开。关闭文件的格式如下。其中，fd 是打开文件的文件描述符。

        close(fd);

（5）读（READ）和写（WRITE）文件

文件在读写前，必须先打开文件，这样就可以进行多次读写。当文件以读或读写方式打开之后，可以使用读命令读取文件。通常文件的读写是基于主存缓冲进行的，命令中必须指出要读写数据的主存地址，以及要读写的字节个数。读写完成后返回实际读写的字节数。其格式如下：

        n=read(fd，buf,nbytes);或 n=write(fd，buf,nbytes);

通常文件的读写是顺序进行的，即从文件的当前位置进行。对于写，如果当前位置是文件尾，则文件内容增加，否则，将覆盖已存在的数据。

（6）追加（APPEND）文件

这个调用限制了写文件的形式，只允许将数据追加到文件尾。

（7）随机存取（SEEK）文件

为了随机存取文件，必须提供一个方法来说明要读写数据在文件中的位置。SEEK 命令用来实现将文件的当前位置指针定位到指定位置。在这个命令完成后，就可以从文件的指定位置读写文件中的数据了。

（8）得到文件属性（GET ATTRIBUTES）

进程在执行时常常需要了解文件的属性。例如，在 UNIX 系统中，一个软件开发项目通常由多个源文件组成，make 程序用来管理这些软件开发项目，当 make 被调用时，它检查所有的源文件和目标文件的修改时间，并编排出需要重新编译的文件。为了完成这项工作，make 命令需要看一看文件的属性，特别是文件的修改时间。

（9）设置文件属性（SET ARRTIBUTES）

当文件被创建后，为了适应用户的要求，可以修改文件的一些属性。例如，UNIX 的chmod 命令用来修改文件的存取保护方式。

（10）重命名（RENAME）文件

当用户需要改变一个已存在文件的名字时，可以使用这个命令。

5.9 文件系统的组织结构

引入文件和文件系统之后，用户可以用统一的文件观点对待和处理各种存储介质上的信息，而不再对具体设备进行操作。所以，文件系统是用户和外存设备之间的接口。前面几节介绍了文件系统包含的基本内容。下面介绍文件系统的一般组织结构。

图 5.18 给出了一个层次结构的文件系统，由图可见，它

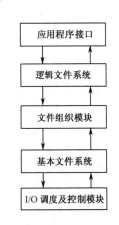

图 5.18 层次结构的文件系统

由若干个层次的模块组成。

（1）应用程序接口

文件系统向用户和他的程序提供了许多操作文件和目录的接口，即 API。该层的主要作用是检查由用户和用户程序提供的命令句法的正确性。若正确，对命令进行加工，转换成对逻辑文件系统的调用。否则，错误返回用户及应用程序。

（2）逻辑文件系统

逻辑文件系统负责目录的管理和维护，以及文件的安全保护检查。该层的主要作用是按照命令给定的文件名依赖下面各层查找目录。若是创建文件的命令，应该找不到给定的文件名，应该在指定的目录中增加一项；若是打开文件，先在活动文件表中查找，看是否已有进程打开该文件。若已打开，获得文件在活动文件表中的相应目录项，并立即返回该打开文件的描述符。若未打开，则需检查各级目录，找到相应的目录项，并将对应的目录项复制到活动文件表中，再检查是否允许以该操作方式（如读或写）打开。若允许，返回该文件在活动文件表中的索引号；若不允许，出错返回。若是读或写文件操作，检查文件是否已经以读或写方式打开。若无，则出错返回；若已打开，逻辑文件系统要对命令和参数进一步检查。上述检查成功后，转换成对文件组织模块的调用。

（3）文件组织模块

文件组织模块的主要功能是负责将预读写目录或文件的逻辑记录和读写位置转换成其在目录或文件中的相对块号，进而转换成在文件存储器中的物理块号。它负责文件信息的缓冲区管理，同时还负责文件存储器空间的管理，实现空闲块的分配和回收。根据上述请求、文件的类型、文件的当前位置等，再将其转换成对基本文件系统的调用。

（4）基本文件系统

基本文件系统负责将由文件组织模块传下来的命令和物理块转换成对适当的设备驱动程序的调用，以命令设备驱动程序去读写磁盘上的物理块。

（5）I/O 调度及控制模块

这部分主要由设备驱动和中断处理模块组成。它负责将上层传来的命令，如读写第几个物理块，转换成硬件设备的专用 I/O 指令和相应设备的地址，控制设备完成与主存之间的信息传输。并将传输是否成功的状态码返回上层模块。当读写命令较多时，还负责命令的排队和调度。

5.10　存储器映射文件

由文件系统实现的功能可知，用户使用文件时，通常通过文件系统提供的一整套操作文件的系统调用，如打开文件、读写文件和关闭文件等，并且基于缓冲技术存取文件。以读文件为例，先把要读文件的信息块读入系统缓冲区，再按要求一部分一部分地送入进程指定位置。这种处理方式使得系统管理复杂，而且开销大。现代操作系统广泛采用了存储器映射文件技术。它是将虚存管理技术与文件系统相结合而提供的一种技术。

存储器映射文件（memory mapped file）允许进程分配虚存的一部分地址空间，然后将磁盘上的一个文件映射到该空间，对文件块的存取是通过访问虚存的一个页来实现的。映射一个文件到虚存是操作系统提供的一个系统调用。将文件映射到虚存一个区域后，返回包含文件复制的字节数组的虚拟地址。仅当需要对存储器映射文件存取时，实际的数据才进行传输。由于使用与请求页式虚存管理相同的存取机制来处理传输的，故存储器映射 I/O 是有效的。程序员不必使用文件命令读写文件，而是使用存储器映射文件读写虚存。当访问的页不在主存时，产生缺页中断，系统将页大小的文件内容读入主存页框中。从而大大提高了进程的执行速度。多个进程允许并发映射同一个文件，实现共享数据。共享映射文件与共享主存是一样的。一个进程对虚存中文件的修改，其他进程都能立即看到。UNIX、Linux 和 Windows 系统等广泛采用这种技术。

5.11　小　　结

本章重点讨论了以下一些内容。

1．文件系统的基本概念和实现的功能

文件系统是操作系统的信息管理部分，它保存着成千上万的用户文件，提供用户的按名存取。为了便于用户存储和访问文件，文件系统应对文件存储设备进行合理地组织，为文件分配存储空间，负责文件的存储，检索和文件的存取保护。

2．文件的定义、组成及分类

（1）从用户角度看，文件是存储在外部存储器上的具有符号名的相关信息的集合。从操作系统管理的角度看，一个文件应该具有一定的属性。文件的这些属性信息构成了文件控制块（File Control Block，FCB）。显然，文件控制块包含了文件的说明信息和管理控制信息。

（2）一个文件由两部分组成：文件控制块和文件体。操作系统通过文件控制块管理文件，用户关心和使用的是文件体，即文件的实际内容。

（3）文件有多种分类方法，要求重点掌握 UNIX 系统的三种主要文件分类方法：普通文件、目录文件和特别文件。

3．文件目录

文件系统实现用户按名存取文件，依据的数据结构就是文件目录。其组织形式有一级、二级和多级树形目录结构。多级树形目录较好地解决了文件的重名及共享。

4．文件的逻辑结构和物理结构

（1）文件的逻辑结构有两种组织形式：无结构的字节流和有结构的记录式文件。

（2）常用的文件物理结构有连续（又称为顺序）、链接、索引以及索引顺序等结构。一个功能强大的文件系统都提供了索引结构的文件，以便用户快速定位文件。

为了提高文件存储器的利用率，引入了逻辑记录成组和分解的技术。

5．文件存储空间的管理

对文件存储空间的管理方法有三种：空白文件目录、位映像表（或位示图）及空白

块链。

6. 文件的共享和存取控制

（1）文件的共享。就是多用户进程使用同一个文件。通常采用硬链接或符号链接的方法来实现共享。现代操作系统，特别是类 UNIX 系统，都支持这种形式的共享。有的系统允许采用绕道法来实现文件的共享。如 MS-DOS 和 Windows 系统。

（2）文件的存取控制。为了文件的有效共享和保护，对文件实施存取控制。文件的存取控制可采用的方法有存取保护域、存取控制矩阵、存取控制表、口令和密码等。

7. 文件的操作命令

文件系统向用户提供的操作文件的接口有创建文件，删除文件，打开和关闭文件，读和写文件等。

8. 文件系统模型

为了对文件系统实现的功能有一个清楚的认识，给出了一个层次结构的文件系统模型。它包括应用程序接口、逻辑文件系统、文件组织模块、基本文件系统和 I/O 调度和控制模块。通过对该模型的了解，给用户一个完整的文件系统的概念。

最后介绍了现代操作系统广泛采用的存储器映射文件的概念和实现技术。

习　题

5-1　什么是文件?

5-2　什么是文件系统?

5-3　文件在文件存储器上有几种组织形式?对于不同的组织形式，文件系统是如何进行管理的?

5-4　文件目录的作用是什么？文件目录项通常包含哪些内容?

5-5　文件存储空间的管理方法有几种？它们各是如何实现文件存储空间的分配和回收的?

5-6　建立多级目录有哪些好处?文件的重名和共享问题是如何得到解决的?

5-7　文件系统中，使用打开和关闭文件命令的目的是什么?它们的具体功能是什么?

5-8　一个支持单级目录的操作系统，允许有任意多个文件和任意长的文件名，能否把它近似模拟成多级目录的文件系统?如何模拟?

5-9　文件存储空间管理可采用成组自由块链表或位示图。若一磁盘有 B 个盘块，其中有 F 个自由块，盘空间用 D 位表示。试给出使用自由块链表比使用位示图占用更少的空间的条件。当 D 为 16 时，给出满足条件的自由空间占整个空间的百分比。

5-10　文件系统的执行速度依赖于缓冲池中找到盘块的比率。假设盘块从缓冲池读出用 1ms，从盘上读出用 40ms，从缓冲池找到盘块的比率为 n，请给出一个公式计算读盘块的平均时间，并画出 n 从 0 到 1.0 的函数图像。

5-11　若允许一个文件可以在开头、中间和末尾增加或减少长度。试给出采用连续文件、链接文件和索引文件物理组织方式下，系统的开销。（假定以块为单位改变文件的

长度）

5-12　试比较空白块链和成组链接的分配和回收算法的优缺点。

5-13　磁盘上有一个链接文件 A。它有 10 个记录，每个记录的长度为 256B，存放在 5 个磁盘块中，如图 5.19 所示。若要访问该文件的第 1574 字节数据，应该访问哪个磁盘块？要访问几次磁盘才能将该字节的内容读出。

5-14　一个文件系统中，当前只有根目录被缓存到主存。假定所有目录文件都只占用一个磁盘块。那么要打开文件 /usr/lim/course/os/result.txt，共需要多少次磁盘操作？

5-15　一个文件系统采用索引结构来组织文件，且索引表的内容只包含存储文件的磁盘块号。假定一个索引项占 2B，磁盘块大小为 16KB，磁盘空间为 1GB。现有一个目录只包含 3 个文件，大小分别为 10KB,1089KB,129MB。若忽略目录文件占用的空间，请问存储这些文件要占用该磁盘多少空间？

物 理 块 号	链 接 指 针
5	7
7	14
14	4
4	10
10	0

图 5.19　习题 5-13 的图

第 6 章　设 备 管 理

管理和控制计算机的所有输入/输出（I/O）设备是操作系统的主要功能之一。操作系统必须按照用户的请求，向设备发送命令，控制设备完成与主存之间的数据交换；捕捉中断，以及处理设备传输中可能出现的各种错误；最终完成用户的 I/O 请求。它还应该提供设备与系统其他部分的接口。

本章主要从硬件的基本构成以及 I/O 软件实现功能上介绍操作系统是如何管理 I/O 设备的。

6.1　I/O 硬件组成

6.1.1　I/O 设备分类

现代计算机系统中配置了大量的外围设备，即 I/O 设备。依据工作方式的不同，通常 I/O 设备的分类如下。

（1）字符设备（character device），又叫做人机交互设备。用户通过这些设备实现与计算机系统的通信。它们大多是以字符为单位发送和接收数据的，数据通信的速度比较慢。例如，键盘和显示器为一体的字符终端、打印机、扫描仪，包括鼠标等，还有早期的卡片和纸带输入和输出机。含有显卡的图形显示器的速度相对较快，可以用来进行图像处理中的复杂图形的显示。

（2）块设备（block device），又叫外部存储器，用户通过这些设备实现程序和数据的长期保存。与字符设备相比，它们是以块为单位进行数据传输的，如磁盘、磁带和光盘等。块的常见尺寸为 512～32768B。

（3）网络通信设备。这类设备主要有网卡、调制解调器（MODEM）等，主要用于与远程设备的通信。这类设备的传输速度比字符设备高，但比外部存储器低。

这种分类方法并不完备，有些设备并没有包括。例如，时钟既不是按块访问的，也不是按字符访问的，它所做的工作是按预先规定好的时间间隔产生中断。但这种分类模式足以使操作系统构造出处理 I/O 设备的软件，使它们独立于具体的设备。例如，文件系统只处理抽象的块设备，而把与设备相关的部分留给较低层的软件——设备驱动程序完成。

6.1.2　设备控制器

1. I/O 体系结构

为了使数据在 CPU、RAM 和 I/O 设备之间进行传输，必须提供数据通路，这些通路就称为总线。任何 I/O 设备有且只能连接一条总线。下面讨论所有 PC 体系结构涉及的 I/O 通路中的基本概念。

（1）I/O 端口（PORT）。它是连接到 I/O 总线上的设备的 I/O 地址集。每个设备的 I/O 端口组织成一组专用的寄存器：设备控制命令寄存器接收 CPU 发送的读写命令，CPU 从设备状态寄存器读出设备的状态，CPU 通过设备的数据入/出缓冲寄存器与设备进行 1～4B 的数据交换。CPU 执行 I/O 指令时，通过地址总线选择要读写的 I/O 端口，通过数据总线与设备进行数据交换。每个设备寄存器被分配一个端口号。

（2）I/O 接口。它是处于一组 I/O 端口和对应的设备控制器之间的一种硬件电路。它把 I/O 端口中的信息转换成设备所需要的命令和数据，负责检测设备状态的变化，更新设备状态寄存器的 I/O 端口，还把设备发出的中断请求通过 IRQ 线连接到中断控制器。

（3）I/O 总线。它是 CPU 与 I/O 设备之间的通路。80x86 微处理器使用 16 位的地址总线对 I/O 设备进行寻址，使用 8 位、16 位或 32 位的数据总线传输数据。每个 I/O 设备依次连接到 I/O 总线上，这种连接包含了 3 个元素的硬件组织层次：I/O 端口、接口和设备控制器。图 6.1 给出了典型 PC 的 I/O 体系结构。图 6.2 为典型 PC 的体系结构。

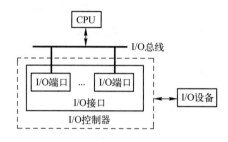

图 6.1　典型 PC 的 I/O 体系结构

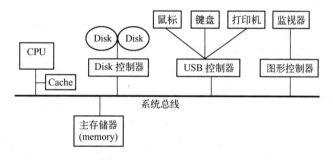

图 6.2　典型 PC 的体系结构

2．设备控制器

I/O 设备一般由机械和电子两部分组成。这两部分常常分开处理，以提供更加模块化、更加通用的设计。电子部分叫做设备控制器或适配器（Device Controler or Adaptor）。每个控制器管理一种特定类型的设备。在小型机和微型机中，它常采用印刷电路卡插入计算机的一个端口中。机械部分是设备本身。控制器卡上通常有一个插座，通过电缆可以操纵一个端口、一个总线，或操作一台设备。一个设备通过一个端口或一组端口与主机通信。这组端口又叫做 I/O 总线（bus）。

复杂的设备可能需要一个设备控制器来驱动。控制器起两个主要的作用：

（1）负责解释从 I/O 接口接收的高级命令，并向设备发送适当的点信号序列强制设备执行特定的操作。

（2）负责转换和解释从设备接到的电信号，并修改状态寄存器，以反映设备的工作状态。

典型的设备控制器是磁盘控制器。它通过 I/O 端口接收微处理器的读写某个数据块的高级命令，并将磁头定位在正确的磁道和扇区上，完成读写指定数据块的低级的磁盘操作。

在系统引导时，由操作系统对设备进行初始化：分配 I/O 地址和中断请求优先级等。

6.1.3 I/O 数据传输的控制方式

1．程序查询（polling）方式

在程序查询方式下，以写为例，CPU 执行 I/O 指令时，它直接向设备控制器发启动设备写的 I/O 命令，并将要写的 1B 或 4B 的数据从主存写入设备的数据缓冲寄存器中。控制器将状态寄存器的设备忙标识位置 1。一旦启动成功，CPU 就一直循环查询设备是否已经完成输出的状态标识。当设备完成传输后，将设备状态寄存器的设备忙标识位清零，以指示设备已经完成输出，等待接收下一个命令。当 CPU 检测到设备成功完成时，若还有待输出的数据，再向设备发启动写的 I/O 命令……重复执行，直到一批数据传输完成为止。若传输中出现错误，通过返回错误信息而终止执行。图 6.3 给出这种控制方式下的工作情况。显然，这种工作方式使得 CPU 与设备完全串行工作，CPU 的利用效率极低。

2．中断（interrupt）方式

在程序中断方式下，启动设备成功后，CPU 转去执行另一个程序，设备进行数据传输。当设备完成时，向 CPU 提出中断请求。CPU 执行完当前一条指令，就响应中断，转去执行设备的中断处理程序。在中断处理程序中，CPU 检查设备状态寄存器的错误标识是否被设置。若是，给出"传输错误"信息，故障终止进程的执行。若是正确完成，再检查是否还有待传输的数据。若有，CPU 再启动设备进行信息传输。在中断返回后，CPU 继续执行被中断程序。重复该过程，直至数据传输完成。显然，程序中断比程序查询方式更有效，它使得 CPU 可以与设备并行工作，见图 6.4。

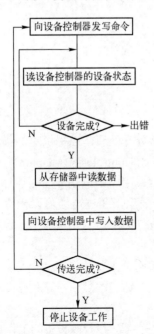

图 6.3　程序查询方式下，CPU 与设备串行工作

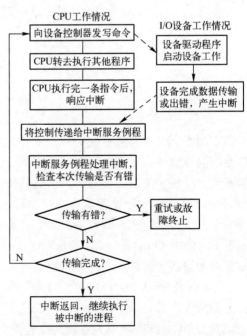

图 6.4　中断方式下，CPU 与设备并行工作

3．直接存储器访问（DMA）

中断驱动在一定程度上使得 CPU 可以与设备并行工作，但每个数据的传输都需要 CPU 的干预，频繁地中断 CPU。特别在设备多和设备的传输速度快时，一方面，CPU 忙于中断处理，几乎不能做其他计算；另一方面，由于 CPU 不能及时处理各设备的中断，导致数据的丢失或其他错误。为此，对于传输数据量大和速度高的设备控制器，都支持直接存储器存取（Direct-Memory-Access，DMA）。

采用 DMA 方式时，不仅允许 CPU 控制存储器的地址线，进行 CPU 与主存储器的数据交换，而且允许 DMA 控制器接管地址线的控制权，DMA 控制器直接控制设备与主存的数据交换。为了启动 DMA 传输，主机向主存写一个 DMA 命令块，该块包含要传输数据的源和目的地址（即磁盘地址和主存地址），以及要传输的字节数。之后，CPU 将这个命令块的地址写入 DMA 控制器，然后转去做其他事情。图 6.5 给出了磁盘控制器独立进行 DMA 传送的示意图。

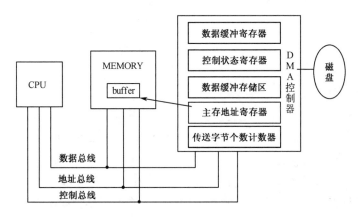

图 6.5　磁盘控制器独立进行 DMA 传送的示意图

以读为例，说明 DMA 的工作过程。为了启动 DMA 传输，CPU 将包括传输数据源（磁盘地址）和数据目标（主存缓冲区地址）的指针，以及本次传输的字节计数的命令块地址写给 DMA 控制器，之后，DMA 控制器开始控制磁盘控制器进行传输。

每当磁盘控制器把一个块的数据读入控制器的数据缓冲区时，DMA 控制器取代 CPU，接管地址总线的控制权，并按照 DMA 控制器中的主存地址寄存器内容把数据送入相应的主存缓冲区中，恢复 CPU 对主存的控制权。然后，DMA 硬件自动地把传送的字节计数器的内容减 1，把主存地址寄存器内容加 1。DMA 控制器对每一个传送的数据重复上述过程，直到传送字节计数器为"0"时，向 CPU 产生一个中断信号。CPU 响应中断后，中断处理程序接管 CPU 控制权，只是检查本次传输正确与否，若不正确，则对重复执行计数器次数减 1。若允许重复，则重新启动该传输过程，直至本次传输成功为止。若正确，则唤醒等待进程，并检查是否还有等待磁盘读写的 I/O 请求，若有，再向磁盘控制器发启动命令，继续进行数据的传输工作。

由此可见，磁盘设备与存储器之间的数据传送期间不需要 CPU 介入，处理机仅在数据传输的开始和完成时进行简单的干预处理，大大减轻了 CPU 的负担。DMA 的工作流程如图 6.6 所示。

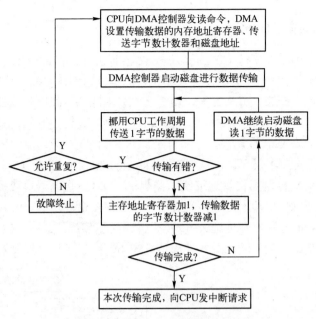

图 6.6 DMA 方式下的磁盘工作流程

6.1.4 通道

在早期的大、中型计算机和现代超级小型计算机中，通常采用多总线和用于承接主CPU 负担的一些专用 I/O 计算机（通道）来控制 I/O 设备的各种操作。CPU 通过存储总线与内存连接，内存与其他设备通过不同的通道进行连接。每个通道又分别与另一类 I/O 总线相连，而 I/O 总线与具体设备控制器连接，用于执行设备的 I/O 操作。按照信息的交换方式和控制设备的种类不同，通道可以分为 3 种类型。其连接模型如图 6.7 所示。

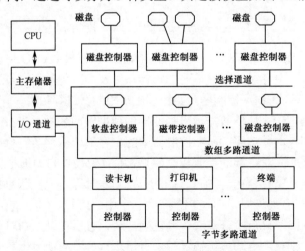

图 6.7 多总线多通道的连接模型

1. 通道的类型

（1）字节多路通道

字节多路通道以字节为单位传输信息，它可以分时地执行多个通道程序。当一个通道程序控制某台设备传送 1 字节后，通道硬件就控制转去执行另一个通道程序，控制另一台设备传送信息。字节多路通道主要用来连接大量慢速的设备，如纸带输入/输出机、卡片输入/输出机、打印机、终端等。在 IBM 370 系统中，这样的一个通道可连接 256 台设备。

（2）选择通道

选择通道是以成组方式工作的，每次传送一批数据，传送速度很高。选择通道在一段时间内只能执行一个通道程序，只允许一台设备进行数据传输。当这台设备数据传输完成后，再选择与通道连接的另一台设备，执行它的相应的通道程序。由此可见，在设备传输未完成之前，由它独占通道。由于选择通道能控制设备高速连续地传送一批数据，因此常用它连接高速设备，如磁鼓、固定头磁盘等。

（3）数组多路通道

有些设备，它们虽然传输数据的速度较快，但数据定位花的时间很长。如活动头磁盘移动臂定位到指定柱面、磁带寻区等。如果将它们连接在字节多路通道上，由于其传输速度快，通道很难承受这样高的速度，而使信息丢失。如果将它们连接在选择通道上，则当它们执行定位操作时，由于时间较长，浪费了通道的时间（此时通道只能空闲等待）。数组多路通道可用来解决这个矛盾，它结合了选择通道传送速度高和字节多路通道能进行分时并行操作的优点。它先为一台设备执行一条通道指令，然后自动转接，为另一台设备执行一条通道指令。这样，对于连接多台磁盘机的数组多路通道，可以启动它们，同时执行移臂定位操作，然后按序交叉地传输一批批数据。数组多路通道实际上是对通道程序采用多道程序设计的硬件实现。

2. 通道命令

与 DMA 方式相比，通道有更强的 I/O 处理能力，故称为 I/O 处理机。通道有自己的指令系统，其命令格式通常由操作码、数据在主存的地址、交换数据的字节数和标识码等组成。若干条通道命令连接成通道程序。它接收 CPU 的委托，独立地执行自己的通道程序，管理和控制输入/输出操作，实现主存储器与外围设备之间的成批数据传送。当 CPU 委托的 I/O 任务完成后，通道与设备一起发出中断请求信号，请求 CPU 处理。这就使 CPU 摆脱了频繁的输入/输出控制工作，并大大提高了 CPU 与外围设备工作的并行程度。多总线控制多通道之间、各通道控制的外围设备之间也实现了并行操作，从而提高整个系统的处理效率。

作为 I/O 处理机的通道，与主 CPU 共享内存。其硬件至少包括用于存放通道程序的内存地址的通道地址字（Channel Address Word，CAW）寄存器和存放通道指令的通道命令字（Channel Command Word，CCW）寄存器。这样，通道就能够按照通道地址字从内存取通道命令，取来的命令放到 CCW 寄存器中，进行分析和执行。IBM 370 计算机的一条通道命令的格式通常包括如下几个字段：命令操作码、程序连接标识 P、记录连接标识 R、传送数据的主存地址和传送的字节个数。其中，命令操作码指示应该执行的命令功能、程序连接标识 P 指示该条指令后面是否还有要执行的通道指令，记录连接标识 R 指示该条记录是一个独立的记录还是与下一条记录属于同一条记录。

表 6.1 是由写命令组成的一段通道程序。由字段 P 可知，这是一段程序，因为最后一条写命

表 6.1　写命令组成的一段通道程序

	操作码	P	R	字节计数	内存地址
1	WRITE	0	0	80	813
2	WRITE	0	0	140	1034
3	WRITE	0	1	60	5840
4	WRITE	0	1	300	2000
5	WRITE	0	0	250	1850
6	WRITE	1	1	250	740

令的 P 标识为 1，其他都为 0，说明这条是最后一条命令；由字段 R 可知，1～3 条命令组成一个数据记录，第 4 条是一个记录，第 5～6 条又组成一个记录。本次共传输 3 个记录。

在通道控制方式下，CPU 至少有 3 条 I/O 基本指令。

（1）启动 I/O 指令：CPU 执行启动 I/O 指令启动通道开始执行。这种指令中通常含有通道号、设备号和通道程序在主存的起始地址。

（2）测试 I/O 指令：CPU 在执行过程中可根据需要使用该指令测试通道及设备的状态。

（3）停止 I/O 指令：强行结束通道和外部设备的当前工作。

3．通道的工作过程

（1）CPU 向控制设备的通道发出一条启动 I/O 指令，并将要执行的通道程序的首地址送 CAW，以及要访问的 I/O 设备。

（2）通道启动成功后，按照 CAW 到主存取通道命令逐条送 CCW 执行，控制设备进行数据传输，直到通道程序执行完且设备也完成了指定的 I/O 任务时，才向 CPU 发中断请求，等待 CPU 进行处理。

现代的微型机系统中，其 I/O 处理器并不完全具有 I/O 通道的全部功能。

由上面几节可知，根据对硬件的控制方式的不同，可总结出常用的数据传输方式有程序查询方式、中断方式、DMA 方式和通道方式四种。

6.2　I/O 软件的组成

I/O 软件的基本思想是按分层构成，较低层的软件要使较高层的软件独立于硬件的特性，较高层软件则要向用户提供一个友好的、清晰的、简单的、功能更强的接口。下面就讨论这些目标，看一看它们是如何实现的。

6.2.1　I/O 软件的设计目标

1．设备独立性

在设计 I/O 软件时的一个关键概念是设备独立性，又叫做设备的无关性。所谓设备独立性，是用户在编写使用设备的程序时，通过系统提供的一组统一的操作接口，这些接口与具体的设备无关，这样，无论系统设备如何改变，用户的程序不受影响。例如，当用户输入这样一条命令时：

　　　　sort < input > output ↵

sort 程序不管数据取自软盘还是硬盘，或终端键盘，是送往软盘还是硬盘，或终端屏幕等，都能正确地工作。尽管这些设备差别很大，需要不同的设备驱动程序，但这些具体的问题由操作系统负责处理。用户程序中给出的设备名只是一个逻辑设备名，具体使用哪种类型的设备，则由操作系统根据系统中的实际情况自动实现逻辑设备与物理设备的映射。

2．设备的统一命名

与设备独立性密切相关的是统一命名这个目标。一个文件或一台设备的名字只应是一个简单的字符串或一个整数，而不应依赖于具体的设备，这样的名字叫设备的逻辑名。在

UNIX 系统中，软盘、硬盘和其他设备都能安装在文件系统层上的任何位置，通常放在/dev 目录下。因为，用户不必了解哪个名字相当于哪台设备。这样，所有文件和设备都使用相同的工具——路径名进行检索。其好处是当系统中的设备出现故障或更换设备时，用户程序不受影响。

3．出错处理

出错处理是 I/O 软件的一个目标。一般来说，数据传输中的错误应尽可能地在接近硬件层上处理。如果控制器发现了一个读错误，它应设法纠正它。若处理不了，那么设备驱动程序应当予以处理，重读一次该块数据就可以了。很多错误是偶然的。例如，磁盘读写头上的灰尘导致读写错误时，重复该操作，错误就会消失。仅当低层软件无能为力时，才将错误上交高层处理。

4．缓冲技术

缓冲技术也是 I/O 软件的一个重要目标。其目的就是设法使数据的到达率与离去率相匹配，以提高系统的吞吐率。其具体实现可采用软、硬件相结合的方法来解决。

5．设备的分配

根据设备的使用情况，可将其分成独占型设备和可共享型设备。

有些 I/O 设备，如硬盘，能够同时让多个用户使用，多用户同时在同一磁盘上使用不同文件或相同文件的不同数据块不会引起什么问题，这样的设备叫共享设备。对于这样的设备，允许多进程同时提出对设备的 I/O 请求。

有些 I/O 设备，如打印机等慢速设备，必须由用户独占使用，直至一个用户使用完后，另一个用户才能使用，以避免不同用户的信息交织在一起造成混乱。这种设备叫独占设备。正像第 2 章研究过的，独占设备分配不当，就可能导致死锁。操作系统必须以妥善方法处理独占设备的分配。

由上述问题不难看出，把 I/O 软件按层构成，就可以用易于理解和有效的方法获得这些目标。I/O 软件从上到下典型划分成四层，如图 6.8 所示。下面按从底向上的方法介绍各层应实现的功能。

图 6.8　I/O 软件层次结构

6.2.2　I/O 软件的功能

1．中断处理程序

中断处理程序是与硬件设备密切相关的，紧挨硬件的最内层软件。每个进程在启动一个 I/O 操作后阻塞等待 I/O 操作的完成。当 I/O 操作完成并产生一个中断时，CPU 响应中断，保护完当前程序的运行现场后，转去执行中断处理程序。这样用户进程根本不知道中断的产生和处理过程。

在执行中断处理程序时，CPU 通常做如下一些工作：检查设备状态寄存器的内容，看它是否正常完成。若传输有错，再判是否允许重新执行该传输。允许时，再发启动命令重新传输；否则，向上层报告"设备错误"的信息。若传输正确且全部传输完成，就唤醒等待传输的进程，使其由阻塞态变为就绪态。然后检查是否还有待处理的 I/O 请求。若有，就启动下一个请求。之后中断返回，或继续执行被中断的程序，或转进程调度。通常，中断处理程序是作为设备驱动程序的一部分存在其中的。

2. 设备驱动程序

与设备密切相关的代码放在设备驱动程序层。每个设备驱动程序处理一种设备类型。例如，即使系统支持若干不同商标的终端，只要其差别不大，就可以设计一个终端驱动程序。但是，若系统支持的终端性能差别很大，如键盘与显示器一体的硬复制终端与带有小鼠标的智能位映像图形终端，则必须设计不同的终端驱动程序。每一个设备控制器都设有一个或多个设备寄存器，用来存放设备驱动程序向设备发送的命令和参数。因此，磁盘驱动程序是操作系统中唯一知道磁盘控制器设置有多少寄存器以及这些寄存器作用的，只有它才了解磁盘拥有的扇区数、磁道数、柱面数、磁头数、臂的移动、磁盘交叉访问系数、马达驱动器、磁头稳定时间和其他所有保证磁盘正常工作的机制。

操作系统向上层软件定义了块设备和字符设备支持的标准接口。一般地，设备驱动程序的任务是接收来自与设备无关的上层软件的抽象请求，并执行这个请求。对于块设备，一个典型的请求是"读第几块"。如果一个请求到来时，执行驱动程序的进程空闲，它立即开始执行这个请求；若驱动程序的进程正在执行一个请求，这时新到来的请求排到该设备的 I/O 请求队列中等待处理。待正执行的 I/O 请求完成后，再从 I/O 请求队列中依次取出一个 I/O 请求，逐一处理。

以从磁盘读一块为例，实际实现一个 I/O 请求的第一步是将这个抽象读请求"READ(文件名,记录号)"转换成对磁盘操作的具体参数。也就是，计算读的记录实际在磁盘的位置，检查驱动器的马达是否正在运转，确定磁头是否定位在正确的柱面上等。总之，它必须决定需要控制器的哪些操作，以及按照什么样的次序实现。一旦明确应向控制器发送哪些命令，它就向控制器的设备寄存器写入命令和一些必要参数，由设备控制器控制设备完成命令的要求。有些控制器一次只能接收一条命令（如 DMA 方式下），有些控制器则接收一个命令链表（通道方式下），然后自行控制命令的执行，不再求助于操作系统。

在设备驱动程序进程泄放一条或多条命令后，系统有两种处理方式，多数情况下，执行设备驱动程序的进程必须等待命令完成。这样，在命令开始执行后，它阻塞自己，直到中断处理时将它唤醒为止。而在其他一些情况下，执行设备驱动程序的进程不必等待。这种情况下，命令执行不必延迟就能很快完成。例如，某些终端（包括 PC）的滚屏操作，只要求把几字节写到控制器的寄存器中即可，整个操作在几微秒就能完成。

上述两种处理方式，在操作完成后，都必须检查数据传输是否有错。若有错，它返回一些错误状态信息到设备无关的软件层。若无错，且还有未完成的 I/O 请求在排队，再选择一个启动执行。若没有未完成的 I/O 请求，则该驱动程序进程等待下一个请求的到来。

通常设备驱动程序包含 3 部分功能。

（1）设备初始化：在系统初启或设备传输时，预置设备和控制器以及通道的状态。

（2）启动设备例程：负责启动设备进行数据传输。对于具有通道的 I/O 系统，该例程还负责形成通道指令，启动通道工作。

（3）中断处理例程：负责处理各种设备（和通道）发出的中断请求。

设备驱动程序的执行方式大致有 3 种：

① 为每类设备设置一个系统进程，用于服务该类设备的各种 I/O 请求。这种设置响应

速度快，但进程的利用可能不充分，造成不必要的开销。

②　设置两个专用系统进程，分别负责系统的所有输入和输出，进程的利用充分，相对系统开销也小。

③　由用户进程自己通过调用 I/O 例程完成输入和输出，系统设计简单。

3. 独立于设备的软件

虽然 I/O 软件中设备驱动程序是设备专用的，但大部分软件是与设备无关的。设备驱动程序与设备独立软件之间的确切界限是依赖于具体系统的。图 6.9 给出了独立于设备的软件层通常实现的功能。

与设备驱动程序的统一接口
设备命名
设备保护
提供与设备无关的块尺寸
缓冲技术
设备的分配与释放
报告错误信息

图 6.9　独立于设备的
I/O 软件的功能

（1）独立于设备的 I/O 软件的基本任务是实现所有设备都需要的功能，并且向用户级软件提供一个统一的接口。

（2）设备命名主要是如何给文件和设备这样的对象命名。独立于设备的软件负责把设备的符号名映射到正确的设备驱动程序。在 UNIX 系统中，例如，终端设备名/dev/tty01，它唯一地说明了为一个特别文件设置的 i 节点，这个 i 节点包含了主设备号和次设备号。主设备号用来分配正确的终端设备驱动程序，次设备号作为参数用来确定设备驱动程序要读写的是哪一台终端。

（3）设备保护。在大、中型计算机系统中，用户进程对 I/O 设备的直接访问是完全禁止的。为了防止用户执行非法的 I/O 操作，将所有的 I/O 指令定义为特权指令。因此，用户不能直接调用 I/O 指令，必须通过操作系统提供的系统调用接口进行 I/O 操作。

系统防止用户错误地使用设备。在 UNIX 系统中，使用比较灵活的模式，相应 I/O 设备的特别文件通常用"rw"位进行保护。为此，系统管理员可以为每一台设备设置正确的存取权。

（4）提供与设备无关的块尺寸。不同的磁盘可以采用不同的扇区尺寸，如 128B、256B 或 512B 等。独立于设备的 I/O 软件应向较高层软件掩盖这一事实并提供大小统一的块尺寸。它可将若干扇区合成一个逻辑块，如簇。这样，较高层的软件只与抽象设备打交道，使用等长的逻辑块而独立于物理扇区的尺寸。

类似地，一些字符设备（如纸带输入机）一次一个字符地读入数据，而其他字符设备（如卡片输入机）却一次读入更大单位的数据（一张卡片的 80 个字符），这些差别也必须在这层给以隐藏。

（5）缓冲技术。虽然中断、DMA 和通道控制方式使得系统中的设备和设备、设备和 CPU 等得以并行工作，但外围设备和 CPU，以及设备与设备之间的处理速度不匹配的问题是客观存在的。为此，可采用在主存设置一个或多个缓冲区的方法来解决。块设备和字符设备都存在着缓冲的问题。就块设备而言，硬件一般一次读写一个完整的块，但用户进程按任意单位处理数据。当应用要求读写的长度和位置不是恰好为整个扇区时，也必须通过缓冲区来实现。先将数据读到或写入缓冲区，再从缓冲区读或当缓冲区满时再写入磁盘。就字符设备而言，当用户进程把数据写给系统的速度快于系统输出数据速度，或字符设备提供数据的速度快（或慢）于用户进程消耗的速度时，也必须设置缓冲。

缓冲技术引入后，一方面可改善 I/O 设备和 CPU 之间速度不匹配的情况，另一方面减少了启动设备的次数，延长设备的寿命。如若能增设硬件缓冲，还可以减少设备中断 CPU

的次数，提高 CPU 的利用率。

对于每个磁盘缓冲区，其长度等于扇区的大小。为了管理的需要，每个缓冲区设有一个缓冲控制块，缓冲控制块记录该缓冲区的主存地址、对应该缓冲区的磁盘扇区地址等。下面就介绍块设备的缓冲技术的使用。

① 单缓冲。当用户进程发出 I/O 请求时，操作系统为该操作分配一个缓冲区。采用单缓冲区，用户进程处理和设备读写数据只能串行进行，影响系统效率。

② 双缓冲。双缓冲区的建立，对于数据到达率和数据离去率差不多时，系统的效率是较高的。

③ 多缓冲和缓冲池。现代操作系统广泛采用多缓冲，并构成缓冲池。多进程共享缓冲池。例如，DOS 系统在它的配置文件（config.sys）中就有一个语句：BUFFERS＝X，是用于此目的的。

缓冲作为平滑 I/O 设备和进程之间交换数据流的一种技术，当进程的平均 I/O 请求大于 I/O 设备的服务能力时，缓冲区再多，也不能解决问题。进程在处理完每块数据后仍不得不等待。但是，在多道程序环境中，多缓冲是提高系统效率和各个进程性能的一种工具。

（6）负责设备的分配和调度。根据设备的固有特性，系统制定分配策略。设备分配可以采用静态分配和动态分配。静态分配是指进程在运行前，将其所需的设备一次全部分配给它，直到进程运行完成。该方法简单，但设备利用率低。动态分配是指进程在运行前不分配设备，在运行过程中，需要哪类设备时才进行分配。该方法设备利用率高，但分配不当，容易引起死锁。

① 虚拟设备的概念。为了提高独占设备的利用效率，引入虚拟设备。所谓虚拟设备，是指在一类设备上模拟另一类设备的 I/O 技术。常用可共享的高速设备模拟独占的慢速设备。虚拟设备的引入满足了多道程序和多用户系统对独占型设备的共享使用。Spooling 技术正是用来实现虚拟设备的一种技术。Spooling 实际是一种缓冲技术。下面以打印机为例，说明 Spooling 技术的实现。由于打印机不能接收各进程的交叉数据流，为了使多用户进程能并发打印它们的输出，又使其输出不交叉在一起，操作系统解决的办法是：当进程要求输出打印时，系统并不为它分配打印机设备，而是分配可共享设备（如硬盘）的一部分空间，使每个进程的输出被缓冲到一个独立的磁盘文件上。当进程完成执行时，再将相应的被缓冲的文件进行排队，准备打印输出。之后，Spooling 系统一次一个地将排队的待打印的文件复制给打印机进行实际的打印。这种技术又叫缓输出技术。这样提高了独占设备的利用率，也减少了进程等待设备进行数据传输的时间，缩短了用户进程的周转时间。

② 对于共享型设备，如联机的硬盘等一类快速的设备，由于其存储容量大，定位操作的时间短，因此它们的分配相对简单，可允许多用户共享。但如何提高系统的性能，尽可能地减少 I/O 完成的平均等待时间，同时使并发执行的进程能公平地存取共享设备，则是 I/O 设备调度要解决的问题。例如，通常来自虚拟存储器子系统的请求（缺页中断请求）应该比一般应用的 I/O 请求得到更及时的服务，才能大大改善系统的性能。为此，应该为系统中的设备设置一个设备使用状态表，以便进行设备分配。设备使用状态表通常包括设备类型、设备地址、设备状态（忙/闲）以及等待该设备服务的 I/O 请求队列等。

（7）出错处理。绝大部分错误是与设备密切相关的，一般由设备驱动程序处理。对于这类错误，驱动程序知道应如何做（比如，重试、忽略，还是放弃）。例如，由于磁盘块受损的读错误，驱动程序将设法重读一定次数，若仍有错误，则放弃读并通知设备独立层的软件。之后如何处理这个错误则与设备无关。如果错误出现在读用户文件的时候，则将错误信息报告给调用者。若在读关键的系统数据结构（比如磁盘的位示图）时出现错误，操作系统只能打印一些错误信息并终止执行。

4．用户空间的 I/O 软件

（1）I/O 库函数

尽管大部分 I/O 软件都包含在操作系统中，但仍有一小部分是由与用户程序连接在一起的库函数构成的。其中，I/O 系统调用通常由库函数实现。一个用 C 语言编写的程序含有如下系统调用：

　　　　Count=read(fd,buffer,nbytes)；严

在程序运行期间，库函数 read 将与该程序连接在一起形成一个可执行文件装入存储器中。显然，所有这些库函数是 I/O 系统的组成部分。

这些函数所做的工作只是将系统调用时所用的参数放在合适的位置，由其他 I/O 函数实现真正的操作。例如，C 语言中的数据格式化输入/输出是由库函数实现的。以 printf 为例，它以一个格式串和可能的一些变量作为输入，构造一个 ASCII 字符串，然后调用 write 系统调用完成输出这个串的实际操作。标准的 I/O 库包含了许多涉及 I/O 的函数，它们都是作为用户程序的一部分运行的。

（2）Spooling 系统

Spooling 系统是为了满足多进程对独占设备的共享使用而引入的一种技术。虽然它不是库函数，但为了方便用户进程的使用，也放在用户级的 I/O 软件层。

在一些系统中，Spooling 由一个后台进程管理；在另一些系统中，它由一个核心态的线程管理。但不管在哪种情况，操作系统向用户和系统管理员提供：显示 Spooling 队列、删除不准备打印的文件和暂时挂起打印服务等的能力。

6.2.3　同步 I/O 和异步 I/O

通常在应用程序进程发出 I/O 请求时可以设置两种不同的传输方式，来使用 I/O 传输的数据：同步 I/O 和异步 I/O。

应用程序发出的大多数 I/O 操作请求都是"同步 I/O"。也就是说，进程发出 I/O 请求后阻塞等待，直到设备传输数据完成并返回一个状态码后，被唤醒，之后才能够访问被传输的数据。上面介绍的 I/O 软件中基于内存缓冲的读写操作就是以同步方式实现的。

"异步 I/O"允许应用程序发出 I/O 请求后，在设备进行数据传输的同时，应用程序可继续执行。这种方式的好处是，可以大大加快应用程序的执行速度。但调用者必须在被 I/O 操作的数据完成传输之后才能使用。因此，调用者进程必须通过监视"指示请求传输的数据是否已经完成传输"的一个同步对象或状态信息来达到此目的。

不管 I/O 请求采用同步还是异步实现，系统内部向设备驱动发送的一个 I/O 操作总是异步进行的。即一旦 I/O 请求被启动，控制就返回 I/O 系统。是否立即返回调用者，取决于文件是以同步还是异步 I/O 打开的。

现代计算机系统都提供了同步和异步 I/O 方式下进行数据传输的 API。

在实际进行 I/O 操作时，究竟采用同步还是异步操作，通常遵循这样的原则：对于不必启动设备进行缓冲区读写的快速 I/O 操作，或那些能预测工作时间的操作，如打开操作，使用同步 I/O 更有效。对于需要很长时间或时间无法确定的操作，如读写文件，查询大目录以及其他服务等，使用异步操作更有效。

下面将以磁盘设备为例，研究外部设备的基本工作原理。

6.3 磁 盘 管 理

现代计算机系统的大部分处理都集中在磁盘系统。磁盘提供了所有程序和数据等信息的最主要的联机存储器。因此，正确地管理磁盘存储器是操作系统非常重要的任务之一。

磁盘系统硬件可分为磁盘驱动器和磁盘控制器两大部分。驱动器是机械部分，包括驱动马达、读写头及附带的逻辑线路。控制器是电气部分，是磁盘与计算机的逻辑接口，它接收来自 CPU 的指令，并控制磁盘驱动器实现指定的任务。一个磁盘控制器可以控制多个驱动器工作。有关磁盘的介绍已经在第 5 章叙述，这里只描述磁盘的其他特性。

6.3.1 磁盘调度

对于一个计算机系统，磁盘的操作是最频繁的，既要不断装入系统文件，又要装入多用户进程的各种文件进行操作。为了加速磁盘的服务请求，操作系统采用各种调度算法，以实现对磁盘的快速存取。

为了保证信息的安全性，系统在每一时刻只允许一个访问者启动磁盘执行输入/输出操作，其他访问者必须等待，直到一次输入/输出完成后才能进行下一个操作。如何选择等待者去使用磁盘呢？系统往往根据一定的调度算法来决定各等待者的访问顺序。这项工作就称为磁盘调度。磁盘调度由移臂和旋转调度两部分组成。

移臂调度就是根据访问者指定的柱面位置进行调度，它影响系统寻道所花费的时间。而旋转调度则是对多个访问者访问同一柱面的不同磁道的不同扇区的选择，它影响磁盘旋转所花费的时间。由于臂的移动花费的时间远远大于旋转时间，故这里主要以移动臂的调度来介绍磁盘调度。常用的移臂调度算法有先来先服务、最短寻道时间优先和扫描法等。

1. 先来先服务（FCFS）调度算法

先来先服务算法是磁盘调度的最简单的一种形式，既容易实现，又公平合理。然而，它也许不能提供最好的服务。例如，有如下一个磁盘请求序列，其磁道号为

98，185，37，122，14，124，65，67

假定一开始读写磁头位于 53 号磁道。为了满足这一系列请求，磁头要先从 53 移到 98，再移到 185，37，122，…最后到达 67。这样，磁头总共移动 644 个磁道。这个调度可用图 6.10 表示。

这种调度方式的缺点是完全不考虑队列中各个请求情况，使磁头有最大移动距离。如果在磁头移到 37 时能与 14 号磁道的请求一起服务，那么就能节省很多移动时间，从而缩短了每个请求的处理时间，改善了磁盘的吞吐量。

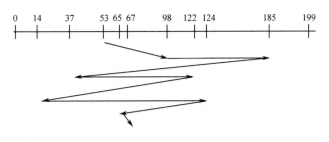

图 6.10　先来先服务调度

2．最短寻道时间优先算法（Shortest-Seek-Time-First，SSTF）

最短寻道时间优先是指在将磁头移向下一请求磁道时，总是选择移动距离最小的磁道的一种方法，简称 SSTF 算法。

例如，在上述等待队列中，当采用 SSTF 算法时，最接近磁头所在位置（53）的请求是第 65 号磁道，一旦磁头移到 65，下一个最接近的是 67 号磁道，之后至 37 号磁道的距离是 30，至 98 号磁道的距离是 31。因此，下一个处理的应为 37 号磁道，接下去服务的磁道顺序是 14，98，122，124，最后是 185。这个处理过程如图 6.11 所示。这种算法使得磁头移动距离的总和只有 238 个磁道，是 FCFS 算法的三分之一。

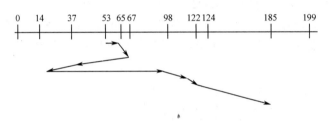

图 6.11　最短寻道时间优先的处理过程

SSTF 算法虽然比 FCFS 算法优越，但它不是最优的。例如，如果将磁头由 53 号先移至 37 号（即使它不是最近的），再移到 14 号，然后移到 65，67，98，122，124 及 185 号，这样可将总的移动距离减少到 210 个磁道，大大加快了服务请求。

3．扫描法（SCAN）

当认识到请求队列的动态性质后，产生了 SCAN 算法。它是指读写头在开始由磁盘的一端向另一端移动时，随时处理所到达的任何磁道上的服务请求，直至移到磁盘的另一端为止。在磁盘另一端上，磁头的方向反转，继续完成各磁道上的服务请求。这样，磁头总是连续不断地从磁盘的一端移到另一端。

仍以上面的请求序列为例，在使用 SCAN 之前，不仅要知道磁头移动的最后位置，还需要知道磁头移动的方向。如果此时磁头向 199 号磁道移动，那么当磁头向 199 号移动时，则先服务 65，67，98，122，124 及 185 号磁道上的请求，再移至 199 道。在 199 道上，磁头反向，并在将磁头移向磁盘另一端时，再服务 37，14，如图 6.12 所示。如果正好有一个请求在磁头前进方向上到达，那么，这个请求将会立即得到处理。然而，如果一个请求在磁头刚刚移过后到达，那么它只能等到磁头反方向移到此处时才能得到处理。

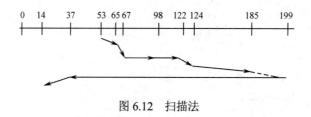

图 6.12　扫描法

因为这种方式与电梯在各楼层间的往返移动非常类似，因此扫描法有时称为电梯算法（elevator）。

假定对磁道的请求是均匀分布的，考虑对磁道的请求密度，当磁头达到一端并反向时，落在磁头之后的请求相对较少，这是由于这些磁道刚刚被处理，而磁盘另一端的请求密度相当的高，而且这些请求等待的时间较长。于是引入了循环扫描算法（circular-SCAN，C-SCAN），以提供比较均衡的等待时间。循环扫描法与 SCAN 算法类似，也是在将磁头从一端移向另一端时，随时处理到达的请求。但是，当它已到达另一端时，磁头立即返回到开始处，即回程时，不处理任何请求。循环扫描法将磁盘上的磁道排列视为一个环，最后一个磁道与第一个磁道紧密相接，以此达到对磁道上请求的均衡服务。

值得注意的是，扫描法和循环扫描法都是将磁头由磁盘的一端移向另一端，但实际上没有一个算法是这样实现的。通常，磁头在向任何方向移动时都是只移到最远的一个请求磁道上，一旦在前进的方向上没有请求到达，磁头就反向移动。这种方式的扫描及循环扫描称为查询（LOOK）及循环查询（C-LOOK），即在将磁头向前移动之前，先查询有无请求。若无，立即改变方向，使得各 I/O 请求能均衡地获得服务。图 6.13 为循环查询法的示意图。

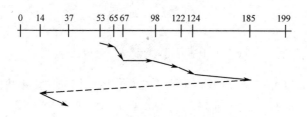

图 6.13　循环查询法的示意图

4．磁盘调度算法的比较

磁盘调度算法很多，如何选择一个有效算法呢？SSTF 算法是公认的、最具吸引力的算法，SCAN 和 C-SCAN 对于磁盘负载较重的系统更为合适。然而，任何调度算法性能优劣都是与进程对磁盘的请求数量和方式紧密相关的。当磁盘等待队列中的请求数量很少超过一个时，所有的算法都是等效的。在这种情况下，最好采用 FCFS 算法。

值得注意的是，文件的分配方法将大大地影响磁盘的服务请求。当一个程序读磁盘上的一个大的连续文件时，尽管请求读盘的要求很多，但由于各信息块连在一起，磁头的移动距离却很小。若程序读的是一个链接文件或索引文件，尽管这种文件的磁盘空间利用充分，但可能使信息块分布在整个盘上，导致可观的磁头移动的代价。

目录及索引块的位置也是重要的。因为每个文件使用前必须打开，在打开一个文件时，必须检查目录结构，此时要频繁地存取目录文件。为此将目录文件放在磁盘的中间，而不是两端，就可以有效地减少磁头的移动。

由于上述考虑，像其他算法一样，应将磁盘调度算法写成一个独立的模块，以便必要时用不同的算法来替换或干脆去掉不用。为了简单，开始时可选用 FCFS 算法或 SSTF 算法。

在现代大多数计算机系统中，磁盘设备是计算机外存的主要 I/O 设备。对磁盘的 I/O 请求主要来源于文件系统和虚拟存储器系统。如何高效地使用磁盘，则是操作系统的设计者应重视的问题。

6.3.2 磁盘的错误处理

磁盘在运转过程中容易出现以下常见的错误，这些错误都是由磁盘驱动程序一一进行处理的。

（1）程序性错误。当设备驱动程序命令磁盘控制器去查找一个不存在的柱面、读一个不存在的扇区、使用不存在的磁头、与一个不存在的存储器地址交换数据时，都会产生程序性错误。大多数控制器对发给它的参数进行检查，并告知是否合法。理论上，这些错误是不应发生的，但如果控制器指示这类错误发生了，那么驱动程序通常是终止当前的磁盘请求，给出错误的原因。

（2）瞬时检查和错误。它是由于磁盘表面与磁头之间的灰尘引起的。通常重复执行这个操作，就可消去错误。倘若错误继续存在，则将该块标记为坏块。一些"智能"磁盘控制器保留了几个备用磁道，这些磁道对用户程序不开放。当磁盘进行格式化时，控制器确定哪些块是坏的，自动由备份磁道替换它。将坏磁道映射到备用磁道的表格保留在控制器内部存储器和磁盘上，对驱动程序透明。但若请求第 3 柱面时，控制器秘密地改用其他备份柱面，那么，为磁盘设计的优化调度算法可能变得很坏。

（3）寻道错误。它是由于磁臂的机械故障引起的。磁盘控制器内部记录磁臂位置，为了执行寻道，它发送一系列脉冲给磁臂马达，每个柱面一个，这样将臂移到新的柱面。当臂移到目标位置时，控制器读实际的柱面号（驱动器格式化时写的），如果位置不对，则出现寻道错误。

关于寻道错误，有些控制器可以自动修正，而有些控制器（包括 IBM PC 在内）只设置一个错误标识位，其他工作留给驱动程序。驱动程序对这一错误的处理办法是泄放一个 RECALIBRATE 命令，让磁臂尽可能向远的方向移动，并将控制器内部的当前柱面重置为 0。如果不这样做，则只好将驱动器拆下进行修理。

由上面分析可见，磁盘控制器实际是一台专用的小型计算机，它有软件、变量、缓冲区，偶尔也有故障处理。

（4）永久性的检查和错误，如磁盘块物理损坏。

（5）控制器错误，如控制器拒绝接收命令。

6.4 小　　结

本章讨论了实现操作系统的输入/输出应实施的操作和功能。

1. I/O 硬件与 I/O 控制

I/O 设备分为字符设备和块设备。设备与控制器的关系包括：I/O 端口、接口和 I/O

总线。

2．控制设备与主存之间的数据传输的四种方式

（1）程序查询；（2）程序中断；（3）DMA 控制；（4）通道控制。

对通道的工作方式进行了讨论，其中包括通道的类型和特性以及通道的命令等。

3．I/O 软件的组成和功能

（1）I/O 软件从下到上通常划分为四级：中断处理程序层、设备驱动程序层、独立于设备的 I/O 软件层，以及在用户空间运行的 I/O 库函数和假脱机程序 Spooling 等。

（2）介绍了 I/O 软件的设计目标和实现的功能。

（3）引入了设备独立性、虚拟设备等重要概念，并讨论了缓冲技术等。

4．同步 I/O 和异步 I/O 的功能

为了方便用户操作设备，操作系统支持应用进程发出 I/O 请求时，可以设置同步 I/O 和异步 I/O 两种不同的传输方式，来进行数据传输。异步 I/O 加快了进程的运行速度，但调用者必须在被 I/O 操作的数据完成传输之后才能使用。因此，调用者进程必须通过监视"指示请求传输的数据是否已经完成传输"的一个同步对象或状态信息来达到此目的。

5．磁盘设备的硬件结构和管理

（1）磁盘的结构。硬盘通常采用三维编址方式来识别一个磁盘块：柱面号、磁道（或磁头）号和块号。

（2）驱动磁盘的重要参数：寻道时间、旋转延迟时间和读写传输时间。

（3）常用的磁盘调度算法，各算法的特点和性能，以及磁盘的错误处理。

习　　题

6-1　设备管理的主要目的是什么？

6-2　设备独立性的含义是什么？

6-3　从信息的组织角度看，设备可以分成哪些类型？各类设备的物理特性是什么？

6-4　从分配角度看，设备有独占型、共享型和虚拟型设备。什么是虚拟型设备？各自的分配策略有何不同？

6-5　同步 I/O 和异步 I/O 的区别是什么？

6-6　下列工作各是在四层 I/O 软件的哪一层上实现的？

（1）对于读磁盘，计算柱面、磁头和扇区

（2）维持最近所用块而设的高速缓冲

（3）向设备寄存器写命令

（4）查看是否允许用户使用设备

（5）为了打印，把二进制整数转换成 ASCII 码

6-7　打印机的输出文件为什么通常要在打印前假脱机到磁盘上？

6-8　通道有几种类型？它们之间的区别是什么？

6-9　引入缓冲技术的目的是什么？

6-10 试叙述 Spooling 设置的目的。它由几部分组成？各部分实现的功能是什么？

6-11 根据设备的控制方式的不同，主存与设备之间的数据传输控制方式有几种？

6-12 假定一个硬盘有 100 个柱面，每个柱面有 10 个磁道，每个磁道有 15 个扇区。当进程要访问磁盘的 12345 扇区时，计算磁盘的三维物理扇区号。

6-13 假设移动头磁盘有 200 个磁道（从 0 号到 199 号）。目前正在处理 143 号磁道上的请求，而刚刚处理结束的请求是 125 号，如果下面给出的顺序是按 FIFO 排成的等待服务队列顺序：

86，147，91，177，94，150，102，175，130 年

那么，用下列各种磁盘调度算法来满足这些请求所需的总磁头移动量是多少？

（1）FCFS； （2）SSTF； （3）SCAN； （4）LOOK； （5）C-SCAN

6-14 对于请求分布均匀时，下列各调度算法有何不同？

（1）FCFS； （2）SSTF； （3）SCAN； （4）LOOK； （5）C-SCAN

6-15 某系统文件存储空间共有 80 个柱面，20 道/柱面，6 块/磁道，每块有 1KB。用位示图表示，每张位示图 64 个字，其中有 4 个字包含的是控制信息。位示图中的位若为 1，表示占用；为 0，表示空闲。试给出分配和回收一个盘块的计算公式。

6-16 若磁盘扇区的大小为 512B，每磁道 80 个扇区，该磁盘有 4 个面可用。假定磁盘的旋转速度为 360 转/分钟。若 CPU 使用中断驱动 I/O 从磁盘读取一个扇区，每字节产生一个中断。如果处理每个中断需要 2.5 秒，CPU 花在处理 I/O 上的时间占多少百分比（忽略寻道时间）？若采用 DMA 方式，假定一个扇区产生一个中断，处理机处理一个中断的时间不变，CPU 花在处理 I/O 上的时间占多少百分比（忽略寻道时间）？

6-17 某用户文件共 10 个逻辑记录，每个逻辑记录的长度为 480B，现把该文件存储在磁带上。若磁带的记录密度为 800 字符/英寸，块与块之间的间隙为 0.6 英寸。问：

（1）若一个物理记录放一个逻辑记录，磁带空间的利用率是多少？

（2）若采用逻辑记录的成组技术，且块因子为 5，此时磁带空间的利用率是多少？

（3）若采用逻辑记录的成组技术，且块因子为 5，用户要对磁带上的文件进行处理，一次处理一个逻辑记录，并依次处理完所有的 10 个记录。问系统如何设置内存缓冲区，使得磁带读的效率更高？

6-18 在 I/O 系统中，出现数据传输完毕、设备出错、设备正在传输数据、指令错、缺页错等事件中，哪些会引起 I/O 中断？为什么？

第二篇　Linux 操作系统

第 7 章　Linux 进程管理

Linux 是类 UNIX 操作系统家族中的一个成员，它几乎继承了 UNIX 系统的全部功能。其最突出的优点在于它不是商用操作系统。在 GNU 公共许可证下其源代码是公开的，任何人都可以获得并继续研究和开发。而且这个新成员从 20 世纪 90 年代开始，变得非常流行。原因如下：

UNIX 成了商品之后，源代码受到了版权的保护，并且规模也日益复杂和庞大了。由于教学的需要，荷兰著名教授 Andrew S. Tanenbaum 编写了一个可以在 PC 上运行的小型操作系统 Minix。Minix 虽说是"类 UNIX"，但离 UNIX 相当远，并且缺乏实用价值。当时，一个芬兰学生 Linus Torvalds 以 Minix 为起点，基本上按照 UNIX 的设计，开发出一个真正可以实用的 UNIX 内核。为此，Linus Torvalds 就把它称为 Linux。Linus Torvalds 在基本完成了 Linux 内核的第一个版本之后就把它放在互联网上，一方面把自己写的代码公诸于众，另一方面邀请有兴趣的人也来参与。后来，由 Linus Torvalds 主持的 Linux 内核的开发、改进和维护，就成为了美国"自由软件基金会"FSF 的主要项目之一。

Linux 与商用 UNIX 内核的比较：

- Linux 内核是单块结构。它是一个庞大而复杂的自我完善的程序，由几个逻辑上独立的部分组成。大多数商用 UNIX 变体也是单块结构。
- Linux 能动态地按需装载或卸载模块。传统的 UNIX 内核以静态的方式编译和连接。在主流的商用 UNIX 变体中，仅 SVR4.2 内核可以动态地装载和卸载部分内核模块。
- 一些现代 UNIX 内核被当做一组内核线程来组织。Linux 内核线程以一种十分受限的方式周期性地执行几个内核函数。
- Linux 定义了自己的轻量级进程 LWP（lightweight process）版本。通过 clone()，把轻量级线程当做基本的可执行上下文，从而减少了系统的开销。
- Linux 是一个完全可抢先式内核。
- 从 Linux 2.2 起，开始支持对称多处理（SMP）这种更先进的技术。
- Linux 采用了面向对象技术，并开发了虚拟文件系统，从而把多种外部的文件系统装载到 Linux 系统就变得相对容易了。
- 尽管现在大部分 UNIX 内核包含 I/O 流子系统，并且已变成编写设备驱动程序、终端驱动程序及网络协议的首选接口，但 Linux 并没有与此类似的子系统。

与商用竞争者相比，Linux 具有以下优势：Linux 是免费的，Linux 的所有部分可以充分定制，可以运行在低档的硬件平台上，充分挖掘硬件部分特点，使系统非常快、非常稳定、内核非常小和紧凑，与很多常见的操作系统高度兼容，有很好的支持。

本篇以 Linux 2.6.11 及以上的版本为例，较全面地介绍了 Linux 操作系统的内核的组成，包括进程管理、存储器管理、文件系统、设备管理等。

进程是操作系统中的一个基本概念，是程序执行时的一个实例。在 Linux 系统中，常把进程称为任务（task）。

在传统操作系统中，一个进程在其地址空间中执行一个单独的指令序列。现代操作系统允许一个进程有多个执行流，即在相同的地址空间中可执行多个指令序列。每个执行流用一个线程表示，一个进程可以有多个线程。

Linux 使用轻量级进程实现对多线程应用程序的支持，一个轻量级进程就是一个线程。

7.1 Linux 进程的组成

7.1.1 进程的定义

每个进程都有一个独立的地址空间。在用户态运行时，进程映像包含有代码段、数据段和私有用户栈等。系统内核是可重入的纯代码。进程在核心态运行时，访问内核的代码段和数据段，并使用各自的核心栈，从而形成几个内核控制路径的交替执行。

为了便于管理进程，Linux 内核为每个进程建立了一个进程控制块，又称为进程描述符（process descriptor），用一个 task_struct 类型的数据结构表示，它包含了与进程相关的所有信息。其描述如下：

```
struct task_struct {
    volatile long state;                    /*进程的当前状态*/
    unsigned long flags;                    /*进程的标志*/
    struct thread_info *thread_info;        /*当前进程基本信息*/
    atomic_t usage;                         /*用于原子操作*/
    unsigned long ptrace;                   /*进程是否正被另外一个进程跟踪的标识*/
    int prio;                               /*进程优先级，其取值范围为 0~139*/
    int static_prio;                        /*进程的静态优先级*/
    struct list_head run_list;              /*可运行进程队列链表*/
    prio_array_t *array;                    /*实现对各种优先级的可运行进程链表的管理*/
    unsigned long sleep_avg;                /*进程的平均睡眠时间*/
    unsigned long long timestamp;           /*进程最近被插入可运行队列的时间*/
    unsigned long long last_ran;            /*最近一次切换到本进程的时间*/
    unsigned long policy;                   /*调度策略*/
    cpumask_t cpus_allowed;                 /*被允许使用的 CPUS 的位掩码*/
    unsigned int time_slice;                /*时间片的剩余时钟节拍数*/
    unsigned int first_time_slice;          /*若进程还未用完时间片，就把该标识设为 1*/
    struct sched_info sched_info;           /*调度信息*/
    struct list_head tasks;                 /*进程链表*/
    struct list_head ptrace_children;       /*该进程中所有被 debugger 程序跟踪的子进程*/
    struct list_head ptrace_list;           /*指向跟踪进程，即父进程链表*/
    struct mm_struct *mm;                   /*指向进程所拥有的虚拟内存描述符*/
    struct mm_struct *active_mm;            /*指向进程运行时所使用的虚拟内存描述符*/
    long exit_state;                        /*存放进程终止执行时的退出状态*/
    int exit_code;                          /*进程终止代号*/
    int exit_signal;                        /*进程终止信号*/
```

```
        int pdeath_signal;                          /*当父进程死亡时，发送该信号*/
        pid_t pid;                                  /*进程标识符*/
        pid_t tgid;                                 /*线程组标识符*/
        struct task_struct *real_parent;            /*指向父进程*/
        struct task_struct *parent;                 /*指向父进程，通常与 real_parent 一致*/
        struct list_head children;                  /*其所有子进程构成的链表*/
        struct list_head sibling;                   /*其兄弟进程链表*/
        struct task_struct *group_leader;           /*指向该进程所在进程组的领头进程*/
        struct pid pids[PIDTYPE_MAX];               /*用于在 PID 哈希表中构造进程链表*/
        struct completion *vfork_done;              /*for vfork()*/
        int __user *set_child_tid;                  /*CLONE_CHILD_SETTID*/
        int __user *clear_child_tid;                /*CLONE_CHILD_CLEARTID*/
        unsigned long rt_priority;                  /*进程的实时优先级*/
        unsigned long nvcsw, nivcsw;                /*上下文切换计数器*/
        uid_t uid;                                  /*用户的实际标识符*/
        uid_t euid;                                 /*用户的有效标识符*/
        uid_t suid;                                 /*用户保存的标识符*/
        uid_t fsuid;                                /*访问文件的用户的有效标识符*/
        gid_t gid;                                  /*组的实际标识符*/
        gid_t egid;                                 /*组的有效标识符*/
        gid_t sgid;                                 /*组保存的标识符*/
        gid_t fsgid;                                /*访问文件的组的有效标识符*/
        int link_count, total_link_count;           /*文件的链接计数*/
        struct thread_struct thread;                /*保存进程的硬件上下文*/
        struct fs_struct *fs;                       /*指向文件系统信息*/
        struct files_struct *files;                 /*指向该进程的打开文件信息*/
        struct namespace *namespace;                /*名字空间*/
        struct signal_struct *signal;               /*所接收的信号*/
        spinlock_t alloc_lock;                      /*自旋锁，用于 mm, files, fs, tty, keyrings 的分配保护*/
        spinlock_t proc_lock;                       /*自旋锁*/
        void *journal_info;                         /*日志文件系统信息*/
        struct dentry *proc_dentry;                 /*指向目录项结构的指针*/
        struct backing_dev_info *backing_dev_info;  /*请求所涉及的设备信息描述符*/
        struct io_context *io_context;              /*用于每进程 I/O 子系统*/
        unsigned long ptrace_message;               /*跟踪信息*/
        wait_queue_t *io_wait;                       /*用于 I/O 等待队列*/
        ⋮
};
```

　　每个进程都有一个唯一的进程标识符（PID），存放在进程描述符的 pid 字段中。新创建进程的 PID 通常是前一个进程 PID 加 1。默认情况下，最大的 PID 号是 32767（PID_MAX_DEFAULT-1）。系统管理员可以通过/proc/sys/kernel/pid_max 文件来改变 PID 的上限值。为了能循环使用 PID 号，内核通过一个 pidmap_array 位图来管理当前已分配的和空闲的 PID 号。

　　Linux 把每个进程的核心栈和基本信息 thread_info 存放在两个连续的页框（8KB）中，

且由 alloc_thread_info 和 free_thread_info 宏为其分配和释放内存区。考虑到效率，内核让其第一个页框的起始地址是 2^{13} 的倍数。图 7.1 示出了两种数据结构的存放方式。进程描述符的 thread_info 指向其核心栈和 thread_info 结构，thread_info 结构的 task 指向对应进程的进程描述符结构。

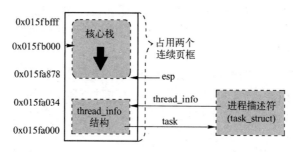

图 7.1 进程核心栈、thread_info 结构和进程描述符之间的关系

thread_info 的结构描述如下：

```
struct thread_info {
    struct task_struct*      task;              /*进程描述符指针*/
    unsigned long            flags;             /*重调度标识 TIF_NEED_RESCHED*/
    struct exec_domain exec_domain;
    int     preempt_count;                      /*软中断计数器*/
    __u32     cpu;
    struct restart_block    restart_block;
};
```

由于 esp 寄存器存放的是核心栈的栈顶指针，内核很容易从 esp 寄存器的值获得正在 CPU 上运行的进程的 thread_info 结构的地址，进而获得进程描述符的地址。在图 7.1 中，核心栈从 0x015fbffff 地址处开始存放，thread_info 结构从 0x015fa000 地址处开始存放，当前栈顶为 0x015fa878。在 80x86 系统中，栈从高到低地址方向增长。进程刚从用户态切换到核心态时，其核心栈为空，只要将栈顶指针减去 8K，就能得到 thread_info 结构的地址。

进程的 thread_info 结构和核心栈用 C 语言的联合结构表示为

```
union thread_union{
    struct thread_info thread_info;
    unsigned long stack[2048];    /*8KB*/
};
```

如果 thread_union 结构的大小为 8KB，那么当前进程的核心栈可作为异常栈、硬件中断请求栈和软件中断请求栈，供所有的内核控制路径使用。如果该结构的大小为 4KB，内核就要为每个进程使用三种类型的核心栈：每个进程有一个异常栈，位于 thread_union 结构中，用于异常处理；每个 CPU 有一个硬件中断请求栈和软件中断请求栈，分别占用一个页框，用于处理硬件和软件中断。

内核通过调用 CURRENT 宏来获得当前正在 CPU 上运行进程的描述符指针，如 current->pid 能返回正在 CPU 上运行进程的 PID。在多处理机系统中，需要建立一个 current 数组，数组中的每一个元素对应一个可用的处理机。

7.1.2 进程的状态

Linux 系统的进程有多种状态，分为两类，由 task_struct 中的 state 和 exit_state 分别表示。

● state 表示进程生命期中的状态，有：

① 可运行态（TASK_RUNNING）：进程正在或准备在 CPU 上运行的进程都处于此状态。

② 可中断的等待态（TASK_INTERRUPTIBLE）：进程睡眠等待系统资源可用或收到一个信号后，进程被唤醒。

③ 不可中断的等待态（TASK_UNINTERRUPTIBLE）：进程睡眠等待，直到一个不能被中断的事件发生。例如，当进程打开一个设备文件时，其相应的设备驱动程序开始探测硬件设备，在探测完之前，设备驱动程序不能被中断，否则硬件设备处于不可预知的状态。这种状态很少使用。

④ 暂停态（TASK_STOPPED）：进程处于暂停态。当进程收到 SIGSTOP、SIGTSTP、SIGTTIN、SIGTTOU 信号之后，会进入暂停态。

⑤ 跟踪态（TASK_TRACED）：进程的执行已被 debugger 程序暂停。当进程被另一个进程监控时，任何信号都可以把这个进程置于跟踪态，例如 debugger 执行 ptrace()系统调用监控一个测试程序。

● exit_state 表示进程的退出态，有：

① 僵死态（EXIT_ZOMBLE）：进程已终止执行，等待父进程做善后处理。在父进程发布 wait()类系统调用之前，内核是不能丢弃包含在终止进程描述符中的数据的。

② 死亡态（EXIT_DEAD）：在父进程发布 wait()类系统调用之后，系统删除了该终止进程。

Linux 系统进程状态及其转换如图 7.2 所示。

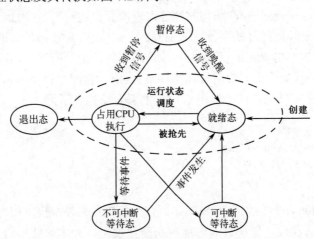

图 7.2 Linux 系统进程状态及其转换

7.2 Linux 进程链表

1. 传统进程链表

在进程描述符结构中有几个类型为 list_head 的字段，用于建立诸进程链表。

（1）所有进程链表

内核通过进程描述符结构中的 tasks 字段的 prev 和 next 把系统中所有进程描述符链接起来，构成进程双向链表。链表头是 0 号进程（即 idle 进程，或因为历史的原因叫做 swapper 内核线程）的进程描述符（init_task）。SET_LINKS 和 REMOVE_LINKS 宏用于向该链表插入或删除一个进程描述符。for_each_process 宏用于扫描所有进程链表。

（2）可运行进程链表

系统内核用进程描述符结构中的 run_list 字段将所有处于 TASK_RUNNING 状态的进程链接起来，建立可运行进程队列。按照它们的优先级（其取值范围为 0～139）构建 140 个可运行进程队列，以提高调度程序执行速度。在多处理机系统中，每个处理机都有自己的可运行队列。

（3）子进程链表

创建进程和被创建进程之间具有父子关系。系统内核用进程描述符结构中的 children 字段将该进程的所有子进程链接在一起，构成子进程链表。

（4）兄弟进程链表

如果一个进程创建了多个子进程，那么多个子进程之间就具有兄弟关系。系统内核用进程描述符结构中的 sibling 字段将具有兄弟关系的进程链接在一起，构成兄弟进程链表。

（5）等待进程链表

当进程必须等待某些事件的发生时，例如，等待系统资源的释放，等待一个固定的时间间隔，等待磁盘读写操作的结束等，进程处于睡眠状态，被放入特定事件等待队列中，并放弃 CPU 的控制权。

有两种类型的睡眠等待进程。对于互斥等待访问临界资源的进程，每次资源释放时，内核仅唤醒等待队列中的一个进程，而其他进程继续睡眠等待。对于非互斥等待的进程，一旦一个希望等待的特定事件发生时，内核将唤醒该事件等待队列中的所有进程。例如，等待磁盘传输完成的一组进程，在磁盘传输完成时，所有等待进程都被唤醒。

Linux 没有为处于暂停、僵死或死亡状态的进程分组并建立链表，主要是因为系统对这类进程的访问比较简单，可以通过 PID，或者通过特定父进程的子进程链表就可找到。

2．哈希链表

根据进程标识符 PID 在进程链表中检索进程是可行的，但效率相当低。为了加速对进程的检索，内核定义了 4 类哈希表。内核初始化期间为 4 个哈希表分配存储空间，并把它们的地址存入 pid_hash 数组中。哈希表的长度依赖于可用 RAM 的容量。

```
static struct hlist_head *pid_hash[PIDTYPE_MAX];
```

哈希表的种类定义：

```
enum pid_type
{PIDTYPE_PID, PIDTYPE_TGID, PIDTYPE_PGID, PIDTYPE_SID, PIDTYPE_MAX};
```

4 类哈希表与进程描述符中的相关字段之间的对应关系如表 7.1 所示。

构造哈希表时，所选用的哈希函数并不能保证进程的 PID 与表的索引一一对应，Linux 利用链表来处理冲突的 PID，即把每个哈希表项构造成由冲突的进程描述符组成的双向链表。

同一线程组中的所有轻量级进程的 tgid 的值相同。假设内核要回收一

表 7.1　4 类哈希表与进程描述符中字段的对应关系

哈希表种类	进程描述符中的字段	说　　明
PIDTYPE_PID	pid	进程的 PID
PIDTYPE_TGID	tgid	线程组头进程的 PID
PIDTYPE_PGID	signal−>pgrp	进程组领头进程的 PID
PIDTYPE_SID	signal−>session	会话领头进程的 PID

个线程组中的所有轻量进程，如果根据线程组号 tgid 检索哈希表，则只能返回一个线程组领头轻量进程的描述符。为了提高效率，内核在构造哈希表的同时也为每个线程组中的轻量进程创建了一个链表。内核可以为包含在同一个哈希表中的任何 PID 号构建进程链表。进程描述符的 pids 字段定义如下：

```
        struct pid pids[PIDTYPE_MAX];
        struct pid
        {
            int nr;                         /*线程组号，即线程组领头进程的 PID*/
            struct hlist_node pid_chain;    /*把散列到同一哈希表项中的进程描述符链接起来*/
            struct list_head pid_list;      /*同一线程组号 nr 中的进程链表*/
        };
```

图 7.3 给出了类型为 PIDTYPE_TGID 的哈希表结构，pid_hash 数组的第二项存有该哈希表的地址。PID 号为 4351 和 246 的进程描述符被链接到哈希表的第 71 项。pid 结构中 nr 字段值相同的进程被链接在一起，构成一个线程组，达到快速检索的目的。

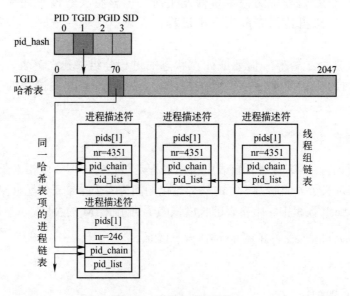

图 7.3　PID 哈希表结构

7.3　Linux 进程控制

7.3.1　进程创建

Linux 系统支持传统的进程概念，也支持现代线程的实现，只是其线程的实现与传统线程不完全相同。Linux 线程被称为轻量级进程（Lightweight Process）。

在 UNIX 系统中，只要用户输入一条命令，shell 进程就创建一个新进程，新进程执行 shell 的另一个复制。传统的 UNIX 操作系统以统一的方式创建所有的进程：子进程复制父进程所拥有的资源。进程创建非常低效。实际在很多情况下，子进程几乎不必读或修改从父进程复制过来的资源，就立即调用 execve()函数，以执行新的可执行文件，拥有自己的地址空间。

现代 UNIX 内核引入三种不同的机制解决此问题：① 写时复制技术允许父子进程读共享父进程拥有的全部地址空间，仅当父或子要写一个页时，才为其复制一个私有页的副本。② 轻量级进程允许子进程共享父进程在内核的很多数据结构，如页表（整个用户态地址空间）、打开文件表、信号处理等。③ vfork()系统调用创建的子进程能共享父进程的地址空间。为了防止父进程重写子进程需要的数据，先阻塞父进程的执行，直到子进程退出或执行一个新的程序为止。

1. 进程创建函数

在 Linux 中，创建进程的函数为 fork()、clone()和 vfork()，创建内核线程的函数是 kernel_thread()。

（1）创建轻量级进程函数 clone()

clone()系统调用的服务例程是 sys_clone()，sys_clone()接着调用 do_fork()来完成进程的创建工作。

（2）创建子进程函数 fork()

fork()是传统 UNIX 系统的创建进程的系统调用函数。fork()系统调用的服务例程是 sys_fork()，sys_fork()接着调用 do_fork()来完成进程的创建。创建成功之后，子进程采用写时复制技术共享父进程的资源。

（3）vfork()系统调用

vfork()系统调用的服务例程是 sys_vfork()，sys_vfork()接着调用 do_fork()来完成进程的创建。创建成功之后，暂时挂起父进程。

（4）创建内核线程函数 kernel_thread()

传统 UNIX 系统把一些重要的任务委托给周期性执行的进程，如刷新磁盘高速缓存，交换出不用的页，维护网络连接等任务。以这种周期性的方式执行系统任务，效率不高。故现代操作系统把它们的一些函数委托给只运行在核心态的内核线程来运行。

Linux 有很多内核线程，运行在内核的上下文中。一些是在系统初始化时创建的，并一直运行至系统关闭；另一些是按需创建的，用来执行特定任务。

0 号进程就是一个内核线程，使用静态分配的数据结构，其进程描述符存放在 init_task 变量中，由 INIT_TASK 宏来完成初始化；thread_info 结构和核心栈存放在 init_thread_union 变量中，由 INIT_THREAD_INFO 宏来完成初始化。0 号进程是所有进程的祖先进程，又叫

idle 进程或叫做 swapper 进程。每个 CPU 都有一个 0 号进程。

1 号进程是由 0 号进程创建的内核线程 init。1 号进程创建后，执行 init()函数，它负责完成内核的初始化工作。与 0 号进程共享每个进程所有的内核数据结构。在系统关闭之前，init 进程一直存在，它负责创建和监控在操作系统外层执行的所有用户态进程。

系统通过调用 kernel_thread()函数来创建一个新的内核线程，参数有：要执行的内核函数地址（fn）、传递给函数的参数（arg）、一组 clone 标识（flags）。kernel_thread()通过调用 do_fork()函数来真正完成内核线程创建工作。

2．do_fork()函数

do_fork()函数既负责处理 clone()、fork()和 vfork()系统调用，也负责实现内核线程的创建工作。do_fork()的调用语法为：

> do_fork(clone_flags, stack_start, regs, stack_size, parent_tidptr, child_tidptr);

● clone()系统调用在用 do_fork()实现时，传递的参数：

① 4 字节的 clone_flags 标识信息中，低字节指定子进程结束时发送给父进程的信号 SIGCHLD，剩余 3 字节是为子进程指定的各种标识，如允许与父进程共享内存描述符、页表和当前目录等。

② stack_start 表示父进程应该再为子进程分配一个新的用户栈，并把用户栈指针赋给子进程的 esp 寄存器。

③ regs 是指向通用寄存器值的指针，在从用户态切换到核心态后，通用寄存器值被保存在核心栈中。

④ stack_size 未使用，总被设为 0。

⑤ parent_tidptr 存放父进程的用户态变量的地址，当 CLONE_PARENT_SETTID 标识被设置时，表示把子进程的 PID 写进由 parent_tidptr 指针所指向的父进程的用户态变量中。

⑥ child_tidptr 存放子进程的用户态变量的地址，当 CLONE_CHILD_SETTID 标识被设置时，表示把子进程的 PID 写进由 child_tidptr 指针所指向的子进程的用户态变量中。

● fork()系统调用在用 do_fork()实现时，标识 clone_flags 被指定为 SIGCHLD 信号，其他 3 字节清 0，父进程和子进程暂时共享同一个用户栈，当父子进程中有一个试图去改变栈时，用户栈立即被复制一份。

● vfork()系统调用在用 do_fork()实现时，标识 clone_flags 被指定为 SIGCHLD 信号和 CLONE_VM 及 CLONE_VFORK 标识。CLONE_VM 标识表示子进程共享父进程的内存描述符和所有的页表，CLONE_VFORK 标识是在发出 vfork()系统调用时被设置的。

do_fork()函数的主要功能如下。

（1）通过查看进程标识符（PID）位图 pidmap_array，为子进程分配一个 PID。

（2）检查父进程（即当前进程）的 ptrace 字段，如果该字段的值不为 0，说明有其他进程正在跟踪父进程。此时，把子进程的 CLONE_PTRACE 标识置为 1。

（3）调用 copy_process()函数复制进程描述符，并返回刚创建的进程描述符的地址。

（4）如果必须跟踪子进程或者设置了 CLONE_STOPPED 标识，那么子进程将被设置为暂停状态（TASK_STOPPED），并为子进程增加挂起信号 SIGSTOP。子进程等待跟踪进程或者父进程把它的状态恢复为可运行状态（TASK_RUNNING）。

（5）如果没有设置 CLONE_STOPPED 标识，则调用 wake_up_new_task()函数。该函数的操作如下：

① 调整父子进程的调度参数。

② 如果共用进程公用同一 CPU 并且父子进程不能共享同一组页表，则把子进程插入父进程所在的运行队列，并插在父进程前，以使子进程优先于父进程运行。如果子进程运行时刷新其地址空间并执行一个新程序，那么子进程先于父进程被调度执行将产生较好的性能。如果让父进程先于子进程执行，那么写时复制机制将执行一系列不必要的复制页面的工作。

③ 如果父子进程运行在不同的 CPU 上或者父子进程要共享同一组页表，则把子进程插入父进程所在运行队列的队尾。

（6）如果父进程被跟踪，则把子进程的 PID 存入父进程描述符的 ptrace_message 字段，并调用 ptrace_notify()，使父进程停止运行，并向父进程的父进程发送 SIGCHLD 信号。跟踪父进程的 debugger 进程是子进程的祖父进程。SIGCHLD 信号通知 debugger 进程：父进程已经创建了子进程，可以通过查父进程的 ptrace_message 字段来获得子进程的 PID。

（7）如果设置了 CLONE_VFORK 标识，则挂起父进程，直到子进程运行结束或者运行了新的程序。

（8）do_fork()函数运行结束时，返回子进程的 PID。

3．copy_process()函数

copy_process()函数负责创建进程描述符，以及进程执行所需要的其他内核数据结构。copy_process()接收 do_fork()传递的参数后，实现的 3 个主要功能如下。

（1）调用 dup_task_struct()为子进程分配进程描述符。该函数的操作如下：

① 通过 alloc_task_struct()宏为子进程分配进程描述符，并将进程描述符地址保存在 tsk 局部变量中。

② 通过 alloc_thread_info()宏为子进程的 thread_info 结构和核心栈分配两个连续的空闲页框（共 8KB），起始地址存放在 ti 局部变量中。

③ 把父进程的 thread_info 描述符中的内容复制到子进程的 thread_info 结构 ti 中。

④ 将父进程描述符的内容复制到子进程描述符 tsk 中。

⑤ 使子进程的 tsk–>thread_info 指向 ti。

⑥ 将子进程描述符的使用计数器置为 2，表示子进程描述符正在被使用并且子进程处于活动状态。

⑦ 返回子进程描述符指针 tsk。

（2）调用 copy_thread()，用发出 clone()系统调用时保存在父进程的核心栈中的 CPU 寄存器的值来初始化子进程的核心栈。

（3）完成时，向父进程返回子进程的描述符指针 tsk。

7.3.2　进程撤销

当进程运行结束时，必须通知内核，让内核释放进程所拥有的资源，这些资源包括所占用的内存、打开的文件等。

（1）进程终止

进程终止调用的命令有：

① exit()系统调用只终止某一个线程，并不涉及其线程组中的其他线程。do_exit()是完成 exit()系统调用的主要内核函数。

② exit_group()系统调用能终止整个线程组。do_group_exit()是完成该系统调用的主要内核函数。

（2）进程删除

系统允许进程查询内核以获得其父进程的 PID，或者其任何子进程的执行状态。例如，父进程在创建子进程之后，会调用 wait()系统调用来查询子进程是否终止；若子进程终止，其终止代号将告诉父进程。

子进程刚运行完成时，处于僵死状态，系统为它保留进程描述符，直到父进程得到通知。由父进程回收子进程描述符中的部分数据信息，最终删除子进程。

若父进程在子进程结束之前先结束，则子进程会成为孤儿进程，处于僵死状态，其进程描述符会一直占据着 RAM。为了防止这种现象的发生，系统强迫所有的孤儿进程成为 init 进程的子进程。init 进程在用 wait()类系统调用检查其终止子进程时，就会撤销所有僵死的子进程。

7.4　Linux 进程切换

为了实现对进程的控制，内核必须有能力暂停正在 CPU 上运行的进程，并恢复已就绪的某个进程的运行。这就是进程上下文的切换，简称进程切换。恢复进程运行之前，必须装入 CPU 寄存器的一组数据称为硬件上下文（hardware context）。硬件上下文是可执行进程上下文的一个子集。

80x86 体系结构包含了一个叫做任务状态段（Task State Segment, TSS）的特殊段类型来存放进程的硬件上下文。TSS 还反映了当前运行进程的特权级。虽然 Linux 2.6 不再使用硬件，而是使用软件来实现进程上下文的切换，但它还是为系统中的每个 CPU 建立一个 TSS，统一存放在 init_tss 数组中。内核每次切换进程时，都更新 TSS 的某些字段，CPU 控制单元可以从中安全地检索到需要的信息。

进程切换只发生在核心态。在发生进程切换之前，用户态进程使用的所有寄存器值都已被保存在进程的核心栈中。

在进程描述符数据结构中有一个类型为 thread_struct 的 thread 字段，该字段用于存放进程的硬件上下文。thread_struct 结构包含的字段涉及大部分 CPU 寄存器，但像 eax、ebx 等通用寄存器的值仍被保留在核心栈中。

进程切换分两步：第一步，切换页目录表以安装一个新的地址空间；第二步，切换核心栈和硬件上下文。由 schedule()函数完成进程切换。

7.5　Linux 进程调度

Linux 系统有三类进程：交互式进程、批处理进程、实时进程。交互式进程的典型例子：命令 shell、文本编辑程序、图形应用程序等。批处理进程常运行在后台，典型例子：语言的编译程序、数据库搜索引擎、科学计算等。实时进程有很强的调度需求，响应要快，典型例子：实时监测控制程序、视频/音频应用程序等。

UNIX 操作系统的进程调度的目标：对实时和交互式进程的响应速度尽可能快；对批处理进程的吞吐量尽可能大。既要考虑到进程的高低优先级，又要尽可能地避免进程的饥饿现象。

Linux 2.6 系统采用可抢先式的动态优先级调度方式。其内核是完全可重入的。无论进程处于用户态还是核心态运行，都可能被抢占 CPU，从而使高优先级进程能及时被调度执行，不会被处于内核态运行的低优先级进程延迟。

Linux 系统的调度算法是基于进程过去行为的启发式算法，以确定进程应该被当做交互式进程还是批处理进程。根据所属调度类型的不同，进程可分为：先进先出的实时进程、时间片轮转的实时进程、普通的分时进程。实时进程分配的基本优先数为 1～99，而交互式进程和批处理进程的基本优先数为 100～139。优先数越小，优先级越高。

1．普通进程的调度

在普通的分时进程调度中，要兼顾到基本时间片和动态优先级。

新创建进程总是继承父进程的静态优先级。任何进程都可以通过系统调用 nice() 和 setpriority() 来改变自己的静态优先级。

（1）基本时间片

静态优先数决定了进程的基本时间片。静态优先数和基本时间片之间的关系如下：

$$基本时间片（单位为ms）= \begin{cases} (140 - 静态优先数) \times 20 & 若静态优先数 < 120 \\ (140 - 静态优先数) \times 5 & 若静态优先数 \geqslant 120 \end{cases} \tag{1}$$

由公式（1）可见，静态优先数越低，获得 CPU 基本时间片就越长。普通进程的静态优先级的典型取值如表 7.2 所示，表中列出了对于拥有最高静态优先级、高静态优先级、默认静态优先级、低静态优先级和最低静态优先级的普通进程，其静态优先数、nice 值、基本时间片、交互式的δ值以及睡眠时间极限值的取值。通过把"nice 值"传递给系统调用 nice() 或 setpriority() 来改变普通进程的静态优先级。交互式δ值的计算公式如下：

$$\delta = 静态优先数/4 - 28 \tag{2}$$

表 7.2　普通进程静态优先级的典型值

说　　明	静态优先数	nice 值	基本时间片（ms）	交互式的 δ 值	睡眠时间的极限值（ms）
最高静态优先级	100	−20	800	−3	299
高静态优先级	110	−10	600	−1	499
默认静态优先级	120	0	100	+2	799
低静态优先级	130	+10	50	+4	999
最低静态优先级	139	+20	5	+6	1199

（2）动态优先级

调度程序会根据诸进程使用 CPU 的情况来动态调整它们的优先级，适当提升在较长时间间隔内没有获得 CPU 的进程优先级，适当降低已在 CPU 上运行了较长时间的进程的优先级，以防止出现进程饥饿现象。

动态优先级是调度程序选择可运行进程的依据，它与静态优先级之间的关系如下：

$$动态优先数 = max(100, \ min(静态优先数 - bonus + 5, 139)) \qquad (3)$$

bonus 的取值范围为 0～10。当其值小于 5 时，表示要降低动态优先级；当其值大于 5 时，表示要提升动态优先级。bonus 的取值依赖于进程的过去行为，与进程的平均睡眠时间有关。

调度程序可以通过计算来确定一个给定进程是交互式的还是批处理式的。如果一个进程满足下面的动态优先数的取值范围，就被看做交互式进程。

$$动态优先数 \leqslant 3 \times 静态优先数/4 + 28 \qquad (4)$$

2．实时进程的调度

在先进先出的实时进程调度中，当调度程序把 CPU 分配给某一进程时，该进程的描述符被保留在可运行队列链表的当前位置，并用 CURRENT 宏指向它。如果没有比它优先级更高的实时可运行进程，该进程就继续运行，直至运行完。

在时间片轮转的实时进程调度中，当调度程序把 CPU 分配给某一进程时，该进程的描述符被调整到可运行队列链表的末尾，以保证对具有相同优先级的实时进程平均分配 CPU 时间。

实时进程总是活动进程。通过系统调用 sched_setparam()和 sched_setscheduler()，用户可以改变实时进程的优先级。在基于时间片轮转的实时进程中，其基本时间片的长短与实时优先级无关。

发生实时进程调度的时机：① 出现了更高优先级的实时进程。② 进程执行了阻塞操作而进入睡眠状态。③ 进程停止运行或被杀死。④ 进程调用 sched_yield()自愿放弃处理机。⑤ 在基于时间片轮转的实时进程调度过程中，进程用完了自己的时间片。

3．进程调度所涉及的数据结构

进程链表把系统中所有进程描述符链接在一起，而可运行队列链表又把所有的可运行进程描述符链接在一起。在多处理机系统中，每个 CPU 都有自己的可运行队列，存放在结构类型为 runqueue 的一维数组变量 runqueues 中。每个 CPU 对应数组中的一项。

Linux 2.6 中，进程调度所涉及的最重要的数据结构 runqueue 定义如下：

```
struct runqueue {
    spinlock_t lock;                        /*用做保护进程链表的自旋锁*/
    unsigned long nr_running;               /*运行队列中可运行进程数*/
    unsigned long cpu_load[3];              /*基于运行队列进程数的 CPU 负载因子*/
    unsigned long long nr_switches;         /*进行进程切换的次数*/
    unsigned long nr_uninterruptible;       /*从运行队列移出的不可中断睡眠的进程数*/
    unsigned long expired_timestamp;        /*过期队列中最老进程的进入时间*/
    unsigned long long timestamp_last_tick; /*最近一次定时器中断的时间*/
    task_t *curr;                           /*指向当前正在运行的进程的进程描述符*/
```

```
        task_t *idle;                              /*指向当前 CPU 的 swapper 进程的进程描述符*/
        struct mm_struct *prev_mm;                 /*指向刚被切换进程的虚拟内存描述符*/
        prio_array_t *active;                      /*指向活动进程链表*/
        prio_array_t *expired;                     /*指向过期进程链表*/
        prio_array_t   arrays[2];                  /*代表活动进程集合和过期进程集合*/
        int best_expired_prio;                     /*过期进程中静态优先级最高的进程*/
        atomic_t nr_iowait;                        /*等待磁盘 I/O 操作完成的进程数*/
        struct sched_domain *sd;                   /*指向当前 CPU 的基本调度域（即 CPU 集合）*/
        int active_balance;                        /*需要在 CPU 之间平衡运行队列的标识*/
        int push_cpu;                              /*未使用*/
        task_t *migration_thread;                  /*指向迁移内核线程的描述符*/
        struct list_head migration_queue;          /*从运行队列中被迁移（删除）进程的链表*/
        ⋮
    };
```

其中 arrays 字段的结构类型 prio_array_t 描述如下：

```
    struct prio_array_t {
        unsigned int nr_active;                    /*集合中所包含的进程数*/
        unsigned long bitmap[BITMAP_SIZE];         /*优先级队列位图*/
        struct list_head queue[MAX_PRIO];          /*可运行进程集合，MAX_PRIO 取值为 140*/
    };
```

当不断地有高静态优先级进程在运行时，低静态优先级进程可能没有机会运行，出现进程饥饿现象。为了避免进程饥饿，调度程序维持了两个不相交的可运行进程集合。一个是活动进程集合，该集合中的可运行进程没有用完自己的时间片，被允许运行；一个是过期进程集合，该集合中的可运行进程已经用完了自己的时间片，被禁止执行，直到所有活动进程都过期为止。

多处理机系统中，每个 CPU 有一个运行队列，每个可运行进程属于且只属于一个运行队列。为了平衡各 CPU 之间的负载，内核会将可运行进程从一个运行队列迁移到另一个运行队列。

4．调度程序所使用的函数

调度程序要依靠几个函数来完成工作，其中重要的函数如下。

① scheduler_tick()函数。它负责维持当前进程的时间片计数。如果当前进程是先进先出的实时进程，则该函数什么都不做。如果当前进程是普通进程，则该函数递减时间片计数值。若时间片用完，则设置当前进程描述符中的 thread_info 结构中的 TIF_NEED_RESCHED 标识，以强迫内核激活调度程序；更新当前进程的动态优先级，重置进程的时间片；把当前进程插入活动进程集合或过期进程集合。

② try_to_wake_up()函数。它负责唤醒睡眠进程。设置进程状态为可运行状态，然后把进程插入本地 CPU 的运行队列。

③ recalc_task_prio()函数。它负责更新进程的平均睡眠时间和动态优先级。

④ schedule()函数。它负责选择新进程执行，实现进程调度。具体任务是从运行队列链表中选择一个进程，并将 CPU 分配给该进程。该函数有几个控制路径，可采用直接调用或延迟调用方式。如果当前进程因不能获得必需的资源而被阻塞，就采用直接调度方式。也可

以通过把当前进程描述符中的 thread_info 结构中的 TIF_NEED_RESCHED 标识设为 1，而采用延迟方式调用调度程序。由于内核总是在恢复用户进程执行之前检查这个标识，所以 schedule()函数将在不久之后的某个时间被调用。

⑤ load_balance()函数。它负责维持多处理机系统中诸运行队列的平衡。通过把最繁忙的组中的一些进程迁移到本地 CPU 的运行队列来减轻不平衡状况。

5．调度算法

前面章节介绍了 Linux 系统中调度相关的优先级计算方法和用到的数据结构。在 Linux 2.6 之前，调度算法存在显著的局限性，就是当需要调度的任务较多时，性能下降明显。因为 Linux 2.4 到 2.6 之间采用的是复杂度为 $O(n)$ 的调度算法，所有处于就绪状态的线程被放到 runqueue 队列中等待调度，调度器从队列中遍历所有线程计算动态优先级，然后进行调度。$O(n)$调度算法存在很多方面的不足，其中最严重的就是算法复杂度高，当就绪线程数量增多时，调度的运算量线性增长。其次，该算法在支持 SMP 时的扩展性不好，因为所有的 CPU 共享一个 runqueue，就需要对 runqueue 加自旋锁，随着 CPU 数量的增多，自旋锁会成为系统的瓶颈。因此从 Linux 2.6 开始引入了新的调度算法，即 $O(1)$调度算法，顾名思义，该算法的复杂为 $O(1)$。

$O(1)$调度算法的总体思想是将全局的 runqueue 改为 per-CPU runqueue，也就是说，每个 CPU 都有一个专门的 runqueue，这样就避免了多个 CPU 共享访问 runquque 的情况，由系统中的负载均衡算法将任务发送到不同的 runqueue 中。这就解决了 SMP 的扩展性问题，当系统处理器数量增多时也不会使 runqueue 成为瓶颈。此外，runquque 也不是简单的队列，而是由 140 个代表不同优先级的双向链表组成的，runqueue 结构如图 7.4 所示。

由于 Linux 支持 140 种优先级，所以 runqueue 中包含了两组 140 个链表的链表头，分别指向对应优先级的链表。其中一组链表中保存

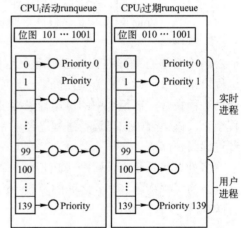

图 7.4　$O(1)$算法中的 runqueue 结构

的是 active 状态（时间片尚未用完）的线程。另一组链表中保存 expired 状态（时间片用完）的就绪状态的线程。线程用完时间片后被放到 expired 链表中，当 active 的链表都为空时，调度程序会将 active 和 expired 链表交换，expired 链表会成为新的 active 链表。如果一个线程在其时间片用完之前发生了阻塞，等其被唤醒后，它被放到原来 active 的链表中，直到其时间片最终被用光后会被放到 expired 链表中。为了避免从链表中遍历线程，每组链表都配置了一个位图（bitmap）来表明某个优先级链表是否为空，通过 find first set (ffs)类似的二进制操作找到优先级最高且不为空的链表，然后从该链表中取出待调度的线程进行调度。因为 bitmap 的长度是常数，所以查找的时间复杂度为 $O(1)$，调度算法的整体复杂度也是 $O(1)$。

$O(n)$和 $O(1)$调度算法都是采用的动态优先级调度方法，两种算法的基本思路都是设定基本的静态优先级，然后通过衡量进程的用户交互情况来决定提升还是降低其动态优先级。用户交互程度高的被定义为交互式进程，交互程度低的被称为批处理进程，交互式进程的动

态优先级应该被提高，以减少用户的等待。但是 $O(1)$ 算法中用于决定用户交互程度的启发信息比较复杂，导致某些情况下交互式进程会产生性能问题。因此，Linux 又引入了公平调度（Completely Fair Scheduler，CFS）算法。

CFS 算法的核心思想很简单，就是把 CPU 当作一种资源，然后试图公平地分配这种资源。例如 CPU 资源是 100%，有两个优先级相同的进程，那么每个进程应该分得 CPU 资源的 50%。因为 CPU 在某一时刻只能执行一个特定的进程，因此 CFS 算法就将 CPU 资源具体化为 CPU 时间，通过计算不同进程消耗的 CPU 时间（虚拟时间，vruntime）来决定要调度的进程，从而实现公平性。与 $O(n)$ 和 $O(1)$ 调度算法不同，CFS 算法不是通过进程的优先级来决定时间片的大小，而是通过优先级来决定分给进程多长的 CPU 时间段，使得所有可运行状态的进程得到公平的 CPU 时间，因此这个时间段是动态变化的。CFS 算法里面的公平也是相对的公平，优先级高的进程会得到更多的 CPU 时间。CFS 算法将优先级转换成为进程的权重，然后按照权重来进行 CPU 时间的分配。

进程的权重主要通过 sched_prio_to_weight 数组查询得出。以下为 Linux 2.6.34 内核中 sched_prio_to_weight 数组内容：

```
/*
 * Nice levels are multiplicative, with a gentle 10% change for every
 * nice level changed. I.e. when a CPU-bound task goes from nice 0 to
 * nice 1, it will get ~10% less CPU time than another CPU-bound task
 * that remained on nice 0.
 *
 * The "10% effect" is relative and cumulative: from _any_ nice level,
 * if you go up 1 level, it's -10% CPU usage, if you go down 1 level
 * it's +10% CPU usage. (to achieve that we use a multiplier of 1.25.
 * If a task goes up by ~10% and another task goes down by ~10% then
 * the relative distance between them is ~25%.)
 */
staticconstintprio_to_weight[40] = {
 /* -20 */     88761,     71755,     56483,     46273,     36291,
 /* -15 */     29154,     23254,     18705,     14949,     11916,
 /* -10 */      9548,      7620,      6100,      4904,      3906,
 /*  -5 */      3121,      2501,      1991,      1586,      1277,
 /*   0 */      1024,       820,       655,       526,       423,
 /*   5 */       335,       272,       215,       172,       137,
 /*  10 */       110,        87,        70,        56,        45,
 /*  15 */        36,        29,        23,        18,        15,
};
```

Linux 中，用户进程的静态优先级是通过公式

$$(nice) + (MAX\_RT\_PRIO + NICE\_WIDTH / 2)$$

计算得来的，其中MAX_RT_PRIO代表最大的实时进程的优先级+1，nice 取值范围为(-20,19)，因此 NICE_WIDTH 的值为 40，相当于用 nice 值映射了从 100 到 139 的非实时进程的优先级。

得到进程的权重之后就可以按照权重分配 CPU 时间了，分配的方法很简单：

分配给进程的运行时间 = 调度周期 × 进程权重 / 所有可运行状态进程权重之和

其中调度周期默认为 20ms，如果就绪状态的进程数量比较多，调度周期也会按照比例增长。因此 CFS 算法中的公平性主要是通过权重和进程得到的运行时间这两维参数来考虑的，直接比较这两维参数来判断哪个进程获得了更多或者更少的 CPU 时间是比较复杂的，因此 CFS 算法引入了虚拟时间（vruntime）这个一维参数来衡量进程得到的 CPU 时间。vruntime 是由进程的权重和进程得到的运行时间按照以下公式计算得来的：

$$vruntime = 实际运行时间 * 1024 / 进程权重$$

其中 1024 是 nice 值为 0 的权重，可以从 prio_to_weight 数组中查到。为了更好地理解 vruntime 的含义，我们可以将在一个调度周期内分配给进程的运行时间代入 vruntime 的计算公式，得到

$$vruntime=(调度周期 \times 进程权重 / 所有可运行状态进程权重之和)\times1024/进程权重$$

经过简化后得到

vruntime=调度周期×1024/所有可运行状态进程权重之和

可见在一个调度周期内分配给进程的 vruntime 是与进程的权重无关的，是按照 nice 值为 0 的进程权重为衡量标准的一种虚拟计量单位。因此在进行调度的时候就可以根据每个进程已经使用的累计 vruntime 来衡量了，如果进程的 vrantime 比较小就选择它来执行。CFS 算法按照 vruntime 的大小将就绪状态的进程用红黑树组织起来（见图 7.5），红黑树的操作复杂度为 $O(\log n)$。

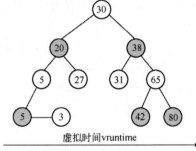

图 7.5　vruntime 红黑树

7.6　内核同步

UNIX 内核的各个组成部分并不是严格按照顺序依次执行的，而是采用交错方式执行的，以响应来自运行进程的请求和来自外部设备的中断请求，因此不可避免地会出现两个或两个以上的交叉内核控制路径访问内核共享数据结构而引起竞争。

内核同步就是确保在任意时刻只有一个内核控制路径处于临界区。内核使用的同步技术包括：

（1）每 CPU 变量。把内核变量声明为每 CPU 变量，用一个结构类型的数组表示，系统中的每个 CPU 对应数组中的一项。一个 CPU 不应该访问与其他 CPU 对应的变量，但可以随意读或修改属于自己的变量而不用担心出现竞争条件。虽然每 CPU 变量为来自不同 CPU 的并发访问提供了保护，但对来自异步函数（中断处理程序和可延迟函数）的访问不提供保护，需要另外的同步原语。此外，内核抢占（一个在核心态运行的进程，可能在执行内核函数期间被另外一个进程取代）也可能使每 CPU 变量产生竞争条件。因此，内核控制路径应该在禁用抢占的情况下访问每 CPU 变量。

（2）原子操作。对一个计数器原子地执行"读-修改-写"指令，即确保这样的操作在芯片级是原子的。任何一个这样的操作都必须以单个指令执行，中间不能中断，还要避免其他 CPU 访问同一存储器单元。

（3）优化和内存屏障。当使用优化的编译器时，编译器可能重新安排汇编语言指令以使寄存器以最优的方式使用。这样一来，就不能确保指令按它们在源代码中出现的顺序执行。优化屏障原语确保编译程序不会混淆放在原语操作之前和之后的汇编语言指令。内存屏

障原语确保在原语之后的操作开始执行之前，原语之前的操作已经完成。

（4）自旋锁。自旋锁是用于多处理机工作环境中的一种特殊锁。当内核控制路径必须访问共享数据结构或者进入临界区时，就要获取一把锁。当内核控制路径发现锁由运行在另一个 CPU 上的内核控制路径锁着时，它就反复执行一条紧凑的循环指令，即"旋转"，直到锁被释放。因为很多内核资源只锁 1ms 的时间片段，所以说自旋锁非常便于使用。通常，被自旋锁保护的每个临界区都是禁止内核抢占的。读写自旋锁：允许多个内核控制路径同时读同一个数据结构，但要互斥写这个数据结构，以增强内核的并发能力。顺序锁：与读写自旋锁非常相似，只是为写者赋予了较高的优先权，即使读者正在读，写者也可以写，使写者永远不会等待。为了使读者能获得有效的副本，每个顺序锁都另外有一个"顺序计数器"字段，读者在读数据前后需两次读顺序计数器，以检查顺序计数器中的值是否相同，若不同，则说明有新的写者已开始写并增加了顺序计数器的值，从而暗示读者刚读到的数据是无效的。

（5）读-复制-更新。这是为了保护被多个 CPU 访问的数据结构而设计的另一种同步技术。它不使用锁，允许多个读者和写者并发执行。当写者要更新数据结构时，写者间接引用指针并生成整个数据结构的副本，写者修改完之后再改变指向数据结构的指针指向新副本。由于修改指针的操作是原子操作，所以旧副本和新副本对每个读者或写者都是可见的。写者修改指针时不能立即释放数据结构的旧副本，这是因为写者在修改时，读者可能正在读旧副本，只有读者读完之后才能释放旧副本。因此，还需要内存屏障来保证：只有在数据结构被修改之后，已更新的指针对其他 CPU 才是可见的。

（6）信号量。Linux 提供了两种信号量：内核信号量、System V IPC 信号量。内核信号量由内核控制路径使用；System V IPC 信号量由用户态进程使用。内核信号量类似于自旋锁。当内核控制路径试图获取内核信号量所保护的忙资源时，相应的进程被挂起；只有当资源被释放时，被挂起的进程才变为可运行的。因此，只有可以睡眠的进程的内核控制路径才能利用内核信号量实现同步。中断处理程序和可延迟函数都不能使用内核信号量。

（7）禁止本地中断。禁止本地 CPU 响应硬件设备产生的中断，而让内核控制路径继续执行。然而，禁止本地中断并不能保证运行在其他 CPU 上的中断处理程序对数据结构的互斥访问。在多处理机系统中，禁止本地中断应与自旋锁结合起来使用。

（8）禁止和激活可延迟函数。可延迟函数的执行是不可预知的，因此，必须保护将被可延迟函数访问的数据结构，使其避免竞争。禁止可延迟函数在一个 CPU 上执行的一种简单方式就是禁止在那个 CPU 上的中断。内核有时需要只禁止可延迟函数而不禁止中断。通过操纵当前进程描述符中的 thread_info 结构中的 preempt_count 字段所存放的软中断计数，可以在本地 CPU 上激活可延迟函数和软中断的执行。

系统性能可能随所选择的同步原语的种类不同而有很大变化，但应使系统保持尽可能高的并发程度。"禁止中断"应限制在很短的时间内，以提高 I/O 吞吐量。"自旋锁"会浪费 CPU 的机器周期。当共享的数据结构是一个单独的整数值时，可采用"原子操作"，因为原子操作比自旋锁和禁止中断都快，只有在同时出现几个访问该数据结构的内核控制路径时，访问速度才会变慢。

一般来说，同步原语的选取取决于访问数据结构的内核控制路径的种类，如表 7.3 所示。只要内核控制路径获得自旋锁，就禁用本地中断或本地软中断，自动禁用内核抢占。

表 7.3　访问数据结构的内核控制路径所选用的同步原语

访问数据结构的内核控制路径	单处理机系统	多处理机系统
异常	信号量	信号量
中断	禁止本地中断	禁止本地中断与自旋锁
可延迟函数	无	自旋锁
异常与中断	禁止本地中断	禁止本地中断与自旋锁
异常与可延迟函数	禁止本地软中断	禁止本地软中断与自旋锁
中断与可延迟函数	禁止本地中断	禁止本地中断与自旋锁
异常、中断与可延迟函数	禁止本地中断	禁止本地中断与自旋锁

最常见的异常是系统调用服务例程，CPU 运行在核心态为用户程序提供服务，因此异常访问的数据结构可以看做一种资源，供多个进程共享，可以采用内核信号量实现同步。信号量原语允许进程睡眠到资源变为可用为止。在单处理机和多处理机系统中，信号量的工作方式完全相同。

当多个中断处理程序访问同一个数据结构时，一个处理程序可以中断另一个处理程序，不同的中断处理程序可以在多处理机系统中同时执行，因此需要同步。信号量能阻塞进程，因此不能用在中断处理程序上。在单处理机系统中，通过在中断处理程序的所有临界区上禁止中断来避免竞争。在多处理机系统中，采用禁止本地中断和获取保护数据结构的自旋锁来实现同步。禁止本地中断可以保证运行在同一个 CPU 上的中断处理程序互不干扰。

在单处理机系统中，可延迟函数的执行总是串行地进行的，一个可延迟函数不会被另一个可延迟函数中断，因此不需要同步原语。在多处理机系统中，由于几个可延迟函数能并发执行，存在竞争条件，因此需用同步原语来保护可延迟函数所访问的数据结构。

保护由异常处理程序和中断处理程序访问的数据结构。在单处理机系统中，由于中断处理程序不能被异常中断，因此只要内核以"禁止本地中断"方式访问数据结构，则在访问该数据结构的过程中不会被中断。在多处理机系统中，异常和中断处理程序能并发执行，因此必须采用禁止本地中断和自旋锁相结合的方式，强制并发的内核控制路径互斥地访问共享的数据结构。

保护由异常和可延迟函数访问的数据结构。可延迟函数本质上是由中断激活的，因此可延迟函数的执行不可能产生异常。在多处理机系统中，需采用禁止本地软中断和自旋锁相结合的方式。

保护由中断和可延迟函数访问的数据结构。在可延迟函数执行过程中，系统可能产生中断。因此在单处理机系统中，需要禁止本地中断的同步原语来保护数据结构。在多处理机系统中，需采用禁止本地中断和自旋锁以实现对数据结构的互斥访问。

保护由异常、中断和可延迟函数访问的数据结构。同样需要采用禁止本地中断和获取自旋锁相结合的同步方式。

7.7　小　　结

Linux 进程管理部分所涉及的主要内容包括：

（1）系统通过进程描述符 task_struct 来管理诸进程。task_struct 包括进程状态、标识符、进程基本信息、指向虚拟内存描述符的指针、进程当前目录、指向文件描述符的指针、与进程相关的 tty、所接收的信号、记账信息、统计信息，以及用于链接进程的指针等信息。

（2）进程有 7 种状态，其中包括可运行状态、可中断的等待状态、不可中断的等待状态、暂停状态、跟踪状态、僵死状态和死亡状态。

（3）系统通过建立诸进程链表来管理进程。为了加速对进程的检索，内核定义了 4 个哈希表。

（4）创建进程的函数有 fork()、clone()、vfork()。fork()用于创建子进程，子进程采用写时复制技术共享父进程的资源。vfork()用于创建子进程，子进程先运行。clone()用于创建轻量级进程，实现对多线程应用程序的支持。内核可以通过函数 kernel_thread()创建内核线程。

终止进程的函数有 exit()和 exit_group()。exit()只终止某一个线程。exit_group()能终止整个线程组。

（5）Linux 系统采用可抢先式的动态优先级调度方式。无论进程处于用户态还是核心态运行，都可能被抢占 CPU。Linux 将进程分为两大类：实时进程和分时进程。不同优先级的实时进程采用先进先出的调度策略，相同优先级的实时进程采用时间片轮转的调度策略。普通的分时进程还要基于进程过去行为的启发式算法，以确定进程应该被当做交互式进程还是批处理进程。

（6）内核控制路径的执行也需要同步，以确保在任意时刻只有一个内核控制路径处于临界区。内核使用的同步技术包括：每 CPU 变量、原子操作、优化和内存屏障、自旋锁、读—复制—更新、信号量、禁止本地中断、禁止和激活可延迟函数。

习　题

7-1　Linux 系统进程有几种状态？试叙述状态转换的条件是什么。

7-2　Linux 系统采用什么方法管理系统中处于各种不同状态的进程？

7-3　Linux 系统有几种创建进程的命令？它们之间的区别是什么？

7-4　Linux 系统有几类进程？各自的调度策略是什么？

7-5　Linux 系统使用了哪些同步技术实现内核同步？

第 8 章　Linux 存储器管理

8.1　进程地址空间的管理

x86 下的 Linux 系统的每个进程的地址空间为 4GB，且彼此相互独立。

Linux 把进程的地址空间分成两部分。第一部分是从 0x00000000 到 0xbfffffff 的 3GB 地址空间，为进程的私有空间，无论进程运行在用户态还是核心态都可以寻址。在某些情况下，内核为了检索或存放数据必须访问用户态虚地址空间。第二部分是从 0xc0000000 到 0xffffffff 的 1GB 内核虚空间，为进程的公有空间，只有运行在核心态的进程才能寻址。

内核 1GB 虚空间中的前 896MB 被用来映射物理内存的前 896MB，因此前 896MB 的内存物理地址等于内核虚地址减去 0xc0000000。后 128MB 的虚空间实现对超过 896MB 的物理内存的映射，如非连续内存分配、永久内核映射和固定映射。

8.1.1　Linux 中的分段

在第 4 章的存储器管理中曾介绍，当使用 Intel x86 微处理器时，其存储器分配是以段为单位的，为了实现地址重定位，需要区分三种地址：逻辑地址、线性地址和物理地址。逻辑地址就是在机器语言指令中用来指定一条指令或一个操作数的地址，由一个段选择符和一个段内偏移量组成，段选择符长 16 位，段内偏移量长 32 位。线性地址也称为虚拟地址，是一个 32 位无符号整数，寻址范围为 4GB，从 0x00000000 到 0xffffffff。物理地址是用于物理内存单元寻址的。

内存管理单元（MMU）通过一种称为分段单元的硬件电路把一个逻辑地址转换成线性地址，再通过一种称为分页单元的硬件电路把线性地址转换成物理地址。

由于所有进程使用相同的逻辑地址空间，所以需要定义的段的总数就很少，于是可以把所有的段描述符存放到全局描述符表（GDT）中。

每个段都由一个 8 字节的段描述符来表示。

段描述符中的各个字段的含义如下。

- Base：32 位，段的起始线性地址。
- G：粒度标识。如果 G=0，则段的大小以字节为单位；如果 G=1，则段的大小以 4KB 为单位。
- Limit：20 位，指定了段的长度。如果 G=0，则段长度在 1B～1MB 之间变化；如果 G=1，则段长度在 4KB～4GB 之间变化。
- S：系统标识。若 S=0，则为系统段，存储内核数据结构；若 S=1，则为普通的代码段或数据段。
- Type：段的类型和它的保护方式。
- DPL：段描述符的特权级（Descriptor Privilege Level）。当 DPL=0 时，仅当 CPU 处于核心态时，才能访问该段。当 DPL=3 时，CPU 处于核心态或用户态均可访问。
- P：段的存在标识。P 等于 0 表示这个段不在主存中。Linux 总是把 P 设为 1，因为它从来不把整个段交换到磁盘上。

- D 或 B：额外标识。表示代码段时为 B，数据段时为 D。如果段内地址长度为 32 位，则标记为 1；如果段内地址长度为 16 位，则标记为 0。
- AVL 标识：由操作系统使用，但被 Linux 忽略。

Intel 微处理器中的段方案允许程序员把程序划分成逻辑实体，例如程序段和数据段。分段可以给每一个进程分配不同的线性地址空间；分页可以把同一线性地址空间映射到不同的物理空间。Linux 以非常有限的方式使用段，因为当所有的进程使用相同的段寄存器值时，内存管理变得更加简单，即它们共享同样的线性地址空间。

Linux 系统下，运行在用户态的进程都使用一对相同的段，即用户代码段和数据段，对其指令和数据寻址。运行在核心态的进程也使用一对相同的段，即内核代码段和数据段，寻址相应的指令和数据。这四个主要段的描述符存放在 GDT 表中，其字段定义的值如表 8.1 所示。

表 8.1　Linux 四个主要段的描述符字段值

段	Base	G	Limit	S	Type	DPL	D/B	P
用户代码段	0x00000000	1	0xfffff	1	10	3	1	1
用户数据段	0x00000000	1	0xfffff	1	2	3	1	1
内核代码段	0x00000000	1	0xfffff	1	10	0	1	1
内核数据段	0x00000000	1	0xfffff	1	2	0	1	1

与段相关的线性地址从 0 开始，达到 $2^{32}-1$ 的寻址限长。存放在段寄存器中的段选择符给出了该段在 GDT 表中的相应段描述符的入口。这就意味着在用户态或核心态下的所有进程可以使用相同的逻辑地址。逻辑地址中的段偏移量的值与相应的线性地址的值总是相同的。

在多处理机系统中，每个 CPU 都有一个 GDT 表，所有 GDT 都存放在一个 cpu_gdt_table 数组中，而所有 GDT 的基地址和大小都被存放在 cpu_gdt_descr 数组中，用于初始化每个 CPU 的 gdtr 寄存器。

每个 GDT 包含 18 个段描述符和 14 个空的、未用的、或保留的项。

在 GDT 表中，除了用户态和核心态下的代码段和数据段外，还有任务状态段（TSS）。每个处理机有 1 个 TSS。每个 TSS 的线性地址空间都是内核数据段的线性地址空间的一个小子集。所有的 TSS 都顺序地存放在 init_tss 数组中。TSS 段长是 236B。不允许用户态下的进程访问 TSS 段。

TSS 存在的理由：当 x86 的一个 CPU 从用户态切换到核心态时，它就从 TSS 中获取核心态堆栈的地址；当用户态进程试图通过 in 或 out 指令访问一个 I/O 端口时，CPU 需要访问存放在 TSS 中的 I/O 许可权位图。TSS 反映了 CPU 上的当前进程的特权级。

大多数用户态下的 Linux 进程不使用局部描述符表（LDT），于是内核就定义了一个默认的 LDT 供大多数进程共享。默认的 LDT 存放在 default_ldt 数组中，共有 5 项。但内核仅使用了其中的 2 项：用于 iBCS 执行文件的调用门和 x86 下 Solaris 可执行文件的调用门。调用门是 x86 处理机提供的一种机制，用于在调用预定义函数时改变 CPU 的特权级。

8.1.2　虚拟内存区域

1．虚拟内存区域描述符

进程的地址空间是为程序的可执行代码、程序的初始化数据、程序的未初始化数据、用户栈、所需共享库的可执行代码和数据、由程序动态请求内存的堆等分配保留的虚空间。为此，内核需用一组虚拟内存区域描述符来描述进程地址空间的使用情况。虚拟内存区描述符的结构类型 vm_area_struct 定义如下：

```
struct vm_area_struct {
        struct mm_struct * vm_mm;              /*指向其所属的虚拟内存描述符*/
        unsigned long vm_start;                /*虚拟内存区域的起始地址*/
        unsigned long vm_end;                  /*虚拟内存区域的结束地址*/
        struct vm_area_struct *vm_next;        /*指向下一个虚拟内存区域*/
        pgprot_t    vm_page_prot;              /*对虚拟内存区域的访问权限*/
        unsigned long    vm_flags;             /*虚拟内存区域的标识*/
        struct rb_node    vm_rb;               /*红黑树*/
        struct vm_operations_struct * vm_ops;  /*指向虚拟内存区域的方法*/
        struct file * vm_file;                 /*指向映射文件的文件对象，否则为 NULL*/
        union {                                /*实现文件内存映射时，用此结构构造 radix 优先级
                                                   搜索树*/

                struct {
                        struct list_head list;
                        void *parent;          /* aligns with prio_tree_node parent */
                        struct vm_area_struct *head;
                } vm_set;
                struct raw_prio_tree_node prio_tree_node;
        } shared;
    ⋮
};
```

vm_mm 字段指向拥有这个内存区域的进程的内存描述符 mm_struct。进程所拥有的虚拟内存区域是不重叠的，内核把能够合并的相邻区域进行合并，并用单向链将它们链接在一起。

操作虚拟内存区域的方法存放在 vm_operations_struct 结构中。该结构描述如下：

```
struct vm_operations_struct {
        void (*open)( );              /*增加一个虚拟内存区域*/
        void (*close)( );             /*删除一个虚拟内存区域*/
        struct page * (*nopage)( );   /*产生缺页时，由缺页中断处理程序调用*/
        int (*populate)( );           /*设置虚拟内存区域所对应的页表项时调用*/
};
```

2．虚拟内存区域组织

从 vm_area_struct 结构可以看出，Linux 系统对进程已分配的虚拟内存区域采用两种数据结构进行管理：单向链和红黑树。

进程通过一个单链表把所拥有的各个虚拟内存区域按照地址递增顺序链接在一起。默

认情况下，一个进程最多可以拥有 65536 个不同的虚拟内存区域。当进程需要的虚拟内存区域数较少，即只有一二十个时，使用链表来管理虚拟内存区域是很方便的。对链表可以执行的操作有查找、插入、删除和修改等，所花费的时间与链表长度成线性比例关系。当进程需要的虚拟内存区域较多，如成百上千时，使用简单的链表进行管理就变得非常低效。为此，Linux 2.6 采用如图 8.1 所示的红黑树（red-black tree）来管理虚拟内存区域。红黑树实质上是一棵排好序的平衡二叉树，而且该树还必须满足 4 条规则：① 树中的每个节点或为红或为黑；② 树的根节点必须为黑；③ 红节点的孩子必须为黑；④ 从一个节点到后代诸叶子节点的每条路径，都包含相同数量的黑节点，在统计黑节点个数时，空指针也算做黑节点。这 4 条规则保证：具有 n 个节点的红黑树，其高度至多为 $2\log(n+1)$。

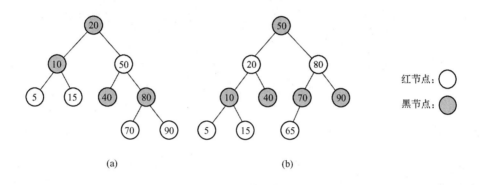

图 8.1　红黑树示例

红黑树的节点结构定义如下：

```
struct rb_node
{
    struct rb_node *rb_parent;        /* 指向节点的双亲 */
    int rb_color;                     /* 存放节点的颜色 */
#define    RB_RED        0            /* 0 代表红色 */
#define    RB_BLACK      1            /* 1 代表黑色 */
    struct rb_node *rb_right;         /* 指向节点的右孩子 */
    struct rb_node *rb_left;          /* 指向节点的左孩子 */
};
```

红-黑树的根结构定义如下：

```
struct rb_root
{
    struct rb_node *rb_node;
};
```

在红黑树中，新插入的节点一定是叶子节点，并被着成红色。若在操作过程中，违背了红黑树的 4 条规则，则必须进行"旋转"操作重新调整树中的节点。例如，在图 8.1（a）中要插入一个值为 65 的新节点，该新节点只能作为值为 70 节点的左孩子。然而，它的插入违背了红黑树的第 3 条规则：红节点的孩子必须为黑。为此，需要改变值为 70 和 90 节点的颜色，结果又违背了第 4 条规则。因此，只好把树向左旋转，生成如图 8.1（b）所示的新的红黑树。

实际上，Linux 为了管理上的方便，它既使用单链表，又使用红黑树。当插入或删除一个虚拟内存区域时，内核通过红黑树搜索其相邻节点，并用搜索结果快速更新单链表。通常，红黑树用来快速确定含有指定地址的虚拟内存区域，单链表用来扫描整个虚拟内存区域集合。虚拟内存描述符中的 mm_rb 指向红黑树的根，mmap 指向单链表。图 8.2 给出了图 8.1（b）采用两种结构描述的表示形式。

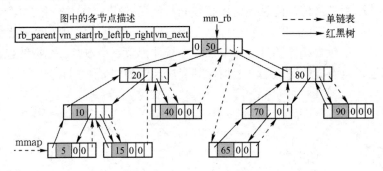

图 8.2 链接虚拟内存区域的单链表与红黑树

3. 虚拟内存区域访问权限

虚拟内存中的页与虚拟内存区域之间的关系："页"既表示一组虚拟地址，又表示这组虚拟地址中所存放的数据。每个虚拟内存区域是由一组连续的页组成的，具有相同的访问方式。在进程访问该区域中的某个页时，才为其建立页表，且由虚拟内存区域描述符 vm_area_struct 的 vm_flags 字段给出其允许的访问方式等标识，如表 8.2 所示。

表 8.2 虚拟内存区域的访问标识

标 识 名	说 明	标 识 名	说 明
VM_READ	区域中的页是可读的	VM_EXECUTABLE	区域映射一个可执行文件
VM_WRITE	区域中的页是可写的	VM_LOCKED	区域中的页被锁在内存，不能换出
VM_EXEC	区域中的页是可执行的	VM_IO	区域映射设备的 I/O 地址空间
VM_SHARE	区域中的页可以由几个进程共享	VM_SEQ_READ	应用程序顺序访问区域中的页
VM_MAYREAD	可以设置 VM_READ 标识	VM_RAND_READ	应用程序随机访问区域中的页
VM_MAYWRITE	VM_WRITE 标识可以设置	VM_DONTCOPY	当创建新进程时，不被复制的区域
VM_MAYEXEC	VM_EXEC 标识可以设置	VM_DONTEXPAND	禁止通过 mremap( )来扩展区域
VM_MAYSHARE	VM_SHARE 标识可以设置	VM_RESERVED	特殊区域中的页不能被换出，例如，映射设备 I/O 地址空间的区域
VM_GROWSDOWN	区域能向低地址扩展	VM_ACCOUNT	创建 IPC 共享内存区域时，检查是否有足够的空闲内存可用于映射
VM_GROWSUP	区域能向高地址扩展	VM_HUGETLB	通过扩展分页机制，处理区域中的页
VM_SHM	区域用于 IPC 时的共享内存	VM_NONLINEAR	区域实现非线性文件映射
VM_DENYWRITE	区域映射文件，但该文件不能用于写		

同一虚拟内存区域中的所有页标识的初值必须相同。页表标识的初值存放在 vm_area_struct 描述符的 vm_page_prot 字段中。增加一页时，内核根据 vm_page_prot 字段的

值设置新增页的页表项标识。

4．分配/释放虚拟内存区域

进程创建或映射文件时，分配虚拟内存区域。进程完成或取消文件映射时，释放虚拟内存区域。进程通过调用如下函数创建并初始化一个新的虚拟内存区域：

> do_mmap(file, addr, len, long prot, flag, offset);

当利用虚拟内存区域实现文件映射时，需要文件描述符指针 file 和文件偏移量 offset；不映射文件时，file 和 offset 都为空。参数 addr 指定从何处开始查找一个空闲区域；参数 len 指定所需区域的长度；参数 prot 指定这个区域所包含页的访问权限，如 PROT_READ、PROT_WRITE、PROT_EXEC 和 PROT_NONE，前三个标识与 VM_READ、VM_WRITE 及 VM_EXEC 的意义相同；参数 flag 指定新区域的其他标识，如 MAP_GROWSDOWN、MAP_LOCKED、MAP_DENYWRITE 和 MAP_EXECUTABLE，这些标识的含义同表 8.2 所列出标识的含义。进程通过调用如下函数删除地址空间中的一个虚拟内存区域：

> do_munmap(mm, start, len);

参数 mm 为进程虚拟内存描述符的地址，start 为待删除虚拟内存区域的起始地址，len 为区域的长度。

8.1.3　虚拟内存描述符

管理进程地址空间中的所有保留的虚拟内存区域是通过一个虚拟内存描述符来实现的。进程描述符 task_struct 的 mm 字段是指向虚拟内存描述符的指针。虚拟内存描述符的数据结构类型 mm_struct 定义如下：

```
struct mm_struct {
    struct vm_area_struct *mmap;             /*指向虚拟内存区域链表的表头*/
    struct rb_root    mm_rb;                 /*指向虚拟内存区域所构成的红黑树的根*/
    struct vm_area_struct *mmap_cache;       /*指向最近引用的虚拟内存区域对象*/
    unsigned long (*get_unmapped_area) ();   /*搜索有效虚拟地址区域的方法*/
    void (*unmap_area) ();                   /*释放虚拟地址区域的方法*/
    unsigned long task_size;                 /*等于 PAGE_OFFSET*/
    pgd_t *pgd;                              /*指向页目录表*/
    atomic_t mm_users;                       /*次使用计数器*/
    atomic_t mm_count;                       /*主使用计数器*/
    int map_count;                           /*进程所拥有的虚拟内存区域的个数*/
    struct rw_semaphore mmap_sem;            /*读写信号量*/
    spinlock_t page_table_lock;              /*保护页表和计数器的自旋锁*/
    struct list_head mmlist;                 /*构建内存描述符双向链表*/
    unsigned long total_vm;                  /*进程所使用的虚拟页面总数*/
    unsigned long locked_vm;                 /*锁在内存的页面数*/
    unsigned long shared_vm;                 /*共享文件对应的内存映射的页面数*/
    unsigned long exec_vm;                   /*可执行代码的内存映射的页面数*/
    unsigned long stack_vm;                  /*用户栈占用的页面数*/
    unsigned long def_flags,;                /*虚拟内存区域默认的访问标识*/
```

```
        unsigned long nr_ptes;                    /*this 进程的页表数*/
        unsigned long start_code, end_code;       /*可执行代码所占用的地址区间*/
        unsigned long start_data, end_data;       /*已初始化数据所占用的地址区间*/
        unsigned long start_brk, brk,;            /*堆的起始地址和结束地址*/
        unsigned long start_stack;                /*用户栈的起始地址*/
        unsigned long arg_start, arg_end;         /*命令行参数的起始和结束地址*/
        unsigned long env_start, env_end;         /*环境变量的起始和结束地址*/
        char recent_pagein;                       /*如果最近发生了缺页，则设置该标识*/
        rwlock_t   ioctx_list_lock;               /*异步 I/O 上下文链表的锁*/
        struct kioctx        *ioctx_list;         /*异步 I/O 上下文链表*/
            ⋮
    };
```

其中，task_size 字段为内核虚空间的起始地址 PAGE_OFFSET，对应的值为 0xc0000000。

mmlist 字段把进程所有的内存描述符链接成一个双向链表，链表中的第一个元素是 init_mm，它是进程 0 在初始化阶段所使用的内存描述符，一旦初始化完成，0 号进程就不再使用这个内存描述符。在多处理机系统中，系统通过自旋锁 mmlist_lock 实现对该链表的互斥访问。

mm_users 次使用计数器字段记录共享该数据结构 mm_struct 的本进程内的轻量级进程数。本进程中的所有轻量级进程在 mm_count 主使用计数器中只作为一个单位。每当 mm_count 递减时，系统都要判断其是否为 0，若为 0，则说明不再有用户使用该内存描述符，可以释放。当一个内存描述符由两个轻量级进程共享时，它的 mm_users 值为 2，mm_count 值为 1。若把内存描述符暂时借给一个内核线程使用，则内核把 mm_count 值递增。这时，即使轻量级进程都结束，mm_users 值为 0，只要 mm_count 递减后的值不为 0，这个内存描述符就不被释放，以保证内核线程的使用。

当创建进程时，系统通过 mm_alloc()调用 kmem_cache_alloc()，使用 slab 分配器在 slab 高速缓存中为新进程的虚拟内存描述符分配内存，并把 mm_count 和 mm_users 字段都置为 1。

内核线程仅运行在核心态，不会访问低于 task_size（等于 PAGE_OFFSET）的地址。诸进程大于 task_size 地址的相应页表项都是相同的，内核线程可以使用最近运行的普通进程的一组页表。

在每个进程描述符 task_struct 中出现了两个指向内存描述符的指针：mm 和 active_mm。mm 指针指向进程所拥有的内存描述符，active_mm 指针指向进程在运行态时所使用的内存描述符。对于普通进程，mm 和 active_mm 指针值相同。由于内核线程不拥有内存描述符，所以它的 mm 字段总为 NULL。当内核线程运行时，它的 active_mm 字段就被初始化为刚运行过进程的 active_mm 字段值。

当处于核心态的一个进程为高于 task_size 的高端虚拟地址修改了页表项时，系统中所有进程页表的相应页表项都应该被修改。由于涉及所有进程的页表，Linux 采用一种延迟方式来处理。所谓延迟方式，是指每当一个高端地址必须被重新映射时（由 vmalloc()或 vfree()引起），内核就更新主内存描述符 init_mm 中的 pgd 字段所指向的保存在 swapper_pg_dir 变量中的主内核页目录表中的常规页表。主内核页目录表的最高目录项部分作为参考模型，为系统中每个用户进程的页目录项提供参考。当某一进程运行时，内核对主内核页目录的修改能传递到由进程实际使用的页目录中。

图 8.3 示出了进程描述符、虚拟内存描述符及虚拟内存区域描述符之间的关系。

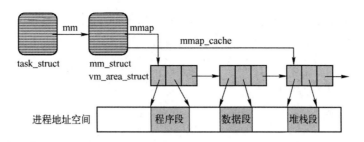

图 8.3　进程地址空间所涉及的诸描述符之间的关系

8.1.4　创建进程的地址空间

当创建一个新进程时，内核调用 copy_mm() 函数建立新进程的页表和内存描述符，以此来创建进程的地址空间。通常，每个进程都有自己独立的地址空间。但是，clone() 函数创建轻量级进程时，如果设置了 CLONE_VM 标识，则与父进程共享同一地址空间。如果没有设置 CLONE_VM 标识，copy_mm() 函数就必须为新进程创建一个新的地址空间，并把父进程描述符中的 mm 字段的内容复制到新进程描述符中的 mm 字段中。

然后，调用 dup_mmap() 函数，复制父进程的虚拟内存区域和页表。从父进程的 mm->mmap 所指向的虚拟内存区域链表开始扫描，复制遇到的每个虚拟内存区域描述符，再插入新进程的虚拟内存区域链表和红黑树中，并把新内存描述符插入整个虚拟内存描述符的双向链表中。

exit_mm() 函数释放进程的地址空间，即释放进程的内存描述符和所有相关的数据结构。

8.1.5　堆的管理

每个 UNIX 进程都拥有一个特殊的虚拟内存区域——堆（heap）。堆用于满足进程的动态内存请求。在虚拟内存描述符中，start_brk 字段指定了堆的起始地址，brk 字段指定了堆的结束地址。利用堆，请求和释放动态内存的 API 如下：

① malloc（size）。请求 size 字节的动态内存。成功时，返回分配的内存区间的起始虚地址。

② calloc（n, size）。请求一个元素大小为 size，长度为 n 的数组。成功时，返回清零后的数组的起始虚地址。

③ realloc（ptr, size）。改变由 malloc() 或 calloc() 所分配的内存区间的大小。

④ free（addr）。释放由 malloc() 或 calloc() 所分配的起始虚地址为 addr 的内存区间。

⑤ brk（addr）。用 addr 修改堆的大小，即修改堆的结束地址。成功时，返回堆的新的结束地址。

8.2　物理内存管理

当用户态进程请求动态内存时，系统并不马上为它分配物理内存，而是在进程的地址空间为它分配一个新的虚拟内存区域。当进程运行产生缺页中断时，系统才通过缺页中断处理程序调用相应函数实现物理页框的分配。

通过调用_get_free_pages()或 alloc_pages()从分区页框分配器中获得页框，调用 kmem_cache_alloc()或 kmalloc()，使用 slab 分配器为专用或通用对象分配几十或几百字节的内存块，调用 vmalloc()或 vmalloc_32()，从高端内存获得一块非连续的内存区。关于分区页框分配器、slab 分配器和高端内存在本章后续部分有详细介绍。

1．物理内存布局

在系统初始化阶段，内核必须建立内存地址映射来指定内核可用的物理地址范围。内核使用的内存，有的用来存放内核代码和内核静态数据结构，有的映射硬件设备 I/O 的共享内存，有的含有 BIOS 数据。

内核将下列页框记为保留：在可用物理地址范围外的页框、含有内核代码和已初始化数据结构的页框以及被保留页中的页框。这些页框绝不能被动态分配或交换到磁盘上。

通常，Linux 内核安装在 RAM 的从物理地址 0x00100000 开始的地方。页框 0 由 BIOS 使用，存放加电自检期间检查到的系统硬件配置。从 0x000a0000 到 0x000fffff 的物理地址通常留给 BIOS 例程，并且映射 ISA 图形卡上的内部内存。这个区域就是众所周知的所有 IBM 兼容 PC 上从 640KB 到 1MB 之间的区域，物理地址存在但被保留，对应的页框不能由操作系统使用。物理内存的第一个 MB 内的其他页框可能由特定计算机模型保留。为了避免把内核装入一组不连续的页框里，Linux 跳过 RAM 的第一个 MB 的空间。

处理机所支持的 RAM 容量是受连接到地址总线上的地址管脚数限制的。从理论上讲，在使用 32 位物理地址的处理机系统上可以安装高达 4GB 的 RAM。实际上，由于用户进程对虚地址空间的需求，Linux 内核不能直接对 1GB 以上的 RAM 进行寻址。为了满足大型服务器对大容量 RAM 的需求，Intel 把处理机管脚数从 32 增加到 36，使处理机寻址能力达 64GB。为此，引入了一种新的分页机制，把 32 位虚地址转换为 36 位物理地址，以使用所增加的物理地址。Intel 的物理地址扩展（Physical Address Extension，PAE）机制：设置 cr4 控制寄存器中的 PAE 标识激活 PAE，设置页目录项中的页大小标识 PS 启用大尺寸页（2MB）。PAE 页表项大小为 64 位，一个 4KB 页框能容纳 512 个页表项。

2．物理页框管理

Linux 采用 4KB 页框大小作为标准的内存分配单位。内核必须记录每个物理页框的当前状态：哪些页框属于进程，哪些页框是内核代码或内核数据页，哪些页框是空闲的。内核用一个类型为 struct page 的页框描述符来记录页框的当前信息，并把所有页框描述符存放在 mem_map 数组中。页框描述符定义如下：

```
struct page {
    unsigned long flags;              /*页框状态标识*/
    atomic_t _count;                  /*页框的引用计数*/
    atomic_t _mapcount;               /*页框对应的页表项数目，空闲时，为–1*/
    unsigned long private;            /*若页是空闲的，则该字段由伙伴系统使用*/
    struct address_space *mapping;    /*当页框被插入页高速缓存中时使用*/
    pgoff_t index;                    /*表示页框在高速缓存中以页为单位的偏移*/
    struct list_head lru;             /*页框被链入的活动页链表或非活动页链表*/
    void *virtual;                    /*页框所映射的内核虚地址*/
};
```

其中，页框状态标识 flags 如表 8.3 所示。

页框描述符中的 mapping 字段的结构类型为 address_space，它是页高速缓存（page cache）的核心数据结构，是一个嵌入在页所有者——索引节点对象中的数据结构。高速缓存中的许多页可能属于同一个文件，从而可能被链入同一个 address_space 对象中。页高速缓存是 Linux 内核所使用的主要磁盘读写的高速缓存。文件的读写操作大都依赖于页高速缓存。文件的访问模式有多种，其中直接 I/O 模式把标识 O_DIRECT 置 1，此时读写操作将数据在用户态地址空间和磁盘间直接传送而不通过页高速缓存。文件的内存映射模式是在文件打开后调用 mmap() 将文件映射到内存中的，此时，文件就成为 RAM 中的一个字节数组，应用程序可以直接访问数组元素，而不必用文件读写等函数。

表 8.3　页框状态标识 flags

PG_locked	页 被 锁 定
PG_error	在传输页时发生 I/O 错误
PG_referenced	刚刚访问过的页
PG_uptodate	在完成读操作后置位
PG_dirty	页已经被修改
PG_lru	在活动或非活动页框链表中
PG_active	在活动页框链表中
PG_slab	包含在 slab 中的页框
PG_highmem	页框属于 ZONE_HIGHMEM 管理区
PG_reserved	页框留给内核代码，或没被使用
PG_private	页框描述符的 private 字段存放有意义的数据
PG_writeback	使用 writepage 方法把页写到磁盘
PG_nosave	用于挂起/唤醒时
……	

页框描述符中的 lru 字段是一个页框双向链表。Linux 内核根据页框的最近被访问情况，把页框按照 LRU 策略链入内存管理区（zone）描述符中的活动页框链表（active_list）或非活动页框链表（inactive_list）。

页框描述符中的 virtual 字段主要用于高端物理页框，若无映射，则该 virtual 指针为空。在所有 RAM 都能够映射到内核地址空间的情况下，通过简单的计算就能算出每个页框所对应的内核虚地址。而在具有高端物理内存的情况下，即 RAM 的容量超出内核地址空间时，这些高端页框只能动态地映射到内核虚拟内存，因此需要在页框描述符中增加存放内核虚地址的字段 virtual。没有映射到内核地址空间的高端页框是不能被内核访问的。

virt_to_page(addr) 宏通过调用 pfn_to_page((addr−PAGE_OFFSET) >>PAGE_SHIFT) 宏产生与虚拟地址 addr 对应的页框描述符地址。其中，(addr-PAGE_OFFSET) 为映射到 RAM 中的物理地址；PAGE_SHIFT 决定页框的大小：等于 12 时，页框为 4KB；(addr-PAGE_OFFSET)>>PAGE_SHIFT 为虚拟地址 addr 对应的页框号；pfn_to_page(pfn) 返回 mem_map + (pfn-ARCH_PFN_OFFSET) 值，即返回页框号 pfn 所对应的页框描述符地址；ARCH_PFN_OFFSET 为页框号偏移，默认值为 0。

3．非一致内存访问机制

人们通常假设计算机内存是一种均匀一致的共享资源，即 CPU 对内存中不同存储单元的访问所需时间相同。然而，这种假设对于某些体系结构并不总是成立的。Linux 2.6 支持非一致内存访问（Non-Uniform Memory Access，NUMA）模型。物理内存被划分为几个节点（node），对不同节点内的页面访问所需的时间可能不同。在 NUMA 模型中，系统为内存节点建立了如下的内存节点描述符 pg_data_t。

```
struct pg_data_t {
    struct zone    node_zones[ ];        /*节点中的管理区描述符数组*/
```

```
        int    nr_zones;                              /*节点中的管理区个数*/
        struct page *node_mem_map;                    /*节点中的页框描述符数组*/
            ⋮
    };
```

在 x86 体系结构中，IBM 兼容 PC 使用一致内存访问（UMA）模型，因此并不真正需要 NUMA 的支持。为了增加内核代码的可移植性，Linux 还是使用了节点，不过只有一个单独的节点，包含了系统中所有的物理内存。

Linux 2.6 把每个内存节点又划分为 3 个管理区（zone）。以 x86 UMA 体系结构为例，划分如下。

① ZONE_DMA：包含低于 16MB 的常规内存页框，用于对老式的基于 ISA 设备的 DMA 的支持。

② ZONE_NORMAL：包含高于 16MB 且低于 896MB 的常规内存页框。内核通过把这两个区线性地映射到虚地址空间的第 4 个 GB，实现对它们的直接访问。

③ ZONE_HIGHMEM：包含从 896MB 开始的其他内存物理页框。内核不能直接访问这部分页框。在 64 位体系结构上，该区总是空的。

内存管理区的数据结构为 zone，定义如下：

```
    struct zone {
    unsigned long     free_pages;                    /*管理区中的空闲页框数目*/
    struct per_cpu_pageset    pageset[NR_CPUS];       /*每 CPU 页高速缓存*/
    struct free_area    free_area[MAX_ORDER];        /*伙伴系统中的 11 个空闲页框链表*/
    spinlock_t lru_lock;                             /*自旋锁*/
        struct list_head active_list;                /*内存管理区中的活动页框链表*/
        struct list_head inactive_list;              /*内存管理区中的非活动页框链表*/
        unsigned long nr_active;                     /*活动页框链表中的页框个数*/
        unsigned long nr_inactive;                   /*非活动页框链表中的页框个数*/
        struct page    * zone_mem_map;               /*指向管理区中首页框描述符的指针*/
        ⋮
    };
```

其中，active_list 字段为活动页框链表，用来存放最近正被访问的页框；inactive_list 字段为非活动页框链表，用来存放有一段时间未被访问过的页框；lru_lock 为自旋锁字段，用来保护活动与非活动页框链表免受来自多处理机系统的并发访问。

当查找可回收页框时，内核不扫描活动页框链表，而直接操作非活动页框链表。

当内核调用一个内存分配函数时，必须指明请求页框所在的管理区。page_zone()函数通过接收一个页框描述符的地址作为它的参数，读取页框描述符中 flags 字段的最高位，以确定页框所属的管理区描述符地址。

4．分区页框分配器

作为内核子系统的分区页框分配器，负责处理对连续物理页框的分配请求。分区页框分配器的内部组织结构如图 8.4 所示。

在图 8.4 中，管理区分配器接收动态内存的分配请求，负责搜索一个能满足请求的内存管理区。在每个管理区内的页框，除了一小部分页框被保留为每 CPU 页框高速缓存外，其他的由伙伴系统来管理。各部分的主要作用描述如下。

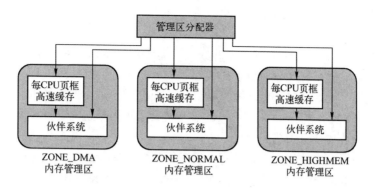

图 8.4　分区页框分配器的内部组织结构

（1）管理区分配器

管理区分配器负责接收动态内存的分配与释放请求。

在分配页框过程中，如果是请求 ZONE_NORMAL 或 ZONE_HIGHMEM 管理区中的页框，管理区分配器是不会从 ZONE_DMA 管理区中分配页框的。

当系统中的空闲页框不足时，管理区分配器应当触发页框回收算法。

（2）每 CPU 页框高速缓存

为了提高系统性能，每 CPU 页框高速缓存是系统为每个 CPU 预先分配的一些页框，以满足本地 CPU 发出的对单个页框的请求。每 CPU 页框高速缓存由 zone 中的 pageset 字段描述，其结构类型 per_cpu_pageset 定义如下：

```
struct per_cpu_pageset {
    struct per_cpu_pages pcp[2];        /* 0：热高速缓存；1：冷高速缓存*/
};
```

每 CPU 有两种高速缓存：一个是热高速缓存，其内容很可能在 CPU 硬件高速缓存中；另一个是冷高速缓存，就是一般的高速缓存。其结构 per_cpu_pages 定义如下：

```
struct per_cpu_pages {
    int count;                    /*高速缓存中的页框数*/
    int low;                      /*高速缓冲中的页框数下限*/
    int high;                     /*高速缓存中的页框数上限*/
    int batch;                    /*将要添加或删除的页框个数*/
    struct list_head list;        /*在高速缓存中的页框描述符链表*/
};
```

per_cpu_pageset 是实现每 CPU 页框高速缓存的主要数据结构。它提示系统，如果每 CPU 高速缓存页框个数超过上界 high 时，内核就从高速缓存中释放 batch 个页框到伙伴系统中。

（3）伙伴系统

Linux 采用著名的伙伴系统（buddy system）管理连续的空闲内存页框，以解决外碎片问题。所谓外碎片，就是夹杂在已分配页框中间的那些连续的小的空闲页框。伙伴算法把空闲页框组织成 11 个链表，分别链有大小为 1，2，4，8，16，32，64，128，256，512 和

1024 个连续页框的块。每个块的第一个页框的物理地址是该块大小的整数倍。例如，大小为 8 个页框的块，其起始地址为 8×2^{12} 的倍数。

① 分配页框

假设要请求一个具有 8 个连续页框的块，该算法先在 8 个连续页框块的链表中检查是否有一个空闲块。如果没有，算法就查找下一个更大的块，也就是在 16 个连续页框块的链表中找。如果找到，就把这 16 个连续页框分成两等份，一份用来满足请求，另一份插入到具有 8 个连续页框块的链表中。如果在 16 个连续页框块的链表中没有找到空闲块，那么就在更大的块链表中查找。直到找到为止。

每个管理区使用不同的伙伴系统。每个管理区描述符的 free_area 字段是一个具有 11 个元素的空闲页框块链数组，每个数组元素对应一种块大小。free_area 数组下标为 k 的项，链接所有大小为 2^k 的连续空闲页框块，如图 8.5 所示。管理空闲页框的链表，包含着每个空闲页框块的起始页框描述符；指向链表中相邻元素的指针存放在页框描述符的 lru 字段中。当页框不空闲时，页框描述符的 lru 字段用于构建页的最近最少使用双向链表。用页框描述符的 private 字段存放页框块的幂指数 order，即数字 k。

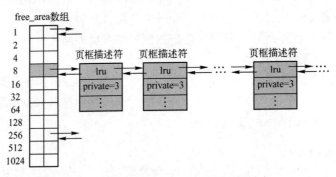

图 8.5　伙伴系统中的 11 个空闲页框链表

管理区描述符的 free_area 字段的结构类型如下：

```
struct free_area {
    struct list_head    free_list;      /*双向循环链表的头*/
    unsigned long       nr_free;        /*大小为 2^k 个页的空闲页框块的个数*/
};
```

分配页框的函数：

a．alloc_pages(gfp_mask, order)。参数 gfp_mask 是一组标识，指明如何寻找空闲的页框。例如，当标识为_GFP_DMA 时，表明所请求的页框必须处于 ZONE_DMA 管理区；当标识为_GFP_HIGHMEM 时，表明所请求的页框必须处于 ZONE_HIGHMEM 管理区。

功能：分配 2^{order} 个连续的页框。成功时，返回所分配块的第一个页框描述符的地址；失败时，返回 NULL。

b．get_free_pages（gfp_mask，order）。该函数首先调用 alloc_pages()实现 2^{order} 个连续页框的分配工作，接着，把第一个页框描述符的地址转换成该页对应的内核虚地址。此种地址转换方式不适用于 ZONE_HIGHMEM 高端物理内存管理区。页框描述符中的 virtual 项，专门用于记录高端物理页框对应的内核虚地址。

② 释放页框

以上过程的逆过程就是连续页框块的释放过程。在释放过程中，内核试图把大小相等且连续的两个伙伴块合并成一个新块，插入到相应的块链表中。释放页框的函数有：

a. _free_pages（page, order）。参数 page 为待释放的页框描述符，2^{order} 为释放的连续页框数。

b. free_pages（addr, order）。参数 addr 为待释放的第一个页框的虚地址，2^{order} 为释放的连续页框数。

8.3   slab 管理

伙伴系统算法以页框为单位，适合于对大块内存的分配请求。但对几十或几百个字节的小内存区的请求，伙伴系统算法就不适合了。为此，Linux 引入一种新的数据结构 slab 分配器。

8.3.1   slab 分配器

slab 分配器模式最早用于 Sun 公司的 Solaris 2.4 操作系统。slab 分配器把小内存区看做对象，为了避免重复初始化对象，slab 分配器对不再引用的对象只是释放但内容保留，以后再请求新对象时，就可直接使用而不需要重新初始化。

以进程描述符为例，当内核创建进程时，就要为进程分配描述符大小的内存区；当进程结束时，该描述符的内存区被释放但内容保留，以便重新使用。

当需要创建一个新的 slab 时，slab 分配器通过分区页框分配器为该 slab 获得一组连续的空闲页框。

slab 分配器为不同类型的对象生成不同的高速缓存，每个高速缓存存储相同类型的对象。一个新创建的高速缓存并没有包含任何 slab，也没有空闲对象。但高速缓存并非由各个对象直接构成，而由一连串的 slab 构成，每个 slab 包含了若干个同类型的对象，如图 8.6 所示。

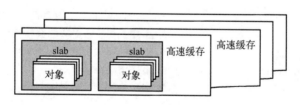

图 8.6   slab 分配器的组成

1．高速缓存描述符

由图 8.6 看出，每个高速缓存都是同种类型对象的一种储备。高速缓存描述符的数据结构 kmem_cache_t 定义如下：

```
struct kmem_cache_t {
    struct array_cache *array[NR_CPUS];    /*每 CPU 指针数组，指向空闲对象的本地高速缓存*/
    unsigned int batchcount;               /*批量移入或移出本地高速缓存的对象数*/
    unsigned int limit;                    /*本地高速缓存中空闲对象个数的上限*/
    struct kmem_list3 lists;               /* slab 链表*/
```

```
        unsigned int flags;                 /*描述高速缓存的属性*/
        unsigned int num;                   /*单个 slab 中的对象数*/
        size_t colour;                      /*slab 着色的颜色范围*/
        unsigned int colour_off;            /*slab 中的颜色偏移*/
        unsigned int colour_next;           /*下一个 slab 使用的颜色*/
        struct kmem_cache_t *slabp_cache;   /*指向普通 slab 高速缓存*/
        unsigned int slab_size;             /*单个 slab 的大小*/
        unsigned int dflags;                /*一组描述高速缓存动态属性的标识*/
        void (*ctor) ( );                   /*指向高速缓存的构造函数*/
        void (*dtor) ( );                   /*指向高速缓存的析构函数*/
        const char *name;                   /*存放高速缓存名字的字符数组*/
        struct list_head next;              /*构造双向链表使用的指针*/
        ⋮
    };
```

其中，结构类型为 kmem_list3 的 lists 项把同一高速缓存里的多个 slab 进行分类。将含有部分空闲对象的 slab、不含有空闲对象的 slab 和只含有空闲对象的 slab 分别组织成双向链表，进行管理。

```
    struct kmem_list3 {
        struct list_head slabs_partial;     /*包含部分空闲对象的 slab 描述符双向循环链表*/
        struct list_head slabs_full;        /*不包含空闲对象的 slab 描述符双向循环链表*/
        struct list_head slabs_free;        /*只包含空闲对象的 slab 描述符双向循环链表*/
        unsigned long free_objects;         /*高速缓存中的空闲对象数*/
        ⋮
    };
```

2．slab 描述符

高速缓存中的每个 slab 都有自己的描述符，用结构类型 slab 表示，定义如下：

```
    struct slab {
        struct list_head list;              /*用于 kmem_list3 结构中的三个双向循环链表中的一个*/
        unsigned long colouroff;            /*slab 中的第一个对象的偏移量*/
        void *s_mem;                        /*slab 中的第一个对象的地址*/
        unsigned int inuse;                 /*slab 中活动对象个数*/
        kmem_bufctl_t free;                 /*slab 中下一个空闲对象的下标*/
        ⋮
    };
```

内核必须能够判断一个给定的页框是否被 slab 分配器使用，如果是，就迅速得到相应的高速缓存描述符和 slab 描述符的地址。内核扫描分配给新 slab 的所有页框的描述符，并将高速缓存描述符和 slab 描述符的地址分别赋给页框描述符中的 lru 字段的 next 和 prev 指针。

当 slab 高速缓存中有太多的空闲对象时，通过调用 slab_destroy()函数撤销一个 slab，并释放相应的页框到分区页框分配器中。

3．对象描述符

每个对象都有一个类型为 kmem_bufctl_t 的描述符。对象描述符存放在一个数组中，位于相应的 slab 描述符之后。它实际是下一个空闲对象在 slab 中的下标，只有在对象空闲时才有意义，从而实现了 slab 内部空闲对象的一个简单链表。

8.3.2　slab 着色

硬件高速缓存处于 CPU 和 RAM 之间，用以解决它们之间速度不匹配问题。在 x86 体系结构中引入一个叫做行（line）的新单位，行由几十个连续的字节组成，因此出现了硬件高速缓存行（cache line）的概念。一个硬件高速缓存由多个缓存行组成，且通过缓存行寻址。

通常，内存单元的物理地址是按字大小对齐的，这样处理机对内存单元的存取非常快。slab 分配器所管理的对象也可以在内存中进行对齐。当创建一个新的 slab 高速缓存时，就让它的对象在第一级硬件高速缓存中对齐。

同一硬件高速缓存行可以映射 RAM 中不同的块，而大小相同的对象倾向于存放在高速缓存中不同 slab 内的相同偏移量处。在不同的 slab 内，具有相同偏移量的对象最终很可能映射到同一硬件高速缓存行。为了提高系统性能，slab 分配器采用了一种叫做 slab 着色的方法。slab 着色就是把称为颜色的不同随机数分配给 slab。

高速缓存中的对象在 RAM 中对齐，就意味着对象的地址是某个给定正整数 aln 的倍数。在 slab 内放置对象有很多种可能的方式，方式的选择取决于对下列变量所做的决定：

- num：可以在 slab 中存放的对象个数。
- osize：对象的大小，即对齐的字节数。
- dsize：slab 描述符的大小加上所有对象描述符的大小。如果 slab 描述符和对象描述符存放在 slab 的外部，那么这个值等于 0。
- free：在 slab 内空闲未用的字节数。

slab 的长度 = (num × osize) + dsize + free。

slab 分配器利用空闲未用的字节 free 对 slab 进行着色。着色本质上将导致把 slab 中的一些空闲区域从末尾移到开头。

在同一高速缓存内，具有不同颜色的 slab 把其第一个对象存放在偏移量不同的位置，同时满足对齐约束。可用的颜色数是 free/aln，该值存放在高速缓存描述符的 colour 字段中。第一个颜色表示为 0，最后一个颜色表示为 (free/aln)−1。如果 free 比 aln 小，则 colour 被设为 0，颜色个数为 1。

如果用颜色 col 对一个 slab 着色，相对于 slab 的起始地址，第一个对象的偏移量为 col × aln + dsize 字节，如图 8.7 所示。

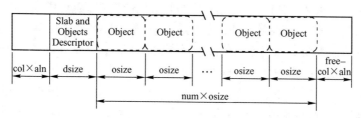

图 8.7　着色后的 slab

只有当 free 足够大时，着色才起作用。显然，如果对象没有请求对齐，或者 slab 内的未用字节数小于所请求的对齐（free ≤ aln），那么，唯一可能着色的 slab 就是具有颜色 0 的

slab，也就是说，把这个 slab 的一个对象的偏移量赋为 0。

把当前颜色递增后的值，存放在高速缓存描述符的 colour_next 字段中，就可以给下一个 slab 着色了，从而实现在给定对象类型的 slab 之间均等地发布各种颜色。

8.4 高端内存区管理

在 32 位硬件平台上，896MB 以上的内存页框并不直接映射到内核虚地址空间的第 4 个 GB 中。没有虚地址的高端内存页框是不能被内核访问的，为此，用内核虚空间的最后 128MB 来映射超过 896MB 的高端内存页框。这种映射是暂时的，否则只有 128MB 的高端内存页框可以被访问到。通过重复使用这部分虚地址，使得整个高端内存页框能够在不同的时间段内被访问。高端内存页框的分配只能通过 alloc_pages()函数来实现，该函数返回分配连续区间的第一个页框描述符地址。

内核采用永久内核映射、临时内核映射（即固定映射）和非连续内存区三种不同机制，将高端内存页框映射到内核虚空间。整个内核虚空间的地址映射如图 8.8 所示。PAGE_OFFSET 为内核虚空间的起始位置，high_memory 存放的值为 896MB，表示能直接实现物理内存映射的虚空间大小。从 VMALLOC_START 到 VMALLOC_END 的内存区被用 4KB 大小的安全区隔离成多个非连续的内存区。VMALLOC_START 和直接物理内存映射区之间有一个 8MB 的安全区。从 PKMAP_BASE 到 FIXADDR_START−1 的内存区用于永久内核映射，PKMAP_BASE 和非连续内存区之间有一个 8KB 的安全区。从 FIXADDR_START 到 FIXADDR_TOP 的内存区用于固定映射，FIXADDR_TOP 值为 0xfffff000，是用 4GB 减去 4KB 得到的。

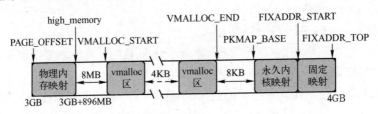

图 8.8　内核空间的地址映射

永久内核映射允许内核建立高端页框到内核地址空间的长期映射。使用内核页表中的一个专门页表来实现这种映射，该专门页表可包含 512 或 1024 项，对应 2MB 或 4MB 的高端内存。当专门页表中没有空闲的页表项来记录映射的页框时，建立永久内核映射可能会阻塞当前进程。因此，永久内核映射不能用于中断处理程序和可延迟函数。

临时内核映射（即固定映射）的实现比永久内核映射的实现要简单，也不会阻塞当前进程，因此可以用在中断处理程序和可延迟函数的内部。缺点是只有很少的临时内核映射可以同时建立起来。高端内存的任一页框都可以通过一个窗口映射到内核地址空间。在临时内核映射中，每个 CPU 有 13 个窗口，可映射 13 个页框。内核从固定映射的末端（FIXADDR_TOP）开始向低地址方向为不同窗口分配虚地址。内核可以使用固定映射的虚地址来代替指针变量。就指针变量而言，固定映射的虚地址更有效。引用一个直接常量地址比引用一个指针变量要少一次内存访问。某些硬件设备会使用固定映射来代替缓存。

内核用数据结构 vm_struct 来描述非连续内存区中的每个区域。

```
struct vm_struct {
    void   *addr;                  /*内存区的起始虚地址*/
    unsigned long   size;          /*内存区的大小加安全区大小*/
    unsigned long   flags;         /*内存区映射的内存的类型*/
    struct page **pages;           /*指向存放页框描述符指针的数组*/
    unsigned int    nr_pages;      /*内存区的页数*/
    unsigned long   phys_addr;     /*或者为 0；或者创建一个共享内存区用来映射一个硬件
                                     设备的 I/O*/
    struct vm_struct   *next;      /*指向下一个 vm_struct 描述符*/
};
```

其中，flags 字段标识了该内存区映射的内存的类型。当为 VM_ALLOC 时，表示是使用 vmalloc()函数分配获得的页；当为 VM_MAP 时，表示是通过 vmap()映射而得到的页；当为 VM_IOREMAP 时，表示是通过 ioremap()映射而得到的硬件设备板上的内存。

用 vmalloc()函数给内核分配一个非连续内存区。该函数调用语法为：

vmalloc(size);

参数 size 表示所请求非连续内存区的大小。成功时，返回新分配内存区的起始地址；失败时，返回 NULL。

vmalloc()函数的功能如下：

① 调用 get_vm_area()，为新分配的内存区创建一个 vm_struct 描述符，该描述符的 addr 字段记录新内存区的起始虚地址，flags 字段为 VM_ALLOC 标识。

② 调用 kmalloc()函数，请求一组连续的页框，用来存放页框描述符指针数组。vm_struct 描述符的 pages 字段指向该数组。

③ 调用 alloc_page()函数，从分区页框分配器中，为新内存区分配 nr_pages 个页框，并把页框的描述符地址存放在页框描述符指针数组 pages 字段中。因为这些页框属于 ZONE_HIGHMEM 高端内存管理区，又不要求页框连续，所以必须使用页框描述符指针数组来记录所得到的页框情况。

④ 调用 map_vm_area()函数，将被映射的页框描述符地址从 pages 处读出，再调用 set_pte 和 mk_pte 宏，把被映射页框的物理地址写进主内核页表中。

map_vm_area()并不触及当前进程的页表。当核心态进程访问非连续内存区时，因为该内存区所对应的进程页表中的表项为空，所以发生缺页。缺页处理程序检查所缺的页是否在主内核页表中，即检查 init_mm.pgd 页目录所对应的页表。一旦缺页处理程序发现所缺的页在主内核页表中，就把相应的页表项复制到当前进程页表项中，并恢复当前进程的执行。

vmalloc_32()函数与 vmalloc()相似，它负责从 ZONE_NORMAL 和 ZONE_DMA 内存管理区中分配页框。

8.5 地 址 转 换

Linux 系统采用二级页表模式，为每个进程分配一个页目录表，为进程实际使用的那些虚拟内存区分配页表，并且页表一直推迟到访问页时才建立，从而达到减少 RAM 使用量的目的。从 80386 起，Intel 处理机的分页大小为 4KB。32 位微处理机普遍采用两级分页，其中虚地址被分成 3 个域：页目录索引（前 10 位）、页表索引（中 10 位）和页内偏移（后 12

位）。虚实地址转换分两步进行，第一步由页目录索引查页目录表，以确定相应的页表位置；第二步由页表索引查页表，以确定相应的物理页框位置。Linux 系统的页目录项和页表项的数据结构相同，如表 8.4 所示。

表 8.4　页表项所包含的字段

页表项中的字段	说　　明
Present 标识	为 1，表示页（或页表）在内存；为 0，则不在内存
页框物理地址(20 位)	页框大小为 4096 字节，占去 12 位
Accessed 标识	页框访问标识，为 1 表示访问过
Dirty 标识	每当对一个页框进行写操作时就设置这个标识
Read/Write 标识	存取权限（Read/Write 或 Read）
User/Supervisor 标识	访问页或页表时所需的特权级
PCD 和 PWT 标识	设置 PCD 标识表示禁用硬件高速缓存，设置 PWT 表示写直通
Page Size 标识	页目录项的页大小标识。置 1，页目录项使用 2MB/4MB 的页框
Global 标识	页表项使用。在 Cr4 寄存器的 PGE 标识置位时才起作用

PCD（Page Cache Disable）标识指明，当访问这个页表项对应页框中的数据时，硬件高速缓存是否被启用。PWT（Page Write Through）标识指明是否采用写直通策略把数据写到页框中。写直通策略：控制器总是既写硬件高速缓存行也写 RAM，有时为了提高写操作的效率需关闭高速缓存。回写策略：只更新硬件高速缓存行，不改变 RAM 的内容；当回写结束以后，最终更新 RAM。Linux 清除了所有页目录项和页表项中的 PCD 和 PWT 标识，因此，对所有的页框都启用高速缓存，写操作总是采用回写策略。

利用页目录表和页表把虚拟地址转换成访问 RAM 的物理地址的过程如图 8.9 所示。

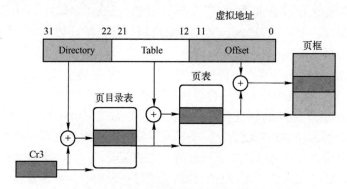

图 8.9　利用两级页表实现地址转换

内核页表所提供的映射必须能把从宏 PAGE_OFFSET（0xc0000000）开始的虚地址转换成相应的物理地址。

8.6　请求调页与缺页异常处理

请求调页机制是指把页框的分配一直推迟到进程要访问的页不在 RAM 中时引起一个缺页异常，才将所需的页调入内存。其页面置换策略是 LFU（Least Frequently Used）。

请求调页增加了系统中的空闲页框的平均数。在 RAM 总数一定时，由于是根据程序的局部性原理，只调入进程的工作集所涉及的页，故请求调页能使系统运行更多的程序和有更大的吞吐量。

被访问的页可能处于以下两种状态之一：

（1）在内存，直接进行地址转换。

（2）不在内存，这时可能有如下几种情况：

① 该页从未被进程访问过，且没有相应的内存映射。此时，该页的页表项被填充为 0。

② 该页属于非线性内存映射文件。此时，在该页的页表项中，Present 标识被清零，Dirty 标识被置 1。页已经释放，但内容没被破坏。非线性内存映射不同于一般的文件内存映射，它的内存映射并不是文件的顺序页，而是文件数据的随机页（或任意页）。虚拟内存区域描述符 vm_area_struct 的 VM_NONLINEAR 标识用于表示该虚拟内存区域存在一个非线性映射，给定文件的所有非线性映射虚拟内存区域描述符都存放在一个双向链表中。

③ 该页已被进程访问过，但其内容被临时保存到磁盘交换区上。此时，该页的页表项未被填充为 0，但 Present 和 Dirty 标识被清零。

④ 该页在非活动页框链表中。

⑤ 该页正在由其他进程进行 I/O 传输过程中。

对于页不在内存的情况，Linux 缺页异常处理程序把引起缺页的虚拟地址和当前进程的地址空间相比较：

（1）若这个虚地址不属于进程的地址空间，再判断异常是否发生在用户态。若发生在用户态，则属于非法访问，发送一个 SIGSEGV 信号；若不是发生在用户态，则属于内核错误，须杀死进程。

（2）若这个虚地址属于进程的地址空间，再判断访问类型是否匹配。若不匹配，属于非法访问，发送一个 SIGSEGV 信号，错误终止。若匹配，再根据情况进行具体处理：

① 该页从未被进程访问过，从指定文件中调页。

② 该页属于非线性内存映射文件。从页表项的高位中取出所请求文件页的索引，然后，从磁盘读入页并更新页表项。

③ 该页保存到磁盘交换区上。从交换区调入。

④ 该页在非活动页链表中，摘下直接使用。

⑤ 该页正在由其他进程进行 I/O 传输过程中，睡眠等待传输完成。

8.7　盘交换区空间管理

盘交换区用来存放从内存暂时换出的页数据。每个盘交换区都由一组 4096B 的页槽（page slot）组成，即由一组与页大小相等的块组成。盘交换区的第一个页槽用来存放该交换区的有关信息，其结构类型为 swap_header 联合体。

```
union swap_header {
    struct {
    char reserved[PAGE_SIZE - 10];
    char magic[10];  /*该字符串为"SWAP-SPACE 或 SWAPSPACE2"，位于页槽末尾*/
    } magic;          /*该结构提供了一个字符串，用来把磁盘某部分标记成交换区*/
    struct {
```

```
char          bootbits[1024];      /*存放分区数据、磁盘标签等*/
unsigned int version;              /*交换算法的版本*/
unsigned int last_page;            /*可用的最后一个页槽*/
unsigned int nr_badpages;          /*坏页槽数*/
unsigned int padding[125];         /*填充字节*/
unsigned int badpages[1];          /*记录坏页槽的位置*/
} info;
};
```

每个交换区由一个或多个交换子区组成，每个子区有一组页槽，并在物理位置上是相邻的。存放在磁盘分区中的交换区只有一个子区，存放在普通文件中的交换区可能有多个子区，原因是磁盘上的文件不要求连续存放。交换子区的描述符是 swap_extent。

内核尽力把换出的页存放在相邻的页槽中，这样能减少访问交换区时磁盘的寻道时间。

每个活动的交换区在内存中都有自己的描述符，其结构类型为 swap_info_struct。

```
struct swap_info_struct {
    unsigned int flags;                 /*交换区标识*/
    int prio;                           /*交换区优先级*/
    struct file *swap_file;             /*指向存放交换区的文件对象，普通文件或设备文件*/
    struct block_device *bdev;          /*交换区所在块设备的描述符*/
    struct list_head extent_list;       /*交换区的子区链表*/
    struct swap_extent *curr_swap_extent;  /*指向当前子区描述符*/
    unsigned old_block_size;            /*盘交换区的自然块大小*/
    unsigned short * swap_map;          /*指向计数器数组，每个页槽对应一个计数器*/
    unsigned int lowest_bit;            /*搜索空闲页槽时的起始页槽*/
    unsigned int highest_bit;           /*搜索空闲页槽时的终止页槽*/
    unsigned int cluster_next;          /*搜索空闲页槽时的下一个页槽*/
    unsigned int cluster_nr;            /*连续的页槽数*/
    unsigned int pages;                 /*可用页槽数*/
    unsigned int max;                   /*以页为单位的交换区大小*/
    unsigned int inuse_pages;           /*交换区内已用页槽数*/
    int next;                           /*指向下一个交换区描述符*/
};
```

8.8 小   结

理论上，在 32 位处理机系统上，可以安装高达 4GB 的 RAM。进程的私有地址空间占有 3GB，内核空间占有 1GB。内核把 1GB 虚空间分成前 896MB 和后 128MB 两部分。前 896MB 用来映射物理内存的前 896MB，后 128MB 实现对超过 896MB 物理内存的映射。

Linux 存储器采用虚拟页式管理方式，所介绍的主要内容包括：

（1）对进程地址空间的管理采用虚拟内存描述符 mm_struct。进程地址空间中的各个虚拟内存区域是采用单链表和红黑树相结合的方式进行管理的。

（2）采用页框描述符数组记录物理内存各个页的使用情况。采用分区页框分配器分配物理页框。分配算法为伙伴系统算法。

（3）采用 slab 分配器分配代表对象的只有几十个或几百个字节的数据结构。slab 分配器为不同类型的对象生成不同的高速缓存。

（4）对超过 896MB 高端内存区的管理采用永久内核映射、固定映射和非连续内存区。

（5）x86 系统采用二级页表模式实现虚实地址转换。页表一直推迟到访问页时才建立，以提高内存使用率。

（6）用盘交换区存放从内存暂时换出的页，盘交换区是由一组与页大小相等的块组成的。

习　　题

8-1　Linux 系统进程的地址空间是如何划分的？系统是如何管理进程使用的各个虚存空间的？

8-2　分区页框分配器管理哪些内存区？伙伴系统的实现原理是什么？

8-3　slab 分配器的作用是什么？

8-4　Linux 系统对内核占用的 1GB 空间是如何管理的？

8-5　Linux 系统采用几级页表来管理进程的虚空间？叙述页表的组成和各个字段的作用。

第9章 Linux 文件系统

UNIX 文件系统是整个 UNIX 系统最具特色的部分，它的结构紧凑、精巧，以较短的代码实现了许多大型文件系统具备的特征。其主要特点可总结如下：

（1）UNIX 的文件目录是一个树形结构。文件名是由从根节点到叶节点各级符号名构成的，称之为文件路径名或绝对路径名。文件的绝对路径名可以确定一个唯一的文件。

（2）UNIX 系统把其管理的文件看成是一个无结构的字节流，这种组织形式一方面减少了系统的开销，同时又增加了文件使用的灵活性。

（3）UNIX 系统把外部设备看成与普通文件一样的特殊文件。这样，对于普通文件的所有操作也适用于外部设备，方便了用户的使用。

Linux 系统是类 UNIX 系统的。所以它的文件系统继承了 UNIX 文件系统的特色。Linux 的第一个版本是基于 Minix 的文件系统。由于 Minix 只支持 14 个字符的文件名和最大 64MB 的文件，因此又开发了新的文件系统 ext（Extended File System）。ext 文件系统能够支持 255 个字符的文件名和最大 2GB 的文件，但是性能却比 Minix 要差一些。与此同时，为了比较容易地集成大量不同类型的文件系统，Linux 内核中增加了虚拟文件系统 VFS（Virtual File System）层，不同类型的文件系统可以通过 VFS 提供的统一接口进行映射，使得上层应用不依赖于具体的文件系统实现。为了解决性能和 ext 的一些局限，Linux 于 1993 年引入了 ext2 文件系统，ext2 成为了 Linux 系统中性能最好和应用最广泛的主文件系统。但是 ext2 文件系统也还存在一些问题，最主要的就是文件系统的容错问题。如果在文件写入的过程中系统出现故障或者断电，文件系统可能会出现不一致的现象。因此 2001 年 Linux 内核 2.4.15 中引入了 ext3 文件系统。ext3 文件系统与 ext2 文件系统最大的区别就是引入了日志（Journaling）技术，便于在发生故障时恢复文件。在 Linux 内核 2.6.19 版本中引入的 ext4 文件系统与 ext3 相比有很大的不同。ext3 文件系统将支持的最大文件大小扩展到 16TB，而 ext4 文件系统支持的最大容量达到了 1EB，这对一些大型磁盘存储阵列是很重要的。此外 ext4 改变了磁盘块的分配方式，引入了扩展盘区（extent）的概念，将一组连续的数据块（block）当作一个扩展盘区进行管理（与 Windows 的 NTFS 中 run 概念类似）。接下来将以 ext2 文件系统为基础，分析 Linux 主要文件系统的设计方法。

9.1 ext2 的磁盘涉及的数据结构

9.1.1 Linux 文件卷的布局

Linux 系统的一个 ext2 磁盘文件卷（即文件系统，也叫分区）由若干个磁盘块组成。将它展成带状，划分成如图 9.1 所示的 1 个引导块和 n 个块组。每个块组又由超级块、块组描述符、数据块位图、文件的索引节点位图、索引节点区和文件数据区组成。

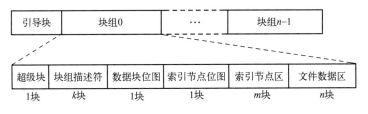

图 9.1 ext2 文件系统组块格式示意图

（1）引导块。ext2 文件卷的第一个盘块不被 ext2 文件系统使用，它用做 Linux 系统的引导块或保留不用。引导块用以读入并启动操作系统。只有根文件系统的引导块才起作用。

（2）块组结构。每个块组包含了相邻磁道的磁盘块，且块组的大小相等并顺序安排。采用这种结构，可以用较少的平均寻道时间访问在磁盘一个单独块组中的文件。每个块组用一个"块组描述符"来记录它的结构信息，同时为了容错，还将超级块和所有的块组描述符重复存储于每个块组中。

（3）超级块。存放整个文件卷的资源管理信息。

（4）数据块位图。记录文件数据区各个盘块的使用情况。

（5）索引节点位图。记录索引节点区各个索引节点的使用情况。

（6）索引节点区。存放文件的索引节点。一个索引节点存放一个文件的管理和控制信息。

（7）文件数据区。存放普通文件和目录文件等。

操作系统内核只使用块组 0 中的超级块和块组描述符，但为了容错的需要，仍保留了其余块组的超级块和块组描述符，只是不进行管理。当采用 e2fsck 程序对文件系统的状态执行一致性检查时，就引用存放在块组 0 中的超级块和块组描述符，然后把它们复制到其他所有的块组中。如果发现数据损坏，系统管理员就要用 e2fsck 程序将存放在除块组 0 外的某个块组旧版本中的超级块和块组描述符复制过来，以使文件系统回到一个一致状态。ext2文件系统采用位图跟踪每个块组中的盘块或索引节点的使用情况。

一个文件卷划分成多少块组取决于文件卷的大小和盘块的大小。但主要限制是要求一个块组中的盘块和索引节点的位图必须存放在一个单独的磁盘块中。若 s 是文件卷的总块数，b 是以字节为单位的块大小，每组中至多可以有 $8b$ 个盘块。因此，可划分的块组总数大约是 $s/(8b)$。由于块大小可以为 1024、2048 或 4096B，因此，一个块的位图，分别可以描述 8192、16384 或 32768 个盘块的状态。

举例说明，假定 ext2 文件卷的大小为 32GB，盘块的大小为 4KB。在这种情况下，每个 4KB 的盘块位图最多可以描述 32K 个磁盘块，即一个块组最大为 128MB。因此，最多可分成 256 个块组。显然，盘块越小，划分的块组数越多。

9.1.2 超级块

超级块（super block）用于存放 ext2 文件系统的管理和控制信息，用 ext2_super_block 结构描述。定义如下：

```
struct  ext2_super_block {
    _le32  s_inodes_count;              /*索引节点的总数*/
    _le32  s_blocks_count;              /*以块为单位的文件卷的大小*/
    _le32  s_free_blocks_count;         /*空闲块计数*/
    _le32  s_free_inodes_count;         /*空闲索引节点计数*/
```

```
    _le32    s_log_block_size;              /*块的大小*/
    _le32    s_log_frag_size;               /*片的大小*/
    _le32    s_blocks_per_group;            /*每块组中的磁盘块数*/
    _le32    s_frag_per_group;              /*每块组中的片数*/
    _le32    s_inodes_per_group;            /*每块组中的索引节点数*/
    _le32    s_mtime;                       /*最后一次安装操作的时间*/
    _le32    s_wtime;                       /*最后一次写操作时间*/
    _le32    s_lastcheck;                   /*最后一次检查的时间*/
    _le32    s_creator_os;                  /*创建文件系统的操作系统*/
    _le32    s_rev_level;                   /*版本号*/
    _le32    s_first_ino;                   /*第一个非保留的索引节点号*/
    _le16    s_inode_size;                  /*磁盘上索引节点结构的大小*/
    _le16    s_block_group_nr;              /*该超级块的块组号*/
    _le32    s_feature_compat;              /*具有兼容特性的位图*/
    _le32    s_feature_incompat;            /*具有非兼容特性的位图*/
    _le32    s_feature_ro_compat;           /*具有只读兼容特性的位图*/
    _u8[16]  s_uuid;                        /*128 位文件系统标识符*/
    char [16] s_volume_name;                /*卷名*/
    char [64] s_last_mounted;               /*最后一个安装点的路径名*/
    _u8      s_prealloc_blocks;             /*预分配的块数*/
    _u8      s_prealloc_dir_blocks;         /*为目录预分配的块数*/
    ┊
    };
```

由结构看出，超级块中包含的文件卷的主要管理和控制信息有：每块组中的磁盘块数、每块组中的索引节点数、空闲块计数、空闲索引节点计数，以及磁盘上索引节点结构的大小等。

s_log_block_size 字段是以 2 的幂次方表示的块大小，且以 1024B 为单位，幂指数为 0 表示块大小为 1024B，1 表示块大小为 2048B 的块，等等。由于有关片的技术还没有实现，故这些字段与相应的磁盘块字段的值相同。

这里要说明的数据类型，_u8、_u16 和 u32 以及 s8、_s16 和 s32 分别表示 8、16、32 位的无符号数和 8、16、32 位的有符号数；而 le16、_le32 数据类型分别表示字或双字有意义的最小字节放在高地址，_be16、_be32 数据类型分别表示字或双字有意义的最大字节放在高地址。

9.1.3　块组描述符

每个块组都有自己的块组描述符 ext2_group_desc，记录了该块组管理的一些重要信息。其结构描述如下：

```
    struct   ext2_group_desc {
    _u32     bg_block_bitmap;               /*盘块位图的块号*/
    _u32     bg_inode_bitmap;               /*索引节点位图的块号*/
    _u32     bg_inode_table;                /*索引节点表的第一个盘块号*/
    _u16     bg_free_blocks_count;          /*组中空闲块的个数*/
    _u16     bg_free_inodes_count;          /*组中空闲索引节点的个数*/
    _u16     bg_used_dirs_count;            /*组中目录的个数*/
```

```
          ⋮
    };
```

由结构看出，ext2 文件系统分别给出了盘块的位图和索引节点位图的盘块号，还记录了该块组中索引节点区的第一个盘块号、空闲盘块数和空闲索引节点数等信息。

9.1.4 文件目录与索引节点结构

1. 文件目录

Linux 文件系统采用树形目录结构来管理系统中的所有文件。与 UNIX 系统类似，把每个目录看做是由若干子目录和普通文件目录项组成的文件。同样，把通常的文件目录项分成简单目录项和文件的索引节点两部分进行管理。简单目录项包含了文件名和分配的文件的索引节点号等。文件的管理控制信息放在文件的索引节点中。这样划分，一方面大大地提高了对文件目录的检索速度和文件系统的使用效率，另一方面，通过多条路径共享信息文件时，系统只保留一个索引节点，减少了文件的管理控制信息的冗余，提高了信息的一致性。文件目录项的结构用 ext2_dir_entry_2 描述如下：

```
struct ext2_dir_entry_2{
    _le32   inode;                        /*索引节点号*/
    _le16   rec_len;                      /*目录项长度*/
    _u8     name_len;                     /*文件名长度*/
    _u8     file_type;                    /*文件类型*/
    Char    name[EXT2_NAME_LEN];          /*文件名*/
}
```

Linux 能够存储和识别的文件类型 file_type 共有以下 8 种：

0：不可知；1：普通文件；2：目录文件；3：字符设备文件；4：块设备文件；5：有名管道；6：套接字文件；7：符号链接。

name 字段存放文件的名字，其最多字符数为 EXT2_NAME_LEN（=255），实际字符数为 name_len。由此可见，目录结构是变长的，这样可以减少对磁盘空间的浪费。虽然每个文件名长度可能不同，但要求每个文件名的长度必须是 4 字节的整数倍。不足时，以 NULL 字符"\0"填充。这样一来，一个目录项至少占 12 个字节，如图 9.2 所示。

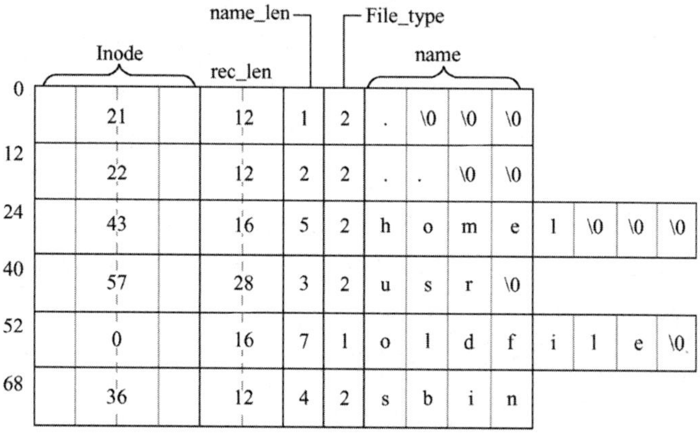

图 9.2 ext2 目录文件的一个例子

rec_len 字段为该目录项的长度。可以解释为从该目录项到下一个有效目录项的偏移。当删除一个目录项时，其 inode 字段被设置为 0，并将该删除目录项的 rec_len 长度加到前一个目录项 rec_len 字段上。举例说明如下。

在图 9.2 中，这个目录文件共有 6 个目录项，其中，前两个分别是当前目录和父目录，其他为 3 个目录文件和一个普通文件 oldfile 的目录项。而且该普通文件已经被删除，因为它的 inode 字段是 0，故 "usr" 目录项中的 rec_len 被设置为：12+16=28。通过 usr 的目录项起始地址 40，再加上它的 rec_len（28），就可以找到下一个有效目录项 sbin 的位置是 68。

2. 索引节点

索引节点区由一些连续盘块组成，其中第一个块的块号存放在块组描述符的 bg_inode_table 字段中。一个索引节点的大小为 128B。这样，一个 1024B 的磁盘块，可以包含 8 个索引节点，一个 4096B 的块包含 32 个索引节点。索引节点区占用的块数可用一个块组的索引节点数（s_inodes_per_group）除以每块中的索引节点数得到。索引节点中存放着文件的管理和控制信息。一个索引节点的数据结构 ext2_inode 描述如下：

```
struct    ext2_inode {
    _le16   i_mode;                         /*文件类型和访问权限*/
    _le16   i_uid;                          /*拥有者的标识符*/
    _le32   i_size;                         /*以字节为单位的文件长度*/
    _le32   i_atime;                        /*文件的最近访问时间*/
    _le32   i_ctime;                        /*索引节点最近改变的时间*/
    _le32   i_mtime;                        /*文件的最近修改的时间*/
    _le16   i_gid;                          /*用户组描述符*/
    _le16   i_links_count;                  /*硬连接计数*/
    _le32   i_blocks;                       /*文件占用的块数*/
    _le32   i_flags;                        /*文件标志*/
    union   osd1;                           /*特定操作系统的信息*/
    _le32   i_block[EXT2_N_BLOCKS];         /*文件索引表*/
    _le32   i_generation;                   /*文件版本号*/
    _le32   i_file_acl;                     /*文件访问控制表*/
    _le32   i_dir_acl;                      /*目录访问控制表*/
    _le32   i_faddr;                        /*片地址*/
    union   osd2;                           /*特定的操作系统信息*/
};
```

其中，i_mode 存放文件类型和访问权限。当 i_mode=0 时，表示该 i 节点为空闲 i 节点。这个 16 位的字段中，0～8 位用来表示文件访问权限，访问权限与 UNIX 规定的保护机制相同。系统将访问文件的用户分成 3 类：拥有者、同组用户和其他用户，每类用户规定有 R（read）/W（write）/X（eXecute）3 种访问方式，分别用 3 个二进制位表示。3 类用户用 9 个二进制位说明。允许相应权限，对应位置 1，否则为 0。

第 9 位（S_ISVTX）用来控制是否保留正文段在虚存的标志。其目的是当需要执行时，以便快速调入。

第 10（S_ISGID）、11（S_ISUID）位分别为 setgid、setuid 位，指示当非文件的小组执

行此文件，执行者将该位置位时，该进程就享有文件的小组用户的特权；当非文件所有者执行此文件，执行者将该位置位时，该进程就享有文件主人的特权。

12~15 位的组合用来表示文件类型，与目录项结构中的 file_type 相同。其中：

S_IFREG（1000，即第 12 位为 1）：该文件为普通文件；

S_IFDIR（0100）：指示该文件为目录文件；

S_IFCHR（0010）：指示该文件为字符型特别文件；

S_IFBLK（0110）：指示该文件为字符块型特别文件；

S_IFIFO（0001）：指示该文件为先进先出（有名管道）特别文件；

S_IFLNK（1010）：指示该文件为符号链接文件；

S_IFSOCK（1100）：指示该文件为套接字文件。

i_links_count 是文件的硬链接数。所谓硬链接，是指在同一个文件系统中，一个信息文件可能链接的文件名。也即，一个索引节点与几个文件目录项相连。

i_size 字段存放以字节为单位的文件的有效长度，i_blocks 字段存放已分配给文件的数据块数（以 512B 为单位）。i_size 也可能小于或大于 i_blocks×512B（块大小），这是因为文件可能没有占满一个整块或包含有空洞。

i_block 字段是文件索引表。它是一个有 EXT2_N_BLOCKS 个指针元素的数组。这一点与 UNIX 类似。其中 EXT2_N_BLOCKS 的默认值为 15。分别为直接索引，占前 12（0~11）项；一次间接索引，占第 12 项；二次间接索引，占第 13 项；三次间接索引，占第 14 项。这四级索引结构可以满足小型、中型、大型或巨型文件的存储需求。

所谓小型文件，是指文件占用的物理块数小于或等于 12 的文件。在文件索引表中，只有直接索引（0~11）项才有效。所谓中型文件，是指文件长度大于 12 块，小于等于 $12+b/4$ 块时的文件（其中 b 代表一个盘块以字节为单位的大小，每个盘块用 4 个字节表示）。这时，索引表的前 12 项仍存放文件前 12 块的直接地址，第 12（一次间接索引）项存放文件后 $b/4$ 块所在磁盘块的块号。所谓大型文件，是指文件长度大于 $12+b/4$ 块，小于等于 $12+b/4+(b/4)^2$ 块的文件。所谓巨型文件，是指文件长度大于 $12+b/4+(b/4)^2$，小于等于 $12+b/4+(b/4)^2+(b/4)^3$ 块的文件。用这种方法可以在磁盘上建立文件的每个逻辑块与相应物理块之间的映射。图 9.3 给出了 Linux 系统文件使用的索引表结构。

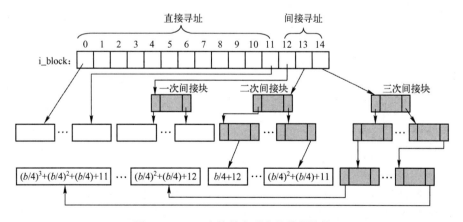

图 9.3　Linux 文件的索引表的数据结构

需要说明的是，对于符号链接文件，如果符号链接文件的路径名小于 60 个字符时，就把它放在 i_block[]中，因为该域是由 15 个 4 字节组成的数组；而当大于 60 个字符时，就需要一个单独的数据块。符号链接与硬链接的区别在于，它不与文件的索引节点建立链接。同时这种链接允许在不同的文件系统之间建立。当为一个文件建立符号链接时，索引节点的硬链接计数不改变。

对于设备文件、管道文件和套接字文件，所有必要信息都存放在索引节点中，不需要额外的数据块。

9.1.5　访问控制表 ACL

现代文件系统已经将 UNIX 系统文件保护机制由原来的三类用户（拥有者、同组用户和其他）与三种权限（读、写和执行）组合的方式，修改为采用文件访问控制表（Access Control List，ACL）。文件的主人可以使用这样的表为访问文件的用户限定其访问的权限。

Linux2.6 通过对索引节点增加属性来实现 ACL。这些增加的属性放在索引节点之外的磁盘块中。可以通过一些库函数和系统调用来处理文件的存取控制表。这里不再一一列出。

9.2　ext2 的主存数据结构

为了提高效率，当安装 ext2 文件系统时，存放在 ext2 文件卷的磁盘数据结构中的大部分信息被复制到主存 RAM 中，从而使内核避免了以后的多次重复的磁盘读写操作。

表 9.1 列出了用来表示 Ext2 文件系统在磁盘上的数据结构，内核在主存使用的数据结构，以及频繁更新的文件数据被高速缓存的情况。在相应的 ext2 文件卷被卸载以前，内核通过让被缓冲的这些数据的引用计数大于 0，一直保存在主存的高速缓存中。

表9.1　ext2 数据结构的内存映像

类　　型	磁盘数据结构	主存相应的数据结构	缓　存　模　式
超级块	ext2_super_block	ext2_sb_info	总是缓存
组描述符	ext2_group_desc	ext2_group_desc	总是缓存
块位图	块中的位数组	缓冲区中的位数组	动态
索引节点位图	块中的位数组	缓冲区中的位数组	动态
索引节点	ext2_inode	ext2_inode_info	动态
数据块	字节数组	VFS 缓冲区	动态
空闲索引节点	ext2_inode	无	从不缓存
空闲块	字节数组	无	从不缓存

由表 9.1 可知，频繁使用的超级块和组描述符数据结构总是在主存高速缓冲区被缓存。对于"动态"模式，只要相关的对象（索引节点、数据块和相应的位图）正在使用，其数据就保存在高速缓冲区中。当相应的文件被关闭或块被删除时，页框回收算法才从高速缓存中删除相关的数据并把数据写回磁盘。

9.2.1 超级块和索引节点对象

1. 超级块结构对象 ext2_sb_info

当 ext2 文件系统被安装时，用类型为 ext2_sb_info 的结构对象来缓冲 ext2_super_block 的结构，以便内核能找出与这个文件系统相关的内容。ext2_sb_info 包含了磁盘超级块的大部分内容，其数据结构描述如下：

```
struct ext2_sb_info {
    unsigned long s_frag_size;                        /*以字节为单位的片大小*/
    unsigned long s_frags_per_block;                  /*每个磁盘块中包含的片数 */
    unsigned long s_inodes_per_block;                 /*每块包含的索引节点数*/
    unsigned long s_blocks_per_group;                 /*每组的块数*/
    unsigned long s_inodes_per_group;                 /*每组的索引节点数*/
    unsigned long s_itb_per_group;                    /*每组索引节点区的块数*/
    unsigned long s_gdb_count;                        /*每组的组描述符的磁盘块数*/
    unsigned long s_desc_per_block;                   /*每块的组描述符数*/
    unsigned long s_groups_count;                     /*整个文件系统的组数*/
    struct buffer_head *s_sbh;                        /*指向磁盘超级块的缓冲区控制结构的指针*/
    struct ext2_super_block *s_es;                    /*指向超级块所在缓冲区的指针*/
    struct buffer_head **s_group_desc;                /*指向组描述符缓冲区控制结构数组的指针*/
    unsigned short s_loaded_inode_bitmaps;            /*索引节点位图*/
    unsigned short s_loaded_block_bitmaps;            /*每组的盘块位图*/
    unsigned long s_inode_bitmap_number[EXT2_MAX_GROUP_LOADED];/*索引节点位图的索引*/
    struct buffer_head *s_inode_bitmap[EXT2_MAX_GROUP_LOADED];   /*这些位图的缓冲
                                                                   区头部的指针*/
    unsigned long s_block_bitmap_number[EXT2_MAX_GROUP_LOADED]; /*块组位图的索引*/
    struct buffer_head  *s_block_bitmap[EXT2_MAX_GROUP_LOADED]; /*位图的缓冲区头
                                                                   部的指针*/

    unsigned long   s_mount_opt;
    uid_t   s_resuid;
    gid_t   s_resgid;
    unsigned short   s_mount_state;   /*文件系统状态*/
    unsigned short   s_pad;
    int   s_inode_size;
    ⋮
};
```

关于 VFS 的很多方法在 ext2 都有相应的实现。

ext2 超级块的操作：除了 VFS 的 super_operations 中的 clear_inode 和 umount_begin 方法外，其他 VFS 超级块操作在 ext2 中都有专门的实现，ext2 超级块方法的地址存放在 ext2_sops 指针数组中。

ext2 索引节点的操作：很多 VFS 索引节点的操作在 ext2 中都有专门的实现。对普通文件的索引节点所实现操作的地址存放在 ext2_file_inode_operations，对目录文件的索引节点所实现操作的地址存放在 ext2_dir_inode_operations。

2．索引节点结构对象 ext2_inode_info

当 ext2 文件的索引节点对象被初始化时，用 ext2_inode_info 类型的对象结构缓冲磁盘的索引节点 ext2_inode 结构。ext2_inode_info 类型的结构描述如下：

```
struct   ext2_inode_info {
    _u32   i_data[15];              /*文件数据块的索引表*/
    _u32   i_flags;                 /*文件标志*/
    _u32   i_faddr;                 /*片地址*/
    _u16   i_osync;                 /*指示是否同步地更新磁盘索引节点的标志*/
    _u32   i_file_acl;              /*文件存取控制表*/
    _u32   i_dir_acl;               /*目录访问控制表*/
    _u32   i_dtime;                 /*文件删除时间*/
    _u32   i_block_group;           /*索引节点所在块组的块组索引*/
    _u32   i_next_alloc_block;      /*预分配的文件的逻辑块号*/
    _u32   i_next_alloc_goal;       /*预分配的磁盘物理块号*/
    _u32   i_prealloc_block;        /*为文件预分配的第一个数据块*/
    _u32   i_prealloc_count;        /*为文件预分配的数据块总数*/
    struct inode vfs_inode;
    int       i_new_inode:1;        /*标记是否为新分配的 i 节点*/
};
```

9.2.2   位图高速缓存

ext2 中，每一个块组中需要两个磁盘块，分别用做描述文件数据区和索引节点区使用情况的位图，称为数据区位图块和索引节点区位图块。

随着磁盘容量的增加，索引节点和数据块的位图迅速增长，把两者所有的位图都保存在 RAM 中已不再现实了。例如，考虑 4GB 容量的磁盘，块的大小为 1KB。因此每个位图只能描述 8192 个块，即 8MB（8192×1KB）的磁盘空间的状态。这样，文件系统可划分的块组数为 4GB/8MB=512。因此在主存中存放所有块组的 1024 个位图（盘块和索引节点两个一起）将需要 1MB 的 RAM。

对任意一个安装的 ext2 文件系统，限制 ext2 描述符的主存需求消耗所采用的解决方法就是使用大小为 EXT2_MAX_GROUP_LOADED（通常为 8）的两个高速缓存，一个存放最近访问的大部分索引节点位图，另一个存放最近访问的大部分数据块位图。

每个高速缓存都用 EXT2_MAX_GROUP_LOADED 个元素的两个数组实现，一个数组包含当前在高速缓存中的块组位图（或索引节点位图）的索引，而另一个数组包含引用这些位图的缓冲区控制结构指针。

ext2_sb_info 结构存放属于块组位图高速缓存的数组和索引节点位图高速缓存的数组。在 s_block_bitmap_number 字段能找到块组位图的索引，在 s_block_bitmap 字段能找到指向这些位图的缓冲区头部的指针，在 s_inode_bitmap_number 字段能找到索引节点位图的索引，在 s_inode_bitmap 字段能找到指向这些位图的缓冲区头部的指针。

图 9.4 示意了要引用块组 9 的 3 种可能的情况：图（a）块组 9 的位图已在高速缓存

中；图（b）块组 9 的位图不在高速缓存中但其中还有空闲位置；图（c）块组 9 的位图不在高速缓存中也没有空闲位置。在图（b）和图（c）两种情况下，高速缓存将原内容右移一位，将指示块组 9 已在高速缓存中的标记位放在最左边的一位上。

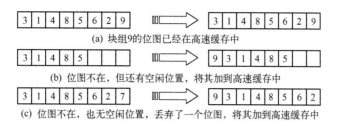

(a) 块组9的位图已经在高速缓存中

(b) 位图不在，但还有空闲位置，将其加到高速缓存中

(c) 位图不在，也无空闲位置，丢弃了一个位图，将其加到高速缓存中

图 9.4　为快速查找块组是否在高速缓存增加的一个 8 位的位图

图 9.5 示意了一个已被安装的 ext2 文件系统所涉及的主存数据结构之间的关系。

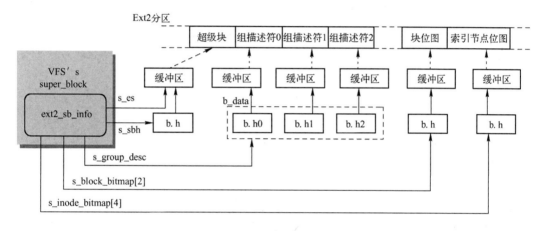

图 9.5　ext2 的主存各数据结构之间的关系

当内核安装一个 ext2 文件系统时，首先为其分配一个 ext2_sb_info 数据结构，其地址存放在 VFS 中的超级块对象的 s_fs_info 字段中。分配一个缓冲区，将文件系统的超级块读入其中，并将缓冲区控制块头部地址存入 ext2 超级块对象的 s_sbh 字段中。以组描述符为单位，分配一个数组用来存放缓冲区头部指针。从磁盘重复读入包含 Ext2 组描述符的块，放入分配的缓冲区中，并把缓冲区头部地址存入 s_group_desc 数组中。为根目录分配一个目录项对象和索引节点对象，读入根目录和其索引节点，并填入超级块相应字段中。

图 9.5 示出了磁盘上有三个块组（0～2），其块组描述符缓存在主存的 3 个缓冲区中。因此，ext2_sb_info 的 s_group_desc 字段指向由这 3 个缓冲区头部结构（用 b.h0～2 表示）组成的一个数组。尽管内核可以在位图高速缓存中保存 2×EXT2_MAX_GROUP_LOADED 个位图，甚至可以在高速缓存中存放更多的位图，但这里只显示了索引 2（s_block_bitmap[2]）的块位图和索引 4（s_inode_bitmap[4]）的索引节点位图。

9.3　ext2 磁盘空间管理

ext2 磁盘空间管理主要涉及磁盘数据块和索引节点的分配和回收的问题。在为文件或目录分配磁盘空间时，为了减少磁头频繁地移动所花费的定位时间和寻址查表时间，必须考虑以下几个主要问题：

- 文件的数据块尽量和其索引节点在一个块组中。
- 每一个文件的数据块尽量连续分配。
- 父目录和子目录尽量在一个块组中。
- 文件和它的目录项尽量在同一个块组中。

9.3.1　磁盘索引节点的管理

1. 磁盘索引节点的分配

当用户要创建一个新文件时，系统为其分配一个磁盘索引节点存放文件的管理控制信息。这是由函数 ext2_new_inode()完成的。它的调用语法为：

> ext2_new_inode（dir,mode）;

其中，dir 是被创建的文件所在目录对应的索引节点对象的地址，mode 是包括文件类型的文件的初始属性。创建成功时，返回为文件分配的索引节点对象的指针，失败时返回 NULL。

该函数在为新的索引节点选择块组时，将其存放在与文件的父目录同一个块组中。为了平衡块组中的普通文件与目录数，ext2 为每个块组引入一个"债（debt）"参数。每当一个新目录加入，债加 1，加入其他类型的文件，则债减 1。

实现功能：

（1）调用 new_inode()分配一个新的 VFS 索引节点对象，并把它的 i_sb 初始化为超级块的地址，将它链入正在使用的索引节点链表与超级块链表中。

（2）如果新分配的索引节点是一个目录，调用函数 find_group_orlov()为目录找到一个合适的块组。即查找一个块组，它的空闲索引节点数和空闲盘块数比较多，且债较小（即目录文件较少）。

（3）如果新分配的索引节点不是一个目录，则调用函数 find_group_other()在有空闲索引节点的块组中分配一个。

（4）调用 read_inode_bitmap()得到所选块组的索引节点位图，从中找到一个空闲索引节点。

（5）分配磁盘索引节点。把索引节点位图中对应位置 1，并把该位图的缓冲区标记为脏。

（6）组描述符的 bg_free_inode_count 减 1，其他受影响数据结构的相应字段也进行修改。

（7）初始化该索引节点对象和它的访问控制表 ACL。

（8）返回该索引节点对象的地址。

2. 磁盘索引节点的回收

当用户要求从磁盘上删除一个文件或目录时，系统在回收该文件或目录占用的磁盘索引节点之前，先回收文件或目录占用的数据块。索引节点回收是由 ext2_free_inode()函数完成的。其调用语法为：

ext2_free_inode（dev,ino）;

其中，dev 是文件或目录所在的设备名，ino 是要释放的索引节点号。

实现功能：

（1）调用 clear_inode()函数，将该索引节点对象的状态置为 I_CLEAR（该节点无效）；

（2）从每个块组中的索引节点号和索引节点数计算得到包含该磁盘索引节点的块组索引。

（3）调用 read_inode_bitmap()，从得到的块组中读取索引节点位图。

（4）增加空闲索引节点计数 bg_free_inode_count。如果该索引节点是一个目录，减小 bg_used_dirs_count 的值，并将该块组描述符所在缓冲区标记为脏。

（5）清除该索引节点位图中的对应位，并把该位图缓冲区标记为脏。

（6）最终将该索引节点位图写回到磁盘。

9.3.2　空闲磁盘块的分配与回收

1. 空闲磁盘块的分配

当内核要为普通文件分配一个磁盘块时，调用 ext2_get_block()函数。先检查指定磁盘块是否在页高速缓存中，若在，立即返回。否则，分配一块。调用格式为：

ext2_get_block();

当分配成功时，修改 Ext2 相关的数据结构：索引节点对象的文件索引表，减少超级块对象的空闲块计数等。

为了减少文件的碎片，Ext2 文件系统设法在为文件分配的最近一块附近分配一个新块。如果失败，就在包含该文件索引节点的块组中分配一块。否则，在其他块组中分配一块。同时采用预分配策略，一次可分配多达 8 个相邻的磁盘块。为了减少不必要的浪费，当文件关闭、或文件被截短、或下一个写操作不是顺序写时，通过调用 ext2_free_block()函数，释放还没有使用的预分配块。

ext2_get_block()函数是通过调用 ext2_alloc_block()函数实现分配一个磁盘块的。ext2_get_block()传递给该函数的参数有指向索引节点对象的指针、目标逻辑块号和错误返回码变量。ext2_get_block()函数根据下列原则确定目标逻辑块号：

● 如果要求目标逻辑块号与前面刚分配的块是文件的连续块号，则目标逻辑块号=前面刚分配的逻辑块号+1

● 如果已经为文件分配过至少一个块，且目标逻辑块号与前面刚分配的块不是文件的连续块号，则目标逻辑块号应该是这些块的逻辑块号中的一个，以便分配时以它做参考进行分配。

● 如果前面两者都不符合，则目标逻辑块号就是索引节点所在块组中的第一个逻辑块号，而且不必空闲。

ext2_alloc_block()函数首先检查目标逻辑块号是否指向预分配块中的一块。如果是，分配一块并返回它的逻辑块号。否则释放所有剩余的预分配块并调用 ext2_new_block()函数分配一个新的磁盘块。ext2_new_block()函数根据传递的参数，具体实现如下：

（1）如果传递给 ext2_alloc_block()函数的目标逻辑块号为空闲的，就分配它；

（2）如果不空闲，检查目标逻辑块后的其他块之中是否还有空闲的块。如果有，就分配一块。如果没有，转（3）。

（3）从包含目标逻辑块的块组开始，查找所有的块组。对于每个块组，寻找至少包含有 8 个相邻空闲块的一组盘块；若找到，进行 8 个块的预分配；如果没有找到，就分配一个独立的空闲块。

（4）若已经进行了 8 个块的预分配，则修改磁盘索引节点的 i_prealloc_block 和 i_prealloc_count 字段为适当的块号和块数，并返回。

2．空闲磁盘块的回收

当进程要删除或截短一个文件时，要释放文件不再占用的磁盘块。通过调用 ext2_truncate（ptr）函数完成。其调用语法为：

ext2_truncate（ptr）；

ptr 为文件索引节点对象的指针。该函数扫描磁盘索引节点的 i_block 数组，以确定所有要释放的数据块的位置。然后反复调用 ext2_free_block()函数释放这些块。ext2_free_block()函数接收的参数为：文件索引节点对象的指针、要释放的第一个磁盘块的块号和要释放的块数。

实现功能：

（1）获得要释放块所在块组的块位图。

（2）把块位图中要释放块对应位清零，并把位图所在的缓冲区标记为脏。

（3）增加该块组和超级块的空闲块计数，并把相应的块组和超级块的缓冲区标记为脏等。

（4）根据标记为脏的信息修改磁盘相应的数据结构。

9.4　ext2 提供的文件操作

表 9.2 列出了 ext2 的文件操作与虚拟文件系统的对照表。各函数实现的功能参见虚拟文件系统相关章节。

表 9.2　ext2 的文件操作与虚拟文件系统（VFS）的对照表

ext2 的方法	VFS 的文件操作（通用函数）	ext2 的方法	VFS 的文件操作（通用函数）
ext2_file_llseek()	llseek	generic_file_open()	open
generic_file_read()	read	ext2_release_file()	release
generic_file_write()	write	ext2_sync_file()	fsync
generic_file_aio_read()	aio_read	generic_file_readv()	readv
generic_file_aio_write()	aio_write	generic_file_writev()	writev
ext2_ioctl()	ioctl	generic_file_sendfile()	sendfile
generic_file_mmap()	mmap		

9.5 ext3/ext4 文件系统

ext3 文件系统是在 ext2 文件系统之上发展而来的，其磁盘上的布局与 ext2 基本一致。最主要的区别就是 ext3 是一种日志式（Journaling）文件系统。根据前面章节的分析可以看出，在 ext2 文件系统中进行文件操作的时候往往需要多个操作，这些操作因为不具有原子性，因此操作之间可能被中断，甚至操作的过程中被中断或者发生故障。例如在 ext2 文件系统中创建文件时，需要将文件的元信息写入 inode 中，文件的内容写入磁盘块中。如果在两种操作中间系统发生故障，就会使文件系统处于不一致的状态。虽然可以使用类似 fsck 的工具进行文件系统恢复，但是恢复的效率较低，效果也不好。日志式文件系统是指文件系统中的文件发生变化时，先把相应的信息以事务的方式通过原子操作写入一个特定的称为日志（Journal）的位置，再把变化通过事务提交的方式写入磁盘的这一类文件系统。很多现代文件系统都采用了日志进行故障的恢复。例如 IBM 的 JFS（Journaled File System）、ext3/ext4、采用 B 树管理元数据和目录的 Btrfs、NTFS、OSX 系统中使用的 HFS+文件系统等。

在 Linux 的 ext3 文件系统中，支持三种不同级别的日志记录方法：

（1）Journal（完全）方式

Journal 的方式是风险最低的，因为元数据和文件内容都先被写入日志中，然后再提交到文件系统，这提高了安全性。因为所有数据要写入两次磁盘，所以性能有损失。在这种模式下，如果操作文件时发生崩溃，那么会判断日志；如果日志完整则会重新执行之前的操作，修改会被提交到主文件系统；如果日志不完整，这时主文件系统还未被修改，只需要放弃这个事务。

（2）Writeback（回写）方式

Writeback 方式只将元数据的修改记入日志，数据的修改不记入日志，而是直接写入主文件系统。这种模式不保证日志和数据的写入顺序。该模式是三种模式中一致性最差的，它只保证文件系统元数据的一致性，不保证数据的一致性。例如在追加文件时，数据还未完全写入就发生崩溃，那么文件系统恢复后，文件后面就可能出现垃圾数据。

（3）Ordered（顺序）方式

Ordered 方式只将元数据记录到日志中，但是将元数据和数据分组到同一个事务中，保证在日志被标记为提交前，将数据写入文件系统中。Ordered 模式的 ext3 文件系统执行的速度比 Writeback 模式执行的速度慢一些，但比对应的 Journal 模式快。Ordered 方式有效地解决了在 Writeback 方式下发现的毁坏问题，而这是在不需要完整数据和元数据日志的情况下做到的。在这种模式下，如果追加文件时，数据还未写入就发生崩溃，那么在恢复时这个事务会被简单地撤销，文件保持原来的状态。不过，如果正在覆盖某一部分文件，而此时系统崩溃，那么有可能所写的区将包含原始块和一些更新过的块。Ordered 模式是 ext3 文件系统的缺省模式。

ext3 是日志式文件系统，但是日志的支持是放在日志块设备（Journaling Block Device，JBD）这一通用内核模块实现的。JBD 与 ext3 是独立存在的，ext3 文件系统通过调用 JBD 模块的接口来实现日志功能。JBD 也可以被用于支持其他文件系统。JBD 的 Journal 可以存储到一个文件中，也可存储在单独的块设备上，在 ext3 文件系统中通常以稳藏文件.journal 的形式保存在根目录下。JBD 的设计理念与数据库采用的一致性方法类似，是通过原子操作和事务来实现的。因此在 JBD 中有三个核心的概念：日志记录（log record）、原子操作

（handle）、事务（transaction）。

日志记录本质上是文件系统将要发出的低级操作的描述，描述文件系统中一个磁盘块的一次更新。JDB 层使用的日志记录由低级操作所修改的整个缓冲区组成，而不是仅仅包含操作修改的具体字节，这种方式可能浪费一些日志空间，但是性能比较好，因为 JBD 层可以直接对缓冲区和缓冲区首部（buffer_head）进行操作。

修改文件系统的系统调用通常都由操作磁盘数据结构的一系列低级操作组成，在 JBD 中原子操作用 handle 表示，一个 handle 代表针对文件系统的一次原子操作，一次原子操作可以包含一组低级操作，可能修改若干个缓冲区。

如果将每个原子操作都写入日志之中效率不高，因此 JBD 将一组原子操作打包为一个事务，并将事务提交（Commit）到日志中。系统内的事务可以处于以下不同的状态：

① 运行（running）：事务当前在内存中，还可以接受新的原子操作。在一个系统中，仅有一个事务可以处于运行状态。

② 锁定（locked）：事务不再接受新的原子操作，但现有原子操作还没有完成。一旦所有原子操作都完成了，事务将进入下一个状态。

③ 写入（flush）：事务中的所有原子操作都完成了，事务正在写入日志。

④ 提交（commit）：事务已写入日志。事务会写一个提交块，指示事务已写入日志。

⑤ 完成（finished）：事务写到日志之后，它会留在那里直到所有的块都被更新到磁盘上的实际位置。

ext3 的日志（journal）可以看作一个文件，其 inode 固定为 8，位于第一个块组中，其在磁盘上的存储布局包含日志超级块、日志描述块、提交块等。

与 ext3 文件系统相比，ext4 文件系统可以支持更大的文件系统和更大的文件，ext4 文件系统仍然是一个日志文件系统，采用 JBD2 进行日志的管理，最大的变化就是在磁盘空间分配时使用区段（extent），而不是采用磁盘块。区段表示的是磁盘上连续的块（这与 NTFS 文件系统很类似）。

9.6 小　　结

Linux 文件系统继承了 UNIX 系统的特色，本章以 ext2 文件系统为例，重点介绍了以下内容。

1．ext2 文件卷的组成

一个卷文件划分成几个块组，每个块组又由超级块、块组描述符、数据块位图、索引节点位图、索引节点区和文件数据区组成。

2．支持树形的目录结构

不仅支持树形的目录结构，而且它所支持的各种文件系统也是作为一个子树被安装在 ext2 文件系统的某个目录下的。

3．文件控制块

为了提高文件的查找速度和更好地实现共享，Linux 系统将普通文件目录项划分为简单目录项和文件的索引节点。目录项包含文件名和文件分配的索引节点号等信息。索引节点包含文件的管理和控制信息。

4．ext2 文件系统支持的文件物理结构

ext2 文件系统支持的文件物理结构是索引结构。根据文件的大小，在索引表中提供了 12 个直接索引项、一次间接索引项、二次间接索引项和三次间接索引项等四级索引。

5．ext2 文件系统涉及的数据结构

（1）超级块，记录了整个文件系统的管理和控制信息。
（2）文件的目录项结构，它是一个可变长度的记录结构。
（3）文件索引节点结构，记录了除文件名外的文件的管理和控制信息。

6．ext2 磁盘空间的管理

磁盘空间的管理包括空闲块的管理和空闲索引节点的管理。它们都采用位示图实现磁盘块和磁盘索引节点的分配和回收。

7．ext3 文件系统

ext3 文件系统是一种日志式文件系统，通过日志 Journal 来实现文件系统的一致性。Linux 系统将日志的管理封装到 JBD 层，通过 JBD 实现文件系统的日志。JBD 中包含了日志记录、原子操作和事务三个核心概念。

习　　题

9-1　试述 Linux 的 ext2 文件卷的布局，及各部分的作用。
9-2　试述 ext2 的目录结构和索引节点包含的内容及作用。
9-3　采用什么方法管理磁盘空间和索引节点空间？

第 10 章　Linux 虚拟文件系统

Linux 成功的关键之一就是用户可以透明地安装其他操作系统文件系统格式的磁盘或分区，具有操作其他操作系统的文件系统的能力。这是通过引入虚拟文件系统来实现的。

Linux 支持的部分文件系统：

Minix：Linux 支持的最早的文件系统。

Ext2/Ext3/Ext4：Linux 标准文件系统。

Iso9660：光盘文件系统。

VFAT/NTFS：Windows 的 FAT 和 NTFS 格式的文件系统。

XFS：Sgi 公司的一种日志式文件系统，对数据库有很好的支持。

JFS：IBM 公司的日志型文件系统。

所谓虚拟文件系统（Virtual File System，VFS），是指它涉及的所有数据结构在运行时才在内存建立，并在卸载时删除。在磁盘上没有存储这些数据结构，与之相对应的是上述的各个具体的文件系统的信息。VFS 的作用：

（1）对各种具体文件系统的数据结构进行抽象，以一种统一的数据结构进行管理。

（2）接收用户层的系统调用，如 open、write、stat、link 等。

（3）支持多种具体文件系统之间的相互访问。

（4）接收内核其他子系统的操作请求，例如进程调度和内存管理等。

不同的文件系统与 Linux 的虚拟文件系统 VFS 之间的接口是通过一个数据结构 file_operations 来实现的。每种文件系统都有自己的数据结构 file_operations，结构中的字段是一些函数指针（即开关表）。例如该结构里的 read 函数就指向具体文件系统读操作的函数入口。如果具体的文件系统不支持某种操作，其数据结构 file_operations 中相应的函数指针就是 NULL。

Linux 内核中，VFS 与具体文件系统的关系如图 10.1 所示。

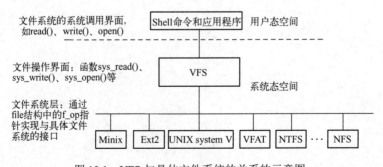

图 10.1　VFS 与具体文件系统的关系的示意图

10.1　虚拟文件系统涉及的数据结构

虚拟文件系统的主要思想在于引入一个通用的文件模型，这个模型能够表示其支持的所有文件系统。要实现每个具体的文件系统，必须将其物理组织结构转换为虚拟文件系统的通用文件模型。例如，对于 FAT 文件系统的实现，Linux 必须在必要时能够快速建立起对应于目录的文件，这样的文件只作为内核的主存对象而存在。

虚拟文件系统采用面向对象的设计思路，使用一组数据结构来代表通用文件对象。因为内核使用 C 代码实现，没有直接利用面向对象的语义，所以内核中的数据结构都使用 C 结构体来实现，但这些结构体包含数据结构的同时也包含操作这些数据的函数指针，其中的操作函数由具体文件系统实现。VFS 的通用文件模型中有以下 4 个主要的对象。

① 超级块对象（superblock object）：它代表一个已安装的文件系统，存放该文件系统的管理和控制信息。对于基于磁盘的文件系统，这类对象对应存放在磁盘上的文件系统控制块中，也就是说每个文件系统对应一个超级块对象。VFS 超级块对象是由各种具体的文件系统在安装时在内存中建立的。

② 索引节点对象（inode object）：对于具体文件系统，它代表一个文件，对应于存放在磁盘上的文件控制块（FCB）。每个文件都有一个索引节点对象，每个索引节点对象都有一个唯一的索引节点号，来标识文件系统中的一个特定文件。

③ 目录项对象（dentry object）：它代表一个目录项，是一个文件路径的组成部分，存放目录项与对应文件进行链接的信息。

④ 文件对象（file object）：它记录了由进程打开的文件与进程之间进行交互所必须的信息，是进程与文件系统的桥梁。

10.1.1 超级块对象

1. 超级块对象的结构

当一个文件系统被安装时，Linux 为每个安装好的文件系统都建立一个超级块对象，记录该文件系统的有关信息。超级块对象由一个 super_block 结构描述。定义如下：

```
struct   super_block {
    struct list_head s_list;                    /*指向超级块双向循环链表的指针*/
    kdev_t s_dev;                               /*包含该具体文件系统的设备号*/
    unsigned long s_blocksize;                  /*以字节为单位的块大小*/
    unsigned char s_blocksize_bits;             /*块大小占用的位数*/
    unsigned char s_dirt;                       /*超级块修改标志*/
    unsigned long long s_maxbytes;              /*允许文件的最大字节长度*/
    struct file_system_type *s_type;            /*文件系统类型*/
    struct super_operations *s_op;              /*超级块方法*/
    unsigned long s_flags;                      /*安装标志*/
    unsigned long s_magic;                      /*文件系统魔数*/
    struct dentry *s_root;                      /*文件系统根目录的目录项对象*/
    struct rw_semaphore s_umount;               /*卸载时使用的信号量*/
    struct semaphore s_lock;                    /*超级块信号量*/
    int s_count;                                /*引用计数* /
    int s_syncing;                              /*指示超级块的索引节点同步的标志*/
    int s_need_sync_fs;                         /*对已安装的文件系统的超级块同步的标志*/
    struct list_head s_dirty;                   /*被修改的索引节点链表标志*/
```

```
        struct list_head s_io;                    /*等待写到磁盘上的索引节点链表*/
        struct list_head s_files;                 /*文件对象链表*/
        struct block_device * s_bdev;             /*指向块设备驱动程序描述符的指针*/
        struct list_head s_instances;             /*指向一个给定文件系统类型的超级块链表的指针*/
        void * s_fs_info;                         /*指向一个给定文件系统超级块信息的指针*/
        ⋮
    };
```

所有被安装的文件系统的超级块对象采用双向循环链以 s_list 结构链接在一起。链头指针保存在变量 super_block 中。

s_fs_info 指向一个具体文件系统的超级块信息。正如在第 12 章已经阐述的，如果该超级块对象指的是 Ext2 文件系统，该字段就指向 Ext2 文件系统在内存的 ext2_sb_info 结构。

下面给出 NTFS 文件系统对应的超级块数据结构 ntfs_sb_info。关于它的各字段的意义请参看 Windows 的文件系统相关部分。

```
    struct   ntfs_sb_info {
        ntfs_uid_t   uid;
        ntfs_gid_t   gid;
        ntfs_size_t   partition_bias;     /*for access to underlying device*/
        ntfs_u32   at_standard_information;
        ntfs_u32   at_attribute_list;
        ntfs_u32   at_file_name;
        ntfs_u32   at_volume_name;
        ntfs_u32   at_data;
        ntfs_u32   at_index_root;
        ntfs_u32   at_index_allocation;
        ntfs_u32   bitmap;
        int   blocksize;
        int   clustersize;
        int   mft_recordsize;
        int   mft_clusters_per_record;
        int   index_recordsize;
        int   index_clusters_per_record;
        int   mft_cluster;
        unsigned char   *mft;
        struct ntfs_inode_info   *mft_ino;
        struct ntfs_inode_info   *bitmap;
        struct super_block   *sb;
        ⋮
    };
```

2. 超级块的方法

与超级块关联的方法由 struct super_operations 结构描述。该结构的地址存放在 s_op 字段中。数据结构 super_operations 定义如下：

```
    struct super_operations{
```

```
    void alloc_inode(sb);              /*分配一个索引节点对象空间*/
    void destroy_inode(inode) ;        /*删除指定文件系统上的索引节点*/
    void (*read_inode)(inode);         /*读磁盘的索引节点来填充索引节点对象*/
    void (*dirty_inode)(inode);        /*用来更新 ext3 和 reiser 文件系统磁盘上的日志文件*/
    void (*write_inode)( inode ,flag); /*flag 指示 I/O 操作是否需要同步地写磁盘索引节点*/
    void (*put_inode)(inode *);        /*当释放索引节点减少它的引用计数时调用，以执行特定
                                        文件系统的操作*/
    void (*delete_inode)( inode);      /*当索引节点必须被撤销时调用。删除内存的 VFS 索引节
                                        点和磁盘上的文件数据和元数据*/
    void (*put_super)(super);          /*当相应的文件系统被卸载时，释放该超级块*/
    void (*write_super)(super);        /*修改文件系统的超级块*/
    void (*write_super_lockfs)(super); /*阻止对文件系统的修改，并且修改特定文件系统的超级
                                        块。当该文件系统被冻结时调用该方法。通常由逻辑卷管
                                        理（LVM）驱动程序调用*/
    void (*unlockfs)(struct super_block *);/*撤销由（write_super_lockfs）（super）方法施加的阻止更
                                        新文件系统的作用*/
    int (*statfs)(super,buf*);         /*通过填充 buf，返回文件系统的统计信息*/
    int (*remount_fs)(super,flag,data);/*用新的选项重新安装文件系统*/
    void (*clear_inode)(inode );       /*当正在执行撤销指定文件系统中的一个磁盘索引节点时调用*/
        ⋮
};
```

上述的这些方法对所有的文件系统类型都可用。但对每个特定文件系统可能只用到其中一个子集。对于没有用到的字段通常置为 NULL。

当 VFS 需要调用其中一个方法，如 read_inode( )时，要执行如下操作：

```
    sb–>s_op–>read_inode(inode);
```

10.1.2　索引节点对象

1．索引节点对象结构

文件的管理和控制信息都包含在索引节点数据结构中，一个文件的名字是可以改变的，但文件的索引节点是唯一的。索引节点对象由一个 inode 数据结构组成。描述如下：

```
struct   inode {
    struct list_head   i_hash;      /*指向散列链表的指针*/
    struct list_head   i_list;      /*描述索引节点当前状态的链表的指针*/
    struct list_head   i_sb_list;   /*同一个超级块的索引节点链表的指针*/
    struct list_head   i_dentry;    /*指向引用这个索引节点的目录项表的指针*/
    unsigned long   i_ino;          /*磁盘的索引节点号*/
    atomic_t   i_count;             /*共享该对象的引用计数*/
    umode_t   i_mode;               /*文件类型和访问权限*/
    nlink_t   i_nlink;              /*硬链接计数*/
    uid_t   i_uid;                  /*拥有者标识符*/
    gid_t   i_gid;                  /*组标识符*/
    dev_t   i_rdev;                 /*实际设备号*/
    loff_t   i_size;                /*文件的字节长度*/
```

```
        struct timespec   i_atime;          /*文件的最近访问时间*/
        struct timespec   i_mtime;          /*文件的最近写修改时间*/
        struct timespec   i_ctime;          /*索引节点的最近修改时间*/
        unsigned long   i_blksize;          /*以字节表示的块大小*/
        unsigned int   i_blkbits;           /*以位数表示的块大小*/
        unsigned long   i_blocks;           /*文件占用的块数*/
        unsigned short   i_bytes;           /*文件最后一块中的字节数*/
        spinlock_t   i_lock;                /*保护索引节点对象某些字段的自旋锁*/
        struct semaphore i_sem;             /*索引节点信号量*/
        struct rw_semaphore i_alloc_sem;    /*在文件直接 I/O 操作时，读写保护的信号量* /
        struct inode_operations *i_op;      /*操作索引节点的方法的结构地址*/
        struct file_operations *i_fop;      /*默认的操作文件的方法*/
        struct super_block *i_sb;           /*指向超级块对象的指针*/
        struct address_space * i_mapping;   /*指向地址空间对象的指针*/
        struct list_head   i_devices;       /*与一个特定字符或块设备相关的索引节点链表指针*/
        struct block_device *  i_bdev;      /*指向块设备驱动程序的指针*/
        unsigned long i_state;              /*索引节点的状态标志*/
        unsigned int i_flag;                /*文件系统安装标志*/
        struct pipe_inode_info * i_pipe;    /*若文件是一个管道文件则使用该项*/
        ⋮
    };
```

每个索引节点对象都将复制特定文件系统磁盘索引节点中的一些数据，如文件占用的数据块情况、文件大小等。

在 inode 结构对象中有一个 i_mapping 指针，指向 address_space 的数据结构，在这个结构上实现文件需要的缓冲区队列。

索引节点状态标志字段 i_state 的可能取值为 I_DIRTY_SYNC、I_DIRTY_DATASYNC 和 I_DIRTY_PAGES 时，标记这个索引节点是脏的，相应的磁盘索引节点必须被更新。I_DIRTY 宏可以用来检测这三个标志的值。i_state 的取值为 I_LOCK 时，指示该索引节点正在 I/O 传输过程中，必须锁在内存；为 I_FREEING 时，指示该索引节点正在被释放；为 I_CLEAR 时，指示该索引节点的内容不再有意义；为 I_NEW 时，指示该索引节点对象正在被分配，但还没有被磁盘上的索引节点数据填充。

每一个索引节点对象总是出现在下列某个双向循环链表之一中，且通过 i_list 字段将相邻的索引节点链接起来：

- 未用的索引节点链表。该链表的第一个以及最后一个索引节点地址保存在 inode_unused 变量的 next 和 prev 中。
- 正在使用的索引节点链表。其 i_count 和 i_nlink 都为正数。该链表的第一个以及最后一个索引节点地址保存在 inode_in_used 变量的 next 和 prev 中。

另外，为了加快查找，正在使用的索引节点对象也放在由变量 inode_hashtable 指向的 hash 链表中。索引节点对象的 i_hash 字段包含了与其是同一 hash 值的下一个和前一个节点的指针。i_hash 值是通过索引节点号和其对应的超级块对象的地址计算产生的。

- 脏的索引节点链表。该链表的第一个以及最后一个索引节点地址保存在相应的超级块对象中的 s_dirty 字段中。

如果它挂接的是 NTFS 文件系统，NTFS 文件系统对应的索引节点信息如下所示，各字段的意义见 Windows 文件系统的相关部分：

```
struct ntfs_inode_info {
    unsigned long mmu_private;
    struct ntfs_sb_info        *vol;
    int i_number;              /*should be really 48 bits*/
    unsigned sequence_number;
    unsigned char *attr;       /*array of the attributes*/
    int attr_count;            /*size of attrs[ ]*/
    struct ntfs_attribute      *attrs;
    int record_count;          /*size of records[ ]*/
/*array of the record numbers of the MFT whose attributes have been inserted in the node*/
    int    *records;
    union {
        struct {
            int   recordsize;
            int   clusters_per_record;
        }index;
    } u;
};
```

2. 索引节点方法

与索引节点关联的方法由 struct inode_operations 结构描述。该结构的地址存放在该对象的 i_op 字段中。数据结构 inode_operations 定义如下:

```
struct inode_operations{
    create(dir, dentry, mode,);          /*为与某个目录 dir 中的目录项对象 dentry 相关的普通文
                                         件创建一个新的磁盘索引节点*/
    lookup(dir, dentry);                 /*在目录 dir 中查找目录项对象中文件名对应的索引节点*/
    link(old_dentry, dir, new_dentry);   /*用名字 new_dentry 为在目录 dir 中的名字 old_dentry 文
                                         件建立一个新的硬链接*/
    unlink(dir, dentry);                 /*从目录 dir 中删除由目录项对象 dentry 说明的文件的一
                                         个硬链接*/
    symlink(dir, dentry, symname);       /*为目录 dir 中的目录项对象 dentry 相关的符号链接
                                         symname 创建一个新的索引节点*/
    mkdir(dir, dentry, mode);            /*为与目录项对象 dentry 相关的目录 dir 创建一个新的索
                                         引节点*/
    rkdir(dir, dentry);                  /*从目录 dir 中删除一个子目录,子目录的名字包含在目
                                         录项对象 dentry 中*/
    mknod(dir, dentry, mode, rdev);      /*为某个目录 dir 中的目录项对象 dentry 相关的特定文件
                                         创建一个新的索引节点,其中 mode 和 rdev 分别为文件的
                                         属性和文件所在设备的主次设备号*/
    readlink(dentry, buffer, buflen);    /*将目录项指定的符号链接对应的文件路径名复制到
                                         buffer 指定的存储区中*/
    follow_link(inode, dir);             /*解析索引节点对象指定的符号链接;如果符号链接是相
                                         对路径就从指定目录开始查找*/
    readpage(file, pg);                  /*从打开文件 file 读一个页的数据*/
    writepage(file, pg);                 /*向打开文件 file 写一个页的数据*/
    bmap(inode, block);                  /*将索引节点相关的文件的块号映射为磁盘的逻辑块号,
```

```
                                        并返回之*/
        truncate(inode);                /*修改与索引节点相关的文件长度*/
        permission(inode, mask);        /*检查是否允许执行与索引节点相关的文件的存取方式*/
        smap(inode, sector);            /*类似 bmap(),返回的是磁盘扇区号，由基于 FAT 的文件
                                        系统使用*/
        ⋮
    }
```

10.1.3 文件对象

1. 文件对象结构

文件对象是为了描述进程与其打开的一个文件进行交互而引入的。文件对象在磁盘上没有对应的映像。文件对象是在文件被打开时创建的，由一个 file 结构描述：

```
    struct file {
        struct list_head f_list;             /*Pointers for generic file object list*/
        struct dentry *f_dentry;             /*文件对应目录项对象的指针*/
        struct vfsmount * f_vfsmnt;          /*包含该文件的已安装的文件系统指针*/
        struct file_operations *f_op;        /*指向文件操作表的指针*/
        atomic_t f_count;                    /*文件对象的引用计数*/
        unsigned int f_flag;                 /*文件打开时说明的标志*/
        mode_t f_mode;                       /*进程访问文件方式*/
        loff_t   f_pos;                      /*文件的当前读写位置，即文件指针*/
        unsigned long f_reada;               /*预读标志*/
        unsigned long f_ramax;               /*预读的最大页数*/
        unsigned long f_raend;               /*在最后一次预读后的文件指针*/
        unsigned long f_ralen;               /*预读字节数*/
        unsigned long f_rawin;               /*预读页数*/
        unsigned int   f_uid;                /*用户的 UID*/
        unsigned int   f_gid;                /*用户的 GID*/
        void *private_data                   /*指向文件系统或设备驱动程序数据的指针*/
        struct address_space * f_mapping;    /*指向该映射文件的地址空间对象指针*/
        ⋮
    };
```

正在使用的文件对象收集在所属文件系统的超级块对象的链表中。每一个超级块对象的 s_files 字段存储文件对象链表的表头。链表中前一个和下一个的元素的指针存放在文件对象的 f_list 字段中。files_lock 自旋锁用于控制多处理器系统中对超级块的 s_files 指向链表的并发访问。

文件对象中的 f_count 字段记录正在共享使用这个文件对象的进程数，所有被创建的子进程就是通过 f_count 加 1 继承父进程的打开文件的。当内核本身使用这个文件对象时，这个计数器也会增加。例如，当这个对象被插入到链表中，或是执行了 dup()系统调用时，也会增加。

当 VFS 代表进程打开一个文件时，它会调用 get_empty_filp()函数分配一个新的文件对象。该函数再调用函数 kmem_cache_alloc()从 filp 的 slab 高速缓冲区中分配一个空白的文件对象。然后按如下的操作步骤来初始化这个文件对象：

```
memset(f, 0, sizeof(*f));                  //分配一个文件对象 f
atomic_set(&f->f_count,1);
f->f_version = ++event;
f->f_uid = current->fsuid;
f->f_gid = current->fsgid;
list_add(&f->f_list, &anon_list);
file_list_unlock();
return f;
```

2. 文件对象方法

与文件对象关联的方法由 struct file_operations 结构描述。当内核将一个索引节点从磁盘装入主存时，会在 file_operations 结构中存放一个指向这些文件操作的指针，该结构的地址存放在对应索引节点对象的 i_fop 字段中。当进程打开这个文件时，VFS 就用存放在索引节点中的这个地址初始化新文件对象的 f_op 字段，使得对文件操作的后续调用能够使用这些函数。如果需要，VFS 随后也可以通过在 f_op 字段存放一个新值而修改这一文件操作的集合。数据结构 file_operations 定义和描述如下：

```
struct file_operations{
    llseek(file,offset,origin);          /*修改文件指针的命令*/
    read(file,buf,count,offset);         /*从文件的 offset 位置开始读 count 字节的数据送 buf 中，读
                                         完，增加 offset 的值*/
    write(file,buf,count,offset);        /*从 buf 中读 count 字节的数据，将其写入文件的 offset 位置，
                                         写完，增加 offset 的值*/
    readdir(dir,dirent,filldir);         /*执行 filldir 给定的函数，从目录 dir 中提取一些字段在 dirent
                                         中返回下一个目录项*/
    aio_read(req,buf,len,pos);           /*启动一个异步 IO，从文件 pos 的位置读 len 个字节的数据送
                                         buf 中*/
    aio_write(req,buf,len,pos);          /*启动一个异步 IO，从 buf 中读 len 个字节的数据写向文件 pos
                                         的位置*/
    ioctl(inode,file,cmd,arg);           /*向一个设备文件发送命令 cmd，控制设备执行指定操作*/
    mmap(file,vma);                      /*将文件的内存映象映射到一个进程的地址空间 vma 中*/
    open(inode,file);                    /*通过创建一个新的文件对象打开文件，并将它与相应的索引
                                         节点对象相链*/
    release（inode,file）;               /*当该文件对象的引用计数为 0 时，释放该文件对象*/
    fsync(file,dentry,flag);             /*同步等待，将所缓冲的文件数据写入磁盘*/
       ⋮
}
```

上述的这些方法对所有类型的文件都可用。对于一个特定的文件类型，可能只使用其中的一个子集，对那些未实现的方法的字段用 NULL 填充。

10.1.4　目录项对象

1. 目录项对象结构

VFS 把每个目录看做由若干子目录和文件组成的一个普通文件。一旦目录项被读入主

存，VFS 就把它转换为基于 dentry 结构的一个目录项对象。对于进程查找文件路径名中的每个分量，内核都为其创建一个目录项对象。其中根目录的目录对象为"/"。每个目录项对象都对应一个索引节点。目录项对象在磁盘上没有映像。所有目录项对象存放在名为 dentry_cache 的 slab 分配器的高速缓冲区中。目录项对象由 struct dentry 结构描述如下：

```
struct    dentry {
        atomic_t d_count;                      /*目录项对象引用计数*/
        unsigned int d_flag;                   /*目录项是否被缓冲的标志*/
        struct inode *d_inode;                 /*文件的索引节点*/
        struct dentry *d_parent;               /*父目录的目录项对象*/
        struct qstr    d_name;                 /*文件名*/
        struct dentry *d_mounts;               /*对于安装点，表示被安装文件系统根的目录项*/
        struct dentry *d_covers;               /*对 fs 根而言，表示安装点的目录项*/
        struct list_head d_hash;               /*散列表表项的指针*/
        struct list_head   d_lru;              /*未使用目录项对象链表的指针*/
        struct list_head d_child;              /*对目录而言，同一父目录中的目录项对象的链表指针*/
        struct list_head d_subdirs;            /*对目录而言，表示子目录目录项对象的链表*/
        struct list_head d_alias;              /*与同一索引节点（别名）相关目录项的链表*/
        struct dentry_operations *d_op;        /*目录项的方法*/
        struct super_block *d_sb;              /*文件的超级块对象*/
        struct hlist_node d_hash;              /*指向 hash 表指针*/
        unsigned char[] d_name;                /*用于存放短文件名*/
        ⋮
};
```

Linux 使用目录项高速缓存管理目录项对象。目录项高速缓存的作用还相当于索引节点对象高速缓存（inode cache）控制器。Linux 内核并不撤销与未使用目录项对象相关的索引节点，其目的就是一旦目录项对象被使用时，可以很快引用相应的索引节点对象。

每一个目录项对象可能处于下面的 4 种状态之一：

① 空闲的。这个目录项对象不包含任何有效的信息并且没有被 VFS 使用过。相应的内存区被 slab 分配器所管理。

② 未使用。这个目录项当前并没有被内核使用。该目录项对象的 d_count 使用计数器为 0，但包含了有效信息。且 d_inode 字段仍然指向相应的索引节点。在没有被回收前其内容可以被立即使用。所有"未使用"的目录项对象都插入在"最近最少使用 LRU"的双向链表中，后插入的排在链头。内核从链尾删除元素。LRU 链表的首元素和尾元素地址存放在 list_head 类型的 dentry_unused 变量的 next 和 prev 字段中。目录项对象的 d_lru 字段包含指向链表中相邻目录项的指针。

③ 正在使用。Linux 对正在被内核使用的目录项对象采用 hash 表数据结构进行管理。其 d_count 使用计数为正，d_inode 字段指向相应的索引节点对象。该索引节点对象中的 i_dentry 字段指向与之相关的所有"正在使用"的目录项对象所在双向链表的头。目录项对象的 d_alias 字段存放链表中相邻元素的地址。

hash 表由 dentry_hashtable 数组进行管理。数组中每个元素是一个指向具有相同 hash 值的目录项对象组成的链表的头指针。目录项对象的 d_hash 字段包含指向链表中相邻目录项的指针。Hash 值是由目录项对象和文件名计算产生的。

④ 负的。当与这个正在使用的目录项对象相关的文件的硬链接被删除（即文件的索引节点被删除，或者目录项对象是通过解析并不存在的路径名而创建）时，目录项对象的 d_inode 字段被设置为 NULL。这时，这个目录项对象变为负，但仍然存在于目录缓冲区中。这样，对于以后查找同一个文件路径的操作可以很快地完成。

每当内核减少目录项缓冲时，负的目录项被移到未使用的目录项的 LRU 链表的尾部，以便以后逐渐地被释放。

2. 目录项对象方法

与目录项对象关联的方法由 struct dentry_operations 结构描述。该结构的地址存放在 d_op 字段中。虽然一些文件系统定义了它们自己的目录项方法，但通常这些字段为空。因为 VFS 使用默认的函数代替之。数据结构 dentry_operations 定义如下：

```
struct dentry_operations{
    d_revalidate(dentry, nameidata);        /*判断目录项对象是否有效，以便转换文件路径名时使用
                                              它。默认的 VFS 这个函数什么也不做，但网络文件系统
                                              可以指定它们自己的函数*/
    d_hash(dentry, name);                   /*为目录项生成散列值，以便加入到散列表中*/
    d_compare(dir, name1, name2);           /*VFS 调用该函数在 dir 指定的目录中比较这两个文件
                                              名。多数文件系统使用 VFS 默认的操作。对有些文件系
                                              统，如 Fat 文件系统不区分大小写，所以需要实现一种不区分
                                              大小写的字符串比较函数*/
    d_delete(dentry);                       /*当目录项对象的 d_count 计数为 0 时,VFS 调用该函数删除
                                              dentry 目录项*/
    d_release(dentry);                      /*当要释放目录项对象 dentry 时,VFS 调用该函数,默认情
                                              况下,它什么也不做*/
    d_iput(dentry, ino);                    /*当一个目录项对象因其相关的索引节点被删除状态变为
                                              负时,VFS 调用该函数。默认情况下,VFS 会调用 iput()函数
                                              释放索引节点*/
        ⋮
};
```

10.1.5 与进程打开文件相关的数据结构

每个进程都有自己的当前工作目录和根目录，进程通过这两个结构与其使用的文件系统进行交互。进程描述符 task_struct（进程控制块）的 fs 字段中存放有类型为 fs_struct 结构的与安装的文件系统相关的信息。fs_struct 的结构定义如下：

```
struct   fs_struct {
    atomic_t   count;               /*共享同一 fs_struct 结构的进程数*/
    rwlock_t   lock;                /*读写该结构的一些字段时使用的自旋锁*/
    int   umask;                    /*为打开文件设置文件许可权的位掩码*/
    struct dentry *root, *pwd;      /*指向根目录和当前工作目录的指针*/
    struct vfsmount *rootmnt;       /*根目录下安装的文件系统对象*/
    struct vfsmount *pwdmnt;        /*当前目录下安装的文件系统对象*/
        ⋮
}
```

进程描述符 task_struct（进程控制块）中的 files 字段存有结构类型为 files_struct 的进程当前打开文件的信息。结构定义如下：

```
struct    files_struct {
    atomic_t    count;                  /*共享该文件表的进程数*/
    rwlock_t    file_lock;              /*读写表的一些字段时使用的自旋锁*/
    int    max_fds;                     /*文件对象的当前最大数*/
    int    max_fdset;                   /*文件描述符的当前最大数*/
    int    next_fd;                     /*所分配的文件描述符数加 1*/
    struct file **    fd;               /*指向文件对象指针数组的指针*/
    fd_set *    open_fds;               /*指向打开文件描述符的指针*/
    fd_set    open_fds_init;            /*文件描述符的初始集*/
    struct file *[]    fd_array;        /*文件对象指针的初始数组*/
    ⋮
};
```

指向文件对象的指针数组 fd，该数组的长度存放在 max_fds 字段中。通常，fd 字段指向 files_struct 结构的 fd_array 字段，该字段包含 32 个文件对象指针。如果进程打开的文件数多于 32，内核就分配一个新的、更大的文件指针数组，并将其地址存放在 fd 字段中，同时也更新 max_fds 字段的值。

对于在 fd 数组中有入口地址的每个文件来说，数组的索引就是文件描述符（file descriptor）。其中 0、1、2 是系统自动为进程打开的标准输入、标准输出和标准错误文件索引。

在 Linux 文件系统中，系统限制每个进程同时打开的文件数为 1024。

open_fds 字段初始包含的是 open_fds_init 的地址，open_fds_init 字段是当前打开文件描述符的一个位图，max_fdset 存放位图中的位数。由于 fd_set 数据结构有 1024 位，通常不需要扩大位图的尺寸。

一个进程与其打开文件交互时所涉及的各数据结构之间的关系如图 10.2 所示。

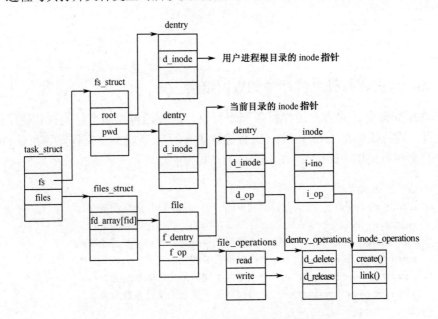

图 10.2　进程与 Linux 文件系统交互的逻辑结构图

10.2　文件系统的注册与安装

10.2.1　文件系统注册

Linux 系统支持的所有文件系统在使用前，必须进行注册（Registration）。

一旦完成注册，VFS 就为内核提供一个调用相应文件系统的方法的接口。以后再用 mount 命令将该文件系统安装到根文件系统的某个目录结点上，就可以使用这个文件系统了。

文件系统的注册概括起来主要分为两步来完成：第一，生成一个 file_system_type 类型的结构体，并填写相应的内容；第二，使用模块初始化代码，调用 register_filesystem 函数完成文件系统的注册。

1. 生成 file_system_type 结构体

在向 Linux 内核注册一个文件系统之前，必须为该文件系统生成一个类型为 file_system_type 的对象，而且填充适当的内容，并将该结构插入由 file_system 全局变量指向的文件系统类型链表中。file_system_type 结构描述如下：

```
struct file_system_type {
        const char *name;                        /*文件系统的类型名称，如 vfat、Ext2、NTFS 等*/
        int fs_flags;                            /*文件系统标志，如为 FS_REQUIRES_DEV，指示
                                                   该文件系统必须有物理磁盘设备对应*/
        structsuper_block *(*get_sb) (structfile_system_type*, int, const char*, void *);    /*读取该文件
                                                   系统超级块使用的方法*/
        void (*kill_sb) (structsuper_block *);   /*删除超级块使用的方法*/
        struct module *owner;                    /*指向实现文件系统的模块的指针*/
        struct file_system_type * next;          /*用于形成注册文件系统类型链表*/
        struct list_head fs_supers;              /*具有相同文件系统类型的超级块链表的头指针*/
};
```

2. 注册（Registration）

文件系统的注册通过两种方式实现：① 在配置内核时选择要支持的文件系统，之后其代码被静态链接到内核中。在系统初始化时，调用 register_filesystem()，完成文件系统的注册；② 采用内核可装载模块的方式。当发现一个文件系统模块被装入时，在安装该文件系统模块时，模块初始化函数调用 register_filesystem()完成注册，并在模块卸载时完成注销。

内核中所有已注册的各种文件系统类型构成一个文件系统类型链表，链头指针存放在全局变量 file_system 中。

在进行注册时，按照给定的文件系统类型在 file_system 变量指向的链表中查找。若找到，用局部变量记录该结构体的地址。若没有找到，分配一个 file_system_type 结构对象，根据所带参数对其进行初始化，之后插入文件系统类型链中。

若系统在注册了 ext3 文件系统后又注册了一个 NTFS 文件系统，此时形成的文件系统类型链表如图 10.3 所示。

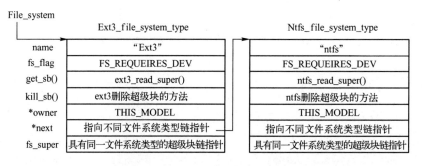

图 10.3　已注册的文件系统类型的 file_systems_type 链表示意图

10.2.2　文件系统安装

在传统的 UNIX 系统中，系统只维护一个已安装的文件系统树，进程只能从根文件系统开始访问已安装的各种文件系统。Linux2.6 向进程提供了灵活的方法，每个进程都可以拥有自己的已安装文件系统树，叫做进程的名空间（namespace）。

向 Linux 内核注册一个文件系统只是通知内核可以支持的文件系统类型。而要实际访问一个文件系统，必须将该文件系统的相应的硬盘分区安装在系统目录树的某一个目录下才能实现。

对于每个安装操作，必须将安装点与被安装的文件系统的相关信息保存在内存的一个已安装文件系统描述符结构 vfsmount 中。系统将所有的已安装文件系统描述符链在一起，链头指针放在 vfsmntlist 全局变量中。Vfsmount 的结构定义如下：

```
struct vfsmount
{
    struct list_head mnt_hash;          /*hash 链表的指针*/
    struct vfsmount *mnt_parent;        /*安装点所在的文件系统，即父文件系统*/
    struct dentry *mnt_mountpoint;      /*指向安装点的目录对象 dentry 指针*/
    struct dentry *mnt_root;            /*被安装文件系统的根目录指针*/
    struct super_block *mnt_sb;         /*被安装文件系统的超级块指针*/
    struct list_head mnt_mounts;        /* list of children, anchored here */
    struct list_head mnt_child;         /* going through their mnt_child */
    atomic_t mnt_count;                 /*安装后的引用计数为 1*/
    int mnt_flags;                      /*安装标志，是只读还是读写卷等*/
    char *mnt_devname;                  /*文件系统所在的设备名字，如/dev/ hda1 */
    ┊
};
```

除根文件系统由系统自动安装外，其他文件系统的安装都是通过调用 mount()函数来实现的。mount 的调用语法为：

mount（要安装的文件系统类型，块特别文件路径名，要安装的目录路径名，文件系统的安装标志）；

其中，块特别文件路径名是要安装的文件系统所在的设备文件路径名；要安装的文件系统类型必须是一个已经注册的文件系统类型；文件系统的安装标志是指要安装的文件系统应被安装成只读的，还是可读写等。默认为可读写。该函数无返回值。

实现功能：将 mount 命令转换成对 sys_mount()的系统调用，它再调用 do_mount()，实现真正的安装操作。

（1）查找要安装文件系统的设备文件路径名。

（2）分配一个新的 vfsmount 结构，按照给定参数，如文件系统类型、安装标志和块设备名对其进行初始化，并链入相应链表中。

（3）根据指定文件系统类型，调用 get_sb()函数生成一个新的超级块对象，进行初始化，并链入相应链表中。

显然，经过这样一系列的函数调用以后，被安装的文件系统得到两个数据结构对象：一个是超级块对象，它是特定文件系统控制信息的集合体，建立了 Linux 虚拟文件系统与特定文件系统的关联；另一个是 vfsmount 结构体，它是一次安装的实例，包含了操作该特定文件系统所必须的信息。这样，就将一个特定文件系统的磁盘分区安装在 Linux 的某一个目录下了。之后就可以方便地操作已经安装的各种文件系统了。

例如，要将一个硬盘分区的 NTFS 文件系统安装在"/mnt/ntfs"目录下，可以用下面的命令来实现：

mount -t ntfs /dev/hda2 /mnt/ntfs

结果，就将格式为 NTFS 文件系统的硬盘分区 hda2 安装在系统目录树的"/mnt/ntfs"目录下了。然后就可以像操作 Linux 系统目录下的文件一样来操作 NTFS 文件系统的文件了。

在安装完几个文件系统后，系统就生成如图 10.4 所示的数据结构及相应的链表。

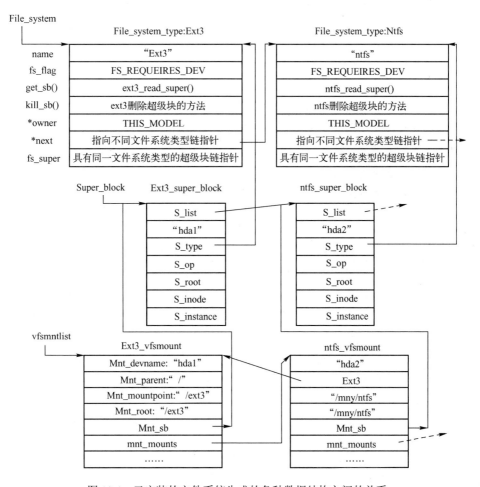

图 10.4　已安装的文件系统生成的各种数据结构之间的关系

10.3 VFS 系统调用的实现

本小节将介绍常用的几个文件系统调用的实现。

10.3.1 文件的打开与关闭

1. 文件的打开

用户进程在读写一个文件之前必须先打开这个文件。所谓打开文件就是在进程与文件之间建立连接，而打开文件描述符唯一地标识着这个连接。open()的调用格式与第 5 章的相同。成功返回时，返回打开文件的描述符。格式如下：

> fd=open（要打开文件的路径名,打开文件的访问方式[创建一个文件时各类用户的访问方式]）；
> open()系统调用的服务例程为 sys_open()。

实现功能：

（1）调用 getname(),将文件的路径名从进程用户空间复制到内核空间。

（2）调用 get_unused_fd()函数，从当前进程的文件描述符数组 current–>files–>fd 中找到一个空位置，并将其索引作为文件描述符放在 fd 变量中。

（3）调用 filp_open()函数，传递给它的参数有文件路径名、访问方式及许可权掩码。它调用目录搜索函数等，查找或分配一个新的目录项对象：

① 调用 open_namei()，传递给它的参数为路径名、访问方式，以及结构为 nameidata 的局部变量 nd 的地址。它调用通用路径名查找函数 path_lookup()，该函数按照绝对路径名从（current–>fs–>root）或相对路径名（current–>fs–>pwd）从所标识的目录开始搜索，从而获得已安装文件系统对象和最后一个路径分量的目录项对象，并将它们的地址分别填入变量 nd 的 mnt 和 dentry 字段中。

② 函数 path_lookup()以路径名指针和 nameidata 结构的变量 nd 为参数再调用 link_path_walk()函数，该函数搜索路径的各个分量名，找到每个名字分量：

a．每执行一个路径分量查找，都要检查打开时的访问方式是否与索引节点中的许可权相符。当符合时，从 nd–>detry–>d_inode 最近一次分解的名字分量开始，一直循环查找，直到除最后一个分量名外的原路径名的所有分量都被解析。之后调用 do_lookup()，得到与父目录和文件名相关的目录项对象。如果最后文件名不存在，而且又是创建文件，则分配一个目录项和磁盘索引节点。至此，最终得到了父目录和文件名相关的目录项对象和索引节点对象，初始化这两个对象。

b．再调用 dentry_open()函数，传递给它的参数为访问方式、目录项对象和已安装文件系统对象。该函数为打开的文件分配一个文件对象，根据传递的参数初始化它的 f_flags、f_mode、f_dentry 和 f_vfsmnt 字段。把文件对象的 f_op 设置为索引节点对象的 i_fop 内容，从而为以后的文件操作建立了所有的方法。把文件对象插入文件系统超级块的 s_files 字段指向的打开文件链表中。

③ 返回文件对象的地址

（4）把 current–>files_fd[fd]置为返回的文件对象的地址。

（5）返回打开文件的文件描述符 fd。

在进行路径名查找过程中，必须考虑进行以下的几个操作：

① 每找到一个目录名分量，都要检查是否允许进程读该目录的内容；

② 当文件名是一个符号链接时，必须对该符号链接涉及的路径名的各个分量进行解析。

③ 文件名可能是一个已安装文件系统的安装点时，查找必须延伸到这个文件系统继续解析。

2．文件关闭

用户程序不再使用文件时，通过 close（）系统调用关闭文件，该函数接收的参数为要关闭的已打开文件的描述符 fd。close（）的服务例程为 sys_close（）函数。

该函数实现的功能比较简单：

（1）将当前进程的相关变量 current–>files–>fd[fd]置位 NULL，并释放该文件描述符 fd。

（2）调用 filp_close()，完成下列操作：

① 调用文件操作方法 flush()，将还未写入文件的缓冲区信息写入文件。

② 释放执行该操作的进程为文件加的任何强制锁。

③ 如果没有进程在共享该文件的文件对象，则调用 fput()释放之。

（3）如果正确，返回 0，否则返回错误码。

10.3.2　文件的读写

1．文件的地址变换函数 bmap()

UNIX 系统的普通文件是无结构的字符流文件，因此，进程在对文件进行读写时，要先将读写文件的字节偏移（f_pos）转换成文件的相对块号，再以相对块号为索引找到文件在磁盘上的物理块号。这一工作是由地址映射函数 bmap()实现的。该函数的调用语法：

> bmap(ip,rwflg)；

其中 ip 是文件的索引节点对象指针；rwflg 是文件的读写标志。该函数的返回值为找到的物理块号。

实现过程是：

① 根据主存索引节点对象指针找到索引节点对象，判断文件是否为块特别文件，若是，找到该索引节点对应设备。

② 取当前进程描述符的 current 结构中的进程要读写文件内的位移量变量 u.u_offset，计算它应在文件内的相对块号(相对块号=u.u_offset/块大小)，再计算块内相对位移及块内剩余字节数；若相对块号<12，且在 i_block［］数组中已找到，则返回找到的物理块号。若没有找到，则分配一个空闲盘块，记到 i_block［相对块号］索引表中，返回该物理块号。若相对块号≥12，还要进一步判断它是中型文件、大型文件、还是巨型文件，以便按一次间接、二次间接、还是三次间接查找索引表 i_block［］。若找不到，则分配一个空闲物理块号，记到相应的索引块中。找到后，返回找到的物理块号。

2．文件的读写

文件的读写是基于页的。如果用户进程要读写文件的一些字节，而其又不在内存时，内核要为它分配一个新页框，并将它加入页高速缓存。

文件的读写主要是通过系统调用 read()和 write()完成的，二者的功能非常类似。它们带的参数为：已打开文件描述符 fd、要传送数据的用户线性区地址 buf 和读写的字节数 count。二者返回的是成功传送的字节数或错误时的一个错误码。read()和 write()的操作总是从文件的当前读写指针所指位置进行读写的，且完成后，修改相应的读写指针。它们的服务例程分别为 sys_read()和 sys_write()函数，两者所执行的步骤几乎相同。

实现功能：

（1）调用 fget_light()，根据文件描述符 fd 找到文件对象的地址 file。

（2）根据 file->f_mode 检查是否允许执行所请求的读写操作。如果不允许，返回一个错误码-EBADF。

（3）调用 file->f_op->read()或 file->f_op->write()方法，最终转换成对 VFS 的通用函数 generic_file_read()或 generic_file_write()的调用。传递给这些函数的参数为：文件对象的地址 filp、要传送数据的用户线性区地址 buf、读写的字节数 count 和文件的读写位置 ppos。当然，对于写操作，可能还要分配一个磁盘块，进行读写操作。下面以读普通文件为例，说明具体实现。

调用 rw_verify_area()对被访问文件部分检查是否有冲突锁存在。若有，返回一个错误码；否则加锁。

① 根据所带的参数初始化 iovec 类型的变量 local_iov，初始化 I/O 控制块 kiocb 的一些字段，以及用来跟踪正在运行的同步和异步操作的完成状态。之后，以 local_iov 和 I/O 控制块 kiocb 的地址及文件指针和读写字节数等参数调用 io 同步或异步读操作的通用例程__generic_file_aio_read()。

② 该函数调用 access_ok()检查参数 buf 和 count 的合法性。

③ 调用函数 do_generic_file_read()。它通过读取文件对象的 filp->f_mapping 字段得到要读文件的 address_space 对象。通过读取 address_space->host 字段得到索引节点对象。由索引节点和文件指针导出要读文件的磁盘块号，即地址空间的页索引。以页索引查找地址空间对象中是否已经存入所请求的页。如果已经有，则将请求的字节数送入用户区 buf，立即以成功完成读返回。

④ 否则，内核为它分配一个新页框，并加入页高速缓存，从磁盘读相应块。循环执行，直到所有请求数据读完为止。

⑤ 修改文件读写指针 ppos 等，以便之后进行正确读写。

（4）返回实际读写的字节数。

需要说明的是，对于读文件，为了极大地提高磁盘的性能和加快进程的访问，通常要进行文件的预读操作。预读要考虑以下几种情况：

● 只要进程持续地顺序访问一个文件，预读的页就会一直增加。

● 当前访问与上次访问不再是顺序访问时，预读就暂时被禁止。

● 所有预读的页放在相应文件对象的 f_ra 字段中。

10.4 小　　结

Linux 成功的关键技术之一就是用户可以透明地安装除 Linux 系统外的其他操作系统文件格式的磁盘分区，以便操作其他操作系统的文件系统。其支持的技术就是虚拟文件系统。本章重点介绍了实现虚拟文件系统所涉及的各种对象、文件系统的注册、安装和支持的各种文件操作命令。

1. 虚拟文件系统的基本概念

虚拟文件系统（Virtual Filesystem，VFS）涉及的所有数据结构是在运行时才在内存建立的，并在卸载时删除。它是用户进程与物理文件系统之间提供的一个服务接口。它对每个具体文件系统进行抽象，使用户和用户进程使用相同的接口，来操作不同的文件系统。

2. VFS 的通用文件模型中的四个对象

（1）超级块对象（superblock object）：VFS 超级块对象是由各种具体的文件系统在安装时在内存建立的。

（2）索引节点对象（inode object）：对应具体文件系统一个文件的索引节点。

（3）目录项对象（dentry object）：它代表一个目录项，存放目录项与对应文件进行链接的信息。

（4）文件对象（file object）：它记录了由进程打开的文件与进程之间进行交互所必须的信息。是进程与文件系统的桥梁。

3. 文件系统的注册与安装

除根文件系统外，其他所有文件系统必须显式注册和安装以后，才能存取其中的文件。

4. 虚拟文件系统实现的系统调用

虚拟文件系统提供的系统调用包括文件的打开与关闭、文件的读写等。

习　　题

10-1　实现虚拟文件系统，需要哪些数据结构的支持？

10-2　如何使一个非 Linux 文件系统能够被 Linux 系统支持和操作？

10-3　当一个进程打开一个文件时，核心是通过哪些数据结构来建立进程与文件之间的联系的？

10-4　试将下列文件中的字节偏移转换成逻辑块号和块内偏移，以及可能寻址的索引级别。假定块大小为 512B。

（1）7000　　　　（2）28000　　　（3）850000　　　　（4）4800000

第 11 章　Linux I/O 系统

与 UNIX 系统一样，Linux 系统把其管理的块设备、字符设备等 I/O 设备看成是一种特殊的文件。为了便于设备驱动程序控制设备，内核使用"资源"来记录分配给每个硬件设备的 I/O 端口地址。一个资源表示 I/O 端口地址的一个范围。资源对应的信息存放在数据结构 resource 中。所有同类资源插入到一个树形数据结构中。例如，表示 I/O 端口地址范围的所有资源都包含在一个根节点为 ioport_resource 的树中。整个 I/O 端口地址范围为 0~65535。当前分配给 I/O 设备的所有 I/O 地址树都可以从/proc/ioports 文件中得到。

资源数据结构 resource 如下：

```
struct resource {
      const char *name;                           /*资源拥有者*/
      unsigned long start, end;                   /*资源表示的 I/O 端口地址的范围*/
      unsigned long flags;                        /*各种标志*/
      struct resource *parent, *sibling, *child;  /*指向资源树中的父亲、兄弟和孩子*/
};
```

11.1　设备驱动模型

Linux 2.6 利用一些数据结构和辅助函数，为系统中所有的总线、设备及设备驱动程序提供了一个统一的视图。这个视图框架被称为设备驱动模型。

11.1.1　sysfs 文件系统

sysfs 是一种特殊的文件系统，安装在"/sys"目录下。"/sys"与"/proc"一样，允许用户态进程访问内核内部数据结构的文件系统，它还提供了有关内核数据结构的附加信息。

sysfs 文件系统展示了设备驱动模型组件间的层次关系。sysfs 文件系统的高层目录是：

- block：块设备，独立于所连接的总线。
- devices：所有被内核识别的硬件设备，依其所连接的总线进行组织。
- bus：用于连接设备的总线。
- drivers：在内核注册的设备驱动程序。
- class：设备的类型。同一类型可能包含由不同总线连接的设备，因而须由不同的驱动程序驱动。
- power：用于处理一些硬件设备电源状态的文件。
- firmware：用于处理一些硬件设备固件的文件。

sysfs 文件系统所表示的设备驱动模型组件之间的关系，类似于目录和文件之间的符号链接。例如，文件/sys/block/sda/device 是一个符号链接，指向在"/sys/devices/pci0000:00"

（表示连接到 PCI 总线的 SCSI 控制器）中嵌入的一个子目录。

    sysfs 文件系统中普通文件实际表示驱动程序和设备的属性。例如，在目录"/sys/block/hda"下的 dev 文件含有主磁盘的主设备号和次设备号，该主磁盘在第一个 IDE 链中。

    设备驱动模型的核心数据结构是一个普通的 kobject 结构。sysfs 文件系统中的每个目录都对应一个 kobject 结构。kobject 通常被嵌入一个叫做"容器"的更大的对象中。容器描述了设备驱动模型中的组件。典型的容器有总线描述符、设备描述符及驱动程序描述符等。例如，第一个 IDE 磁盘的第一个分区的描述符与"/sys/block/hda1"目录相对应。kobject 数据结构描述如下：

```
struct kobject {
    char * k_name;                              /*指向容器的名称*/
    char  name[KOBJ_NAME_LEN];                  /*容器字符串名称*/
    struct kref  kref;                          /*容器的引用计数器*/
    struct list_head   entry;                   /*指向 kobject 待插入的链表*/
    struct kobject * parent;                    /*指向父 kobject*/
    struct kset * kset;                         /*指向包含的 kset*/
    struct kobj_type * ktype;                   /*指向 kobject 的类型描述符*/
    struct dentry * dentry;         /*指向与 kobject 关联的 sysfs 文件目录项 dentry 结构*/
};
```

    按照类型划分 kobjects，同一类型的 kobject 包含在一个集合 kset 中。通过 kset 数据结构可以将 kobjects 组织成一棵层次树。kset 数据结构描述如下：

```
struct kset {
    struct subsystem * subsys;       /*指向 subsystem 描述符的指针*/
    struct kobj_type * ktype;        /*指向属于 kset 的 kobject 类型描述符*/
    struct list_head  list;          /*包含在 kset 中的 kobject 链表头*/
    struct kobject  kobj;            /*嵌入的 kobject 结构*/
    struct kset_hotplug_ops * hotplug_ops; /*指向用于对 kobject 过滤和热插拔操作的回调函数表*/
};
```

    字段 kobj 是嵌入在 kset 结构中的 kobject。kobject 结构中的 parent 字段指向这个嵌入的 kobject。

    subsystem 是一个 kset 集合，即一个 subsystem 可以包含一组不同类型的 kset。subsystem 数据结构描述如下：

```
struct subsystem {
    struct kset       kset;          /*内嵌的 kset 结构，用于存放 subsystem 中的 kset*/
    struct rw_semaphore   rwsem;     /*读写信号量，保护 subsystem 中的所有 kset 和 kobject*/
};
struct subsystem   devices_subsys;   /*devices 子系统*/
struct subsystem   bus_subsys;       /*bus 子系统*/
struct subsystem   class_subsys;     /*class 子系统*/
```

    图 11.1 示出了设备驱动模型层次的一个例子。bus 子系统包括了一个 pci 子系统，pci 子系统又依次包含驱动程序的一个 kset，这个 kset 又包含了一个串口 kobject。

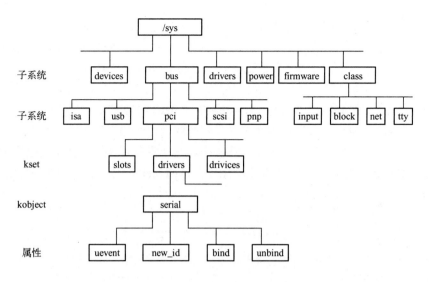

图 11.1　设备驱动模型层次结构

11.1.2　设备驱动模型的组件

设备驱动模型是建立在总线、设备和设备驱动器等几个基本数据结构之上的，它们之间的构造关系如下。

1. 设备

在设备驱动模型中，用 device 对象来描述设备。

```
struct device {
    struct list_head    node;                    /*存放指向 children 链表中相邻元素的指针*/
    struct list_head    bus_list;                /*链于同一类型总线上的设备链表*/
    struct list_head    driver_list;             /*每个设备驱动程序都保持一个 device 对象链表*/
    struct list_head    children;                /*子设备链表头*/
    struct device       * parent;                /*指向父设备的指针*/
    struct kobject      kobj;                     /*内嵌的 kobject 结构*/
    char  bus_id[BUS_ID_SIZE];                   /*连接到总线上的设备位置*/
    struct bus_type     * bus;                   /*指向 bus_type 对象的指针*/
    struct device_driver *driver;                /*指向 device_driver 对象的指针*/
    void        *driver_data;                    /*指向驱动程序私有数据的指针*/
    void        *platform_data;                  /*指向遗留设备驱动程序的私有数据的指针*/
    struct dev_pm_info      power;               /*电源管理信息*/
    unsigned long long      *dma_mask;           /*指向设备的 DMA 屏蔽字的指针*/
    unsigned long long      coherent_dma_mask;   /*设备的一致性 DMA 屏蔽字*/
    struct list_head    dma_pools;               /*聚集的 DMA 缓冲池链表头*/
    struct dma_coherent_mem    *dma_mem;         /*指向设备所使用的一致性 DMA 存储器
                                                    描述符的指针*/
    void  (*release)(struct device * dev);       /*释放设备描述符的回调函数*/
};
```

device 对象全部收集在 devices_subsys 子系统中，该子系统对应的目录为"/sys/

devices"。设备按照层次关系组织，子设备离开父设备无法正常工作。

每个设备驱动程序都有一个 device 对象链表，其中链接了所有可被管理的设备。driver 字段指向设备驱动程序描述符，driver_list 字段存放指向相邻对象的指针。

对于任何总线类型来说，都有一个链表存放连接到该类型总线上的所有设备。device 对象中的 bus 字段指向总线类型描述符，bus_list 字段存放指向相邻对象的指针。

在 device 对象内嵌的 kobject 结构中的 kref 字段记录了 device 对象的使用情况，通过调用 get_device()和 put_device()函数可增大和减小该计数器的值。

通过调用 device_register()函数可将一个新的 device 对象插入设备驱动模型中，并在"/sys/devices"目录下为其创建一个新目录。调用 device_unregister()函数将从设备驱动模型中移走一个设备。

通常，device 对象被静态地嵌入到一个更大的对象中。例如，PCI 设备是由 pci_dev 描述的，pci_dev 结构中的 dev 字段就是一个 device 对象。

2．设备驱动程序

在设备驱动模型中，用 device_driver 对象描述设备驱动程序。

```
struct device_driver {
        const char * name;                    /*设备驱动程序的名称*/
        struct bus_type * bus;                /*指向 bus_type 对象的指针*/
        struct semaphore unload_sem;          /*禁止卸载设备驱动程序的信号量*/
        struct kobject kobj;                  /*内嵌的 kobject 结构*/
        struct list_head devices;             /*驱动程序支持的所有设备组成的链表的首部*/
        struct klist_node knode_bus;
        struct module * owner;                /*实现设备驱动程序的模块*/
        int     (*probe) ( );                 /*探测设备驱动程序是否可以控制该设备*/
        int     (*remove) ( );                /*移走设备时所调用的方法*/
        void    (*shutdown) ( );              /*设备断电时所调用的方法*/
        int     (*suspend) ( );               /*置设备于低功率状态*/
        int     (*resume) ( );                /*恢复设备正常状态*/
};
```

device_driver 对象的四个方法用于处理热插拔、即插即用和电源管理。当总线设备驱动程序发现一个可能由它处理的设备时就会调用 probe 方法，对设备进行探测。当移走一个可热插拔的设备时，驱动程序会调用 remove 方法；而驱动程序本身被卸载时，它所处理的每个设备也会调用 remove 方法。当内核必须改变设备的供电状态时，调用 shutdown、suspend 和 resume 方法。

在 device_driver 对象内嵌的 kobject 结构中的 kobj 字段记录了 device_driver 对象的使用情况，通过调用 get_driver()和 put_driver()函数可增大和减小该计数器的值。

通过调用 driver_register()函数可将一个新的 device_driver 对象插入设备驱动模型中，并在"/sys/drivers"目录下为其创建一个新目录。调用 driver_unregister()函数将从设备驱动模型中移走一个设备驱动对象。

通常，device_driver 对象被静态地嵌入到一个更大的对象中。例如，PCI 设备驱动程序是由 pci_driver 描述的，pci_driver 结构中的 driver 字段就是一个 device_driver 对象。

3．总线

在设备驱动模型中，用 bus_type 对象来描述总线。

```
struct bus_type {
        const char   * name;              /*总线类型的名称*/
        struct subsystem subsys;          /*与总线类型相关的 kobject 子系统*/
        struct kset   drivers;            /*驱动程序的 kobject 集合*/
        struct kset   devices;            /*设备的 kobject 集合*/
        struct bus_attribute   * bus_attrs;    /*包含总线属性和导出属性到 sysfs 的方法*/
        struct device_attribute * dev_attrs;   /*包含设备属性和导出属性到 sysfs 的方法*/
        struct driver_attribute * drv_attrs;   /*包含设备驱动程序属性和导出属性到 sysfs 的方法*/
        int    (*match) ( );              /*检验给定的设备驱动程序是否支持指定设备*/
        int    (*hotplug) ( );            /*注册设备时调用*/
        int    (*suspend) ( );            /*保存硬件设备上下文状态并改变设备供电状态*/
        int    (*resume) ( );             /*改变供电状态，恢复硬件设备上下文*/
};
```

每个 bus_type 对象都有一个内嵌的子系统 subsys。bus_subsys 子系统把嵌入在 bus_type 对象中的所有子系统都集合在一起。bus_subsys 子系统与目录"/sys/bus"对应。

4．类

类即设备类型。每个类对应一个 class 对象。所有类对象都属于 class_subsys 子系统，对应一个"/sys/class"目录。

```
struct class {
        char * name;
        struct subsystem subsys;
        struct list_head children;
        struct list_head interfaces;
        struct class_attribute * class_attrs;
        struct class_device_attribute  * class_dev_attrs;
        int    (*hotplug)(struct class_device *dev, char **envp,
                        int num_envp, char *buffer, int buffer_size);
        void   (*release)(struct class_device *dev);
        void   (*class_release)(struct class *class);
};
```

每个类对象包括一个 class_device 描述符链表，其中每个描述符描述了一个逻辑设备。一个逻辑设备总是对应于一个给定的设备。允许多个 class_device 描述符对应同一个设备。同一类中的设备驱动程序可以对用户态进程提供相同的功能。设备驱动模型中的类本质上是要提供一个标准的方法，为用户态进程导出逻辑设备的接口。

11.2 设 备 文 件

类 UNIX 操作系统把 I/O 设备当做设备文件（特殊文件）来处理，因此可将操作普通文件的系统调用直接用于 I/O 设备。例如，可用写向普通文件的 write()系统调用向设备文件

"/dev/lp0"写入数据，从而把数据发往打印机。但网卡是一种例外，因为网卡不直接与设备文件相对应。

设备文件是存放在文件系统中的实际文件，也有索引节点。设备文件索引节点必须包含设备标识符，设备标识符由设备文件类型（字符设备或块设备）和一对参数组成。第一个参数为主设备号，标识了设备的类型。通常，具有相同主设备号和类型的所有设备文件由同一设备驱动程序处理，共享相同的文件操作集合。第二个参数为次设备号，它标识了主设备号相同的设备组中一个特定的设备。例如，由同一磁盘控制器控制的一组磁盘具有相同的主设备号和不同的次设备号。

通常，设备文件包含在"/dev"目录中，设备文件与硬件设备或硬件设备的某一分区相对应。表 11.1 列出了一些设备文件的属性。

表 11.1　部分设备文件属性

设备文件名	类　型	主 设 备 号	次 设 备 号	说　　明
/dev/fd0	块设备	2	0	软盘
/dev/hda	块设备	3	0	第一个 IDE 磁盘
/dev/hda2	块设备	3	2	第一个 IDE 磁盘上的第二个主分区
/dev/hdb	块设备	3	64	第二个 IDE 磁盘
/dev/hdb3	块设备	3	67	第二个 IDE 磁盘上的第三个主分区
/dev/ttyp0	字符设备	3	0	终端
/dev/console	字符设备	5	1	控制台
/dev/lp1	字符设备	6	1	并口打印机
/dev/ttys0	字符设备	4	64	第一个串口
/dev/rtc	字符设备	10	135	实时时钟
/dev/null	字符设备	1	3	空设备（黑洞）

可以利用 mknod()系统调用来创建设备文件，其参数有设备文件名、设备类型、主设备号和次设备号。

Linux 内核可以按需动态地创建设备文件，而无须把每一个可能想到的硬件设备的设备文件都填充到"/dev"目录下。由于设备驱动模型的存在，系统中须安装一组称为 udev 工具集的用户态程序。系统刚启动时，"/dev"目录是空的，udev 程序开始扫描"/sys/class"子目录来寻找 dev 文件，并在"/dev"目录下创建相应的设备文件。因此，"/dev"目录里只存放了系统内核所支持的所有设备的设备文件。设备驱动模型支持设备的热插拔，udev 工具集也能自动地创建相应的设备文件。当发现一个新的设备时，内核会产生一个新的执行用户态 shell 脚本"/sbin/hotplug"的进程，并将新设备的有用信息作为环境变量传递给脚本。用户态脚本读取配置文件信息并关注完成设备初始化所必须的任何操作。

VFS 在设备文件打开时会改变其默认文件操作，把对设备文件的每个系统调用都转换成与设备相关的函数调用。

<h1 align="center">11.3　设备驱动程序</h1>

设备驱动程序是内核例程的一个集合，是一组规范的 VFS 函数集，如 open, read, lseek,

ioctl 等。在设备驱动程序能够使用之前，必须执行以下几个操作。

（1）注册设备驱动程序。在设备文件上发出的每个系统调用都由内核转化为对相应设备驱动程序的对应函数的调用。为了完成这个操作，设备驱动程序必须注册自己，即为其分配一个 device_driver 描述符，将其插入到设备驱动模型的数据结构中，并与相应的设备文件连接起来。

（2）初始化设备驱动程序。初始化设备驱动程序就是为其分配系统资源，为了使宝贵的系统资源能对其他驱动程序可用，设备驱动程序的初始化总被推迟到最后可能的时刻。

（3）监控 I/O 操作。I/O 操作的持续时间通常是不可预知的，因此启动 I/O 操作的设备驱动程序必须依靠一种监控技术在 I/O 操作终止或超时时发出信号。在操作终止时，设备驱动程序读取 I/O 接口状态寄存器的内容来确定 I/O 操作是否成功。

（4）访问 I/O 共享存储器。对于连接到 ISA 总线上的大多数设备，I/O 共享存储器通常被映射到 0xa0000～0xfffff 的 16 位物理地址，也就是在 640KB 和 1MB 之间留出的一段空间。

对于连接到 PCI 总线上的设备，I/O 共享存储器被映射到接近 4GB 的 32 位物理地址范围。

（5）直接存储器访问（DMA）。现在所有的 PC 都包含一个辅助的 DMA 电路，它可以控制在 RAM 和 I/O 设备之间的数据传送。DMA 一旦被 CPU 激活，就可以自行传送数据。传送完后，产生中断。因为 DMA 的设置时间比较长，所以使用 DMA 最多的是磁盘驱动器和其他需要一次传送大量字节的设备。在传送少量数据时直接使用 CPU 效率会更高。

设备驱动程序使用 DMA 的方式有两种：同步 DMA 方式的数据传送是由进程触发的；异步 DMA 方式的数据传送是由硬件设备触发的。

同步 DMA 传送的例子：用户态进程将声音数据写入声卡设备文件中，声卡驱动程序把写入的数据收集在内核缓冲区，同时命令声卡把数据从内核缓冲区复制到声卡的数字信号处理器。完成数据传送后，声卡产生中断。

异步 DMA 传送的例子：网卡从网络接收数据包，并存储在自己的 I/O 共享存储器中，然后引发中断。网卡驱动程序确认中断后，命令网卡将数据包从 I/O 共享存储器复制到内核缓冲区。完成数据传送后，网卡引发新的中断，驱动程序通知内核，新数据包已产生。

11.3.1 块设备驱动程序

当内核接收一个打开块设备的请求时，就要为相应的块设备创建并初始化一个块设备描述符 block_device。块设备可以是整个磁盘，也可以是磁盘的一个分区。block_device 定义如下。

```
struct block_device {
    dev_t   bd_dev;                    /*块设备的主设备号和次设备号*/
    struct inode  *bd_inode;           /*指向块设备文件的索引节点*/
    int     bd_openers;                /*已经被打开的次数*/
    struct semaphore  bd_sem;          /*保护块设备的互斥信号量*/
    struct list_head   bd_inodes;      /*已打开的块设备文件的索引节点链表*/
    void   *bd_holder;                 /*块设备描述符的当前所有者*/
    struct block_device  *bd_contains; /*指向整个磁盘块设备描述符的指针*/
    unsigned      bd_block_size;       /*块大小*/
```

```
struct hd_struct    *bd_part;          /*指向磁盘分区描述符的指针*/
struct gendisk   *bd_disk;          /*指向块设备的基本磁盘对象 gendisk 的指针*/
struct list_head   bd_list;          /*块设备描述符链表*/
        ⋮
};
```

块设备驱动程序上的每个操作都涉及很多内核组件，其中最重要的组件如图 11.2 所示。VFS 位于这些组件的最上层，提供一个通用的文件结构。

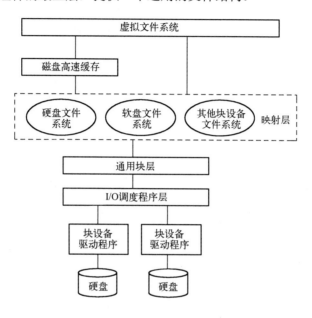

图 11.2　块设备操作所涉及的内核组件

1. 通用块层

通用块层是一个内核组件，处理来自系统中的所有有关块设备的请求。假设一个进程在某个磁盘文件上发出一个 read()系统调用，内核通过 VFS 对块设备发出读请求。之后，内核利用通用块层启动 I/O 操作来传送所请求的数据。由于请求的数据不一定位于相邻的块中，所以通用块层可能启动几次 I/O 操作。每次 I/O 操作都是由通用块层提供的一个"块 I/O"（简称"bio"）结构来描述的。

通用块层实现的功能如下：

① 将数据缓冲在高端内存页框中。

② 实现"零复制"模式。内核将 I/O 数据传送所使用的缓冲区页框，直接映射到进程私有地址空间中，而不是首先复制到内核内存区。

③ 管理逻辑文件卷。可以将位于不同块设备上的几个磁盘分区看做是一个单一的分区。

④ 发挥磁盘控制器的高级特性。例如，大磁盘的高速缓存、增强的 DMA 性能、I/O 请求的调度问题等。

通用块层使用的核心数据结构是 bio 描述符，它描述了执行块设备的 I/O 操作时所需要的信息，其结构如下。

```
struct bio {
    sector_t    bi_sector;                        /*数据所在磁盘的起始扇区号*/
    struct bio        *bi_next;                   /*所在请求队列中的下一个 bio*/
    struct block_device        *bi_bdev;          /*指向块设备描述符的指针*/
    unsigned long        bi_flags;                /*bio 的状态标志*/
    unsigned long    bi_rw;                        /*是读或写的 I/O 操作标志*/
    unsigned int    bi_size;                       /*需要传送的扇区数*/
    bio_end_io_t  *bi_end_io                      /*bio 的 I/O 操作结束时调用的方法*/
    atomic_t    bi_cnt;                            /*bio 的引用计数器*/
    bio_destructor_t    *bi_destructor;           /*释放 bio 时调用的析构方法*/
    ⋮
};
```

当向通用块层提交一个 I/O 请求时，内核执行 bio_alloc()函数分配一个新的 bio 描述符，然后调用 generic_make_request() 函数创建一个仅包含一个 bio 结构的请求。generic_make_request()函数是通用块层的主要入口点。

上层内核组件通过通用块层工作在所有磁盘之上。磁盘通常对应一个硬件块设备，但也可以对应一个虚拟设备，即建立在几个物理磁盘分区之上或一些 RAM 专用页中的内存区上的虚拟设备。

由通用块层处理的磁盘是一个逻辑块设备，用 gendisk 对象表示。

```
struct gendisk {
    int major;                                    /*磁盘主设备号*/
    int first_minor;                              /*第一个次设备号*/
    int minors;                                   /*可能有的次设备号*/
    char disk_name[32];                           /*磁盘的标准名称*/
    struct hd_struct **part;                      /*磁盘的分区描述符数组*/
    struct block_device_operations *fops;         /*指向块设备操作表的指针*/
    struct request_queue *queue;                  /*指向磁盘请求队列的指针*/
    void *private_data;                           /*块设备驱动程序的私有数据*/
    sector_t capacity;                            /*磁盘扇区数目*/
    int flags;                                    /*描述磁盘类型的标志*/
    struct device *driverfs_dev;                  /*指向磁盘的硬件设备的 device 对象的指针*/
    struct kobject kobj;                          /*内嵌的 kobject 结构*/
    int policy;                                   /*如果磁盘是只读的则置 1，否则为 0*/
    ⋮
};
```

如果将一个磁盘分成几个分区，那么其分区表保存在 hd_struct 结构的数组中，该数组的地址存放在 gendisk 对象的 part 字段中。当内核发现系统中一个新的磁盘时，就调用 alloc_disk()函数，该函数分配并初始化一个新的 gendisk 对象。如果磁盘有几个分区，则还会分配并初始化一个 hd_struct 类型的数组，来记录各个分区的状态特征。然后，内核调用 add_disk()函数将新的 gendisk 对象插入到通用块层中。

磁盘分区描述符 hd_struct 主要记录了一个磁盘分区所必须的信息，其结构如下：

```
struct hd_struct {
    sector_t start_sect;            /*磁盘分区的起始扇区*/
```

```
        sector_t nr_sects;              /*分区中的扇区数*/
        struct kobject kobj;            /*内嵌的 kobject*/
        unsigned int reads；           /*对分区发出的读操作次数*/
        unsigned int read_sectors；     /*分区被读的扇区数*/
        unsigned int writes；          /*对分区发出的写操作次数*/
        unsigned int write_sectors；    /*分区被写的扇区数*/
        int policy；                    /*为 1 时表示分区只能读；为 0 时为能读写*/
        int partno；                    /*磁盘分区号*/
    };
```

块设备操作 block_device_operations 的数据结构包括了对块设备可能执行的操作函数，其结构如下：

```
    struct block_device_operations {
        int (*open) ( );                /*打开块设备文件*/
        int (*release) ( );             /*关闭对块设备文件的最后一个引用*/
        int (*ioctl) ( );               /*在块设备文件上发出 ioctl()系统调用*/
        int (*media_changed) ( );       /*检查可移动介质是否已经变化*/
        int (*revalidate_disk) ( );     /*检查块设备是否有有效数据*/
    };
```

2．I/O 调度程序层

I/O 调度程序层根据内核策略将待处理的 I/O 请求进行归类，把物理位置上相邻的请求聚集在一起，以减少磁头的平均移动时间。

当要读或写磁盘数据时，内核创建一个块设备 I/O 请求描述符，以描述所请求的扇区，以及要对它执行的操作类型。通常，I/O 请求操作由通用块层调用 I/O 调度程序产生一个新的块设备请求。块设备驱动程序调用一个策略例程选择一个待处理的请求，并向磁盘控制器发命令。当 I/O 操作完成时，磁盘控制器产生中断，中断处理程序又调用策略例程去处理队列中的另一个请求。

每个请求描述符 request 包含一个或多个 bio 结构。最初，通用块层仅创建具有一个 bio 结构的请求，后来，I/O 调度程序可能扩展该请求，其方式是要么向初始的 bio 增加一个新段，要么将另一个 bio 结构链接到该请求中。因为新请求的数据与请求中已存在的数据有可能存在物理位置相邻的情况。

请求描述符 request 如下：

```
    struct request {
        struct list_head queuelist;     /*请求队列链表*/
        unsigned long flags;            /*请求标志*/
        sector_t sector;                /*要传送的下一个扇区号*/
        unsigned long nr_sectors;       /*整个请求中要传送的扇区数*/
        struct bio *bio;                /*请求链表中第一个 bio*/
        struct bio *biotail;            /*请求链表中最后一个 bio*/
        int rq_status;                  /*请求状态：RQ_ACTIVE or RQ_INACTIVE*/
        struct gendisk *rq_disk;        /*请求所引用的磁盘描述符*/
        int errors;                     /*记录当前传送中发生的 I/O 失败次数*/
        unsigned long start_time;       /*请求的开始时间*/
```

```
        char *buffer;                  /*指向当前数据传送的内存缓冲区的指针*/
        int ref_count;                 /*请求的引用计数器*/
        request_queue_t *q;            /*指向请求队列描述符的指针*/
        struct request_list *rl;       /*指向 request_list 结构的指针*/
        struct completion *waiting;    /*指向等待数据传送完的 Completion 结构的指针*/
        ⋮
    };
```

每个块设备驱动程序都维持着自己的请求队列，该请求队列是一个记录各个请求描述符的双向链表。请求队列描述符 request_queue 定义如下：

```
    struct request_queue
    {
        struct list_head    queue_head;             /*待处理的 I/O 请求链表*/
        struct request      *last_merge;            /*指向队列中可能合并的请求描述符*/
        elevator_t          *elevator;              /*指向 elevator 对象的指针*/
        struct request_list rq;                     /*分配请求描述符所使用的数据结构*/
        request_fn_proc *request_fn;                /*实现驱动程序的策略例程入口点的方法*/
        merge_requests_fn *merge_requests_fn;       /*合并请求队列中两个相邻请求的方法*/
        make_request_fn *make_request_fn;           /*将一个新请求插入请求队列*/
        prep_rq_fn *prep_rq_fn;                     /*把这个处理请求的命令发送给硬件设备*/
        struct backing_dev_info  backing_dev_info;  /*请求所涉及的设备信息描述符*/
        ⋮
    };
```

当向请求队列增加一个新的请求时，通用块层会调用 I/O 调度程序，I/O 调度程序再根据新请求的扇区位置将其插入请求队列。按照已排好序的请求顺序从请求队列提取待处理的请求，会明显地减少磁头寻道的次数，提高 I/O 调度的性能。

3. 块设备驱动程序

块设备驱动程序从 I/O 调度程序层接收 I/O 请求。根据 I/O 请求，块设备驱动程序向磁盘控制器发送适当的命令，进行实际的数据传送。

每个块设备驱动程序都对应一个如前面给出的 device_driver 类型的描述符。

当用户态进程向块设备文件发出一个 open() 系统调用时，内核都会将其转换成 blkdev_open()，打开一个块设备文件，为以后的读写操作做准备。默认的块设备文件操作如下：

```
    struct file_operations def_blk_fops = {
        .open        = blkdev_open,
        .release     = blkdev_close,
        .llseek      = block_llseek,
        .read        = generic_file_read,
        .write       = blkdev_file_write,
        .aio_read    = generic_file_aio_read,
        .aio_write   = blkdev_file_aio_write,
        .mmap        = generic_file_mmap,
        .fsync       = block_fsync,
```

```
    .ioctl              = block_ioctl,
    .readv              = generic_file_readv,
    .writev             = generic_file_write_nolock,
    .sendfile           = generic_file_sendfile,
};
```

11.3.2 字符设备驱动程序

系统用 cdev 结构来描述字符设备驱动程序。

```
struct cdev {
    struct kobject kobj;            /*内嵌的 kobject*/
    struct module *owner;          /*指向实现驱动程序模块的指针*/
    struct file_operations *ops;   /*指向文件操作表的指针*/
    struct list_head list;         /*所能驱动的字符设备的索引节点链表*/
    dev_t dev;                     /*起始主、次设备号*/
    unsigned int count;            /*所能驱动的设备号范围*/
};
```

设备驱动程序所对应的设备号可以是一个范围，设备号范围相同的所有设备文件均由同一设备驱动程序处理。

传统的 UNIX 系统中，设备文件的主设备号和次设备号都是 8 位长。Linux 2.6 增加了设备号的编码大小，主设备号的编码为 12 位，次设备号的编码为 20 位。

内核使用哈希表（chrdevs）来记录已经分配了的字符设备号，表的长度为 255。由于哈希函数屏蔽了主设备号的高四位，因此，主设备号的个数小于 255 个，可以被散列到不同的表项中。主设备号相同时，次设备号应该完全不同。哈希表使用链表来解决冲突问题，在冲突链表中，主、次设备号递增有序。冲突链表中的元素结构为 char_device_struct。

```
#define MAX_PROBE_HASH 255
static struct char_device_struct  {
    struct char_device_struct *next;  /*指向冲突链表中下一个元素的指针*/
    unsigned int major;               /*主设备号*/
    unsigned int baseminor;           /*起始次设备号*/
    int minorct;                      /*次设备号的范围*/
    const char *name;                 /*对应的设备驱动程序名*/
    struct file_operations *fops;     /*未用*/
    struct cdev *cdev;                /*指向字符设备驱动程序描述符的指针*/
} *chrdevs[MAX_PROBE_HASH];
```

与块设备相比，处理字符设备不需要复杂的缓冲策略。以 PS/2 鼠标驱动程序为例，该程序每次进行读操作时获得几个字节，即将对应鼠标按钮的状态和屏幕上鼠标的指针缓存到内核数据结构中，然后内核再把这些数据复制到进程地址空间。

11.4 高 速 缓 存

磁盘高速缓存是一种软件机制，它把存放在磁盘上的一些数据保留在 RAM 中，实现对这些数据的多次快速访问。

11.4.1 页高速缓存

页高速缓存是 Linux 内核所使用的主要磁盘高速缓存。几乎所有文件的读写操作都依赖于页高速缓存。读磁盘时，新页被追加到页高速缓存中。写磁盘时，要写的数据先写入页高速缓存中。Linux 利用页高速缓存实现了延迟写操作。

高速缓存中的页可能有这样几种类型：含有普通文件数据的页；含有目录的页；含有直接从块设备文件（跳过文件系统层）读出的数据页；含有用户态进程数据的页（页中的数据已经被交换到磁盘上）；属于特殊文件系统中文件的页（如共享内存的进程间通信所使用的特殊文件系统 shm）。

高速缓存中的页所包含的数据肯定属于某个文件。页的所有者就是文件，或者更准确地说是文件索引节点。含有换出数据的页都属于同一个所有者，即使它们涉及不同的交换区。

在采用直接 I/O 模式打开文件（即标志 O_DIRECT 置 1）时，任何读写操作都将文件数据在用户地址空间和磁盘间直接传送而绕过页高速缓存。少数数据库应用软件为了能采用自己的磁盘高速缓存算法而使用了 O_DIRECT 标志。

页高速缓存中的信息单位是一个完整的数据页。一个页中所包含的磁盘块在物理上不一定相邻，所以不能用设备号和块号来识别页。为了快速定位页高速缓存中的页，可以通过页的所有者和所有者数据中的索引来识别页，即通过文件索引节点和文件中的偏移量来识别页。

页高速缓存的核心数据结构是 address_space 对象，该对象嵌入在页所有者的主存索引节点对象（inode 结构）中。在页高速缓存中，属于同一个所有者的页被链接到同一个 address_space 对象。

每个页描述符（page 结构）中的 mapping 和 index 字段用于页高速缓存。mapping 字段指向页的所有者索引节点的 addresss_space 对象，index 字段表示在所有者的地址空间中以页为单位的偏移量。可以使用这两个字段在页高速缓存中查找页。

页高速缓存可能包含同一磁盘数据的多个副本。例如，读普通文件时，数据缓存在文件的主索引节点所拥有的页中；读磁盘设备文件时，数据缓存在设备文件的主索引节点所拥有的页中。

address_space 对象的描述如下：

```
struct address_space {
    struct inode    *host;                   /*指向拥有该对象的主索引节点的指针*/
    struct radix_tree_root    page_tree;     /*属于某一主索引节点的页构成的 radix 树的根*/
    spinlock_t    tree_lock;                 /*保护 radix 树的自旋锁*/
    unsigned int    i_mmap_writable;         /*共享内存映射的进程个数*/
    struct prio_tree_root i_mmap;            /*radix 优先级搜索树的根*/
    struct list_head    i_mmap_nonlinear;    /*地址空间中非线性内存区的链表*/
    spinlock_t    i_mmap_lock;               /*保护 radix 优先级搜索树的自旋锁*/
    unsigned int    truncate_count;          /*截断文件时使用的顺序计数器*/
    unsigned long    nrpages;                /*所有者所拥有的总页数*/
    pgoff_t    writeback_index;              /*最后一次回写操作所作用的页索引号*/
    struct address_space_operations *a_ops;  /*对页的操作方法，如读写操作*/
    unsigned long    flags;                  /*标志*/
    struct backing_dev_info    *backing_dev_info; /*嵌入在块设备的请求队列描述符中*/
    spinlock_t    private_lock;              /*管理 private_list 链表所使用的自旋锁*/
```

```
        struct list_head    private_list;        /*是与索引节点有关的间接块的脏缓冲区链表*/
        struct address_space *assoc_mapping;      /*指向间接块所在块设备的 address_space 对象*/
    };
```

address_space 对象嵌入在 VFS 索引节点对象（struct inode）的 i_data 字段中。索引节点的 i_mapping 字段总是指向自己的 address_space 对象。address_space 对象的 host 字段指向自己所依附的索引节点对象。

访问大文件时，页高速缓存中充满了太多的文件页，以至于顺序扫描这些页要消耗大量的时间。Linux 2.6 采用搜索树来提高页检索速度。每个 address_space 对象都对应一棵页搜索树。其 page_tree 字段是 radix 树的根，它包含指向所有者页的描述符（struct page）的指针。页索引表示页在所有者磁盘映像中的位置，当查找页时，内核把页索引转换为 radix 树中的路径，并快速找到页描述符所在的位置。获得页描述符后，内核能很快地确定所找到的页是否是脏页（应刷新到磁盘的页），以及是否正在进行 I/O 传送。

内存映射把一个虚拟内存区域和普通文件的某一部分或全部相关联，实现把对虚拟内存区域中页内字节的访问转换成对文件中相应字节的访问。内存映射可以实现多个进程对同一文件的共享映射。如果一个进程对共享内存映射中的页进行写操作，那么这种修改对共享该文件的其他进程都是可见的。

i_mmap 字段指向 radix 优先级搜索树（Priority Search Tree，PST），该树是由共享同一文件的多个进程的虚拟内存区域构成的。PST 的主要作用是为了执行"反向映射"，为了快速定位引用同一页框的所有进程虚拟内存区域。利用虚拟内存区域描述符可以获得指向一个给定页框的页表项，以便回收页框。

内存映射所涉及到的数据结构有被映射文件的主索引节点对象（struct inode）、被映射文件的主索引节点内嵌的 address_space 对象、不同进程对同一文件进行不同映射所使用的文件对象（struct file）、对文件进行每一次映射所使用的虚拟内存区域对象（struct vm_area_struct）和文件映射的地址空间的虚拟内存区域所对应的多个页框的页框描述符（struct page）。这些数据结构之间的关系如图 11.3 所示。

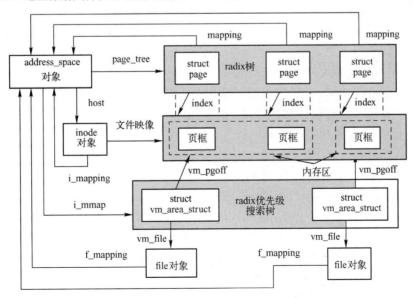

图 11.3 实现文件内存映射数据结构的关系

radix 优先级搜索树（PST）是基于 Edward McCreight 于 1985 年提出的 McCreight 树，用于对一组相互重叠的区间进行管理。PST 树中的每个节点表示一个虚拟内存区域，由基索引（radix index）、堆索引（heap index）和大小索引来标识。基索引是区域的起始页号，堆索引是区域的终点页号，大小索引是区域的页数减 1。PST 是一个依赖于基索引的搜索树，并附加一个类堆属性，即一个节点的堆索引不小于其子节点的堆索引。当新插入的节点与现存某一节点具有相同的索引值，即冲突时，新节点的虚拟内存区域描述符将被插入以原节点为根的双向循环链表中。

11.4.2　把块存放在页高速缓存中

文件系统通常以"块"为单位来组织磁盘数据。传统的 Linux 版本中，有两种不同的磁盘高速缓存：页高速缓存和缓冲区高速缓存。前者用来存放访问磁盘文件生成的数据页，后者用来把通过 VFS 访问的磁盘数据块暂时保留在内存区中。从 Linux 2.4.10 稳定版开始，缓冲区高速缓存就不再单独分配块缓冲区，而把磁盘数据块存放在页高速缓存的专门"缓冲页"中。一个缓冲页可以包含几个缓冲区，所缓存的数据块在磁盘上不必相邻，但一个缓冲页内的所有缓冲区大小必须相同。

每个缓冲区都有一个类型为 buffer_head 的缓冲区首部描述符。buffer_head 描述符包含了内核要了解的有关如何处理块的所有信息。buffer_head 描述符如下：

```
struct buffer_head {
    unsigned long    b_state;              /*缓冲区状态位图*/
    struct buffer_head *b_this_page;       /*指向链表中的下一个缓冲区首部的指针*/
    struct page      *b_page;              /*指向拥有该块的缓冲页的描述符的指针*/
    atomic_t    b_count;                   /*块引用计数器*/
    u32    b_size;                         /*块尺寸*/
    struct block_device *b_bdev;           /*指向块设备描述符的指针*/
    sector_t    b_blocknr;                 /*该块在块设备中的编号*/
    char    *b_data;                       /*块在缓冲页内的位置*/
    bh_end_io_t *b_end_io;                 /*I/O 完成方法*/
    void *b_private;                       /*指向 I/O 完成方法的指针*/
    struct list_head b_assoc_buffers;      /*与某个索引节点相关的间接块的链表*/
};
```

缓冲区状态位图 b_state 字段可以存放的几个位标志：当缓冲区含有有效数据时置位 BH_Uptodate 标志；当缓冲区中的数据必须写回磁盘时置位 BH_Dirty 标志；当缓冲区需要加锁进行磁盘传输时置位 BH_Lock 标志；当为初始化缓冲区而请求数据传输时置位 BH_Req 标志；当缓冲区首部的 b_bdev 和 b_blocknr 有效时置位 BH_Mapped 标志；当相应的块刚被分配但还没有被访问过时置位 BH_New 标志；当异步读缓冲区时置位 BH_Async_Read 标志；当异步写缓冲区时置位 BH_Async_Write 标志等。

b_bdev 和 b_blocknr 字段表示 I/O 请求的磁盘块地址。

b_count 字段是相应的缓冲区的引用计数器。在每次对缓冲区进行操作之前递增计数器，并在操作之后递减计数器。当空闲内存量不够时，可以回收引用计数器值为 0 的缓冲区。

缓冲区首部有属于自己的 slab 分配器高速缓存。alloc_buffer_head() 和 free_buffer_head() 函数分别用于获取和释放缓冲区首部。当内核需要单独访问一个块时，就涉及到存放块缓冲区的缓冲页，并检查缓冲区首部。

当读写文件页所存放的磁盘块不相邻时，内核需要创建缓冲页。内核把缓冲页描述符插入到普通文件的 radix 树中。

当需要访问一个单独的磁盘块时，内核也需要创建缓冲页。内核把缓冲页描述符插入到块设备文件的 radix 树中。内嵌在块设备文件索引节点中的 address_space 对象的 page_tree 字段指向这棵 radix 树。

例如，如果 VFS 要读大小为 1024B 的索引节点块，内核并不是分配一个单独的缓冲区，而是分配一个能存放四个缓冲区的页。

缓冲页内的所有缓冲区首部被链在一个单向循环链表中，即每个缓冲区首部的 b_this_page 字段指向链表中下一个缓冲区首部。缓冲页描述符（struct page）的 private 字段指向页中第一个缓冲区首部；每个缓冲区首部的 b_page 字段又指向缓冲页描述符。图 11.4 示出了一个含有四个缓冲区的缓冲页。

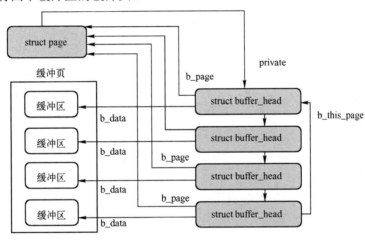

图 11.4 缓冲页与其包含的四个缓冲区的关系

11.5 小 结

Linux 的 I/O 系统所涉及的主要内容包括：

（1）sysfs 是一种特殊的文件系统，展示了设备驱动模型组件间的层次关系。它安装在"/sys"目录下，与"/proc"一样，允许用户态进程访问内核数据结构。sysfs 的高层目录包括：block、devices、bus、drivers、class、power 和 firmware 等。

（2）设备驱动模型组件包括：设备、设备驱动程序、总线和类。每个设备驱动程序都有一个设备对象链表，将其所驱动的设备链接在一起。每个总线类型都有一个链表，存放连接到该类型总线上的所有设备。类就是设备类，同一类中的设备驱动程序可以对用户态进程提供相同的功能。

（3）类 UNIX 操作系统把 I/O 设备当做特殊文件来处理，设备在文件系统中都有对应的目录项和索引节点。

（4）块设备操作所涉及的内核组件包括通用块层和 I/O 调度程序层。通用块层处理来自系统中的所有有关块设备的请求。I/O 调度程序层根据调度策略将待处理的 I/O 请求进行归类，把物理位置上相邻的请求聚集在一起，以减少磁头的平均移动时间。

（5）页高速缓存主要用于磁盘块高速缓存，高速缓存中的页是通过文件索引节点和文件中的偏移量来识别的。在页高速缓存中，属于同一文件的页被链接在一起。内存文件映射也是通过页高速缓存实现的。

习　题

11-1　Linux 系统中的设备驱动模型下支持哪些组件？

11-2　实现块设备操作涉及的系统组件有哪些？各自的作用是什么？

11-3　Linux 系统的设备缓存是如何实现的？

11-4　通过列表命令，观察设备文件具有哪些属性？

第 12 章　中断、异常和信号处理

12.1　中断和异常处理的硬件基础

现代计算机系统都具有对其内部和外部发生的同步（synchronous）或异步（asynchronous）事件进行处理的能力。这种内部和外部事件通常分为两类：中断（interrupts）和异常（exceptions）。

中断通常是由与当前执行进程无关的一些异步事件引起的。例如，间隔定时器和外部设备的输入/输出完成等。当这些事件发生时，产生中断。中断可以被允许或禁止。

异常是在处理机执行到某一条指令时，程序本身需要或程序本身发生的错误被检测到一个出错条件时发生的同步事件。例如，程序中使用了系统调用或程序性的错误（除数为0，算术溢出等）就是这类事件。

当收到一个中断或检测到一个异常时，处理器会自动地把当前正在执行的程序或任务挂起，并开始运行中断或异常处理程序。当处理程序执行完毕，处理器就会恢复并继续执行被中断的程序或任务。下面以 Linux 为例，简单介绍这些相关的概念。

1. 中断源

引起中断的事件叫中断源。不同硬件机构的中断源各不相同，从中断事件的性质来分，可以分为两大类：

（1）强迫性中断

这类中断与当前执行的程序无关，是由某种硬件故障或外部请求信息引起的。它大致包括：

① 硬件故障中断。它是由电源掉电、主存储器奇偶校验错等引起的。

② 外部设备的输入/输出中断。它是由外部设备输入/输出正常完成或故障而引起的。

③ 外部某类事件中断。例如，时钟中断、控制台发来的控制信息的中断。

④ 处理机间的中断。多处理机系统中，一个 CPU 向另一个 CPU 发出的中断。

⑤ 程序性中断。它是由程序中的错误引起的中断。可能是程序中使用了非法指令、数据溢出、除数为0、地址越界等。这类中断又叫异常。

其中，①是非屏蔽中断(NMI:NonMaskable Interrupt)，②和③是可屏蔽中断。非屏蔽中断是指发送到微处理器的 NMI（非屏蔽中断）引脚，这样的中断不可以通过清除 eflags 寄存器中的 IF 标志来使之失效。只有一些像硬件失败这样的关键事件才产生非屏蔽中断。可屏蔽中断是指发送到微处理器的 INTR 引脚，这种中断可以通过清除 eflags 寄存器中的 IF 标志使其失效。

（2）自愿性中断

这类中断是正在执行的程序的错误或由内核必须处理的异常而引起的。由于程序错误产生的异常，内核通过发送一个信号来处理它。而由内核必须处理的异常（如系统调用的执行或缺页处理等），内核执行必要的处理，还要执行恢复异常需要的所有步骤。UNIX 把这类中断叫陷入（trap）。

2．中断优先级

在任何时候，可能有若干个中断源同时向处理机提出中断请求。为了及时响应和处理所有的中断，系统按照中断的重要性和要求处理的紧急程度将中断划分成若干级，称之为中断优先级（Interrupt Priority Level，IPL）或中断请求级（Interrupt ReQuest Level，IRQL）。处理机根据优先级在各个中断请求之间做出仲裁，并按它们的优先级从高到低进行处理；对属于同一优先级的多个中断请求，则按预先规定顺序处理。仅当某一中断请求的优先级高于现行处理的中断优先级时，系统才升高处理机的中断优先级，并暂停当前的中断服务，转去为该中断请求服务。

当系统中同时发生异常和中断时，异常总是得到优先响应和处理。

总的来说，异常和中断非常相似，当处理异常和中断时，均将处理机的状态长字（PSL）和程序计数器（PC）压入某一堆栈，之后引入相应的事件处理程序进行处理。但两者处理又有区别，表现为

① 由于异常是由现行程序执行引起的，因此，通常在与该进程关联的核心栈上执行有关的异常处理程序；中断是由于系统中某些可能与现行程序无关的外部事件引起的，因此，中断处理只能在系统的中断栈上执行。

② 当系统处理某一异常事件时，处理机的中断优先级(IPL)一般是不改变的，而启动某一中断处理总是要升高处理机的优先级。

③ 已被允许的异常不论处理机的 IPL 如何，都将立即被启动处理，而中断则要推迟到处理机的 IPL 降到低于请求中断的 IPL 时才被启动。

3．中断描述符表

每一个中断或异常都是由一个在 0～255 范围内的数字来定义的；Intel 称由这 8 位表示的无符号数为向量（vector）。非屏蔽中断和异常的向量是固定的，而那些可屏蔽中断可以通过对中断控制器的编程来改变。

Linux 使用的中断向量为：

（1）在 0～31 范围内的向量对应异常和非屏蔽中断（NMI）。

（2）在 32～47 范围内的向量被分配给了用于外部 I/O 设备的可屏蔽中断，使得这些设备可以通过外部硬件中断机制向处理器发送中断。标志寄存器 Eflags 中的 IF 标志可用来屏蔽所有这些硬件中断。

（3）剩下的从 48～255 的向量可以被用来定义软件中断。Linux 仅使用它们当中的 128 号（即 0x80）这一个向量，来实现系统调用。当一条"INT 0x80"汇编指令被一个用户态的进程执行时，CPU 切换到核心态并且开始执行内核函数 system_call()。

注意，Eflags 中的 IF 标志不能够屏蔽通过 INT 指令从软件中产生的中断。当 IF=0 时，处理器禁止发送到 INTR 引脚的中断；当 IF=1 时，发送到 INTR 引脚的中断信号会被处理器处理。IF 标志并不影响发送到 NMI 引脚的非屏蔽中断，也不影响处理器产生的异常。

当异常和中断发生时，处理机将自动转向一个预先定义好的中断处理程序，该程序的入口地址是一个长字，称之为异常或中断向量。所有异常和中断向量组成一个页面，叫异常

和中断描述符表（Interrupt Descriptor Table，IDT）。IDT 将每个异常或中断向量分别与它们的处理过程联系起来。与 GDT 和 LDTs 的格式类似，IDT 也是由 8B 长描述符组成的一个数组。因此，IDT 最多需要 256×8=2048B 存储空间。IDT 必须在内核启动中断前被正确地初始化。CPU 的寄存器 idtr 记录了 IDT 的物理基址和表的长度。

Intel 提供了三种类型的描述符：

（1）任务门（task gate）描述符。当一个中断信号发生时，将要替换当前进程的那个进程的任务状态段 TSS 选择符存放在任务门中。Intel 的一个任务门的描述符特权级（Descriptor Privilege Level，DPL）域等于 0，它不能被一个用户态进程访问。Linux 对内核有严重的错误的异常"Double fault"处理程序是通过任务门的方式执行的。

（2）中断门（interrupt gate）描述符。它包括了一个中断或异常处理程序的段选择符和段内偏移量。当要把控制转移到合适的段时，处理器会将 IF 标志清零，以此来禁止更深一层的可屏蔽中断。

一个 Intel 中断门不能被一个用户态进程访问（门的 DPL 域等于 0）。所有 Linux 中断处理程序都是通过中断门的方式执行的，并且都被严格限制在核心态。

（3）陷阱门（trap gate）描述符。一个 Intel 陷阱门不能被一个用户态进程访问（门的 DPL 域等于 0）。除了与中断向量 3（断点）、4（溢出）、5（地址越界）和 128（系统调用）相关的四个 Linux 异常处理程序是通过系统中断门的方式执行，且是由用户态发出的外，所有 Linux 异常处理程序都是通过陷阱门的方式执行的。类似于中断门，只是当要把控制转移到合适的段时，处理器才不修改 IF 标志。

12.2 中断和异常处理

12.2.1 硬件完成的处理

在执行当前一条指令时，cs 和 eip 这一对寄存器包含着下一条将要被执行的指令的逻辑地址。这样，在当前指令执行完成后，检查控制单元是否发生了一个中断或者异常。如果发生了，那么控制单元将：

（1）确定这个中断或异常的向量 i（$0 \leqslant i \leqslant 255$）。

（2）从寄存器 idtr 指定的 IDT 中读取第 i 项。

（3）从 gdtr 寄存器中得到全局描述符表（GDT）的基址并且在 GDT 中查找并读出由 IDT 项中的选择符所确定的段描述符，这个描述符指定了包含中断或异常处理程序的那个段的基址。

（4）检查中断的合法性。首先比较存储在 cs 寄存器中的当前特权级（Current Privilege Level，CPL）和包含在 GDT 中段描述符的描述符特权级（Descriptor Privilege Level，DPL）。因为中断处理程序的特权级不能低于导致中断的那个程序的特权级。当 DPL 低于 CPL 时产生一个"普通保护"。这个检查能防止用户应用访问特定的陷阱或中断门。

（5）检查是否发生了特权级的改变，也就是说 CPL 是否不同于所选的段描述符的 DPL。如果是，控制单元必须开始使用与新特权级相关的堆栈。这通过如下步骤实现：

① 读任务段寄存器 tr 以访问 current 进程的任务状态段 TSS。

② 将任务状态段中与新特权级相应的堆栈段和堆栈指针的适当值分别装入 ss 和 esp 寄

存器。

③ 在新的堆栈中，保存对应先前的旧优先级的堆栈的逻辑地址 ss 和 esp 的值。

（6）如果发生一个故障，就把导致异常的指令的逻辑地址装入 cs 和 eip，这样就可以再次执行它了。

（7）在堆栈中保存 eflags，cs 和 eip 的内容。

（8）如果异常带有一个硬件错误代码，将其保存在堆栈中。

（9）用存储在中断描述符表第 i 项中的门描述符的段选择符和偏移量分别装载到 cs 和 eip。这些值定义了中断或异常处理程序的第一条指令的逻辑地址。

（10）由控制单元所执行的最后一步就是跳转到中断或异常处理程序。

在中断或异常已经被处理完之后，通过处理程序发出中断返回指令 iret 将控制返回给被中断进程。这条指令将强迫控制单元：

① 用存储在堆栈中的值来装载 cs，eip 和 eflags 寄存器。如果有一个硬件错误码被压到了堆栈中 eip 内容的上面，那么在执行 iret 之前就必须把它弹出。

② 检查处理程序的 CPL 是否等于 cs 中特权级（即被中断的进程与处理程序运行在同一特权级上）。如果是，iret 结束执行；否则，继续执行下一步。

③ 从堆栈中装载 ss 和 esp，并且返回与旧特权级相关的堆栈。

④ 检查 ds，es，fs 和 gs 段寄存器的内容。如果它们中的任何一个含有指向的 DPL 值低于 CPL 值的段描述符的选择符，就清空对应的段寄存器，以防止恶意的用户态程序使用它们来访问内核地址空间。

12.2.2　软件处理

当内核没有错误时，大多数异常都只发生在 CPU 处于用户态的时候。它们或者是由编程错误引起的，或者是由调试器触发的。但是，缺页错异常可以发生在核心态。当处理这样的一个进程时，内核可以挂起当前进程，直到请求的页可用。处理缺页错异常的内核控制路径在进程重新得到处理器时马上继续执行。

多数异常仅仅是通过向导致异常的进程发送一个 UNIX 信号来处理的，要执行的活动因此被延缓，直到进程收到信号，内核才可以处理异常。

内核对异常处理程序的调用有一个标准的结构，它由以下三部分组成：

① 在核心栈中保存大多数寄存器的内容（由汇编语言实现）；

② 调用 C 编写的异常处理函数；

③ 通过 ret_from_exception()函数从异常退出。

这种方法不适用于中断，因为中断与正在执行的进程往往无关。另外，由于硬件限制，许多设备可能要共享同一条 IRQ 线。为此，许多设备的中断服务程序（interrupt service routines，ISRs）能够被关联于同一个中断处理程序。这样，当一个特定的设备发出了中断请求时，每一个 ISR 都被执行以检查是否它的设备需要注意。

12.2.3　如何处理中断

当一个中断产生时，对于那些耗时长的非关键操作应该被延期，以便使那些 IRQ 低的中断能够得到及时处理。所以 Linux 跟在中断之后执行的操作分为如下三类：

① 紧急的操作。向可编程中断控制器发送对一个中断的响应，重新编程可编程中断控

制器或者设备控制器，或者对设备和处理器都要访问的数据结构进行修改，这些操作是紧急的，它们必须被尽快执行。紧急的操作应该在中断处理程序内立即执行，而且必须屏蔽所有的可屏蔽中断。

② 非紧急的操作。像更新只由处理器访问的数据结构（例如当按下键盘上的一个键后，读取扫描码）这样的操作也应该很快完成，所以它们在中断处理程序中被立即执行，而且允许接受其他中断。

③ 非紧急可延迟操作。如将缓存内容复制到某个进程的地址空间（例如，将键盘行缓存发送到终端处理程序进程）这类操作可以被延迟一个较长的时间间隔，而不要影响内核操作。非紧急可延迟执行的操作由一些被称为低层（bottom halves）的函数执行。

为此，所有的中断处理程序执行相同的 4 个基本操作：

① 将 IRQ 值和寄存器内容保存在核心态堆栈中。

② 向服务于这条 IRQ 线的可编程中断控制器（PIC）发送一个响应信号，从而允许它在这条中断线上进一步发出其他中断请求。

③ 执行共享这条 IRQ 线的所有设备对应的所有中断服务程序。

④ 通过跳转到 ret_from_intr()地址来终止中断处理。

具体执行的处理如下：

1．对硬件故障的处理

（1）电源失效和恢复

电源失效和恢复处理的基本思想是：由于从处理机发出电源失效信号到最后断电有一段延迟时间，因此软件可利用这段时间设置断电标志，通知系统中所有的 I/O 活动停止工作，同时保护处理机的现场。等到电源恢复正常后再恢复处理机的现场，使所有被停止的 I/O 活动继续执行。

（2）机器故障中断和严重的系统失效

机器故障中断包括主存写超时等，严重系统失效包括机器校验异常等。对这类错误的处理，通常系统打印一些出错信息，等待人工干预。

2．外部设备中断

外部设备中断包括：控制台中断、时钟中断以及各种输入输出设备的中断。关于这部分的功能已在第 6 章设备管理中介绍过。

3．处理机间中断

在多处理机系统中，允许一个 CPU 向系统中的其他 CPU 发送中断信号。Linux 定义了三种类型的处理机间的中断：

① CALL_FUNCTION_VECTOR(向量 0xfb)：发往所有处理机（不包括发送者），强制这些处理机运行发送的函数。

② RESCHEDULE_VECTOR(向量 0xfc)：当一个 CPU 接到这类中断时，执行相应的中断处理程序来响应中断。当从中断返回时，引起处理机的重新调度。

③ INVALIDATE_TLB_VECTOR(向量 0xfd)：发往所有处理机（不包括发送者），强制这些处理机的高速缓冲 TLB 变为无效。相应的处理程序刷新处理机的某些 TLB 表项。

12.3 信号处理机制

12.3.1 信号概述

UNIX 系统 V 提供了软中断的处理功能，又叫信号处理。在原理上，进程收到一个信号与处理器收到一个中断请求是一样的。信号也是异步发生的。信号是进程间通信机制中唯一的异步通信机制，通知接收信号的进程有哪些事件发生了，并（或强迫）使进程执行自己的相关信号处理程序。

信号机制经过 POSIX 实时信号扩展后，功能更加强大，除了基本通知功能外，还可以传递附加信息。

1. 信号的来源和分类

（1）信号产生的来源

信号产生是指触发信号的事件发生。信号产生有两个来源：硬件和软件。

硬件信号，常见的有，按下一个键或者其他硬件故障，如总线错误异常就是硬件异常。

对于软件信号，可通过一些系统调用函数引发信号，如 kill()、alarm()等；还包括一些非法运算操作等引发的信号，如被零除错误和浮点溢出等就是软件异常。

所谓发软中断信号，就是向进程的 task_struct 中的相关字段送入一个无符号的整数，来标识一个特定的信号的产生。无符号整数为 32 位长字，系统 V 利用这个字存放 32 个软中断信号，其编码为 1～31。Linux 利用它的另一个长字存放 POSIX 引入的实时信号，编码为 32～63。表 12.1 列出了系统 V 一些信号的含义（用 kill -l 命令可以察看系统定义的信号列表）。

表 12.1 软中断信号表

软中断号	符号名	默认操作	含义	软中断号	符号名	默认操作	含义
1	SIGHUP	Terminate	电话挂断终端或进程	11	SIGSEGV	Dump	无效的段引用
2	SIGINT	Terminate	键盘打入"CTL+C"键	12	SIGUSR2	Terminate	用户定义
3	SIGQUIT	Dump	键盘打入"Ctrl-\"键	13	SIGPIPE	Terminate	管道只有写者无读者
4	SIGILL	Dump	非法硬件指令	14	SIGALRM	Terminate	定时器报警信号
5	SIGTRAP	Dump	断点或跟踪指令	15	SIGTERM	Terminate	软件的进程终止信号
6	SIGABRT	Dump	进程异常终止	17	SIGCHLD	Ignore	子进程消亡
7	SIGBUS	Dump	总线超时错误	21	SIGTTIN	Stop	后台进程请求输入
8	SIGFPE	Dump	浮点溢出	22	SIGTTOU	Stop	后台进程请求输出
9	SIGKILL	Terminate	强迫进程终止	30	SIGPWR	Terminate	电源失效
10	SIGUSR1	Terminate	用户定义	31	SIGSYS	Dump	系统调用错

当一个进程收到多个软中断信号时，系统允许每次只处理一个软中断信号，且较小的软中断号被优先处理。其他的软中断只有在该进程下次调度运行时才可能被处理。

（2）软中断信号的分类

软中断信号可从两方面进行分类：从可靠性上分，有可靠信号和不可靠信号；从实时性上分，有实时信号和非实时信号。

Linux 信号机制基本上是从 UNIX 系统中继承过来的。把那些值小于 32 的信号叫做"不可靠信号"。早期 UNIX 下的不可靠信号主要指的是进程可能对信号做出错误的反应以及信号可能丢失。

前 32 种信号中的每个信号都有确定的用途及含义，并且都有各自的默认动作。如按 Ctrl+C 键时，会产生 SIGINT 信号，对该信号的默认反应就是进程终止。而且不支持排队。即同类信号有多个时，就当做一个信号接收。

UNIX 各种版本对原来的信号进行改进和扩充，力图实现可靠信号。值大于等于 32 小于 63 的信号都是可靠信号。可靠信号支持排队，不会丢失。

非实时信号都不支持排队，都是不可靠信号；故后 32 个信号是可靠的实时信号，支持排队，系统保证发送的多个实时信号都被进程接收。本章只讨论非实时信号。

2．对信号的响应和处理情况

上面讨论了信号产生（Generation）的各种原因，当对信号进行了一些处理动作时，就称为向进程传递（Delivery）了一个信号。在信号产生和传递之间的时间间隔，称为信号是处于未决的（pending）状态，简称信号未决。进程可以选择阻塞（Block）某个信号。被阻塞的信号产生时将保持在未决状态，直到进程解除对此信号的阻塞，才执行传递的动作。注意，阻塞和忽略是不同的，只要信号被阻塞就不会被传递，而忽略是在传递之后可选的一种处理动作。

进程可以通过三种方式来响应一个信号：

（1）忽略信号（Ignore the signal）。即对信号不做任何处理。有两个信号不能忽略：SIGKILL 及 SIGSTOP。它们向超级用户提供了使进程终止或停止的可靠方法。

（2）捕捉信号（Catch the signal ）。通过调用相关的信号处理函数捕获信号。SIGKILL 及 SIGSTOP 这两个信号是不能捕获的。

（3）执行默认操作（Execute the default action）。Linux 对每种信号都规定了默认信号处理函数。当信号发生时，执行相应的处理函数。表 12-1 就是系统默认的动作。关于 Dump，当一个进程由于故障要异常终止时，可以选择把进程的用户空间内存数据全部保存到进程的当前目录上，文件名通常是 core。

Linux 究竟采用上述三种方式的哪一个来响应信号，取决于传递给相应 API 函数的参数。如果在进程解除对某信号的阻塞之前这种信号产生过多次，Linux 对常规信号（值小于 32）在传递之前产生多次只计一次。

12.3.2　信号的发送与安装

1．信号的发送

通过一些系统调用可以引发一个软中断信号。这些系统调用的主要函数有 kill()、raise()、sigqueue()、alarm()、setitimer()及 abort()。

（1）kill()函数向指定进程或进程组发送信号。

（2）raise()函数向当前进程自己发送指定的信号。

（3）sigqueue()函数是针对发送实时信号的系统调用，也支持前 32 个非实时信号的发送。与函数 sigaction()配合使用。sigqueue()发送非实时信号时，不支持排队，即在信号处理函数执行过程中到来的所有相同信号，都被合并为一个信号。与 kill()相比，它支持信号带参数，其功能更强，更灵活。

（4）alarm()又称为闹钟函数，在指定的秒数之后，将向进程本身发送 SIGALRM 信号。

（5）setitimer()比 alarm 功能强，支持 3 种类型的定时器：

① ITIMER_REAL：设定绝对时间。到指定的时间后，内核将发送 SIGALRM 信号给本进程；

② ITIMER_VIRTUAL：设定程序执行时间。经过指定的时间后，内核将发送 SIGVTALRM 信号给本进程；

③ ITIMER_PROF：设定进程执行以及内核因本进程而消耗的时间和，经过指定的时间后，内核将发送 ITIMER_VIRTUAL 信号给本进程。

（6）abort()函数向进程发送 SIGABRT 信号，默认情况下进程会异常退出。当然可定义自己的信号处理函数。即使 SIGABRT 被进程设置为阻塞信号，调用 abort()后，SIGABRT 仍然能被进程接收。

2．信号的安装

信号的安装就是用来建立信号值及进程针对该信号值的动作之间的映射关系。当该信号被传递给进程时，进程就执行指定的操作来处理信号。

Linux 主要有两个信号安装函数：signal()和 sigaction()。

（1）signal()是在可靠信号系统调用的基础上实现的库函数，它主要用于前 32 种非实时信号的安装，不支持信号带参数。

（2）sigaction()用于改变进程接收到特定信号后的行为，支持信号带有参数，通过信号传递信息。它既支持实时也支持非实时信号的安装，主要用来与 sigqueue()系统调用配合使用。

12.3.3　信号集

1．信号集及相关函数

当信号的类型超过一个无符号整形所包含的位数时，POSIX 定义了一个新的数据类型 sigset_t，以包含一个信号集。信号集用来描述信号的集合。其类型定义如下：

```
typedef struct{ unsigned long sig[_NSIG_WORDS]; }sigset_t;
```

信号未决和阻塞标志可以用相同的数据类型 sigset_t 来存储。类型 sigset_t 可以表示每个信号的"有效"或"无效"状态，在阻塞信号集中"有效"和"无效"的含义是该信号是否被阻塞，而在未决信号集中"有效"和"无效"的含义是该信号是否处于未决状态。

Linux 支持的所有信号可以全部或部分地出现在信号集中，主要与信号阻塞相关函数配合使用。

为信号集操作定义的函数有 sigemptyset()、 sigfillset()、 sigaddset()、 sigdelset()和 sigismember()。

（1）sigemptyset()函数初始化指定的信号集，使其中所有信号的对应 bit 清零。

（2）sigfillset()函数使指定的信号集中所有信号的对应 bit 置位，表示该信号集的有效信号包括系统支持的所有信号。

（3）sigaddset()和 sigdelset()分别在指定信号集中加入或删除一个指定信号。

（4）sigismember 是一个布尔函数，用于判断指定信号集中是否包含某种有效的信号，若包含则返回 1，不包含则返回 0，出错返回–1。

2．信号的注册与信号的阻塞未决（pending）

信号在进程中注册就是将一个信号值加入到进程的未决信号集中。每个进程的 task_struct 结构有一个用来描述哪些信号传递到进程时将被阻塞的信号集，该信号集中的所有信号在传递到进程后都将被阻塞，信号处于阻塞未决状态。只要信号在进程的未决信号集中，就表明进程已经知道这些信号的存在，但还没来得及处理，或者说该信号被进程阻塞。与信号阻塞相关的函数有：sigprocmask()、sigpending()和 sigsuspend()。

（1）sigprocmask()函数能够根据所带参数对信号集实现如下三种操作：

① 在进程当前阻塞信号集中添加还未包含的指定信号集中的信号。

② 如果进程阻塞信号集中已经包含指向信号集中的信号，则解除对这些信号的阻塞。

③ 更新进程信号集的掩码为指定的信号集掩码。

（2）sigpending()获得当前已传递到进程，且被阻塞（即未决）的所有信号。

（3）sigsuspend()用于在接收到某个信号之前，临时改变进程的信号掩码，暂停进程执行，并改变进程的状态为 TASK_INTERRUPTIBLE，直到收到信号为止。sigsuspend()返回后将恢复调用之前的信号掩码。信号处理函数执行完后，进程将继续执行。

12.3.4　信号应用示例

为了深入理解软中断信号机制的应用，下面用一个例子进行说明。

```
main()
{
int i,j;
int func();
signal(16,func);          /*定义信号处理程序*/
i=fork;
if (i<0)
  { printf("parent:fork() is error! \ n");
   exit(-1);
  }
if (i>0)
  { printf("parent:signal 16 will be sent to child. \ n");
     j=kill(i,16);       /*引发一个软件信号*/
     wait();
     printf("parent:finished. \ n");
  }
else {
    sleep(1000);
    printf("child: A signal from my parent is received. \ n");
    exit(0);
```

```
        }
    }
    func()                    /*信号处理程序*/
    {
        printf("this is the signal 16 process function. \ n");
    }
```

在程序的开始，用系统调用函数 signal()安装用户定义的信号 16 的处理程序 func，之后创建一个子进程 i。子进程复制父进程映像产生自己的执行实体。因此也继承了父进程对信号 16 的处理方式。当子进程被调度执行时，它先执行 sleep(1000)，睡眠 1000s，在 sleep 的出口检测是否收到信号，若没有，则进入低优先级睡眠。

当父进程被调度执行时，先打印"parent:signal 16 will be sent to child"。然后通过调用 kill(i,16)，向子进程发信号。在 kill()的出口，若发现子进程处于低优先级睡眠，则将其唤醒，插入就绪队列。之后，父进程用 wait()等待子进程终止。一旦子进程再次被调度，查到它已收到了信号，就立即执行 func()规定的程序，打印"this is the signal 16 process function."，处理完，显示"child:A signal from my parent is received."。最后，它执行 exit(0) 终止自己，并唤醒父进程。父进程被调度执行，对子进程进行善后处理后，打印"parent:finished."，父进程结束。

12.4 小　　结

本章重点介绍了以下内容。

1. 中断和异常的概念

中断与异常处理也是 UNIX、Linux 系统的重要组成部分，其中包括 Linux 系统中断优先级的划分、中断与异常处理实现的功能和处理过程。中断是异步发生的事件，是与当前执行的程序无关的。异常是由当前执行的程序产生的，是同步发生的事件。系统调用就是异常的一种形式。中断既可以由硬件产生，也可以由软件产生。

2. 信号机制

UNIX/Linux 系统提供了软中断的处理功能，又叫信号处理。在原理上，进程收到一个信号与处理器收到一个中断是一样的。信号也是异步发生的。

为了处理信号，与信号相关的函数有：信号的发送、安装以及信号的处理等。

习　　题

12-1　中断与异常有什么相同点和不同点？

12-2　为什么中断处理时需要提高 CPU 的中断优先级，而异常处理时不需要改变 CPU 的中断优先级？

12-3　Linux 的信号机制有什么用途？

第 13 章　Linux 进程之间的通信

进程通信机制是操作系统的重要组成部分，用于解决用户态进程之间的信息交换。Linux 系统的进程通信包括管道通信、信号量机制、消息缓冲和共享内存区等。下面几节分别进行介绍。

13.1　管　道　通　信

管道通信允许进程之间按先进先出方式传输数据。一些进程用 write 命令向管道写入数据，另一些进程用 read 命令从管道读数据，且彼此同步执行。管道通信是进程使用文件系统中文件进行的。有两种类型的管道：无名管道（pipes）和有名管道（FIFO）。无名管道用于父子两进程之间传输大量的信息。通过有名管道（FIFO）进行信息通信时，通信的双方不要求具有父子关系。

管道是作为一组 VFS 对象来实现的，因此没有对应的磁盘映像。在 Linux2.6 中，把管道组织为 pipefs 特殊文件系统来加以处理。但由于这个文件系统在系统目录树中没有安装点，因此，用户根本看不到它。但有了 pipefs 后，内核就可以用有名管道（或 FIFO）的方式进行处理。FIFO 是以终端用户能够识别的文件而存在的。

13.1.1　创建无名管道

当同族进程之间需要通信时，可以通过系统调用 pipe()建立一个无名管道。其调用语法如下：

  int pipe(fdp);

这里 fdp 是一个整型数组指针，该数组用于存放对管道读写的两个文件描述符。其中，fdp[0]为读管道描述符，fdp[1]为写管道描述符。fdp[1]的输出为 fdp[0]的输入。

其实现过程是：

（1）首先为 pipefs 中的管道在主存分配一个索引节点对象并进行初始化。其中包括：

① 分配一个新的索引节点。

② 分配一个 pipe_inode_info 结构，并把它的地址存放在索引节点的 i_pipe 字段。

③ 设置 pipe_inode_info 的 curbuf 和 nrbufs 字段为 0，清零缓冲区数组 bufs。

④ 设置 pipe_inode_info 的 r_counter 和 w_counter、readers 和 writers 分别为 1。

（2）为调用进程的读管道分配一个文件对象和一个文件描述符，并把这个文件对象的 f_flag 字段设置成 O_RDONLY，把 f_op 字段初始化为 read_pipe_fops 表的地址。

（3）为调用进程的写管道分配一个文件对象和一个文件描述符，并把这个文件对象的 f_flag 字段设置成 O_WRONLY，把 f_op 字段初始化为 write_pipe_fops 表的地址。

（4）分配一个目录项对象，通过它将两个文件对象和索引节点对象链接起来，然后把该索引节点对象插入 pipefs 特殊文件系统中。

（5）返回这两个文件描述符。

pipe 文件没有路径名，开始时，该文件的长度为 0，是一个空白文件。

进程生成 pipe 文件后，一般紧接着就要创建一个或几个子进程。此时，子进程复制父进程的资源，于是 pipe 文件就为父、子进程（或同族进程之间）共享。之后，各进程通过调用 READ()或 WRITE()函数对 pipe 文件进行存取。为了避免混乱，一个 pipe 文件最好为两进程专用，一个用于读，一个用于写。这样，两进程应该分别关闭掉 pipe 文件的发送端与接收端，两个进程就可以通过管道进行通信。通信方式如图 13.1 所示。

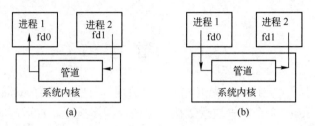

图 13.1 进程之间通过管道进行的通信

UNIX 和 Linux 同样提供了 popen()和 pclose()两个封装函数。只要使用 popen()函数创建一个管道，就可以使用 C 函数库中的高级 I/O 函数对管道进行操作。在 Linux 系统中，popen()和 pclose()两个函数都包含在 C 函数库中。popen()函数接收两个参数：可执行文件的路径名 filename 和数据传输方向的字符串类型的 type。该函数返回一个指向 FILE 数据结构的指针。popen()实现的功能：

① 调用 pipe()，创建一个管道。

② 创建一个子进程，该进程执行以下操作：

a. 如果 type 为'r'，就把管道的写文件描述符复制到标准输出文件描述符 1；如果 type 为'w'，就把管道的读文件描述符复制到标准输入文件描述符 0。

b. 关闭 pipe()返回的两个文件描述符。

c. 调用 execve()系统调用执行 filename 所代表的程序。

③ 如果 type 为'r'，就关闭管道的写文件描述符；如果 type 为'w'，就关闭管道的读文件描述符。

④ 返回 FILE 文件指针所指向的地址。

13.1.2 管道涉及的数据结构

内核为每个管道都建立一个索引节点和两个文件对象，以实现管道的读写。当索引节点（见虚拟文件系统的索引节点对象）指的是管道时，其 i_pipe 字段指向 pipe_inode_info 结构。其定义如下：

```
struct pipe_inode_info{
struct wait_queue * wait;              /*管道/FIFO 等待队列*/
unsigned int nrbufs;                   /*包含待读数据的缓冲区个数*/
unsigned int curbuf;                   /*包含待读数据的第一个缓冲区的索引*/
struct pipe_buffer bufs[16];           /*管道缓冲区描述符数组*/
struct page *      tmp_page;           /*高速缓存页框指针*/
unsigned int start                     /*当前管道缓冲区读的位置*/
```

```
unsigned int readers;                    /*读进程数的标识*/
unsigned int writers;                    /*写进程数的标识*/
unsigned int waiting_writers;            /*在等待队列中睡眠等待的写进程数*/
unsigned int r_counter;                  /*与 readers 类似，但记录的是等待读 FIFO 的进程标识*/
unsigned int w_counter;                  /*与 writers 类似，但记录的是等待写 FIFO 的进程标识*/
struct fasync_struct * fasync_readers;   /*用于通过信号进行异步 I/O 通知*/
struct fasync_struct * fasync_writers;   /*用于通过信号进行异步 I/O 通知*/
}
```

此外，在 Linux2.6.11 内核中，每个管道（pipe 或 FIFO）都有自己的 16 个管道缓冲区（pipe buffer），用来保存已经写入管道待读的数据。这就是 pipe_inode_info 中的 bufs[16]对象数组。这 16 个缓冲区可以看成一个环形缓冲区。

13.1.3 创建一个有名管道

无名管道是一个临时文件，当文件被关闭后，文件就不复存在了。无名管道是提供给同族进程之间使用的通信办法。为了实现无家族关系进程之间的通信，Linux 提供了有名管道（named pipe）或 FIFO。任何知道管道名字的进程都可以打开使用。有名管道可用于同一机器进程间的本地通信，也可用于通过网络连接的不同机器进程间的通信。它的调用语法与无名管道相同，但这种文件被建立后，磁盘上有一个对应的目录项和索引节点。它与普通文件类似，是通过路径名存取的。只要这种文件不显式删除，它就永久存在，只是文件长度为零。

FIFO 与 pipe 使用相同的操作和数据结构。FIFO 的索引节点在系统目录树中可见，而不是在 pipefs 特殊文件系统中，且 FIFO 是双向通信管道，可用读写模式打开。

1. 创建一个有名管道

在 Linux 系统下，有名管道可由两种方式创建：命令行方式 mknod 和函数 mkfifo。通信双方必须首先创建有名管道后，才能打开进行读写。创建一个有名管道的命令同创建一个目录文件、特别文件一样，使用如下命令行方式实现：

> mknod(pathname,mode,dev)

其中，pathname 是新创建的有名管道的文件路径名，mode 是被创建文件的类型和存取方式，dev 是文件所在的设备。对于有名管道，dev 这个参数为 0。有名管道被创建后，在系统中有一个目录项和对应的磁盘 i 节点与之对应，但并不将它打开。

POSIX 引入了一个名为 mkfifo(pathname,mode)的库函数专门用来创建 FIFO 文件。

上述两个函数执行成功，返回 0，否则，返回-1。

生成了有名管道后，就可以使用一般的文件 I/O 函数如 open、close、read、write 等来对它进行操作。

2. 打开一个有名管道

由于有名管道创建时并没有打开，因此必须显式地使用如下的打开系统调用将其打开。

> open(pathname,oflg)

其中，pathname 是要打开的有名管道的路径名，oflg 是文件打开时的存取方式。打开一个有名管道与一个普通文件没有区别，只是通信的发送者以 OWRONLY 只写方式、接收方以

ORDONLY 只读方式打开。

有名管道打开后就可以使用读写命令进行读写了，读写完成后立即关闭。有名管道文件关闭后，它所占用的磁盘块全部释放，但文件本身并没有消失。

进程间使用有名管道实现通信时，必须有三次同步。

第一次是打开同步。当一个进程以读方式打开有名管道时，若已有写者打开过，则唤醒写者后继续前进；否则，睡眠等待写者。当一个进程以写方式打开有名管道时，若已有读者打开过，则唤醒读者后继续前进；否则等待读者。

第二次是读写同步。其同步方式与 pipe 相同。允许写者超前读者 1024 个字符。当有更多的字符要写入时，则写者必须等待。读者从有名管道读时，若没有数据可读则等待。若有数据可读，读完后要检查有无写者等待，若有唤醒写者。而且要求读写两方要随时检查通信的另一方是否还存在，一旦有一方不存在，应立即终止通信过程。

第三次是关闭同步。当一个写进程关闭有名管道时，若发现有进程睡眠等待从管道读，则唤醒它，被唤醒进程立即从读调用返回。当一个读进程关闭有名管道时，若发现有进程睡眠等待向管道写，则唤醒它，并向它发一个指示错误条件的信号后返回。最后一个关闭有名管道的进程，释放该管道占用的全部盘块及相应主存 i 节点。

有名管道虽然可以使通信双方直接建立联系，但通信的双方只能是单方向的，而且这种文件只能是无格式的字符流，通信进程之间不知道通信的伙伴是谁，也不能对信息有选择地接收。显然这种通信方式限制了进程之间的通信能力。

13.2 Linux 的进程间通信

1．IPC 资源

Linux 为了增强进程通信能力，设计了进程通信的专用程序包：进程间通信（InterProcess Communication，IPC）程序包。Linux 完全支持 UNIX 系统 V 提供的进程间的三种通信（信号量、消息缓冲和共享内存）机制，以允许用户态进程之间通过执行下面的一组操作实现信息交换的机制。

① 通过信号量实现与其他进程同步。

② 通过发送和接收消息，进行信息交换。

③ 通过共享一段内存，进行信息交换。

IPC 涉及的数据结构是在进程之间请求 IPC 资源（信号量、消息队列和共享内存区）时，动态创建的。一旦创建，就一直驻留在内存中，直到进程显式释放或系统关闭。这与系统目录树中的文件路径名类似，由于一个进程可能需要多个同类的 IPC 资源，因此每个新创建的资源都被分配一个 32 位的 IPC 关键字来标识，且是全局可见的。这个关键字既可以通过调用函数 ftok()产生，也可以由创建时给定的标识参数决定。与打开文件的文件描述符相类似，每个正在使用的资源都有一个 32 位的 IPC 标识符，进程使用这个标识符作为位置索引来访问相应的 IPC 资源。相应的 IPC 标识符是在创建相应资源时，从 IPC 关键字中导出的。

2．IPC 资源涉及的数据结构

（1）ipc_ids 数据结构

IPC 的每类资源（信号量、消息队列和共享内存区）都拥有一个 ipc_ids 数据结构，来描述同类资源的共有数据。描述如下：

```
struct ipc_ids {
    int in_use;                        /*已分配的 IPC 资源数*/
    int max_id;                        /*正在使用的位置索引*/
    unsigned short seq;                /*下一个应分配的位置序号*/
    unsigned short seq_max;            /*最大位置使用序号*/
    struct semaphore sem;              /*保护 ipc_ids 数据结构的信号量*/
    struct ipc_id_ary nullentry;       /*不用*/
    struct ipc_id_ary* entries;        /*指向每类资源的 ipc_id_ary 数据结构的指针*/
};
```

（2）kern_ipc_perm 结构

每个可分配的资源都对应一个 kern_ipc_perm 结构，以控制对 IPC 资源的操作限制。其定义如下：

```
struct kern_ipc_perm
{
    spinlock_t    lock;        /*保护 IPC 资源描述符的自旋锁*/
    int    deleted;            /*资源已被释放时设置该标识*/
    key_t    key;              /*IPC 关键字*/
    uid_t    uid;              /*属主的用户标识*/
    gid_t    gid;              /*属主组的标识*/
    uid_t    cuid;             /*创建者的标识*/
    gid_t    cgid;             /*创建者组的标识*/
    mode_t    mode;            /*操作权限位掩码*/
    unsigned long seq;         /*使用的位置序号*/
    void *security;            /*安全结构指针*/
};
```

该结构同样也包括一个 key 和 seq 字段。这里的 key 指的是相应资源的 IPC 关键字，seq 是用来计算该资源的 IPC 标识符使用的位置序号的。通过调用函数 semctl()、msgctl()或 shmctl()，就可以控制对这些资源的操作。

（3）struct ipc_id_ary 结构

它有两个字段 p 和 size。其中，p 是一个指向核心数据结构 kern_ipc_perm 的指针数组。size 是 p 数组的大小。

```
struct ipc_id_ary{
    int size;
    struct kern_ipc_perm *p[0];
};
```

（4）三类资源的定义

```
static struct ipc_ids sem_ids;
static struct ipc_ids msg_ids;
static struct ipc_ids shm_ids;
```

一旦一个 IPC 资源被创建，进程就可以通过一些函数对其进行操作。

13.3　信号量机制

IPC 信号量机制与内核信号量非常相似，都是用来实现进程间对共享数据结构受限访问的重要机制。但 IPC 信号量是用户空间的同步操作，比内核信号量的处理更复杂。主要表现在以下两个方面：

① 每个 IPC 信号量都是一个或多个信号量的值的集合，可以保护一个或多个独立的、可共享的资源。

② System V IPC 信号量提供了一种失效机制。当进程故障终止时，可以取消对信号量执行的操作，使信号量恢复成原来的值。

如果受保护的资源是可用的，那么信号量的值为正；如果资源不可用，那么信号量的值为 0。要访问资源的进程试图对信号量的值减 1 时，若此时信号量的值为 0，内核使该进程睡眠等待，直到在这个信号量上的操作产生一个正值。当进程释放资源时，就把信号量的值加 1。若此时有进程正在等待这个信号量，这些进程就都被唤醒，并重新申请该信号量代表的资源。

它允许并发执行的进程对一组信号量进行相同或不同的操作，每个 P、V 操作不限于减 1 或加 1，可以加减任何整数。在进程终止时，系统可根据需要自动消除所有被进程操作过的信号量的影响。

13.3.1　信号量机制使用的数据结构

1. 信号量的数据结构

系统中的每个信号量都对应一个数据结构，它给出了相应信号量的当前值和正在操作该信号量的进程标识。定义如下：

```
struct sem{
    ushort semval;    /*信号量的值*/
    short sempid;     /*最近一次对该信号量操作的进程标识*/
    }
```

2. 信号量集合的数据结构

系统中的一个或多个信号量可以定义成一个信号量集合，并用一个 sem_array 数据结构描述，以记录该组信号量的相关信息。定义如下：

```
struct sem_array {
    struct kern_ipc_perm sem_perm;          /*定义了允许访问信号量的用户和用户组*/
    time_t sem_otime;                       /*最近一次对信号量操作 semop()的时间*/
    time_t sem_ctime;                       /*最近对信号量修改时间*/
    struct sem *sem_base;                   /*指向该组中的第一个信号量结构的指针*/
    struct sem_queue *sem_pending;          /*指向挂起请求队列第一个节点的指针 */
    struct sem_queue **sem_pending_last;    /*指向挂起请求队列中最后一个节点的指针（即指
                                                向自己的指针）*/
    struct sem_undo      *undo;             /*在这组信号量上的 undo 请求个数 */
```

```
        unsigned long              sem_nsems;        /*该组中的信号量个数  */
    };
```

3．系统中信号量集合的挂起请求队列结构

内核为每个 IPC 信号量都分配一个挂起请求队列，以标识正在等待某信号量集合中的一个或多个信号量的进程。队列结构 sem_queue 是一个双向链，定义如下：

```
    struct sem_queue{
        struct sem_queue *next;           /*队列中下一个节点指针*/
        struct sem_queue **prev;          /*队列中前一个节点指针 previous entry in
                                            the queue, *(q->prev) == q*/
        struct wait_queue * sleeper;      /*发出请求的睡眠的进程 */
        struct sem_undo * undo;           /*指向 sem_undo 结构的指针*/
        int pid;                          /*正在请求的进程标识*/
        int status;                       /*操作的完成状态 */
        struct sem_array * sma;           /*指向操作的信号量集合指针 */
        int   id;                         /*信号量的位置索引*/
        struct sembuf * sops;             /*指向挂起操作的数组指针*/
        int   nsops;                      /*挂起操作的个数*/
        int   alter;                      /*指示操作是否修改了信号量集合的标识*/
    }
```

4．可取消的信号量操作的结构

如果一个进程修改了信号量而进入临界区之后，由于突然故障而终止（崩溃或被杀），它就无法取消已经对信号量执行的操作。操作系统应该负责消除所有被它改变过的信号量的值以保证信号量的完整性。为此，Linux 通过维护一个可取消的信号量操作的数据结构 sem_undo，来记录由进程执行的所有可取消操作对信号量值的修改。其结构描述为

```
    struct sem_undo {
        struct sem_undo *proc_next;       /*指向在这个进程上的下一项的指针*/
        struct sem_undo *id_next;         /*指向在这个信号量集合上的下一项的指针*/
        int semid;                        /*信号量集合的索引*/
        short *semadj;                    /*每个信号量一个的需要调整的一组值*/
    };
```

用一个简单的例子来说明 sem_undo 结构的使用。假定一个进程使用含有 4 个信号量的一个 IPC 信号量资源，并假定该进程执行了对第一个信号量执行加 1，对第二个信号量执行减 2 后，进程突然故障，系统就要按照 sem_undo 结构执行恢复操作。先把第一个信号量的值减 1，再把第二个信号量的值增 2，使得信号量的状态仍然处于一致状态。

对于每个进程，内核记录了以可取消操作处理的所有信号量资源，以便当进程意外退出时回滚这些操作。同样，对于每个信号量，内核还记录了所有它的 sem_undo 数据结构。这样只要进程使用 semctl()强行为一个原始信号量赋一个明确的值或撤销一个 IPC 信号量资源时，内核就能够快速访问这些结构。为此，Linux 系统维护两个链表。一个是每个进程链表，另一个是每个信号量链表。

每个进程链表包含了与该进程相关的所有 sem_undo 数据结构。该结构记录了对应于进程以可取消操作方式操作的 IPC 信号量。进程描述符的 sysvsem.undo_list 字段指向一个 sem_undo_list 类型的数据结构，该结构包含了指向该链表第一个元素的指针。每个 sem_undo 数据结构的 proc_next 字段指向该链表的下一个元素。

每个信号量链表包含了所有 sem_undo 数据结构对应于在该信号量上执行了以可取消操作方式操作的进程。sem_array 数据结构的 undo 字段指向链表的第一个元素，而每个 sem_undo 数据结构的 id_next 字段指向链表的下一个元素。

当进程结束时，内核会遍历每个进程链表，恢复信号量的值，以防止由于进程的终止，使被它操作信号量的值不完整。与此相对照，当进程调用 semctl()函数强行为一个原始信号量赋一个明确的值时，才使用每个信号量链表。内核把引用了 IPC 信号量资源的数组中所有 sem_undo 数据结构的相应元素置成 0，因为放弃对先前以可取消操作方式对原始信号量执行的操作的影响不再有任何意义。此外，当一个 IPC 信号量被撤销时也使用每个信号量链表。通过将 semid 字段设置为-1，使所有相关的 sem_undo 数据结构变为无效。

13.3.2　信号量机制的系统调用

系统提供了几个命令供用户进程对信号量集合进行操作和实施控制。

1．创建一个信号量集合

任何进程在使用信号量之前，通过调用如下的命令申请创建一个新的或打开一个已经存在的信号量集合：

> int semget(key_t key,int nsems,int semflg)

这里 key 为用户进程指定的信号量集合的关键字，nsems 为信号量集合中的信号量数，semflg 为规定的创建和打开标识，可以为 IPC_CREAT 或 IPC_PRIVATE 等。

返回值为信号量集合的标识号；出错返回-1。

实现过程：

① 调用 ipcget()创建或获得与 key 相对应的信号量标识表项指针。

② 若是创建信号量集合，且 nsems 合法，则调用 malloc()，从 sem_arrya 数组中分配 nsems 个表项，并设置新分配的信号量标识表项内容，如集合中的信号量个数、最后修改时间等，计算并返回该信号量集合中第一个信号量指针的标识。

③ 若是获取已创建的信号量集合的标识，则仅当 nsems 不为 0 且不大于该信号量集合的元素数时才能返回标识。

2．对信号量的操作

通过调用 semop()函数，进程对信号量集合中的一个或多个信号量执行 P/V 操作，其操作命令由用户提供的信号量操作模板（sembuf）定义，该模板的结构如下：

```
struct sembuf {
    ushort sem_num;    /*信号量集合中要操作的信号量的索引*/
    short sem_op       /*信号量的操作值（可为正、负或 0）*/
    short sem_flg;     /*访问标识（可为 IPC_NOWAIT 或 SEM_UNDO）*/
```

```
    };
```

调用语法为

```
    int semop(int semid,struct sembuf *sops,unsigned nsops);
```

这里 semid 是进程调用 semget 后返回的信号量集合的标识符，sops 是用户提供的操作信号量的模板数组（sembuf）的指针，nsops 为一次需进行的操作的数组 sembuf 中的元素数。

正常返回值为 0，错误返回为-1。

实现过程：

（1）首先将 semid 转换成该信号量集合的指针，再检查 nsops 是否在系统规定的限制内（nsops≤seminfo.semopm）。若是，则将 sops 所指操作数组复制到系统空间，并检查操作数组的每个元素的访问权限和信号量索引的合法性。若不合法，错误返回。

（2）若合法，则按信号量操作模板数组各元素执行相应操作：

① 若 sem_op 为正，则为进程释放资源，使信号量的值加上该值；为 0，调用进程测试共享资源是否已用完；若不为 0，将睡眠等待信号量的值变为 0；为负，进程申请资源，按 sem_flg 可取的 IPC_NOWAIT 和 SEM_UNDO 两个标识决定；

② 若 sem_flg 没有指定 IPC_NOWAIT 值，调用进程睡眠等待所请求的资源得到满足；若指定，则调用进程不必等待，立即返回继续执行或者失败返回（如现正有进程在打印，要打印者失败）。如果设置了 SEM_UNDO 标识，在进程没有释放共享资源就退出时，相应的操作将被取消。

3. 对信号量执行控制操作

当要读取和修改信号量集合的有关状态信息，或撤销信号量集合时，调用命令 semctl() 对信号量执行控制操作。只有特权用户或被授权用户（如创建者或拥有者）可以执行该控制操作命令。其调用语法为

```
    int semctl(int semid,int semnum,int cmd,union semun arg)
```

其中，semid 是信号量集合的标识，semnum 是信号量的索引，cmd 为要执行的操作命令，arg 用于设置或返回信号量信息的参数，它是一个指向联合 semun 的指针。semun 定义为

```
    union semun {
      int val;                      /*SETVAL 的值*/
      struct semid_ds *buf;         /*为 IPC_STAT 和 IPC_SET 的缓冲区*/
      ushort *array [ ] ;           /*为获得 GETALL 和设置 SETALL 信号量值的数组*/
    } arg;
```

对于 cmd，它的部分可能取值有：

● IPC_RMID　　删除指定标识的信号量集合。

● IPC_SET　　若不是给定的用户标识，立即返回。否则，为一个信号量集合 sem_ids 结构中的 kern_ipc_perm 字段改变用户标识、组标识和访问权限掩码。

● IPC_STAT 和 IPC_INFO　　从信号量集合上获取相关资源的信息。

根据 cmd 给出的不同操作码，对信号量进行控制操作：

若 cmd= IPC_RMID，系统找到该信号量有 undo 结构的进程并删除该结构，然后重新初始化该信号量集合，唤醒所有正在睡眠等待某种信号量的进程。这样，当这些进程再继续执行时，发现该信号量的 ID 已经无效，就返回一个错误。

若 cmd= GETVAL 或 SETVAL，则获取或设置信号量的值 semval 送 arg.val，或送 arg.val 值到 semval 中。

13.4 消息缓冲机制

Linux 内核提供两种消息通信版本：UNIX 系统 V 和 POSIX。UNIX 系统 V 的消息缓冲机制类似于传统的信箱机制（mail box），进程间的通信是通过消息队列建立连接的。通信的双方可以向（或从）某个消息队列发送（或接收）消息，这样两个以上的进程可以通过一个消息队列建立起单向或双向的通信通道。消息队列中的消息按照 FIFO 顺序存放。消息是由固定大小的头部和可变长度的正文组成的。接收进程可以有选择地接收某个队列中的消息。消息队列由系统负责管理，每次通信之前双方都要申请消息队列，使用完毕释放。

13.4.1 消息缓冲使用的数据结构

为了实现消息缓冲，系统设置了相应的一些数据结构，其结构和作用描述如下。

1. 消息缓冲区

消息缓冲区用来存放消息。其结构定义如下：

```
struct msgbuf{
    long mtype;          /*消息的类型，可以为正、负整数或零*/
    char mtext［N］；     /*消息正文，N 为消息的字节数*/
    };
```

2. 消息头结构

对应每一个消息都有一个消息头结构对其进行描述，且消息紧跟其后。消息头结构定义如下：

```
struct msg_msg {
    struct list_head m_list;      /*指向消息队列中下一个消息的指针*/
    long   m_type;                /*消息类型，同消息缓冲区中的类型*/
    int m_ts;                     /*消息正文的长度 */
    struct msg_msgseg* next;      /*消息的其他部分存放地址*/
    void *security;               /*消息的安全结构指针*/
    /* the actual message follows immediately */
    };
```

通过双向链将所有的消息链接起来。当一个消息太大，一个消息缓冲区不够用时，消息的其他部分存放在 msg_msgseg 结构中。若还不够，继续放在另一个 msg_msgseg 中，且同一个消息通过单向链链接在一起。msg_msgseg 结构定义如下：

```
struct msg_msgseg {
    struct msg_msgseg* next;        /*指向消息的下一部分的存放地址*/
    /*the next part of message follows immediately*/
};
```

3. 消息队列头结构

为了防止耗费更多的系统资源，系统限制消息队列个数。默认为 16。每个消息的默认大小为 8KB，队列中全部消息的默认大小为 16KB。为了便于管理，同一类型的消息使用消息头结构组成一个消息队列的双向链表。对应每个消息队列，都有一个队列头结构msg_queue。其结构定义如下：

```
struct msg_queue {
    struct kern_ipc_perm q_perm;
    time_t q_stime;                 /* 最近一次发送消息时间 */
    time_t q_rtime;                 /* 最近一次接收消息时间 */
    time_t q_ctime;                 /* 最近一次修改时间 */
    unsigned long q_cbytes;         /* 队列中当前的字节数*/
    unsigned long q_qnum;           /* 队列中的消息数*/
    unsigned long q_qbytes;         /* 队列中允许的最大字节数*/
    pid_t q_lspid;                  /* 最近一次 msgsnd()时间*/
    pid_t q_lrpid;                  /* 最近一次接收消息时间*/
    struct list_head q_messages;    /*消息队列的双向链表*/
    struct list_head q_receivers;   /*等待接收消息的进程链表*/
    struct list_head q_senders;     /*等待发送消息的进程链表*/
};
```

消息队列头表与由消息头构成的消息队列以及消息之间的关系如图 13.2 所示。

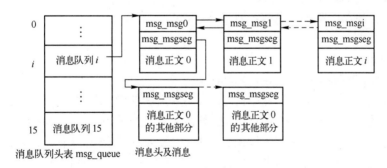

图 13.2　消息队列头表和消息头结构及消息之间关系

13.4.2　消息缓冲的系统调用

Linux 为用户进程提供了实现进程通信和控制消息传输的命令有：

1. 建立一个消息队列

通信的双方在进行通信之前要先创建或打开一个消息队列，以便向队列中送或从队列

中取消息。命令 msgget()正是用来实现此功能的。它的调用语法为

msqid=msgget(key,msgflg)

这里 key 是进程要建立的消息队列的关键字，它是通信双方约定的一个长整型数；msgflg 为消息的创建与打开标识，与信号量的标识相同。

返回值：成功则返回消息队列标识符，出错则返回-1。

实现过程：

① msgget()通过调用公共函数 ipcget()申请一个消息队列头。ipcget()首先判断 key 是否为 0。若为 0，则申请一个空间作为消息队列头，进行初始化后，返回申请到的消息队列头指针。若 key 值不为 0，只在消息队列头表中找是否有与 key 相同的消息队列。若没有找到，且 msgflg 中含有 IPC_CREAT 标识，则申请空表项作为消息队列头返回。若找到，说明已有进程创建过消息队列，这时检查 msgflg 标识，看该用户是否有权访问该消息队列。若有权访问，则返回该消息队列头指针；否则，创建失败，出错返回。

② 在由 ipcget()返回后，msgget()将消息队列头指针转换成消息队列标识符 msqid 后立即返回。

2. 向消息队列发送消息

一旦消息队列被建立，通信双方就可通过消息队列进行通信。向消息队列发送一个消息的调用语法为

msgsnd(msqid,msgp,msgsz,msgflg)

这里 msqid 是消息队列标识符，msgp 是指向用户区要发送的消息的指针，msgsz 为要发送消息正文的长度，msgflg 为同步标识。当发送消息的某个条件不满足时，由 msgflg 指定进程是等待还是立即返回。

返回值：实际发送的字节个数。若出错，返回-1。

实现过程：

① msgsnd()函数首先检查用户是否有权向消息队列 msqid 发消息，消息类型和消息长度是否是系统允许的范围值，若是，则转②。

② 检查消息队列中的消息正文字节总数与要发送的消息长度相加是否超过队列允许的限度，若不超过，可以定义一个消息结构，与消息队列相关的 msg_queue 结构得到更新。若均成功，则转③；否则，根据同步标识 msgflg 的值，或睡眠等待条件满足，或出错返回。

③ 若有进程等待读消息，则唤醒之。之后返回实际发送的字节个数。

3. 接收消息

接收消息的调用语法为

msgrcv(msqid,msgp,msgsz,msgtyp,msgflg);

这里 msqid 是消息队列标识符，msgp 是用户接收消息的位置指针，msgsz 为要接收的消息正文长度，msgflg 是同步标识，msgtyp 是要接收的消息类型。当 msgtyp 为 0 时，表示接收消息队列中的第一个消息；若大于 0，则接收消息队列中与 msgtyp 相同的第一个消息；若

小于 0，则接收消息队列中类型值小于 msgtyp 绝对值且类型值最小的消息。

返回值：接收消息的正文长度。

实现过程：

① 由 msqid 找到消息队列，检查该进程的访问权限是否合法，若不合法，则错误返回。

② 若合法，按 msgtyp 在消息队列中查找要接收的消息。若没有找到，则根据同步标识 msgflg 决定：若有等待标识，则睡眠等待消息的到来；否则，错误返回。

③ 若找到所需消息，根据 msgtyp 决定接收的消息。检查消息的实际长度与 msgsz 是否匹配。若不匹配，则错误返回；若匹配，则将消息类型和正文复制到 msgp 所指用户空间，将消息从消息队列中删除，并释放消息缓冲区，再修改其他相应表项。

④ 若有进程等待发送消息，则唤醒它。之后返回实际接收消息的长度。

4. 设置或获取消息队列信息

一个消息队列建立后，特权用户或被授权用户（如创建者或拥有者）允许对消息队列进行控制操作，这包括读和修改消息队列的状态信息，取或送消息队列控制信息和释放一个消息队列等。其调用语法为

    msgctl(int msqid,int cmd,struct msqid_ds *buf)

这里 msqid 是消息队列标识符，cmd 是操作命令，buf 是用户空间中用于取或送消息队列控制信息的消息队列头表指针。

cmd 的可能取值如下：

IPC_STAT：读取消息队列的结构，并将它存入 msqid_ds 结构的 buf 指向的结构中。

IPC_SET：按 buf 指向结构中的值设置与此消息队列的相关项：msg_perm.uid,msg_perm.gid, smg_perm.mode 和 msg_qbutys。

IPC_RMID：删除该消息队列和消息队列中的所有数据。之后有进程访问该消息队列时，将出错返回。

实现过程：

该函数首先检查 cmd 的操作命令：

① 若 cmd 为读取消息队列的状态信息，检查用户是否允许访问，若允许，则复制消息队列头结构内容到 buf 所指的用户空间，否则错误返回。

② 若 cmd 为修改队列状态信息，检查用户是否有权修改，若有，则将用户提供的 buf 所指的状态信息复制到 msqid 所指示的消息队列头结构中。

③ 若 cmd 为删除消息队列，检查用户是否合法，若有权，则调用 msgfree()函数释放消息队列中的所有消息，并将消息正文字节总数清零。若有进程等待发送或接收消息，唤醒它们。

13.5　共享内存区机制

共享内存区为进程提供了直接通信的有效手段，它不像消息缓冲机制那样需要系统提供缓冲，也不像 pipe 机制那样需要事先建立一个管道特殊文件，而是由通信双方直接访问某些共享内存区。这是一种最高效的进程通信形式。

在 Linux 中，一个共享段建立后，通过一个命令将其附加到进程的虚拟地址空间。一个进程可以附加多个共享内存区。一个共享内存区一旦被附加到进程的虚拟地址空间后，对它的访问与其他虚拟地址的访问完全相同。但为了保证共享内存区数据的完整性，通信的进程之间要考虑访问的同步问题。当通信进程不再需要该共享内存区时，可使用命令将其与进程分离，从而使其从进程的虚地址空间删除。

与其他 IPC 资源一样，共享内存区的使用也有限制。其默认的最大段数为 4096，每个段的大小为 32MB，所有共享段的最大字节数为 8GB。

1. 共享内存区控制块

每个共享内存区都有一个数据结构 shmid_kernel，用来描述共享内存区的一些属性。该结构又叫做共享内存区头部。定义如下：

```
struct shmid_kernel{
    struct kernel_ipc_perm shm_perm;      /*共享内存区访问控制结构*/
    struct file * shm_file;               /*与共享段相关的文件*/
    int id;                               /*共享段的标识*/
    unsigned long shm_nattch;             /*当前附加段计数*/
    unsigned longshm_segsz;               /*共享段长度*/
    time_t shm_atim;                      /*最近附加操作的时间*/
    time_t shm_dtim;                      /*最近与进程分离操作的时间*/
    time_t shm_ctim;                      /*最近修改时间*/
    pid_t shm_cprid;                      /*创建共享段的进程标识*/
    pid_t shm_lprid;                      /*最近执行共享段操作的进程标识*/
    struct user_struct *mlock_user;       /*互斥锁*/
};
```

2. 共享内存区的系统调用

UNIX 系统 V 为进程采用共享内存区机制提供了以下四条命令：

（1）申请一个共享内存区

参与通信的进程，通信前要先申请一个共享内存区，若是第一次申请，要为其分配一个内存区及页表，并对共享内存区控制块进行初始化。调用语法如下：

shmget(key,size,shmflg)

这里 key 为共享内存区的关键字，shmflg 为创建或打开标识，size 是共享内存区字节长度。

返回值为共享内存区的标识。

实现过程：

① 调用 ipcget()分配或得到一个具有与给定关键字 key 对应的共享内存区结构指针。

② 若为 key 新分配一项，检查 size 是否超过了系统允许的共享内存区长度。若是，出错返回。若没有超过，再看分配这个 size 区后是否超出共享内存区总允许量，若是，出错返回。若没有超过，根据 size 为共享段建立新页表和分配主存段，并初始化新分配的共享段结构。

③ 若 key 是已存在的共享段，则 size 应小于等于该段的值 shm_segsz。

④ 最后将申请到（或找到）的共享内存区结构指针转换成标识 shmid 后返回。

（2）将共享段附加到申请通信的进程空间

对于已申请到通信所需的共享段，进程需把它附加到自己的虚拟地址空间后才能对其进行读写。将共享段附加到申请通信的进程地址空间的函数调用语法如下：

shmat(shmid,shmadd,shmflg)

这里 shmid 是进程调用 shmget 后返回的共享段标识；shmadd 是给出的应附加到进程虚空间的地址，若其为 0，则将该共享段附加到系统选择的进程的第一个可用地址之后。shmflg 为允许对共享段的访问方式。

返回值为附加到进程地址空间的虚地址。

实现过程：附加时，根据用户所给的附加地址（shmaddr）的有效性，或将共享段附加到指定的地址之后，或将共享段附加到当前数据段之后。复制共享段的页表到该进程的页表中，并在该进程的相应附加表中记录共享段在进程地址空间页表中的起始页号和访问权限（shflg）。若该共享段是第一次被附加，则将其空间清零，并返回共享段地址。

通常共享内存区是附加到进程后，与其原地址空间形成一个整体。带有共享内存区的进程被交换到交换区时，共享内存区并不换出。当该进程再一次换入主存时，重新与其连接。

（3）将共享段与进程之间解除连接

当进程不再需要共享段时，将其从它的地址空间删除。调用语法：

shmdt(shmaddr)

这里 shmaddr 是共享段在进程地址空间的虚地址。函数返回值为 0。

实现过程如下：根据给出的地址 shmaddr，找出其对应的共享段结构，清除进程页表中对应共享段的页表项，然后使共享段与本进程脱离关系。

（4）对共享内存区执行控制操作

当要读取和修改共享内存区的有关状态信息，或撤销共享内存区时，调用命令 semctl() 对信号量执行控制操作。其调用语法为

int shmctl(int shmid,int cmd,struct shmid_ds *buf);

其中，shmid 是共享内存区的标识，cmd 为要执行的操作命令。

返回值：若成功时，返回 0，出错时，返回-1。

cmd 参数可为下列指定的值，对共享段执行操作：

IPC_STAT：取此共享段的 shmid_ds 结构，并将它存入由 buf 指向的结构中。

IPC_SET：按照 buf 指向结构中的值设置此段对应的结构中的 shm_perm.uid、shm_perm.gid 和 shm_perm.mode。

IPC_RMID：删除该共享段。也即将该共享段的链接计数减 1，计数为 0 时，才真正删除。

IPC_SET 和 IPC_RMID 命令只允许超级用户以及有效标识等于 shm_perm.cuid 和 shm_perm.uid 的进程使用。

Linux 还向超级用户提供如下两个命令：

SHM_LOCK：将共享段锁在内存中。

SHM_UNLOCK：解锁共享段。

13.6　小　　结

Linux 提供了多种通信方式：管道、信号量集合、消息缓冲和共享内存区机制。这是进程运行在用户态时使用的通信机制。Linux 完全支持 UNIX 系统 V 的交互进程通信。

管道机制分无名管道和有名管道。无名管道用于同族进程之间的通信，有名管道用于任意进程之间的通信。管道机制是基于文件系统的。只要通信的双方基本同步，可认为这个文件是无限大的。

信号量机制的功能是比较强的，它提供了信号量集合。这种机制是通过 P、V 操作原语实现的，每次只进行单位数据的交互，通信效率比较低。

与信号量机制相比，采用消息缓冲和共享内存区时，进程之间可以进行大批数据的交互。

信号量、消息缓冲和共享内存区都属于 UNIX 系统 V 的交互进程通信使用的资源，又叫做 IPC 资源。IPC 涉及的数据结构是在进程之间请求 IPC 资源（信号量、消息队列和共享内存区）时动态创建的。一旦创建，就一直驻留在内存中，直到进程显式释放或系统关闭。

Linux 系统还提供其他的通信手段，如套节字（socket）等。

习　　题

13-1　Linux 系统为进程提供几种通信机制？各用于什么场合？

13-2　Linux 系统提供的管道通信有几种？各是如何使用的？父子进程之间能否使用有名管道进行通信？如何实现？

13-3　编程实现进程之间通过有名管道的通信。设有两个客户进程和一个服务器进程。服务器进程负责打印，客户进程向服务器进程传递要打印的参数。参数可以是字符串或字符串指针。

13-4　考虑一个用信号量集合实现进程对系统多种资源的请求的例子。

13-5　分别使用消息缓冲、管道机制来实现三个进程间的数据传递。第一个进程从文件中读数据，并按字节进行 T 变换后传递给第二个进程。第二个进程对收到的数据按字节进行 F 变换后传递给第三个进程。第三个进程将收到的数据写入文件。T 变换为加 1 后模 64。F 变换为加 3 后模 64。

第三篇 Windows 操作系统研究

第 14 章 Windows 操作系统模型

Windows 经历了从基于 DOS 的采用 16 位处理技术的 Windows 1.0～3.1，到采用 32 位/64 位处理技术的 Windows 9x、Windows NT、Windows 2000/XP、Windows 7 和 Windows 10 等。既可运行在单机上，又支持多机网络操作系统的变迁，并支持对称多处理，使得从性能上大大提高。具备了界面友好、功能强、可扩充性、可靠性和兼容性好等性能。它是一个具有强大生命力的操作系统。

本章分析 Windows 内核（由于 Windows 内核由 Windows NT 发展而来，也称为 NT 内核）系统的基本模型。

14.1 Windows 的体系结构

图 14.1 给出了简化了的 Windows 系统体系结构。

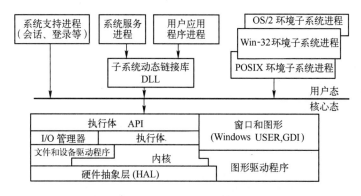

图 14.1 简化了的 Windows 系统体系结构

从图中看出，系统划分为两种状态，核心态和用户态。粗线上方代表用户态进程，下方是核心态的操作系统服务。用户态的进程只能运行在受保护的地址空间。因此，四种类型的用户态进程都有各自的私有地址空间。核心态的操作系统服务组件运行在统一的核心地址空间。核心态组件包括：执行体（executive）、内核（kernel）、文件和设备驱动程序（File and device drivers）、硬件抽象层（Hardware Abstraction Layer，HAL），以及窗口和图（Windows USER，GDI）等。下面将从上到下介绍系统的各组成部分的功能。

14.1.1 用户态进程

以用户态方式运行的有以下四类进程。

1．系统支持进程

（1）idle 进程

系统有一个 idle 进程，其 ID 为 0。每个 CPU 都有一个相应的线程，用来统计空闲 CPU 时间。

（2）系统进程

包含一个核心态系统线程，系统进程的 ID 总是 2，是一个只运行在核心态的"系统线程"的宿主。负责执行 I/O 请求、进程的换入和换出，把内存脏页写入外存等。

（3）会话管理器（Session Manager，SMSS）

它是在系统中创建的第一个用户态进程。负责系统的初始化过程：① 创建本地过程调用 LPC 端口对象和两个线程，等待客户的请求；② 创建一些系统环境变量；③ 打开已知的动态链接库；④ 加载 Win 32 子系统的核心态部分（WIN32K.EXE）；⑤ 启动登录进程（WINLOGON）和启动子系统进程（如 POSIX 和 OS/2 等，若有）。

之后，会话管理器的主线程将一直等待 Win 32 子系统进程 CSRSS 和启动登录进程 WINLOGON 的进程句柄，直到系统终止。如果这些进程意外终止，SMSS 将使系统崩溃。

（4）Windows 登录进程（logon process：WINLOGON）

WINLOGON 进程被启动后，处理用户的登录和注销。它负责搜寻用户名和密码。一旦捕获到用户名和密码，将其发送到本地安全身份验证服务器进程（LSASS）以确认其合法性。如果合法，登录进程将代表用户创建并激活一个登录 shell 进程。Shell 进程继承由 LSASS 创建的访问令牌进行工作。另外，WINLOGON 可以加载附加的需要执行二级身份验证的网络提供者动态链接库，以允许多个网络提供者收集所有在一次正常登录时的标识和身份验证信息。

（5）本地安全验证服务器进程（LSASS）

它负责本地系统安全性规则，包括允许用户登录规则、密码规则、授予用户和组的权限列表以及系统安全性审核设置、用户身份验证和向"事件日志"发送安全审核信息。它接收来自登录进程 WINLOGON 的身份验证请求，调用适当的身份验证包来执行实际的验证，以检查输入的密码是否与存储在 SAM（Security Accounts Monitor）文件中的密码匹配。在身份验证成功时，LSASS 将生成一个包含用户安全配置文件的访问令牌对象，并将其返回给登录进程。

2．系统服务进程（Service processes）

它们是在系统引导时自动创建和启动的。一些 Windows 2000/XP 组件是作为服务来实现的，如假脱机 Spooler、事件日志服务、远程过程调用 RPC 和各种网络组件等。

3．环境子系统进程（Environment Subsystem）

Windows 2000/XP 支持三种环境子系统:Win 32、POSIX 和 OS/2。其中，Win 32 子系统是 Windows 2000/XP 的一个主子系统，它向应用程序提供运行环境的调用接口；负责创建控制台窗口；创建与删除进程和线程等；收集来自键盘、鼠标和其他设备的输入信息，以及将用户的信息送给应用程序等功能;提供图形设备接口（GDI）以实现画线、文本、绘图和图形操作等功能。其他两个子系统通过调用 Win 32 子系统中的服务来显示 I/O。

4．用户应用程序进程（user Applications）

由图 14.1 中看出，用户应用进程是不能直接调用操作系统服务的，它们的所有请求必须由用户态的动态链接库（Subsystem DLL）检查合法后，转换成对系统内部相应的 API 调用。

14.1.2　子系统动态链接库

NTDLL.DLL 是一个特殊的用于子系统动态链接的系统支持库。它包括两类函数：

第一类函数作为 Windows 执行体系统服务的接口提供给用户态调用时使用，通过 Win 32 API 访问。它执行所有对 NT 执行体的系统服务调用的检查，并转换成一个对核心态的系统服务程序的调用。

第二类为子系统、子系统动态链接库及其他本机映像使用的内部支持函数。这组函数有映像加载程序、堆管理程序和 Win 32 子系统通信函数、通用运行时库函数、用户态异步过程调用管理器和异常调度器等。

14.1.3　核心态的系统组件

1．执行体（Executive）

Windows 操作系统（NTOSKRNL.EXE）划分为两层。上层为执行体，下层为内核。执行体包含了基本的操作系统服务。它包括：

（1）可供用户态调用的系统服务函数

这些函数的接口在 NTDLL.DLL 中，通过 Win 32 API 或一些其他环境子系统进行访问。

（2）仅供核心态内部使用和调用的函数

它们仅供执行体内部使用的内部支持例程，如不使用读写命令的设备驱动和安装文件系统等。

（3）各功能组件函数

① 进程和线程管理器。创建、终止及控制进程和线程。

② 虚拟内存管理器。支持虚拟存储器所必需的功能。

③ 安全监视器。在本地计算机上执行安全策略，保护操作系统资源，并对运行时的对象进行保护和监视。

④ 高速缓存管理器。与文件系统和存储器管理相配合，对磁盘数据进行缓冲，以实现数据的快速访问。

⑤ I/O 管理器。执行独立于设备的输入/输出，并为进一步 I/O 处理调用适当的设备驱动程序。其中包括文件系统、网络转发和网络服务，以及直接操纵硬件的低层设备驱动程序。

⑥ 对象管理器。创建、管理及删除 Windows 中代表操作系统资源的抽象数据类型的执行体对象。例如进程、线程和各种同步对象。

⑦ 本地过程调用（Local Procedure Call，LPC）机制。LPC 是一个灵活的、经过优化的

远程过程调用（Remote Procedure Call，RPC）版本。实现在同一台计算机上的客户进程和服务器进程之间的信息传递。

⑧ 即插即用管理（plug and play，PnP）。由于系统可能配置多种外设，每个设备占据一定的系统资源，且设备经常变动和改换。为了防止在硬件和软件上使用的资源产生冲突，PnP 技术提供了自动识别和配置的能力。支持 PnP 技术需要硬件、设备驱动程序和操作系统的协同工作才能实现。

⑨ 电源管理。它也需要底层硬件的支持。它一方面监视能源的消耗情况，随时调整系统的电能供给，以节省能源；另一方面监视系统是否掉电，若是，立即通知操作系统，以便尽可能减少对系统的破坏而关闭系统；当电源恢复正常时，使软件恢复运行。

⑩ 网络管理、交互进程通信，以及实现系统注册的配置管理等。

2. 内核（kernel）

操作系统内核执行 Windows 的最基本操作，主要提供下列功能：① 线程安排和调度；② 中断和异常调度；③ 多处理机同步；④ 提供执行体使用的一组例程和基本对象。

Windows 的内核始终运行在核心态。除了中断服务例程（Interrupt Service Routine，ISR）之外，正在运行的线程一般是不能抢先内核的。

（1）内核对象

内核提供一组严格定义的低级的基本内核对象，以帮助控制、处理和支持执行体对象的创建。大多数执行体级的对象都封装了一个或多个内核对象。

内核中被称为"控制对象"的一个对象集合，包括内核进程对象、异步过程调用（Asynchronous Procedure Call，APC）对象、延迟过程调用（Deffered Procedure Call，DPC）对象和几个由 I/O 系统使用的对象，如中断对象等，用来控制操作系统的各个基本功能。

内核中被称为"调度程序对象"的另一个对象集合，包括内核线程、互斥体（Mutex）事件（Event）、内核事件对、信号量（Semaphore）、定时器等，用来同步进程和线程的操作并影响线程调度。

（2）对独立于硬件的支持

内核的另一个重要的功能就是把执行体和设备驱动程序与硬件体系结构密切相关的部分隔开，还包括处理功能之间存在的差异，如中断处理、异常调度和多处理机同步。

3. 设备驱动程序

设备驱动程序是可加载的核心态模块，这是 I/O 系统、文件系统和硬件设备之间的接口。Windows 上的设备驱动程序不直接操作硬件，而是调用硬件抽象层的功能与硬件交互。Windows 中包括有文件系统和驱动硬件设备和网络的各种驱动程序等。

4. 硬件抽象层

硬件抽象层（Hardware Abstract Layer，HAL）直接操纵硬件，可运行在基于 Intel 的 CISC 系统和 RISC 系统，Windows NT 支持 x86 和 MIPS 体系结构。它是 Windows 操作系统在多种硬件平台上可移植性的组件。HAL 是一个可加载的核心态模块 HAL.dll，它为

Windows 运行在硬件平台上提供低级接口。HAL 向内核、设备驱动程序和执行体的其他部分隐藏各种与硬件有关的细节，如 I/O 接口、中断控制器，以及多处理机通信机制等各种体系结构专用的和依赖于计算机平台的函数。这层代码使内核、设备驱动程序和执行体免受特殊硬件平台差异的影响。

5. 窗口和图形

窗口和图形系统实现了图形用户接口（GUI），提供处理窗口、用户窗口控制和画图需要的服务功能。

14.2　Windows 操作系统的特点

1. Windows 操作系统的可移植性

Windows 的设计目标就是运行在各种硬件平台上，包括 CISC 和 RISC 系统，且既可以运行在 32 位，也可以运行在 64 位的 CPU 上。它主要采用了两个基本方法：

（1）Windows 操作系统设计采用了分层模型。依赖于处理机体系结构或平台的系统底层部分被独立地构成模块，使系统高层可以独立于下层千差万别的硬件平台。提供可移植性的两个关键组件是 HAL 和内核。依赖于体系结构的功能（如线程的上下文切换等）在内核实现，在相同的体系结构中，因计算机母板的不同要完成的功能在 HAL 层实现。

（2）NT 采用了将操作系统的实现机制与策略分离的重要设计原则，以增加内核的可移植性和可预测性。机制是指系统完成任务的方法，能实现的功能。策略则决定应按照什么算法选择哪个任务执行，什么时候执行等。将策略与机制分离，NT 表现在几个层次上。在最高层，每个环境子系统都建立各自的操作系统策略层；在子系统，NT 执行体建立适合所有子系统的相对基础的策略层；在内核层，则完全不考虑各种策略的制定。这样系统可根据用户需求，不断修改实现的策略，系统内核不受影响。

2. 支持对称多处理和可伸缩性

多任务是共享单处理机的一种操作系统技术。当一个计算机有多个处理机时，它同时可以执行多个任务。Windows 操作系统可以运行在支持多处理机的计算机系统上，它是一个对称的多处理（Symmetric MultiProcessing，SMP）操作系统，它的代码完全可重入。用户任务和操作系统代码可以被调度运行在任何一个处理机上，多处理机共享内存，从而提高了系统性能。

多处理机系统的一个关键问题是可伸缩性。为了保证系统能正确地在 SMP 系统上运行，操作系统代码必须严格遵守某些规则，以确保操作正确。除了 HAL 对单处理机和多处理机系统在本质上有所不同外，Windows 只包含了执行体和内核的核心操作系统映像。

NTOSKRNL.EXE 这个文件在单处理机和多处理机中版本是不同的。其他二进制代码在单处理机和多处理机系统上都能正确运行。

3. 核心组件使用面向对象的设计原则

Windows 操作系统设计融合了分层模型和客户/服务器等技术的特点。NT 用户应用程序进程和服务器进程之间采用客户/服务器模型，通过 NT 执行体中提供的消息传递工具进行通信。其内核和硬件抽象层，以及 I/O 管理器所涉及的功能是严格按层设计的，内核以上的 NT 执行体则不按照层次关系设计，而是各组件之间根据需要可相互调用。

Windows 的核心态组件使用了面向对象的设计原则。但是 Windows 并不是一个严格的面向对象系统，出于可移植性以及系统效率的考虑，它将 C 与 C++语言相结合，并借鉴面向对象的技术实现的。只有那些必须直接与系统硬件交互的（如中断和陷入处理程序）或性能敏感的（如上下文切换）部分用汇编语言编写。汇编语言代码不仅出现在内核和 HAL 中，而且也出现在执行体的少数部分（如实现互锁以及本地过程调用的一部分代码）中。Windows 操作系统内核的代码是完全可重入的，所有操作系统代码都可以被抢先。

上述三种设计特点使 NT 具有可靠性、可伸缩性和可移植性。

14.3　Windows 的系统机制

在了解了 Windows 的基本组成之后，下面讨论 Windows 系统提供的机制。

系统提供的核心态运行的组件，包括执行体、内核及设备驱动程序使用的几个基本机制：

① 陷阱调度（Trap Dispatching）。包括中断（Interrupts）、延迟过程调用（Deffered Procedure Calls，DPCs）、异步过程调用（Asychronous Procedure Calls，APCs）、异常调度（Exception Dispatching）和系统服务调度（System Service Dispatching）。

② 执行体对象管理器（Executive Object Manager）。

③ 同步（Synchronization）。包括自旋锁（Spin lock）、内核调度程序对象（Kernel Dispatcher Objects）等。

④ 本地过程调用（Local Procedure Call，LPC）。

⑤ 其他方面的机制，如 Windows NT 全局标志等。

14.3.1　陷阱处理程序

陷阱处理程序（Trap Dispatching）是操作系统用来处理意外事件的硬件机制。当硬件或软件检测到异常或中断发生时，将暂停正在处理的事情，把控制转交给内核的陷阱处理程序，该模块检测异常和中断的类型，并将控制转交给处理相应情况的代码。图 14.2 给出了 Windows 陷阱调度的框架。

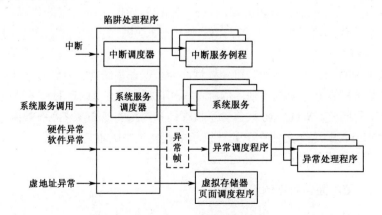

图 14.2　Windows 陷阱调度的框架

中断是一个异步事件。中断主要由 I/O 设备、处理机时钟或定时器等产生。内核自身也可以发出软件中断。中断可以被允许（开）或禁止（关）；而异常是一个同步事件，它是某一特定指令执行的结果。在相同条件下，异常可以重复出现。例如，内存访问错误、一些调试指令，以及被零除等，都属于异常。系统服务调用也被视为异常。

软件和硬件都可以产生中断和异常。例如，总线错误异常是由硬件错误造成的，而被零除异常则是由软件错误引起的。I/O 设备可以产生一个中断，内核自己也可以泄放一个软件中断（如 DPC 或 APC）。

当一个硬件异常或中断产生时，陷阱处理程序被调用。它首先关中断并将足够多的机器状态记录到被中断线程的核心栈中。若被中断线程正处于用户态运行，系统切换到该线程的核心栈，并在核心栈上创建一个陷阱帧，来保存被中断线程的运行现场，以便在适当的时候恢复线程的执行。陷阱处理程序本身可以处理一些事件，如虚地址错误。但多数情况下，陷阱处理程序判定发生的情况，并将控制转交给其他的内核或执行体模块。例如，如果是设备中断，内核把控制转交给设备驱动程序的中断服务例程（ISR）；如果是调用系统服务，陷阱处理程序会将控制转交给执行体中的系统服务代码，其余的异常由内核自己的异常处理器发送和处理。

14.3.2　中断调度

最典型的硬件中断是由 I/O 设备产生的。例如，定点设备、打印机、键盘、磁盘驱动器，以及网卡等硬设备，通常都是由中断驱动的。

系统软件也可以产生中断。例如，内核可以泄放一个启动线程调度的软件中断。

中断由中断调度程序响应。它确定中断源并将控制转交给处理中断的外部例程（ISR），或转交给响应中断的内核例程。设备驱动程序提供设备的中断处理例程，内核则提供其他类型中断的中断处理例程。

1. 中断类型和优先级

不同处理机的中断机制是不一样的，Windows 的中断调度程序将硬件中断级映射到由操作系统识别的中断请求级别（Interrupt Request Level，IRQL），又叫中断优先级（IPL）的标准集上。图 14.3 给出了 intel x86 的 IRQL。

中断优先级 IRQL 与线程的调度优先级具有完全不同的含义。调度优先级是线程的属性，而中断优先级 IRQL 是中断源（如键盘或鼠标）的属性。运行于核心态的线程可以提高或降低它正在运行的处理机的 IRQL，以屏蔽低级中断。每个处理机都有一个 IRQL 的设置，以决定该处理机当前可接收的中断。IRQL 也用于同步访问核心态的数据结构。内核可以泄放一个处理机间的中断（IPI），请求另一个处理机执行一个活动，如调度一个特定线程执行或修改它的联想缓冲区等。

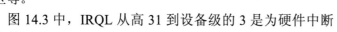

图 14.3　x86 的 IRQL

图 14.3 中，IRQL 从高 31 到设备级的 3 是为硬件中断保留的。Dispatch/DPC 和 APC 级中断是内核和设备驱动器产生的软件中断，其 IRQL 分别为 2 和 1。内核使用软件中断来启动线程调度并异步中断线程的执行。普通的线程运

行在 IRQL 为 0 上，并允许所有的中断发生。

当产生中断时，陷阱处理程序提高处理机的 IRQL 到中断源所具有的 IRQL，这可以保证服务于该中断的处理机不会被同级或较低级的中断抢先。被屏蔽的中断将被另一个处理机处理或阻挡，直到 IRQL 降低。

2．硬件中断

当中断产生时，陷阱处理程序将计算机的状态保存在陷阱帧中，然后禁止中断并调用中断调度程序，中断调度程序立刻提高处理机的 IRQL 到中断源的级别。然后，重新开中断，以屏蔽等于或低于该中断源级的中断。

Windows 2000/XP 使用中断分派表（Interrupt Dispatch Table，IDT）来查找处理特定中断的例程，以中断源的 IRQL 作为表的索引，找到中断处理例程的入口地址，将控制转交给相应的中断服务例程。

在服务例程执行完成之后，中断调度程序将降低处理机的 IRQL 到该中断发生前的级别，然后加载保存的机器状态，恢复被中断的线程继续执行。在内核降低了 IRQL 后，被封锁的低优先级中断就可能出现。这样，内核将重复以上过程来处理新的中断。

每个处理机都有一个独立的中断分派表（Interrupt Dispatch Table，IDT），以便不同的处理机可以运行不同的 ISR。例如，在多处理机系统中，每个处理机都收到时钟中断，但只有一个处理机在响应该中断时更新系统时钟。其他所有的处理机都使用该中断来测量线程的时间片并在时间片结束后重新调度。

当外部设备中断发生时，应调用哪个中断服务例程呢？内核提供了称为"中断对象"的内核控制对象。通过中断对象允许设备驱动程序注册其设备的中断服务例程 ISR。中断对象包含将设备 ISR 与一个特定中断级相关联的内核需要的所有信息：ISR 的地址、设备的 IRQL，以及与 ISR 相关联的内核中的中断分派表入口。

当一个中断产生且被某个处理机响应时，以该中断源的 IRQL 为索引，在响应中断的处理机的中断分派表中找到与该设备的 ISR 相关联的中断对象，进而找到与 ISR 相关联的内核中的中断分派表入口和 ISR 地址，最终转入相应设备的 ISR 去进行中断处理。

将 ISR 与某一特定中断级相关联，称为连接一个中断对象。将 ISR 从 IDT 入口点切断，称为断开一个中断对象。当安装设备驱动程序时，打开 ISR，即将 ISR 的入口地址存储在中断对象中；卸载时，关闭 ISR，即将 ISR 的入口地址从中断对象中清除。这是通过调用内核函数来完成的。

使用中断对象的好处是，内核很容易实现将一个中断级与多个 ISR 相关联。这样，如果多个设备驱动程序创建多个中断对象，并且把它们连到同一个 IDT 表入口，当在一个特定的中断线上产生一个中断时，内核中断分派程序就可以调用每一个例程。这种能力允许内核支持菊花链（daisy_chain）配置，使几个设备共享同一个中断线。

3．软件中断

Windows 内核也为多种任务产生软件中断，包括启动线程调度和延迟过程调用、处理定时器到时、在特定线程的描述表中异步执行一个过程（APC），以及支持异步 I/O 操作等。

（1）线程调度或延迟过程调用

当一个线程运行结束或者进入等待状态时，内核将直接调用线程调度程序进行描述表切换。然而，有时内核在系统进行嵌套调用时，也可能检测到应该进行重调度。为了保证调度的正确性，内核使用 DPC 软件中断来延迟请求调度的产生，直到内核完成当前的活动为止。

当需要同步访问共享的内核结构时，内核总是将处理机的 IRQL 提高到 Dispatch/DPC 级或高于 Dispatch/DPC 级，这样就禁止了其他的软件中断和线程调度。当内核检测到线程调度应该发生时，它将请求一个 Dispatch/DPC 级的中断。但由于 IRQL 等于或高于 Dispatch/DPC 级，处理机将在检查期间保存该中断。当内核完成当前活动后，它将 IRQL 降至低于 Dispatch/DPC 级，于是调度中断便可出现。

DPC 是执行系统任务的函数，该任务比当前执行任务次要。DPC 为操作系统提供了在内核态下产生中断并执行系统函数的能力。除了线程调度以外，内核在其他 IRQL 上也处理延迟过程调用。其中设备驱动程序就使用 DPC 完成 I/O 请求。

DPC 是一个内核控制对象，由 DPC 对象表示。它主要包含的信息是内核处理 DPC 中断时需调用的系统函数的地址。等待执行的 DPC 例程被保存在叫做"DPC 队列"的内核管理队列中。每个处理机有一个 DPC 队列。为了请求一个 DPC，系统代码将调用内核来初始化一个 DPC 对象，然后将它放入执行 ISR 的处理机的 DPC 队列中，如图 14.4 所示。

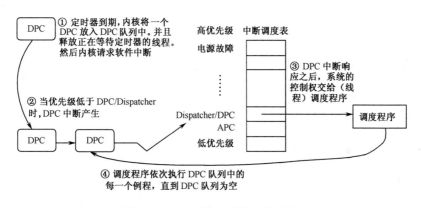

图 14.4　延迟过程调用的提交过程

将一个 DPC 放入 DPC 队列会使内核请求一个在 Dispatch/DPC 级的软件中断。因为通常 DPC 是由运行在较高 IRQL 级的软件对它进行排队的，所以被请求的 DPC 中断直到内核降低 IRQL 到 APC 级或低于 APC 级时才出现。

由于用户态线程在 IRQL 为 0 级上执行，故 DPC 中断能中断普通用户线程的执行。这样，DPC 例程可在用户地址空间内执行。DPC 例程可以调用内核函数，但不能调用系统服务，不能产生页面故障，以及创建或等待对象等。

DPC 主要是为设备驱动程序提供的，内核使用它处理时间片到时。当时钟中断处理程序发现分配给线程的时间片用完时，内核可进行重新调度。于是时钟中断处理程序产生并排队一个应该在 Dispatch/DPC IRQL 完成的低优先级的 DPC 任务，然后继续完成它的工作。之后降低处理机的 IRQL。因为 DPC 中断的优先级低于设备中断的优先级，所以任何被挂起的设备中断将在 DPC 中断产生之前得到处理。

（2）异步过程调用（APC）

APC 为用户程序和系统代码提供了一种在特定用户线程描述表中执行代码的方法。使用专用的 APC 队列，它的 IRQL 为 1，所受的限制和 DPC 有很大的不同。APC 例程可以获得资源（对象）、等待对象句柄、产生缺页错误，以及调用系统服务。

APC 也是一个内核控制对象，称为 APC 对象。等待执行的 APC 在内核管理的 APC 队列中。APC 队列与 DPC 队列的不同在于：DPC 队列是系统范围的，而 APC 队列是特定于线程的，每个线程都有自己的 APC 队列。当请求将一个 APC 排队时，内核将该 APC 插入到将要执行该 APC 例程的线程的 APC 队列中。内核依次请求 APC 级的软件中断，并当线程最终开始运行时执行 APC。

有两种 APC：核心态 APC 可以中断线程、在线程描述表中执行该过程，并且不需要得到目标线程的"允许"；而用户态 APC 则需要得到目标线程的"允许"，也即用户态线程只有申明自己可以被报警时才允许执行。

执行体使用核心态 APC 来执行必须在特定线程的地址空间（在描述表）中完成的操作系统工作。例如，可以使用核心态 APC，命令一个线程停止执行可中断的系统服务，或将异步 I/O 操作的结果记录在线程地址空间中。环境子系统使用核心态的 APC 将线程挂起或终止自身的运行，或者得到或设置它的用户态执行的描述表。

设备驱动程序也使用核心态 APC。例如，如果启动了一个 I/O 操作并且线程进入等待状态，则另一个进程中的一个线程被调度运行。当设备完成数据传输时，I/O 系统必须以某种方式重新进入到启动 I/O 的线程的描述表中，以便将 I/O 操作的结果复制到该线程所在进程的地址空间的缓冲区中。

几个 Win 32 API 使用用户态 APC。例如异步可报警的文件读写 ReadFileEx、WriteFileEx 等函数允许调用者指定一个 I/O 完成例程，在 I/O 操作完成时通过报警执行该 I/O 完成例程。该完成例程是通过把一个 APC 排队到发出 I/O 操作的线程来实现的。然而，在对 APC 排队时，仅当线程在"可报警等待状态（alterable wait state）"时，用户态 APC 才被传送给线程。线程可以通过调用 Win 32 的 WaitForMultipleObjectsEx()或 WaitForSingleObjectsEx() 函数等待对象句柄，并且指定它的等待是可报警的；也可以通过调用 SleepEx()测试它是否有一个挂起的 APC 进入等待状态。在两种情况下，如果有用户态 APC 挂起，内核将中断（报警）该线程的等待，由线程调用 APC 例程，并在 APC 例程执行完成后，继续该线程的执行。

14.3.3　异常调度

异常是由运行程序直接产生的同步事件。除了那些简单的可由陷阱处理程序解决的异常之外，所有异常都是由内核模块的"异常调度程序"提供服务的。异常调度程序（Exception Dispatcher）的工作就是找到可以处理相应异常的异常处理程序。

由内核定义的异常有：内存访问违约、被零除、整数溢出、浮点异常和调试程序断点等。

有些异常对用户透明，由内核捕捉并处理。例如，在对程序调试时，遇到断点便产生异常。内核通过调用调试程序处理该异常。对于内存访问违约或算术溢出等一些异常，内核将原封不动地将不成功状态过滤给用户态调用程序来处理。环境子系统或本机应用程序通过建立"基于帧的异常处理程序"来处理异常。基于帧是指与特殊过程的激活相关的异常处理程序。当过程被调用时，表示该过程激活的堆栈帧就会被推入堆栈（基于 x86 时）。堆栈帧可以有一个或多个与它相关的异常处理程序。每个处理程序是一段高级语言语句。当异常发生时，内核将查找与当前堆栈帧相关的异常处理程序。如果没有找到，内核将调用自己默认的异常处理程序。

无论是由软件还是硬件产生的异常，都在内核中产生一个事件链。控制将转移到内核陷阱处理程序。陷阱处理程序创建一个陷阱帧（与中断产生时处理相同）。如果完成了异常处理，陷阱帧将允许系统从中断处继续运行。同样陷阱处理程序将创建一个包含异常原因和其他有关信息的异常记录。

如果异常产生于核心态，异常调度程序将简单地调用一个例程来定位处理该异常的基于帧的异常处理程序。

如果异常产生于用户态，异常调度程序将做一些更加复杂的事情。例如，Windows 子系统有一个调试程序的端口和一个异常处理程序端口，用于接收 Windows 进程用户态异常的通知。内核在它的默认的异常处理中使用这些异常。调试程序断点是异常最普通的来源。因此，异常调度程序的第一个动作就是查看引发异常的进程是否有相关的调试程序进程。如果有，它就通过本地过程调用 LPC 端口向与引发异常的相关进程的调试程序端口发送第一个调试消息。用户可以操作数据结构和发出调试命令。如果没有相关的调试器进程，或调试器进程不处理异常，异常调度程序将切换到用户态，向用户栈复制该陷阱帧，并调用一个例程以找到一个基于帧的异常处理程序。如果没有找到，异常调度程序切换回核心态，并再一次调用调试程序，使用户继续进行更多的调试。

如果调试器没有运行或没有基于帧的处理程序，内核发送一个消息给与该线程的进程相关的异常端口。如果该端口存在，控制该线程的环境子系统就注册该异常端口。异常端口让正在该端口聆听的环境子系统将这个异常解释为环境专有的信号或异常，提示用户并终止进程。

14.3.4 系统服务调度

内核陷阱处理程序可以调度中断、异常以及系统服务调用。在 Intel x86 的 32 位的处理机上，用户态线程执行"int 2E"指令都会引起系统服务调度产生。硬件产生一个陷阱，从用户态切换到核心态执行。系统服务调度程序将检查参数，并将调用参数从用户态堆栈复制到核心栈。内核使用这个参数查找位于"系统服务调度表（system service dispatch table）"中的系统服务信息。该表和中断调度表相似，只是每个入口包含了一个指向系统服务的指针。

每个线程都有一个指向系统服务表的指针。Windows 2000/XP 有两个内置的系统服务表：第一个默认表定义了在 ntoskrnl.exe 中实现的核心执行体系统服务；另一个表是在 Win 32 子系统 Win32K.SYS 的核心态部分中实现的 Win 32 USER 及 GDI。当 Win 32 线程第一次调用 Win 32 USER 或 GDI 时，线程系统服务表的地址将指向包含 Win 32 USER 和 GDI 的服务表。

用于执行体服务的系统服务调度命令存于子系统动态链接库 NTDLL.DLL 中。子系统动态链接库通过调用 NTDLL 中的函数来实现系统服务。出于效率的考虑，对 Win 32 USER 及 GDI 的系统服务调度命令没有经过 NTDLL.DLL，而是在 USER32.DLL 和 GDI32.DLL 中直接实现的。如图 14.5 所示。

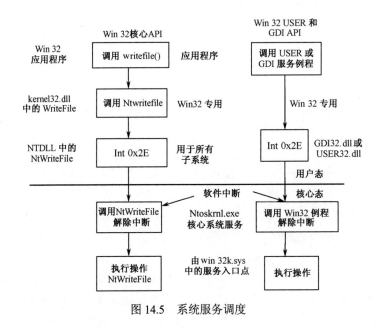

图 14.5　系统服务调度

14.4　对象管理器

Windows 使用对象模型提供访问执行体中实现的各种内部服务的一致的和安全的机制。执行体组件负责创建、删除、保护和跟踪对象。对象管理器集中资源控制操作，其他的操作分散到操作系统的其他成分进行管理控制。

Windows 中有执行体对象和内核对象两种类型的对象。执行体对象就是执行体的各种组件实现的对象。例如，进程管理器中创建的进程和线程对象、内存管理器为了共享内存区创建的文件映射对象、I/O 子系统创建的文件对象等。内核对象是由内核实现的一批初级对象，这些对象对用户态代码不可见，它们仅供执行体使用。内核对象提供基本的能力，如执行体对象之间的同步。因此，很多执行体对象包含一个或多个内核对象。

执行体对象通常由代表某个用户应用程序的环境子系统创建，或者由操作系统的各个组件正常操作时创建。

14.4.1　对象结构

1．对象头和对象体

每个对象都有一个特定的对象类型。类型决定对象包含的数据和能应用于对象的本机系统服务。对象由对象头和对象体组成。对象头包含对所有对象公共的数据，但是对于对象的每个实例，其数据的取值可能不同。例如，每个对象都有唯一的名称，并且可以有唯一的安全描述体。对象管理器控制对象头，各执行体组件控制其创建对象的对象体。对象管理器使用对象头中存储的数据来管理对象，而不考虑它们的类型。表 14.1 给出了标准对象头属性。

对象管理器提供一个小的通用服务集用于操作对象头中存储的属性。这些通用的对象服务见表 14.2。

表 14.1 标准对象头属性

属性	作用
对象名	提供名字来实现共享对象
对象目录	存储对象的目录层次结构
安全描述体	用于保护对象的安全
资源配额	登记进程已打开对象句柄消耗的系统资源情况
打开对象句柄计数	记录一个对象被打开的句柄数
打开对象句柄列表	打开该对象的各个进程列表
对象类型	指向所属类型对象的指针
引用计数	核心态组件引用对象指针计数

表 14.2 通用的对象服务

服务名称	作用
关闭	关闭一个对象
复制	复制一个对象,以实现共享
查询对象	获得一个对象的标准属性
查询安全	获得一个对象的安全描述体
设置安全	改变对象保护
等待一个对象	使一个线程等待一个同步对象
等待多个对象	使一个线程等待多个同步对象

2. 对象类型

执行体中的每个组件都能定义自己的对象类型。对象类型包括新类型的每个实例的对象体中将要存储的数据、对象体的大小。这样对象管理程序在创建一个新的对象类型时,可为其分配内存,以及为新对象类型提供服务。例如,进程管理程序定义进程对象体并且提供处理数据存储的本机服务。同样,I/O 管理器定义文件对象体,提供获得或设置数据的服务。

为了节省内存,对象管理器就存储特定类型的所有对象都有的公共属性。存储这些属性数据的对象叫做类型对象。类型对象将所有同类对象连接在一起,以便对象管理器找到和处理之。表 14.3 给出类型对象具有的属性。图 14.6 给出了进程类型对象与进程对象的关系。

表 14.3 类型对象具有的属性

属性	作用
类型对象名	类型对象的名字,如进程、线程、端口等
交换区类型	类型对象应从页交换区还是非页交换区分配内存
默认配额	对进程分配的默认页交换区和非页交换区的值
访问类型	该类型的对象允许的访问方式(读、写、挂起、终止等)
是否同步对象	是否可作为线程等待的一个同步对象
方法	在对象生命期的某一点,对象管理器自动调用的一个或多个例程(如打开、关闭、删除、查询和分析对象等)

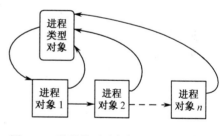

图 14.6 进程类型对象与进程对象的关系

14.4.2 管理对象

1. 对象名

系统通过对象名唯一地标识一个对象,对象管理器通过对象名发现和检索一个特定对象。进程间通过对象名共享一个对象。执行体对象名字空间是全局的,即对象名对其所在的计算机上是全局唯一的,即使两个对象的类型不同,对其所在计算机的进程可见,但对网络上的其他计算机是不可见的。为此,对象管理程序提供了一个叫做分析方法的手段,来访问其他计算机上存储的命名对象。

(1)对象目录

在 NT 中,文件和目录被表示成对象,因此,对象管理器必须了解文件名格式,以便用对象名模拟文件名，找到文件对象。目录对象正是对象管理器支持对象层次命名结构的方法。目录对象维护了足够的信息，将这些对象名称转化成指向对象自身的指针。对象管理器使用指针构造对象句柄，并向用户态的调用者返回该句柄。用户态的子系统和核心态的执行体组件的代码都可以创建对象目录，以便存储对象。例如，I/O 管理器创建一个命名为"/Device"的对象目录，来保存代表 I/O 设备的对象的名字。

（2）符号链接

在 UNIX 和 NTFS 文件系统中，为了方便共享文件或目录的内容，提供了在不同层次目录结构的不同目录之间建立交叉连接的方法。这种方法叫符号链接。Windows 2000/XP 对象管理器使用一个符号链接对象。当调用者指出一个符号链接对象的名字时，对象管理器浏览其对象名空间，直接找到所要的符号链接对象，进而找到代替该符号链接名的字符串。然后再重新开始其名字搜寻。

执行体使用符号链接对象的一个场合是把 MS-DOS 中的驱动器名（如 A:，C: 等）转换成 Windows 的内部设备名（\Device 下的物理设备对象名：floppy,harddisk 等）。Windows 子系统使这些符号链接对象被保护，且将它们放在对象管理器的命名空间的对象目录"\??"中。当对象管理器浏览对象名时，发现 MS-DOS 中的驱动器名 A: 或 C: 等对象是符号链接对象。它检查符号链接对象 A: 的内容为字符串："\Device\floppy0"。对象管理器再从根目录重新开始搜索"\Device\floppy0"，找到指定的标准内部设备。

2．对象方法

对象方法就是与 C++构造函数和析构函数类似的一组内部例程。

当一个执行体组件创建一个新的对象类型时，它可以向对象管理器注册一个或多个方法，对象管理器在那个类型对象的生命期中预先定义的点上调用这些方法。通常是在对象以某种方式被创建、删除或做某些修改时调用的。

例如，在 I/O 系统中，I/O 管理器为文件对象类型注册一个关闭方法。在每次关闭文件对象句柄时，对象管理器就调用此关闭方法。这个关闭方法检查正在关闭文件的进程是否还有任何尚未打开的文件锁，如果有，就开锁。因为检查文件锁这个工作不是对象管理器能够或应该做的。如果一个删除方法已经被注册，对象管理器在从内存中删除一个临时对象前会调用该删除方法。它检查被删除的对象是否还有未释放的物理页及其未删除的内部数据结构。

分析（parse）方法允许对象管理器放弃对一个二级对象管理器查找一个对象的控制。Windows 中有两个名空间：对象管理器注册的名空间和文件系统名空间。如果对象管理器查找一个对象时，发现该对象存在于它管理的名空间之外，且它发现与路径中的一个对象相关的有一个分析方法，它挂起继续查找。由 I/O 管理器借助于文件系统来实现进一步的查找。例如，当一个进程打开一个命名为"\Device\Floppy0\doc\resume.doc"对象的句柄时，对象管理器穿过它的名字树，直到到达命名为 Floppy0 的设备对象。它注意到有一个分析方法与该对象相关，于是它调用该方法，并将剩余的对象名字符串"\doc\resume.doc"传递给它。设备对象的分析方法就是一个 I/O 例程，因为 I/O 管理器定义了设备对象类型并为它注册了一个分析方法。I/O 管理器的分析例程将名字字符串传递给适当的文件系统，再由它找到磁盘上的文件并打开它。

I/O 系统若注册了安全方法，无论何时线程要查询或改变文件的安全信息时，就调用安全方法，因为文件的安全信息存储在文件中。对象管理器必须调用 I/O 系统发现安全信息并改变它。表 14.4 给出对象管理器支持的方法。

表 14.4　对象方法

方　　法	使用的条件
打开	打开一个对象句柄时
关闭	关闭一个对象句柄时
删除	在对象管理器删除一个对象之前
查询名字	当线程需要一个存于二级对象域中的对象（如文件）名字时
分析	当对象管理器正在搜索一个存于二级对象域中的对象名字时
安全	当进程读或修改一个存在于二级对象域中的对象的保护方式时

3．对象句柄和进程句柄表

当进程通过名称来创建或打开一个对象时，返回访问对象的句柄。进程也可以通过继承句柄或复制句柄获得对象的句柄。所有用户态进程通过对象句柄使用对象。通过句柄访问对象比使用名称要快，因为对象管理器不需要按名字查找对象就能发现对象。

每个进程将所有打开对象的指针放入进程打开对象句柄表中。进程句柄则是一个由执行体进程块 EPROCESS 指向的进入进程专用的句柄表的索引。进程句柄表由一个固定的表头和可变的句柄项的数组组成。

Windows 中每个句柄项由两个 32 位的结构组成。第一个 32 位包含指向对象头的指针和四个标志。其中，第一个标识指出是否允许调用者关闭这个句柄；第二个标识是继承标识，指该进程创建的子进程是否可以继承已打开的对象句柄；第三个标识指出在关闭对象时是否需要生成一个审计消息；第四个标识是该句柄是否已被加锁。这是对象管理器将对象句柄翻译成对象指针时为该句柄项加的锁，以防止进程在此期间打开一个新的句柄或关闭一个句柄。第二个 32 位是已授权的对象的访问掩码，即允许访问的许可权。图 14.7 给出了进程打开对象句柄表的组成。

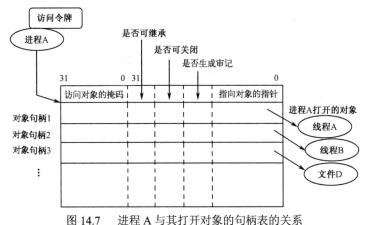

图 14.7　进程 A 与其打开对象的句柄表的关系

4．访问令牌和存取控制表

为了控制用户存取对象，安全子系统首先为每个用户确定一个用户标识，以防止无权用户登录系统。当用户登录时，安全子系统检查用户的登录信息与存储在安全子系统数据库中的信息是否匹配。若匹配，它构造一个始终附在用户进程上的对象，这个对象叫做访问令牌。它作为用户进程使用系统资源的正式标识卡。图 14.8 给出了访问令牌示例。系统中的所有对象：文件、线程、事件、甚至存取令牌等被创建时，都要分配一个安全描述体。其主要特征就是用于保护对象的存取控制表（Access Control List，ACL）。它由若干项组成，每一项都包含了安全标识符和相应的存取控制权限集。

在创建对象时，应为对象分配什么样的存取控制表，要遵循下面三条规则之一：

① 如果调用者在创建对象时提供了一个存取控制表，安全子系统就将该表应用于此对象。

② 若调用者只提供了一个对象名，安全子系统就在其存储的对象目录中查看存取控制表。若对象目录的存取控制项标有"继承"且有可继承的存取控制项存在，则安全子系统就把它附加到新对象的存取控制表中。

③ 若上述两条都不具备，则安全子系统从调用者的访问令牌中找到默认的存取控制表，并把它应用于新对象。图 14.9 给出了安全描述体可能包含的内容，即哪些进程能存取一个文件对象，如何存取。

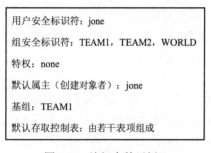

图 14.8　访问令牌示例

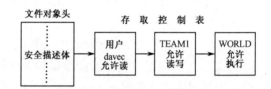

图 14.9　某文件的存取控制表

安全子系统并非在进程每次使用句柄存取对象时都执行检查，这样会使系统效率很低，它只是在进程打开句柄时进行一次。

总之，访问令牌是为操作系统识别进程和线程提供的，而安全描述体列举出哪些进程或进程组能够存取一个对象。

14.5　对象之间的同步

在单处理机或多处理机系统中，要正确地共享主存中的某些数据，多线程必须同步执行。

1. 内核同步

在内核执行的不同阶段，它必须保证每次有一个且只有一个处理机在临界区执行，以防止多线程同时修改同一结构。内核的临界区就是修改全局数据结构（如内核的调度程序数据库或它的 DPC 队列）的代码段。

内核如何保证互斥访问全局数据结构呢？所涉及的最大问题是中断。当内核正在修改全局数据结构时，涉及修改该数据结构的中断产生了，该中断处理例程也要修改它。在单处理机系统中，Windows 内核在使用这些公用资源以前，把处理机的"中断请求级 IRQL"提高到由任意潜在的访问全局数据的中断源使用的最高级来达到这个目的。但这种策略对于多处理机结构是无效的。因为提高一个处理机的 IRQL，无法阻止在另一个处理机上的中断。为此，内核引入自旋锁（Spin lock）实现多处理机互斥机制。自旋锁是一个与全局数据结构有关的锁定机制。图 14.10 给出了被自旋锁保护的一个全局数据结构 DPC 队列。

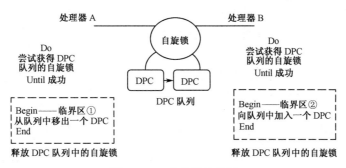

图 14.10　自旋锁的使用

在进入图 14.10 中所示的任何一个临界区之前，内核必须获得与所保护的 DPC 队列有关的自旋锁。如果自旋锁不空闲，内核将一直尝试得到锁直到成功。

在 intel 处理机上，自旋锁是使用硬件支持的一条"测试与设置"指令来实现的。当线程试图获得自旋锁时，在处理机上的所有其他工作将停止。因此，拥有自旋锁的线程永远不会被抢先，其独占处理机执行，从而尽快释放锁。内核对于使用自旋锁十分小心，当它拥有自旋锁时，它执行的指令数要尽可能少，以提高系统的效率。

执行体的其他部分通过调用一组内核函数也可以使用自旋锁。例如，为了保证每次只有某个设备驱动程序的一部分（仅来自一个处理机）访问设备寄存器和其他共享数据结构，设备驱动程序需要自旋锁。用户程序不能使用自旋锁，只能使用执行体中的对象。

2．执行体同步

在多处理机环境下，执行体软件同样需要同步访问全局数据结构。例如，存储器管理仅有一个页框数据库，它作为一个全局数据结构，执行体组件也要访问它。设备驱动程序需要保证互斥地访问它们的设备。通过调用内核函数，执行体可以创建一个自旋锁，以实现它们的互斥访问。

自旋锁只是部分满足了执行体对同步机制的需要，这是因为在自旋锁上等待，实际上是使处理机暂停，因此自旋锁限制在下列环境中使用：

① 被保护的资源必须被快速访问，并且不与其他代码进行复杂的交互。

② 临界区代码不能换出内存，不能引用可分页数据，不能调用外部程序（包括系统服务），不能产生中断或异常。

因此，这些限制使得执行体除了互斥外，还需要执行其他类型的同步，并且它必须提供用户态的同步机制。内核以内核对象的形式给执行体提供了用户态可见的附加的同步机构，称为"调度程序对象"。它们是进程、线程、事件、信号量、互斥体、可等待的定时器、I/O 完成端口或文件等同步对象。每个同步对象都有两个状态：有信号或无信号。Win 32 应用程序中的一个线程可以等待一个或多个同步对象变为有信号状态，实现同步。下面描述同步的实现过程。

（1）等待调度程序对象

一个线程通过等待一个对象的句柄可以与调度程序对象同步，这时，内核将线程挂起并把它的状态从运行态改为等待态，且排到等待对象的线程队列中。之后线程一直处于等待状态，直到所等待的调度程序对象句柄由无信号状态变为有信号状态。这时，内核将线程由等待态改为就绪状。线程通过调用由对象管理器提供的 WaitForSingleObject 和 WaitForMultipleObjects 系统服务来与调度程序对象同步。无论什么时候当内核将一个对象设置为有信号状态时，它将检查是否有线程在等待这个对象。如果有，内核会唤醒一个或几个线程，使它们能继续执行。等待对象变为有信号状态的系统服务的函数句法如下：

① 等待一个同步对象变为有信号状态：

DWORD WaitForSingleObject（HANDLE hobject, DWORD wtimeout）；

这里，hobject 是被等待对象的句柄，wtimeout 为等待的时间。若 wtimeout>0，在等待时间内同步对象未变为有信号状态，就结束等待，继续执行；若 wtimeout=0，只查询同步对象的状态是否为有信号，但不等待；若该值为 INFINITE，则一直等待，直到同步对象变为有信号状态为止。

② 等待多个同步对象变为有信号状态：

DWORD WaitForMultipleObjects（DWORD cobjects, LPHANDLE lphandles,
　　　　　　　　　　　　　　BOOL bwaitALL,DWORD dwtimeout）；

这里，cobjects 是要等待的对象个数；lphandles 是被等待对象的句柄数组指针；bwaitALL 为 TRUE，则等待全部同步对象变为有信号状态，否则，有一个变为有信号状态就结束等待；wtimeout 为等待的时间，含义同上。

（2）调度程序对象置为有信号状态的条件

对于不同对象，有信号状态的定义不同。一个线程对象在其生存期内处于无信号状态；当它终止时，内核把它设置为有信号状态。类似地，当进程的最后一个线程终止时，内核把进程对象设置为有信号状态。与之相反，定时器对象（像闹钟一样）在一个确定的时间被设置为"发声"。当它的时间期满后，内核设置定时器对象为有信号状态。表 14.5 给出了调度程序对象的有信号状态的定义。

对于通知类事件，又叫做人工重置事件，被用来通知某个事件已经发生。当该类事件对象被置为有信号状态时，所有等待该事件的线程被释放。等待多个同步对象的线程除外。

表 14.5　调度程序对象的有信号状态的定义

对象类型	置为有信号状态的时间	对等待线程的影响
进程	当最后一个线程终止时	全部释放
线程	当线程终止时	全部释放
文件	当 I/O 完成时	全部释放
事件（通知类型）	当线程设置事件时	全部释放
事件（同步类型）	当线程设置事件时	释放一个线程并复位事件对象
信号量	当信号量计数减 1 时	释放一个线程
定时器	当设置时间到时	全部释放
互斥体	当线程释放互斥体时	释放一个线程

（3）同步涉及的数据结构

为了跟踪谁在等待和等待什么，系统设有两个数据结构：调度程序头和等待块。这些结构定义在 DDK 的文件 ntddk.h 中。调度程序头包含了对象类型、当前同步对象的状态和正在等待该同步对象的线程列表。调度程序头定义如下：

```
typedef struct _DISPATCHER_HEADER
{
    UCHAR Type;                     //对象类型
    UCHAR Absolute;
    UCHAR Size;                     //头尺寸
    UCHAR Inserted;
    LONG SignalState;               //当前对象的状态
    LIST_ENTRY WaitListHead;        //等待对象的等待块列表
} DISRPATCHER_HEADER;
```

等待块表示一个线程正在等待一个对象。每个处于等待状态的线程有一个等待块列表，它记录了该线程正在等待的 1 个或 n 个对象。其定义如下：

```
typedef struct _KWAIT_BLOCK{                                      //等待块
    LIST_ENTRY WaitListEntry;                                    //句柄数组的入口
struct _KTHREAD *RESTRICTED_POINTER Thread;                      //指向线程的指针
PVOID object;                                                    //等待的对象
struct _KWAIT_BLOCK *RESTRICTED_POINTER NextWaitBlock;           //指向下一等待块的指针
USHORT waitKey;                                                  //等待原因
USHORT waitType;                                      //等待的类型：等待一个还是多个对象
}WAIT_BLOCK,*PKWAIT_BLOCK,*RESTRICTED_POINTER PRKWAIT_BLOCK;
```

每个调度程序对象有一个等待块列表头指针，它将等待该对象的所有线程的等待块连接在一起。这样，一旦一个调度程序对象变为有信号状态时，内核可快速判断谁正在等待这个对象。等待块有一个指向被等待对象的指针，一个指向等待该对象的线程指针和一个指向下一个等待块的指针，也记录等待类型（一个或多个），以及线程在 waitforMultipleObjects 调用时传送的句柄数组中入口的位置（若线程只等待一个对象时为 0）。图 14.11 给出了等待者与被等待者之间的关系示意图。其中，线程 1 和 2 正在等待同步对象线程 B，线程 2 还在等待线程 A。

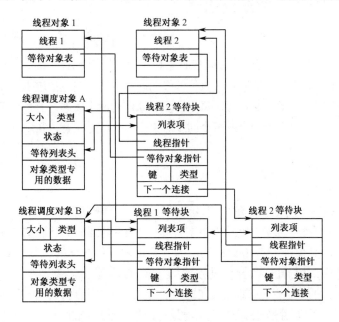

图 14.11　等待者与被等待者之间的关系示意图

14.6 小　　结

本章主要介绍 Windows 操作系统软件系统模型。

1. 系统结构

它融合了分层和客户/服务器系统模型，大致分为四个层次，从上到下分别是处于用户态运行的用户的应用程序和系统服务器、处于核心态运行的执行体、系统内核和独立于各种硬件平台的便于系统移植的硬件抽象层。Windows 系统支持对称多处理。

2. 系统机制

Windows 2000/XP 系统机制包括陷阱调度、执行体对象管理器、各种同步对象，以及本地过程调用等。

陷阱处理的功能包括中断调度和中断处理、异常调度、系统服务调度、延迟过程调用 DPC 和异步过程调用 APC。其中，延迟过程调用是 Windows 的一个特色机制，它的引入，简化了系统中断处理过程。将不太紧急的中断处理放在延迟过程调用中处理，从而加快了不太紧急的设备的中断响应和处理。

3. 对象模型

执行体对象管理器也是 Windows 的一个特色机制。它将系统公共的资源作为对象来对待，以控制进程使用对象。有两种类型的对象：执行体对象和内核对象。执行体对象就是执行体的各种组件（例如进程管理器、内存管理器、I/O 子系统等）实现的对象。内核对象是由内核实现的一个初级对象的集合，这些对象对用户态代码不可见，它们仅供执行体使用。一个执行体对象可以包含一个或多个内核对象。

4. 同步对象

Windows 系统的同步对象有内核级同步对象和执行体级的同步对象。内核级同步对象就是利用自旋锁实现的多处理机之间的同步；执行体级的同步对象主要包括进程、线程、事件、信号量、互斥体、可等待的定时器、文件等。每个同步对象都有两个状态：有信号或无信号。Win 32 应用程序中的一个线程可以等待一个或多个同步对象变为有信号状态，实现同步。

习　　题

14-1　Windows 采用了什么样的体系结构，有什么优缺点？

14-2　Windows 系统大致分为几层？各层有哪些主要组成部分？各自的作用是什么？

14-3　Windows 是怎样看待中断和异常的？它提供了什么样的机制去处理它们？

14-4　延迟过程调用 DPC 和异步过程调用 APC 有什么区别和作用？

14-5　Windows 的核心资源管理采用了对象的方式，这有什么好处?在 Windows 中有哪些类型的对象？都有什么作用？对象管理器是怎样把这些对象组织起来的？

14-6　Windows 对单处理机和多处理机提供了哪些同步和互斥的机制？

第 15 章　Windows 进程和线程管理

15.1　Windows 进程和线程

（1）Windows 进程的特点

① 进程是一个可执行程序，它定义了初始代码和数据。可通过对象服务访问进程；

② 具有一个独立的地址空间；

③ 可有多个线程。线程是进程内的内核调度执行的实体。没有线程，进程的程序无法执行。

进程与其创建的进程之间不具有父子关系。各运行环境子系统分别建立、维护和表述各自的进程关系。

（2）Windows 线程的特点

线程是内核支持的进程内的处理机调度执行的一个实体。它具有如下特点：

① 有一个线程标识；

② 有一组代表 CPU 状态的寄存器；

③ 两个堆栈，分别在用户态和核心态运行时使用；

④ 一个私有的存储器域，或者一个独立的函数指针。

15.1.1　进程对象

1. 执行体进程块（EPROCESS）

进程是一个对象，由对象管理器创建和删除。每个 Win 32 进程都由一个执行体进程块（EPROCESS）表示进程的基本属性，Win 32 子系统提供检索和改变这些属性的系统服务。图 15.1 给出了进程对象的基本属性。

图 15.1　进程对象的基本属性

执行体进程块描述进程的基本属性如下：

（1）内核进程块（KPROCESS）。它是公共的调度程序对象头。它包含了 Windows 内核调度线程所必需的信息。包含基本优先级、默认时间片、进程的转锁、进程所在的处理机簇、进程状态，以及进程中的线程总的用户态和核心态时间、进程页目录指针、属于该进程的所有线程的内核线程块队列指针等。

（2）进程 ID。包括进程的唯一标识、父进程标识、映像名和进程所在窗口的位置。

（3）访问令牌。用户登录时由系统直接连到进程的安全认证。内容有：用户名及安全标识。进程可通过打开令牌对象的句柄，获得令牌的信息或改变它的某些属性。

（4）存储器管理信息。记录了进程使用的一组虚地址空间的域和工作集信息。用一系列虚拟地址空间描述符（Virtual Address space Descriptor，VAD）和指向工作集列表的指针描述。

（5）对象句柄列表。记录进程创建和打开的所有对象的列表。

（6）异常/调试程序端口。它是进程的线程出现异常或进行调试时，进程管理器发送消息的内部通信通道。

（7）进程环境块（PEB）。它存放在进程的用户态地址空间中，包含了映像加载程序需要的信息（映像的基地址、版本号、模块列表）、供线程使用的进程堆的数量和大小信息，以及映像的进程亲和掩码等。

Win 32 进程的逻辑结构如图 15.2 所示。

2. 进程对象的服务

Windows 支持的各环境子系统都提供相应的进程服务。Win 32 子系统的进程服务主要有：创建和打开进程、进程退出、进程终止、获得和设置进程的各种信息等。下面以进程创建为例，描述进程服务的实现流程。

（1）CreateProcess()

创建新进程及其主线程，以执行指定的程序。其主要流程如下：

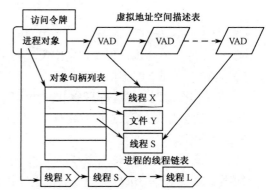

图 15.2　Windows 中的 win 32 进程结构

① 打开将在进程中执行的映像文件（.exe），并创建一个区域对象，以建立映像与主存之间的映射关系。

② 创建 Windows 2000/XP 执行体进程对象。包括申请并初始化执行体进程控制块（EPROCESS），创建并初始化进程地址空间，创建并初始化核心进程块（KPROCESS）和进程环境块（PEB），最终完成进程对象的初始化。

③ 创建一个初始线程（即主线程），包括线程堆栈、描述表和 Windows 执行体线程对象。由主线程代表进程被调度执行。

④ 把新创建的进程和线程的句柄通知 Win 32 子系统，以便对新进程和线程进行一系列初始化。

⑤ 在新进程和线程描述表中完成地址空间的初始化，并开始执行映像程序。

（2）ExitProcess()和 TerminateProcess()

终止进程的执行。它们会终止调用者进程内的所有线程。 这两个系统调用的区别：

① 当进程中的一个线程调用 ExitProcess()时，将终止进程和进程中所有线程的执行。在进程终止前，关闭所有打开对象句柄、所有线程等。这是在进程正常完成映像执行时调用的，是正常采用的退出方式。

② TerminateProcess()终止指定的进程和它的所有线程。它不仅可终止自己，也可终止其他进程。通常只用于异常情况下使用进程句柄来终止进程。它的终止操作是不完整的。

15.1.2　线程对象

1. 执行体线程块（ETHREAD）

每个线程都是由执行体线程块（executive thread block，ETHREAD）进行描述的。它包含一个核心线程块（kernel thread block，KTHREAD）（表示它的基本属性）和线程环境块（Thread Environment Block，TEB）。Win 32子系统提供了相应的线程服务。其中 ETHREAD和 KTHREAD 存储在核心空间，TEB 存储在用户空间。图 15.3 给出了线程对象的基本属性。

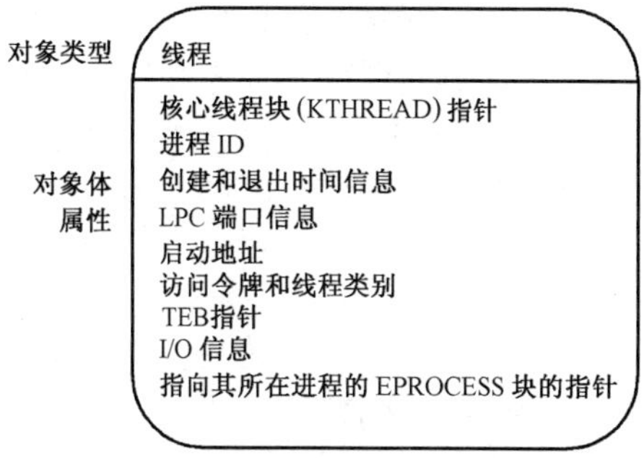

执行体线程块描述的线程基本属性如下。

（1）内核线程块（KTHREAD）。它是公共的调度程序对象头。包含核心栈的栈指针和大小、指向系统服务表（包含 USER 和 GDI 服务）的指针、与调度和同步有关的信息（包括基本的和当前的优先级、时间片、处理机簇、首选的处理机、当前的状态、挂起计数，以及线程总的用户态和核心态时间、核心栈指针、等待信息及等待块列表）、与本线程有关的 APC 列表、线程环境块（TEB）的指针等，其中线程环境块存储了用于映像加载程序和 Win 32 的 DLL 各种描述信息，如线程 ID 和线程启动例程的地址。

（2）TEB 包含线程标识、用户态堆栈基址和限长等。

（3）访问令牌和线程类别（客户还是服务器的线程）。

（4）LPC 端口信息。线程正在等待的消息的标识和消息地址。

（5）挂起的 I/O 请求包的列表，以及指向线程所属进程的 EPROCESS 的指针。

对象类型　线程

对象体属性
核心线程块(KTHREAD)指针
进程 ID
创建和退出时间信息
LPC 端口信息
启动地址
访问令牌和线程类别
TEB指针
I/O 信息
指向其所在进程的 EPROCESS 块的指针

图 15.3　线程对象的基本属性（ETHREAD）

2．线程对象的服务

（1）创建线程 CreateThread()

① 在进程的地址空间为线程创建用户态堆栈；

② 初始化线程的 CPU 硬件描述表；

③ 调用 NtCreateThread()创建执行体线程对象，填写有关内容（增加进程中的线程计数、生成新线程 ID、分配核心栈、设置线程环境块（TEB）、设置线程的起始地址、设置核心线程块 KTHREAD、设置指向进程访问令牌的指针等），并将线程置为挂起状态。返回线程的标识和对象句柄。由此可见，刚创建的线程处于挂起状态，要执行必须调用ResumeThread()激活线程。

（2）线程的终止函数 ExitThread()和 TerminateThread()

线程的终止有三种方式：

① 自然死亡：当线程完成函数的执行时。此时函数的返回值就是该线程的退出码。

② 自杀：当线程调用了 ExitThread()函数，且包含了退出的原因时。

③ 他杀：当系统中的某线程调用了 TerminateThread()，函数的参数包含了被终止的线程句柄和终止的原因时。

当线程由于自然死亡或自杀时，该线程的堆栈将被撤销；而被他杀时，不撤销堆栈，这时堆栈中的数据可能被其他线程使用。

线程终止时，系统进行如下操作：

① 关闭属于该线程的所有 Win 32 对象的句柄；

② 该线程变为有信号状态；

③ 该线程的终止状态作为退出码；

④ 若该线程是所属进程的最后一个活动线程，则终止进程。

（3）改变线程的优先级 SetThreadPriority()

所带参数为要改变优先级的线程句柄和应设置的优先级。所有线程初始的优先级为普通（normal）。用户可通过该服务来改变线程的优先级。

15.2　线 程 调 度

1．线程调度的特征

Windows 支持核心级的线程，且处理机调度的对象是线程。它是一个基于优先级的抢先式的多处理机调度系统。相同优先级的线程按照时间片轮转运行。通常线程可在任何一个可用处理机上运行，线程的亲合处理机集合允许用户线程通过 Win 32 调度函数选择它偏好的处理机。

Windows 的处理机调度对象是线程，进程仅作为资源对象和线程的运行环境的提供者。内核中完成线程调度功能的一些函数统称为内核调度器（kernel's dispatcher）。在 Windows 选择一个线程运行时，进行线程的上下文切换。线程上下文是指 CPU 的寄存器组、线程环境块、核心栈和用户栈。

处理机调度是严格针对线程队列进行的，并不考虑被调度线程属于哪个进程。例如，进程 P 有 5 个可运行的线程，进程 Q 有 2 个可运行的线程，如果这 7 个线程的优先级相同，则每个线程将得到 1/7 的处理机时间。

2．进程和线程优先级

（1）进程优先级

Windows 支持四种优先级类型：空闲（idle）、普通（normal）、高（high）、实时（real_time）。表 15.1 给出了与各优先级相对应的优先级值。

在调用 CreateProcess()时，可根据被创建进程的类型，给它指派一个优先级。通常默认为 NORMAL_PRIORITY_CLASS。Windows 根据进程在前台还是后台运行来动态修改线程的优先级。当

表 15.1　进程的四种优先级类型

优先级类别	CreateProcess 标识	级　　别
空闲（idle）	IDLE_PRIORITY_CLASS	4
普通(normal)	NORMAL_PRIORITY_CLASS	7/9
高(high)	HIGH_PRIORITY_CLASS	13
实时(real_time)	REALTIME_PRIORITY_CLASS	24

进程在前台运行时，优先级为 9。当它在后台运行时，优先级为 7。当从一个进程切换到另一个进程时，新激活的进程变为前台进程，原运行进程变为后台进程。如果它的进程具有普通优先级，系统将它的优先级由 7 升到 9，而新的后台进程由 9 变为 7，使得前台进程更容易响应用户的操作。只有进程处于普通优先级时，才能升高或降低。

空闲优先级是为那些在系统处于空闲状态时的线程使用的。例如，执行屏幕保护程序的进程就是一个例子。大多数时间，屏幕保护程序只是简单监视用户的操作。一旦用户有一段时间没有操作计算机，屏幕保护程序立即被激活，对屏幕进行保护。

高优先级只是在需要时才使用。Task manager（TASKMAN.EXE）就是以高优先级运行的。Task manager 的线程平时被挂起，一旦用户按 Ctrl+Esc 或单击"开始"时，系统马上将

它唤醒，立即抢占 CPU。

实时优先级主要应用于 Windows 的核心态的系统线程。它们是执行存储管理器、缓存管理器、本地和网络文件系统、甚至设备驱动程序等的一些线程。

进程可以通过相应的系统调用 SetPriorityClass()和 GetpriorityClass()来修改和获得进程的优先级。

（2）线程优先级

影响线程调度的基本因素是线程的优先级。一旦线程被创建，它的优先级就是所属进程的优先级。

Windows 线程所分配优先级范围为 0～31，共 32 个。它们被分成以下三部分。

① 16 个实时线程优先级（16～31）。

② 15 个可变线程优先级（1～15）。

③ 空闲优先级（0）。空闲优先级仅用于系统的零页线程。它实现对系统中空闲物理页面进行清零的操作。

所有线程初始的优先级为普通。线程优先级可由用户通过调用 Win32 API 指定和由系统内核控制来升高和降低。通过 Win32 API 指定的线程优先级由进程优先级类型和线程相对优先级共同控制。线程的基本优先级设为进程优先级类内的五级之一，如表 15.2 所示。

表 15.2　线程的相对优先级

标 识 符	意 义
THREAD_PRIORITY_HIGHEST	该线程的优先级比所属进程的优先级大 2
THREAD_PRIORITY_ABOVE_NORMAL	该线程的优先级比所属进程的优先级大 1
THREAD_PRIORITY_NORMAL	该线程的优先级等于所属进程的优先级
THREAD_PRIORITY_BELOW_NORMAL	该线程的优先级比所属进程的优先级小 1
THREAD_PRIORITY_LOWEST	该线程的优先级比所属进程的优先级小 2

这样，在进程内创建的各线程，其相对优先级可以为时间紧急级、最高级、中上级、中级、中下级、最低级和空闲级。

表 15.3 给出了系统是如何把进程的优先级与线程的相对优先级相结合来确定线程的基本优先级的。

表 15.3　Win32 优先级到 Windows 内核优先级的映射关系

Win 32 线程优先级	Windows 进程优先级类					
	实时级	高级	普通级上	普通级	普通级下	空闲级
时间紧急级	31	15	15	15	15	15
最高级	26	15	12	10	8	6
中上级	25	14	11	9	7	5
中级	24	13	10	8	6	4
中下级	23	12	9	7	5	3
最低级	22	11	8	6	4	2
空闲级	16	1	1	1	1	1

由表 15.3 可知，一个进程仅有基本优先级，而一个线程有基本和当前两个优先级的

值。进程的基本优先级默认为 24，13，10，8，6 或 4。某些 Windows 系统进程，如会话管理器、服务控制器和本地安全认证服务器，它们的优先级通常比默认的普通级（8）稍高。调度决策是基于线程当前优先级的。线程的当前优先级可在表 15.3 所示的动态范围（1～15）内变化，通常会比基本优先级高。Windows 从不调整在实时范围（16～31）内的线程优先级，因而这些线程的基本优先级和当前优先级总是一样的。

（3）线程的时间配额

时间配额是线程得到运行的时间量。它不是一个时间长度值，而是一个称为配额单位（quantum unit）的整数。在 Application Performance 部分有一个滑动块来控制应用程序时间片的三种设置：None、居中和 Maximum，见表 15.4。

表 15.4　可调整的时间配额

时间片的增加设置	Windows professional	Windows Server
None（默认）	6	36
居中	12	36
Maximum（最大）	18	36

如果设置为 None（默认），那么前台线程的时间片为系统默认的时间片。如果设置为居中，默认时间片将加倍。如果设置为最大（Maximum），默认时间片将变为原来的 3 倍。默认时，在 Windows 专业版中线程开始时的时间配额为 6，但 Windows NT Server 对前台和后台进程使用相同的时间片（36）。服务器版中取较长默认时间配额的原因是要保证客户请求所唤醒的服务器有足够的时间完成客户的请求并回到等待状态。

每次时钟中断，时钟中断服务例程从线程的时间配额中减少一个固定值(3)。如果没有剩余的时间配额，系统将选择另一个线程进入运行状态。显然一个线程的默认运行时间为 2 个时钟中断间隔，服务器版中的一个线程的默认运行时间为 12 个时钟中断间隔。

不同硬件平台的时钟中断间隔是不同的，时钟中断的频率是由硬件抽象层确定的，而不是由内核确定的。例如，大多数 x86 单处理机系统中，每秒平均中断次数为 100，因此可计算出时钟中断间隔为 10 毫秒。大多数 x86 多处理机系统中，每秒中断次数的平均值为 67，故时钟中断间隔为 15 毫秒。

3. 单处理机的线程调度的时机和线程状态

（1）线程调度的时机

Windows 中，在单处理机系统和多处理机系统中的线程调度是不同的。这里首先介绍单处理机系统中的线程调度时机。

① 主动切换

线程因等待某个事件、互斥信号量、资源信号量、I/O 操作、进程、线程、窗口消息等对象而进入等待状态时主动放弃处理机。此时就绪队列中的第一个线程进入运行状态。

② 抢先

当出现下面两种情况时，正处于运行状态的低优先级线程被抢先：高优先级线程等待的上述的一个或几个对象变为有信号状态时；一个线程的优先级被增加或减少。

当线程被抢先时，它被放回相应优先级的就绪队列的队首。处于实时优先级的线程在被抢先时，时间配额被重置为一个完整的时间片；而处于可变优先级的线程在被抢先时，时间配额不变，重新得到处理机后将运行完剩余的时间配额。

③ 时间配额用完

当一个处于运行状态的线程用完它的时间配额时，Windows 首先必须确定是否需要降低该线程的优先级，然后确定是否需要调度另一个线程进入运行状态。

如果刚用完时间配额的线程的优先级被降低了，Windows 将寻找一个更适合的线程进入运行状态；如果刚用完时间配额的线程的优先级没有降低，并且有优先级相同的其他就绪线程，Windows 将选择相同优先级的就绪队列中的下一个线程进入运行状态，刚用完时间配额的线程被排到就绪队列的队尾；如果没有优先级相同的就绪线程可运行，刚用完时间配额的线程将得到一个新的时间配额并继续运行。

④ 运行结束

当线程运行完成时，它的状态从运行状态转到终止状态。线程完成运行的原因可能是通过调用 ExitThread 而从主函数中返回或被其他线程通过调用 TerminateThread 来终止的。如果处于终止状态的线程对象上没有未关闭的句柄，则该线程将被从进程的线程列表中删除，相关数据结构将被释放。

（2）线程的状态

Windows 的线程在其生命期内，可能有如下 7 种常见状态：

① 就绪状态（ready）。表明线程可以被调度执行，线程在就绪队列中排队。

② 备用状态（standby）。处于备用状态的线程已经被选中，作为下一个要运行的线程，已选择好执行的处理机，正等待描述表切换，以便进入运行状态。

③ 运行状态（running）。处于系统中的每个处理机，只能有一个线程可以处于运行状态。

④ 等待状态（waiting）。线程等待某个事件或者等待某个对象成为有信号状态。

⑤ 传输状态（transition）。传输状态类似于就绪状态，但线程在等待时，它的核心栈被调到外存。当线程核心栈被调回主存时，线程变为就绪状态。

⑥ 终止状态（terminated）。线程执行完时进入终止状态。

⑦ 初始化状态（initialized）。正在创建过程中的线程状态。

以线程等待一个事件为例，下面用图 15.4 描述线程的状态转换情况。

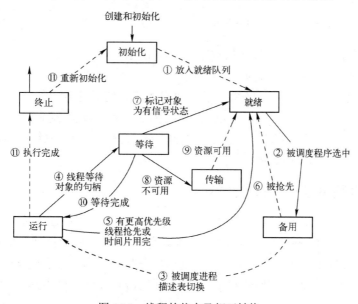

图 15.4　线程的状态及相互转换

① 线程被初始创建和初始化或终止以后被重新初始化以后，线程变为就绪态，被放入就绪队列等待调度。

② 已为线程选择好执行的处理机，正等待描述表切换时，处于备用状态，描述表切换完成，便进入运行状态；当备用状态的线程被更高优先级线程抢先时，又回到就绪态。

③ 运行态的线程被更高优先级线程抢先时，由运行态变为就绪态。

④ 用户态线程等待一个事件句柄时，线程由运行态改为等待态，并排到事件对象的线程队列中等待。

⑤ 当等待的事件对象变为有信号状态时，等待态的线程有两种变化状态：等待态的线程在等待期间，其核心栈被系统调出主存时，此时由等待态变为传输状态；否则变为就绪态。

⑥ 当线程完成执行时，变为终止态。

15.3 对称多处理机系统上的线程调度

15.3.1 几个与调度有关的概念

Windows 是一个对称多处理机系统。在多处理机系统中，线程调度会受到一些因素的影响。为此，首先定义几个术语。

1. 亲合关系（Affinity）

每个线程都有一个亲合（相似性）掩码，描述该线程可在哪些处理机上运行。线程的亲合掩码是继承进程的亲合掩码。默认时，所有进程的亲合掩码为系统中所有可用处理机的集合。也就是说，所有线程可在所有处理机上运行。应用程序可以通过调用服务函数修改默认的亲合掩码。

2. 线程的首选处理机和第二处理机

每个线程在对应的内核线程控制块中都保存有两个处理机标识:

① 首选处理机：线程运行时偏好的处理机。

② 第二处理机：线程第二个选择运行的处理机就是它最近运行所在的处理机。

线程的首选处理机是基于进程控制块的索引值在线程创建时随机选择的。索引值在每个线程创建时递增，这样进程中每个新线程得到的首选处理机会在系统中的可用处理机中循环。线程创建后，应用程序可修改线程的首选处理机。

15.3.2 线程调度程序的数据结构

在单处理机系统上，调度相对简单，总是选择最高优先级的就绪线程运行。为了进行线程调度，内核维护了一组"调度程序的数据结构"。调度程序数据结构负责记录各线程的状态，如哪些线程处于等待被调度的状态、处理机正在执行哪个或哪些线程等。

图 15.5 给出了线程调度程序数据结构中的就绪队列。每个调度优先级有一个，共 32 个就绪队列。

为了提高调度速度，Windows 维护了一个称为就绪位图的 32 位掩码。就绪位图中的每一位指示一个调度优先级的就绪队列中是否有线程等待运行，0 代表无，1 代表有。bit0 与调度优先级 0 相对应，bit1 与调度优先级 1 相对应，等等。

在多处理机系统上，Windows 总是试图选择线程在最优处理机上运行。但要考虑选择线程首选的或者刚刚运行所在处理机以及多处理机的配置情况。在 Windows 2000/XP 系统中，它们的调度程序数据结构与单处理机一样，都有就绪队列和就绪位图。另外还维护系统中多处理机状态的两个位屏蔽，如图 15.5 所示。

（1）活动处理机屏蔽。系统中每个可用的处理机都有一位设置。

（2）空闲摘要。每个设置位代表一个空闲处理机。

如前所述，在单处理机系统中，为了防止调度程序代码与线程在访问调度程序数据结构时发生冲突，Windows 通过提升 IRQL 到 DPC/线程调度级实现互斥访问调度程序数据库。但在多处理机系统中，由于每个处理机都可能提升 IRQL 试图操作调度程序数据库，为此，Windows 使用两个内核转锁来同步访问线程调度：调度程序转锁和描述表转锁，以协调各处理机互斥地对调度程序数据结构的访问和描述表的交换操作。

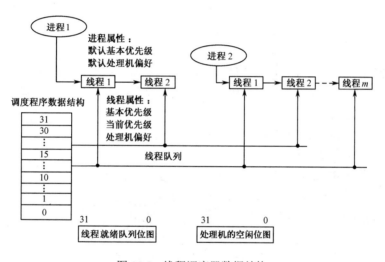

图 15.5　线程调度器数据结构

15.3.3　多处理机的线程调度算法

在描述了亲和关系和首选处理机后，现在介绍系统如何使用这些信息决定线程应该在哪个处理机上运行。有两个基本的决策：① 为要运行的线程选择一个处理机。② 选择一个线程需要做哪些工作。

1. 有空闲处理机时

当一个线程变为就绪时，Windows 首先设法将它调度到一个空闲处理机上。如果有多个空闲处理机，首先为它分配首选的，其次考虑第二处理机，最后才考虑正在运行线程调度程序的处理机。

在 Windows 中，如果这些处理机都不空闲，按照处理机的编号，从高到低扫描空闲处理机。将找到的第一个空闲处理机分配给线程。

一旦一个处理机已经被选为线程运行的处理机，该线程就处于备用状态，而且该处理机的 PRCB（PRocessor Control Block）被修改指向这个线程。

2. 没有空闲处理机时

如果所有处理机都处于繁忙状态，Windows 将检查是否可抢先一个处于运行状态或备用状态的线程。若可以，将首先选择线程的首选处理机，其次是线程的第二处理机。如果这两个处理机都不在线程的亲合掩码中，Windows 将依据活动处理机掩码选择该线程可运行的编号最大的处理机，作为线程运行的处理机。

如果被选中的处理机已有一个线程处于备用状态，并且该线程的优先级低于正在检查的线程，则正在检查的线程取代原处于备用状态的线程，成为该处理机的下一个运行线程。如果已有一个线程正在被选中的处理机上运行，Windows 将检查当前运行线程的优先级是否低于正在检查的线程。若是，则标记当前运行线程为被抢先，系统会发出一个处理机间中断，以抢先正在运行的线程，让新线程在该处理机上运行。

如果在被选中的处理机上没有线程可被抢先，则新线程放入相应优先级的就绪队列等待调度。

3. 为特定的处理机选择线程

在线程降低它的优先级、修改它的亲合处理机、推迟或放弃执行等情况下，Windows 必须选择一个新线程占用该处理机。在多处理机系统中，Windows 不是简单地从就绪队列中取第一个线程，它要寻找一个满足下列四个条件之一的线程。

① 上一次运行在该处理机上。

② 首选处理机是该处理机。

③ 处于就绪状态的时间超过 2 个时间配额单位。

④ 优先级大于等于 24。

若上述条件都不满足，它将从就绪队列的队首取第一个线程占用处理机，进行线程描述表的切换。

典型的描述表切换要求保护和重新装入以下一些数据：① 指令指针；② 用户栈和核心栈；③ 线程运行的地址空间的指针，即进程页目录表。

内核将被保护的数据推入当前线程的核心栈，将栈指针保护到该线程的 KTHREAD 块中。然后将核心栈指针设置为新选中的线程核心栈，并装入新线程的描述表。如果新线程与当前线程不属于同一个进程，还要装入它的页目录表的地址到即将运行的处理机寄存器，这样，新选中的线程就变为当前线程运行。

4. 优先级高的就绪线程可能不处于运行状态

在多处理机系统中，由于线程的亲和关系，Windows 并不总是选择优先级高的线程抢先优先级低的线程占用的处理机。

例如，假设 0 号处理机上正运行着一个可在任何处理机上运行的优先级为 8 的线程，1 号处理机上正运行着一个可在任何处理机上运行的优先级为 4 的线程。这时一个只能在 0 号处理机上运行的优先级为 6 的线程变为就绪状态。在这种情况下，优先级为 6 的线程只能等待 0 号处理机上优先级为 8 的线程结束。因为 Windows 不会为了让优先级为 6 的线程在 0

号处理机上运行，而把优先级为 8 的线程从 0 号处理机移到 1 号处理机。即 0 号处理机上的优先级为 8 的线程不会抢先 1 号处理机上优先级为 4 的线程。

15.3.4 空闲线程的调度

在多处理机系统中，系统为每个处理机都设有一个对应的空闲线程。空闲线程的优先级为 0。这样，当一个处理机上没有线程可运行时，Windows 会调度该处理机对应的空闲线程运行。

空闲线程在 DPC/线程调度级上运行，循环检测是否有要进行的工作。其基本控制流程如下：

（1）处理所有待处理的中断请求。

（2）检查是否有待处理的 DPC 请求。如果有，则清除相应软中断并执行 DPC。

（3）检查是否有就绪线程可进入运行状态。如果有，则调度该线程运行。

（4）调用硬件抽象层的处理机空闲例程，执行相应的电源管理功能。

15.4 线程优先级提升

在下列 5 种情况下，Windows 会提升线程的当前优先级，以改善系统的调度性能：

（1）I/O 操作完成。

（2）信号量或事件等待结束。

（3）前台进程中的线程完成一个等待操作。

（4）由于窗口活动而唤醒图形用户接口线程。

（5）线程处于就绪状态超过一定时间，仍未能进入运行状态（处理机饥饿）。

其中，前两条是针对所有线程进行的优先级提升，而后三条是针对某些特殊的线程在正常的优先级提升基础上进行额外的优先级提升。线程优先级提升的目的是改善响应时间，提高系统吞吐量等整体特征，解决线程调度策略中潜在的不公正性。

1．I/O 操作完成后的线程优先级提升

在完成 I/O 操作后，Windows 将临时提升等待该操作的线程的优先级，以保证等待线程能立即开始处理 I/O 操作的结果。但线程优先级的实际提升值是由设备驱动程序决定的。表 15.5 是线程优先级可能提升值的列表。线程优先级的提升幅度与 I/O 请求的响应时间要求是一致的，响应时间要求越高，优先级提升幅度越大。

线程优先级提升是以线程的基本优先级为基点的，不是以线程的当前优先级为基点。如图 15.6 所示，线程优先级提升后将运行一个时间配额。当用

表 15.5　线程优先级推荐的提升值列表

设　　备	优先级提升幅度
文件、信号量	1
磁盘、光驱、并口、视频	1
网络、邮件槽、命名管道、串口	2
键盘、鼠标	6
音频	8

完它的一个时间配额后，线程会降低一个优先级，并运行另一个时间配额。这个降低过程会一直进行下去，直到线程的优先级降低至原来的基本优先级。其他优先级较高的线程仍可抢先因 I/O 操作而提升了优先级的线程，但被抢先的线程要在提升后的优先级上用完它的时间配额后才降低一个优先级。

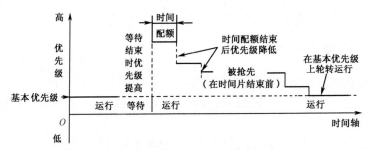

图 15.6　线程优先级的提升和降低

2．等待事件和信号量的线程优先级提升

当一个等待事件对象或信号量对象的线程完成等待后，它将被提升一个优先级。并在提升后的优先级上执行完剩余的时间配额；随后降低 1 个优先级，运行一个新的时间配额，直到优先级降低到初始的基本优先级。

3．前台线程在完成等待后的优先级提升

对于前台进程中的线程，一个内核对象上的等待操作完成时，为了改进交互性应用的响应时间，内核会提升线程的当前优先级。窗口子系统负责确定哪一个进程是前台进程。在前台应用完成它的等待操作时小幅度提升它的优先级，以使它有可能马上进入运行状态。

4．图形用户接口（GUI）线程被唤醒后的优先级提升

为了改善交互应用的响应时间，拥有窗口的线程在收到窗口消息被窗口活动唤醒时，将得到一个幅度为 2 的额外优先级提升。

5．对处理机饥饿线程的优先级提升

在 Win 32 子系统中，一个优先级为 7 的线程正处于运行状态时，另一个优先级为 4 的线程是不会得到处理机使用权的。但如果一个优先级为 11 的线程正等待被优先级为 4 的线程锁定的某种资源，由于优先级为 4 的线程得不到处理机运行，而使优先级为 11 的线程将永远阻塞等待。这正是优先级逆转的问题。Windows 将如何处理这种情形呢？

在存储器管理中，一个称为平衡集管理器（balance set manager）的系统线程，每秒钟检查一次就绪队列，看一看是否有在就绪队列中排队超过 300 个时钟中断间隔的线程。如果找到这个线程，平衡集管理器将把该线程的优先级提升到 15，并分配给它一个长度为正常值两倍的时间配额；当被提升线程用完它的时间配额后，该线程的优先级立即衰减到它原来的基本优先级。如果在该线程结束前出现其他高优先级的就绪线程，该线程会被放回就绪队列等待。

为了减少对处理机的占用时间，平衡集管理器只扫描 16 个就绪线程。如果就绪队列中有更多的线程，它将记住扫描的位置，以便下一次从此位置开始扫描。这种算法并不能解决所有优先级逆转的问题，但它很有效。

15.5　Windows 的线程同步

在 Windows 2000/XP 中实现线程之间互斥和同步的机制有：事件（Event）对象、互斥体（Mutex）对象和信号量（Semaphore）对象，以及相应的系统服务。线程等待与这三种对象同步时，可使用 WaitForSingleObject()和 WaitForMultipleObjects()两个系统服务来实现。

15.5.1　同步对象

1. 事件（Event）对象

事件对象是同步对象中最简单的形式。它有两个状态：有信号和无信号状态。它相当于一个"触发器"，用于通知线程某个事件是否出现。它的相关 API 包括：
- 创建一个事件对象 CreateEvent()，返回事件对象句柄；
- 打开一个事件对象 OpenEvent()，返回一个已存在的事件对象句柄，用于后续访问；
- 设置指定事件对象为有信号状态 SetEvent()。
- 设置指定事件对象为无信号状态 ResetEvent()。
- PulsetEvent()使一个事件对象的状态发生一次脉冲变化：从无信号变成有信号再变成无信号，而整体操作是原子的。对自动重置的事件对象，它仅释放第一个等待该事件的线程（如果有），而对于人工重置的事件对象它释放所有等待的线程。之后变为无信号状态。

2. 互斥体对象（Mutex）

互斥体对象（Mutex）用来控制共享资源的互斥访问。它的相关 API 包括：
- CreateMutex()创建一个互斥对象，返回对象句柄；
- OpenMutex()打开并返回一个已存在的互斥对象句柄；
- ReleaseMutex()释放一个互斥对象，使之成为有信号状态。

3. 信号量对象（Semaphore）

信号量对象就是资源信号量，初始值可在 0 到指定最大值之间设置，用于限制并发访问资源的线程数。它的相关 API 包括：
- CreateSemaphore()：创建一个信号量对象，在输入参数中指定最大值和初值，返回对象句柄；
- OpenSemaphore()：打开一个信号量对象返回一个已存在的信号量对象句柄，用于后续访问；
- ReleaseSemaphore()：可用大于和等于 1 来增加信号量的计数值。

15.5.2　同步对象的应用示例

1. 互斥体对象的示例

该示例是两个线程通过共享一个计数器对各自获得的系统时间进行记录。因此，对计数器的操作，两者必须互斥。这里设置了一个互斥体，来保护两个线程正确地共享计数器。其程序描述如下：

```
// Global variables declare

int g_nIndex=0;                       //数组的索引
const int MAX_TIMES=1000;
DWORD g_dwTimes[MAX_TIMES];          //记录时间数据的数组
HANDLE g_hMutex;                      //互斥体的句柄说明

int WinMain(…) {
  HANDLE hThread[2];                  //说明两个线程的句柄
    g_hMutex = CreateMutex(NULL,FALSE,NULL);          // 创建一个无名互斥体对象，且处
                                                       于有信号状态
  //下面创建两个读线程，将两个线程对象保存在对象数组中。
    hThreads[0]=CreateThread(…, FirstThread,…);
    hThreads[1]=CreateThread(…, SecondThread,…);

  //调用系统服务，创建者等待两个线程终止。
  WaitForMultipleObjects(2,hThreads,TRUE,INFINITE);

  //两个线程终止后，关闭两个线程和互斥体的句柄
  CloseHandle(hThreads[0]);
  CloseHandle(hThreads[1]);
  CloseHandle(g_hMutex);
}

DWORD WINAPI FirstThread(LPVOID lpvThreadParm) {
BOOL fDone=FALSE;
DWORD dw;
while (!fDone) {
    dw= WaitForSingleObject(g_hMutex,INFINITE);       //一直等待，直到互斥体变为有信号状态
    if (dw==WAIT_OBJECT_0){ //等待成功，占有互斥体，此时互斥体变为无信号状态。
        if (g_Index>=MAX_TIMES){
            fDone=TRUE;
        }else{
            g_dwtimes[g_nIndex]=GetTickCounter();   //得到系统时间，并赋给数组元素
            g_nIndex ++;
            }
        ReleaseMutex (g_hMutex);                       //释放互斥体，使它变为有信号状态
    }else{   //等待不成功，放弃
        break;
    }
  }
}
return(0);
}
```

```
//与 FirstThread 做同样的工作。
DWORD WINAPI SecondThread(LPVOID lpvThreadParm) {
BOOL fDone=FALSE;
DWORD dw;
    while (!fDone) {
        // wait forever for the mutex to become signaled.
      dw= WaitForSingleObject(g_hMutex, INFINITE);
      if (dw==WAIT_OBJECT_0){   //Wait successful .
        if (g_Index>=MAX_TIMES){
            fDone=TRUE;
        }else{
            g_dwtimes[g_nIndex-1]=GetTickCounter();
            g_nIndex ++;
            }
      ReleaseMutex (g_hMutex); //Release the Mutex.
      }else{   //The Mutex Abandoned.
        break;
    }
  }
  return(0);
}
```

示例中有三个线程，一个执行 WinMain()主线程和两个读系统时间并将时间值记录在共享数组中的线程。WinMain 主线程在开始执行时，创建一个互斥体 g_hMutex 和两个执行读时间的线程 FirstThread[0] 和 SecondThread[1]。之后它调用 WaitForMultipleObjects(2,hThreads,TRUE,INFINITE)，等待两个线程执行完成。

这里的 g_nIndex 是两个线程共享的数组变量的索引。设置的互斥体 g_hMutex 用来保护这个共享的变量。任何线程要对数组进行操作之前，先调用 WaitForSingleObject（g_hMutex,INFINITE），直到 g_hMutex 代表的互斥体变为有信号状态。从而实现两个线程正确地共享数组。

两个读线程在共同读 1000 个时间数据后终止，主线程被唤醒。它接着执行，之后关闭两个线程句柄和互斥体的句柄，整个系统结束。

2. 综合示例

利用事件对象和信号量对象处理共享缓冲区的问题。一个线程负责读文件数据到共享缓冲区，另两个线程负责处理文件数据，分别用于统计文件中的字数 words 和行数 lines。这是一个读者和写者问题。读文件数据线程相当于写者，两个处理线程相当于读者。为此要设计两个事件对象。一个是人工重置事件，用于通知两个处理线程，一个是自动重置事件，用于通知读数据线程。再设计一个互斥信号量，用于制约读者和写者互斥访问共享缓冲区。用下面的程序实现三个线程的通信：

```
{…
//系统初始化过程
hEventDataReady = CreateEvent(NULL, TRUE, FALSE, NULL);        /*创建人工重置事件*/
hEventRead = CreateEvent(NULL, FALSE, TRUE, NULL);            /*创建自动重置事件*/
long numReaders=-1; //正在处理的读者线程数
```

```
hSemRWs=CreateSemaphore(NULL,0,2,NULL);//创建一个初值为 0,最大值为 2 信号量
HThread1=CreateThread(NULL,0,Writer,(LPVOID)1,0,&dwThreadId);//创建 Writer 线程
HThread2=CreateThread(NULL,0,Reader1,(LPVOID)1,0, &dwThreadId);//创建 Reader1 线程
HThread3=CreateThread(NULL,0,Reader2,(LPVOID)1,0, &dwThreadId);//创建 Reader2 线程
CloseHandle(hThread1);        //关闭写者线程
CloseHandle(hThread2);        //关闭 Reader1 线程
CloseHandle(hThread3);        //关闭 Reader2 线程
CloseHandle(hEventDataReady); (CloseHandleChEventRead); //关闭事件的句柄
CloseHandle(hSemRWs);        //关闭信号量的句柄
    …
}
```

Writer 线程执行的函数：

```
while (1) {
    …
    ResetEvent(hEventDataReady);       //将数据准备好事件置为无信号状态，防止读者线程进入
    WaitForMultipleObjects(hSemRWs,INFINITE);//等待所有的读者退出缓冲区
    //将文件数据读入缓冲区;
    ReleaseSemaphore(hSemRWs,1,NULL);   //允许读者开始工作
    SetEvent(hEventDataReady);          //置数据准备好事件为有信号状态，唤醒读者
    WaitForSingleObject(hEventRead, INFINITE);
    …
}
```

Reader 线程执行的函数：

```
while(1){
    …
    WaitForSingleObject(hEventDataReady,INFINITE);//等待有可处理的数据
    if (InterlockIncrement(numReaders)==0){
    //读者调用该函数，对 numReaders 加 1，并判断自己是否是第一个加 1 的读者?
    //是，则等待写者退出。
        WaitForSingleObject(hSemRWs,INFINITE)};
    //读数据到自己的私有缓冲区;
    if(InterlockedDecrement(numReaders)<0){
    //退出共享缓冲区时，调用该函数，判断自己是否是最后一个退出的读者? 若是，释放信号量，
    //以便允许写者进入共享缓冲区，否则，直接执行下一句。
            ReleaseSemaphore(hSemRWs,1,NULL);
            SetEvent(hEventRead);}
    //统计字数 Words 或行数 LINES;
    …
}
```

　　由上面的示例可清楚看出，写者在将从文件读出的数据写入缓冲区之前，先置缓冲区的数据为不可用，这是通过将事件对象 hEventDataReady 置为无信号状态来实现的；之后，它判断是否有读者还未退出共享缓冲区，这是通过调用 WaitForSingleObject 判断信号量 hSemRWs 是否为 0 来实现的。由于信号的初位为 0，故它一开始就可进入；当写者可进入缓冲区时，将数据写入缓冲区；最后，置 hEventDataReady 为有信号状态，通知读者数据可用，退出缓冲区，并释放信号量。

对于读者，同样，先判断数据是否可用，这是通过调用等待语句判断 hEventDataReady 是否为有信号状态实现的。若可用，通过对 numReaders 进行互斥加 1，判断自己是否是第一个请求进入者。若是，则通过调用等待语句判断是否有写者正在缓冲区操作。若无，可进入缓冲区读数据到自己的私有缓冲区中。然后，读者对读者数变量 numReaders 减 1，若它是最后一个退出的读者，则退出缓冲区，并释放信号量，释放对缓冲区的占用权。否则，读者退出缓冲区，对数据中的字数或行数分别进行统计。

除了上述三种同步对象外，Windows 还提供了一些与进程同步相关的机制，如临界区对象和互锁变量访问及信号、邮件槽、管道和套接字等。临界区（Critical Section）对象只能用于同步同一进程内各线程互斥访问临界区。

15.6 小　　结

进程和线程管理是 Windows 操作系统的重要组成，既支持单处理机，又支持对称多处理机。本章涉及的主要内容如下。

1．进程和线程对象

理解进程和线程对象的定义、组成和相应的对象服务函数。

2．线程调度

（1）Windows 支持的进程有四种优先级类型：空闲（idle）、普通（normal）、高（high）、实时（real_time）。用户进程的优先级只能取普通和高，实时优先级用于系统进程。而空闲优先级用于系统的零页进程。四种类型的优先级划分为 32 个级别。

（2）线程优先级。线程继承了进程的优先级。线程只有基本优先级和相对优先级。

（3）Windows 的线程有 7 种状态。依据系统条件的改变，引起线程由一种状态转换为另一种状态。

（4）线程调度的策略、线程调度依据的数据结构。Windows 基于线程的优先级采用抢占式的动态优先级调度。依据调度程序数据结构建立了 32 个就绪队列，为了提高调度速度，系统维护了一个 32 位的就绪位图和一个 32 位的空闲处理机位图。在对称多处理机上的线程调度是依据线程的亲合关系，首选和第二处理机等进行的，选择就绪进程时，需要自旋锁进行同步。

3．进程和线程的同步对象

实现进程和线程之间互斥和同步的机制有：事件（Event）对象、互斥体（Mutex）对象和信号量（Semaphore）对象，以及相应的系统服务。线程等待与这三种对象同步时，可使用 WaitForSingleObject()和 WaitForMultipleObjects()两个系统服务来实现。进程或线程等待的同步对象变为有信号状态时，就结束等待。

习　　题

15-1　写一个程序，通过递归创建进程 1000 次来测定 Windows 中的进程创建速度。

15-2　写一个程序，通过递归创建线程 1000 次来测定 Windows 中的线程创建速度。

15-3　分别使用信号量机制来实现三个进程间的数据传递。第一个进程从数据文件中读入数据，并按字节进行变换 T 后传递给第二个进程。第二进程对收到的数据按字节进行变换 T 后传递给第三个进程。第三个进程对收到的数据按字节进行变换 T 后，把结果存入文件。变换 T 为加 1 后模 64。

15-4　Windows 的线程有几种状态？状态之间的转换条件是什么？

15-5　Windows 的线程调度机制是如何防止线程饥饿现象发生的？

15-6　Windows 线程有哪些同步对象？如何实现同步？

第16章 Windows 的存储器管理

本章主要介绍虚拟存储器管理实现的功能、包括关键的数据结构和算法。Windows 的存储器管理是执行体的一个组件。它提供以下的基本服务：

（1）提供存储器管理所需的系统服务。包括分配、释放和保护虚存和物理主存，写时复制，获得有关虚拟页的信息，主存共享和存储器映射文件等。这些服务大多数都是以 Win32 API 或核心态的设备驱动程序接口形式出现的。

（2）提供运行在核心态系统线程上的几个例程：

① 平衡工作集管理器（working set manager）。优先级为 16。每秒运行一次，负责维护空闲主存数量不低于某一界限并及时调整进程的工作集，使用户线程工作在一个良好的状态。

② 进程/堆栈交换器（process/stack swapper）。优先级为 23。当平衡工作集管理器和线程调度代码需要时，执行进程和线程核心堆栈的换入和换出操作。

③ 更改页写入器（modified page writer）。优先级为 17。定期将"脏"（被修改）页写回到磁盘。

④ 废弃段线程（dereference segment thread）。优先级为 18。负责系统高速缓存和页文件的扩大和缩小。

⑤ 零页线程（zero page thread）。优先级为 0。负责维护系统有足够多的零填充的空闲页存在。

16.1 存储器管理的基本概念

16.1.1 进程地址空间的布局

在 32 位的地址空间上，Windows 2000/XP 允许每个用户进程占有 4GB 的虚存空间。低 2GB 为进程的私有地址空间，高 2GB 为进程公用的操作系统空间。Windows 的企业版有一个引导选项，允许用户拥有 3GB 的地址空间。三类数据映射到 Windows 的虚拟地址空间：每个进程的私有代码和数据、会话范围（子系统）代码和数据，以及系统范围的代码和数据。x86 系统虚拟地址空间的布局如图 16.1 所示。

在低 2GB 的私有地址空间中，0～0xffff，大约为 64KB 存放一些帮助信息，拒绝进程访问；0x10000～0x7FFFFFFF，大约 64KB～2GB，是进程独立地址空间；0x7FFDE000～0x7FFDEFFF，大约 4KB，存放第一个线程的线程环境块（TEB）；0x7FFDF000～0x7FFDFFFF，大约 4KB，存放进程环境块（PEB）；0x7FFE0000～0x7FFE0FFF，大约

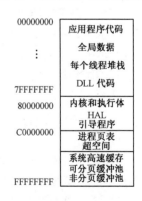

00000000	应用程序代码
⋮	全局数据
	每个线程堆栈
	DLL 代码
7FFFFFFF	
80000000	内核和执行体
	HAL 引导程序
C0000000	进程页表 超空间
	系统高速缓存 可分页缓冲池
FFFFFFFF	非分页缓冲池

图 16.1 x86 系统虚拟地址空间布局

4KB，存放共享的用户数据页，它包含系统时间、时钟计数和版本号信息，并被映射到系统空间中，这样用户可以直接从用户态读取这些数据；0x7FFE1000～0x7FFFFFFF，大约128KB，为拒绝访问区域，阻止用户线程跨过用户/系统边界。

在高 2GB 的系统空间中，80000000～A0000000-1 存放系统代码，包括 Ntoskrnl.exe、HAL、引导程序等，以及系统中一些初始的不可分页缓冲池；A0000000～A4000000-1 存放系统映像视口，用来映射 Win 32 子系统的核心态部分 win32k.sys、核心态图形驱动程序，以及用来映射用户的会话空间；A4000000～C0000000-1 是附加的系统页表区 PTS；C0000000～C0400000-1 是进程的页表和页目录表；C0400000～C1000000-1 是用于映射进程工作集的特殊区域的超空间（Hyperspace）、进程工作集和系统工作集链表，它不仅包括系统高速缓存，还包括可分页缓冲池，可分页的系统代码和数据，可分页的驱动程序代码和数据；C1000000～E1000000-1 是系统高速缓存区，用来映射在系统高速缓存中打开文件的虚空间；E1000000～EB000000-1 是可分页系统缓冲池；EB000000～FFBE0000-1 是系统页表项 PTE 和不可分页缓冲池扩充区。系统 PTE 缓冲池，用来映射系统页，例如 I/O 空间、核心栈和虚拟地址描述符表 VAD。不可分页的系统主存堆，通常存放在两个地方：一部分在系统空间高端，一部分在低端。FFBE0000～FFC00000-1 是系统性故障转储信息区，保留用来记录有关系统性故障的状态信息；FFC00000～FFFFFFFF 是为 HAL 特定的结构而保留的系统主存。

16.1.2 进程私有空间的分配

在 x86 模型中，用全局描述符表（GDT）和局部描述符表（LDT）分别实现进程的私有虚存空间和操作系统公共空间的分配。主存分配是以段为单位进行的，同一个段具有相同的访问方式。Windows 管理进程私有地址空间采用两种描述方式，每种都对应一个相应的数据结构——虚拟地址描述符或区域（或段）对象。

1. 虚拟地址描述符（Virtual Address Descriptor，VAD）

存储器管理器采用请求页式调度算法，这是一种"懒惰"方式。在为进程构造页表时也采用了这种方法。也就是说，进程页表一直推迟到访问页时才建立。

当一个线程要求分配一块连续虚存（段）时，存储器管理器并不立即为其构造页表，而是为它建立一个虚拟地址描述符（Virtual Address Descriptor，VAD）结构，来记录该地址空间的相关信息：含有被分配的地址域的起始地址和结束地址、该域是共享的还是私有的、该域的存取保护，以及是否可继承等信息。存储器管理器通过维护一组虚拟地址描述符结构来记录每个进程虚拟地址空间的状态。一个进程的一组虚拟地址空间的描述符结构被构造成一棵自平衡二叉树（self-balancing binary tree）以便快速查找，如图 16.2 所示。

2. 区域（或段）对象

在 Win 32 子系统中，区域对象（section object）被称为文件映射对象，它是一个可被多个进程共享的存储区。一个区域对象可以被一个或多个进程打开。区域对象可以被映射到页文件（交换区）或磁盘上的其他文件。区域对象的主要作用：

① 执行体利用区域对象将一个可执行的映像装入主存，然后访问这个文件就像访问主

存中的一个大数组一样，不需要使用文件的读写操作。

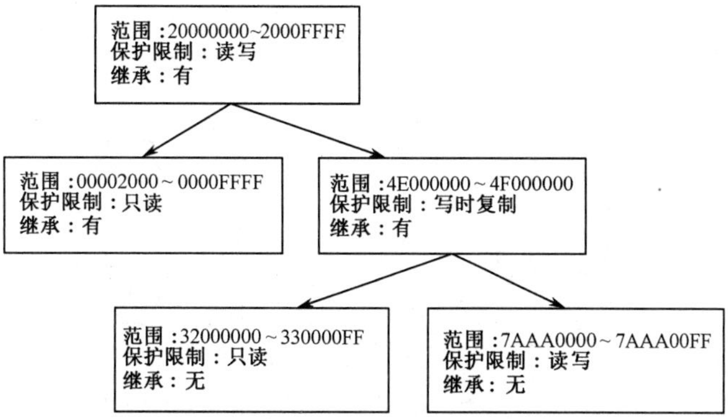

图 16.2　虚拟地址描述符树

② 高速缓冲管理器使用区域对象访问一个被缓冲文件中的数据。

③ 进程使用区域对象可将一个大于进程地址空间的文件映射到进程整个或部分地址空间中。然后访问这个文件就像访问主存中的一个大数组。

（1）区域对象的结构

区域（段）对象，像其他对象一样，由对象管理器分配和释放。对象管理器创建和初始化区域对象的头，存储器管理器定义它的对象体。图 16.3 示出了区域对象的结构。

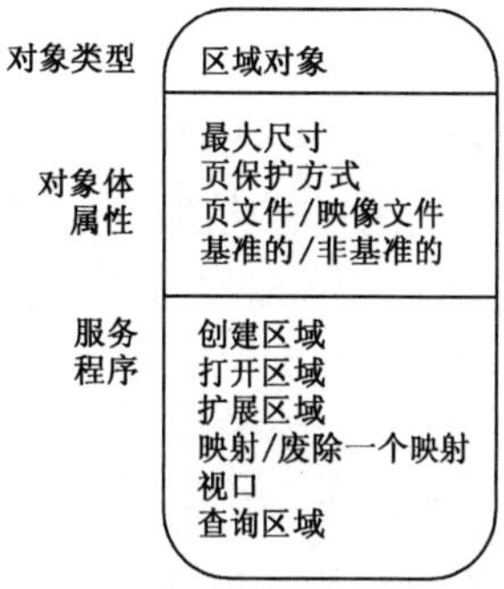

图 16.3　区域对象的结构

区域对象也由三部分组成。对象头、对象体和系统提供的对象服务。

区域对象体具有如下属性：

- 最大尺寸：区域可增长到的最大字节数；如果映射一个文件，就是文件的大小。一个区域对象的最大尺寸可达 2^{64}B。
- 页保护方式：当创建区域时，分配给该区域的所有页的保护方式。
- 页文件/映像文件：指出区域是否被创建为空（基于页文件），或是加载一个文件（基于映射文件）。
- 基准的/非基准的：指一个共享的区域是否为基准的。若是，要求共享该区域的所有进程在相同的虚拟地址空间出现（如共享代码或实用程序）；否则，可以出现在不同进程的不同虚拟地址空间（如库例程）。

这里的页文件是指作为主存补充的磁盘的那部分空间，即交换区。如果计算机有 128MB 物理主存，同时在磁盘上有 256MB 的页文件，那么应用程序就认为计算机拥有 384MB 虚拟主存。对这部分磁盘的读写与读写主存一样，看成是一个大的数组。

例如，Windows 2000/XP 支持最多 16 个页文件。当系统启动时，打开页文件。一旦打开页文件，在系统运行期间不能删除，因为系统进程为每个页文件都维持一个打开的句柄。

服务程序是对象管理程序提供给存储器管理器用来检索和更改区域对象体中属性的。

（2）区域对象与映射文件之间的关系

图 16.4 示出了存储器管理器维护的用于描述映射区的各数据结构之间的关系。这些数据结构确保从映射文件中读出的数据的一致性，而不管被访问的类型（打开数据文件，还是可执行的映像文件等）。

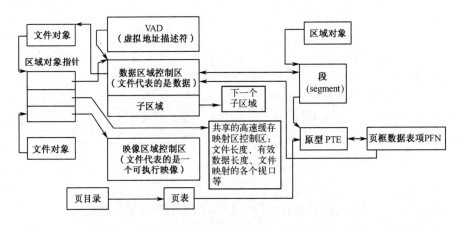

图 16.4　系统内部区域结构之间的关系

对于每个打开的文件（由文件对象表示），都对应一个区域对象指针结构。该结构由三个 32 位的指针组成：指向数据控制区域的指针、指向共享的高速缓存映射的指针和指向映像控制区域的指针。其中，当文件作为数据文件被访问时，数据控制区域的指针指向数据文件映射的控制区域；当文件作为可执行文件时，映像控制区域的指针指向可执行文件映射的控制区域；共享的高速缓存映射的指针是指向共享的高速缓存映射控制区的指针。该结构为所有类型的文件访问维护数据的一致性。

每个控制区有指针分别指向映射该文件各个区域的描述信息（如只读、读写、写时复制等）的"子区域"结构和指向一个在分页缓冲池中分配的"段"结构（如主程序、子程序）。这个段结构依次指向被映射的区域对象的实际页的原型页表项。进程页表指向这些原型页表项，它们依次映射正被访问的页框。

当一个映像被链接装配紧接着运行时，链接程序首先打开该文件作为数据访问，然后运行该映像时，加载程序就把映射的数据文件作为可执行映像来映射。

为了保证可执行映像与其对应的数据映像的一致性，系统按照如下步骤操作：

① 映像文件作为数据文件被创建或被访问（如被链接）时，若该文件被读或修改了一些页，系统将创建一个数据区域控制区来记录。

② 文件作为可执行映像运行时，系统先为它创建一个区域对象，加载程序就用该区域对像来映射这个可执行映像。当映像执行时，存储器管理程序找到该映像文件的区域对象指针结构中指向数据控制区的指针，强迫系统在映像控制区访问映像之前将数据控制区指向的各个子区域被修改的段写入磁盘，从而保证数据的一致性。

③ 存储器管理程序为可执行映像创建一个映像文件控制区域。

④ 当映像开始执行时，产生缺页中断，系统将该文件装入主存高速缓存中。

系统利用区域对象加载可执行映像、动态链接库（DLL）以及设备驱动程序，并将被加载的程序进行高速缓存。

（3）Win 32 子系统实现文件映射的过程

一个进程要访问一个大于其地址空间的文件时，系统先为被访问的文件建立一个区域对象，进程只需在自己的地址空间保留一部分空间，来映射该区域对象的一部分。被进程映射的那部分叫做该区域的一个视口（View）。视口机制允许一个进程访问超过其地址空间的区域。通过映射区域的不同视口，可以访问比其地址空间大得多的虚存。为了实现文件映射，先创建一个映射文件，再创建一个区域对象。Win 32 实现文件映射是通过调用下面几个函数完成的：

① 创建或打开一个被映射的磁盘文件 CreateFile()；

② 创建一个与被映射文件大小相等的区域对象，又叫文件映射对象 CreateFileMapping()；

③ 将区域对象的一个视口映射到进程保留的某部分地址空间 MapViewOfFile()，之后进程就可以像访问主存一样访问文件。当进程访问一个无效的页时，引起缺页中断，存储器管理器会自动地将这个页从映射文件调入主存。

④ 访问完成，调用 UnMapViewOfFile()解除被映射的这个视口，并将修改部分写回文件。

⑤ 若还需要访问文件的其他部分，可再映射文件的另一个视口，否则关闭区域对象和磁盘文件，结束映射过程。

由此可见，利用区域对象可实现进程用小的地址空间访问一个大文件的目的。

3．虚存的分配

进程私有的 2GB 地址空间的页可能是空闲的（还没有被使用过），或被保留（reserved：已预留虚存，还没有分配物理主存），或被提交（committed：已分配物理主存或交换区）。

存储管理程序制定了分配主存的两阶段方法：先保留地址空间，然后再提交那个地址空间的页。也允许保留和提交同时实现。

为将来创建一个大的动态数据结构，线程采用保留地址空间的方法在虚拟地址空间预先保留一块域，以防止进程的其他线程占用这段连续的虚拟地址空间，并用一个虚拟地址描述符记录它。试图访问只保留的虚存会造成访问冲突（页无效错误），由系统进行缺页处理。

提交页，就是在已保留的地址空间中分配物理主存，并建立虚实映射。这种直到需要时才提交主存，将提高主存的利用效率。

系统将保留地址空间这项技术用于线程的用户态堆栈的使用上。当创建线程时，就保留一个堆栈，其默认值为 1MB。实际仅有两个页框被提交：一个用于堆栈的初始页框；另一个作为保护页捕获对超过堆栈提交部分的访问时，自动扩展堆栈。

4．共享主存和写时复制技术

Windows 页提供了在几个进程之间共享存储器的机制。例如，如果几个进程使用相同的动态链接库（DLL），只需要装入主存一次，几个进程便可共享这些代码页。Win 32 子系统没有使写时复制的页保护直接用于 Win 32 的应用程序，但间接将它用在它的动态链接库（DLL）和其他环境下的每个进程的实例数据（如 POXIS 的进程创建）中。

16.2　Windows 地址转换

16.2.1　地址转换所涉及的数据结构

1. 页表和页目录表的结构

Windows 采用请求调页和群集方法把页装入主存。在 x86 系统平台中，一个页的大小为 4096B。进程的 32 位虚拟地址空间需要 2^{20} 个 4KB 大小的页。若一个页表项占 4B，则这样的页表就要占用 $2^{20} \times 4 = 4MB$ 的连续空间。为此，x86 系统采用二级页表结构。第一级为页目录表，第二级为页表。

页目录表的每一项记录一个页表的地址。这样，一个 32 位的虚地址就分解为三部分：页目录索引、页表索引和页内字节索引。页目录索引占 10 位，最多允许有 1024 个页目录项。

页表索引也占 10 位，一个页表最多允许有 1024 个页表项。每个进程的私有 2GB 地址空间用一个页表集来映射，共 512 个，公共的系统 2GB 地址空间用一个页表集来映射且被所有进程共享，共 512 个，只是各个进程的系统空间不完全相同。在系统初始化时，根据主存容量计算出应留的系统页表区的长度。页内字节索引占 12 位，以索引页内的 4KB 空间，从而覆盖 4GB（1K×1K×4KB）的地址空间。

系统可将这 1024 个页表放在不连续主存区中，而且页表可以根据需要动态创建，从而大大提高主存的利用率。

页表和页目录表的结构相同，是由页表项（PTE）或页目录项构成的数组。其结构如图 16.5 所示。其中，0～11 位为标志位，12～31 位为页框号。其各标志的意义如下：

31	12	11	10	9	8	7	6	5	4	3	2	1	0
页框号		U	P	CW	GI	L	D	A	Cd	Wt	O	W	V

图 16.5　x86 硬件页表项

V：有效位，1 为有效，0 为无效。无效时，引起页无效错误。

W：写位，页的写保护位。在单处理机系统中，为 1 表示此页是可写的，为 0 是只读页。线程试图向只读页写时，将会引发异常。存储器管理器的访问故障处理程序检查该线程能否对此页执行写操作，如果此页标记为写时复制，则申请一个页后允许写，否则产生访问违约错误。

在多处理机的 x86 系统中，表明该页是否可写。它与页表项中的一个附加的由软件实现的写位（第 11 位）配合使用，主要是为了在不同的处理机对页表项的快表（TLB）刷新时消除延迟。该位表示某页已经被一个运行在多个处理机上的线程写过。

O：所有者位，表明此页是操作系统页还是用户页，即是否可以在用户态下访问。

Wt：写直通，写入此页时禁用高速缓存，这样数据的修改能立刻刷新到磁盘。

Cd：禁用高速缓存，禁止访问此页的高速缓存，应重新调入。

A：访问位，此页正或已被访问，由硬件置 1。

D：修改位，此页已被修改过，由硬件置 1。

L：大页位，在有 128MB 主存以上的系统中，表示页目录项映射的是 4MB 的大页（通常用于映射 Ntoskrnl 和 HAL、初始的非分页缓冲池等）。

GI：全局标识符位，所有进程可共享。

P 和 CW：目前保留不用。

U：保留位，或在多处理机环境下已经写的标志，由软件置 1。

2．虚拟地址变换过程

一个虚拟地址变换为物理地址的基本步骤：

① 系统把即将运行进程的页目录表始址送处理机的 CR3 寄存器。

② 由页目录索引定位某个页表在页目录表中的页目录项（Page Directory Entry，PDE）的位置，找到某页表所在页框号。

③ 页表索引定位指定页在页表中的位置。如果该页是有效的，找到虚拟页在物理主存的页框号。如果该页是无效的，存储管理器的故障处理程序将失效的页调入主存。

④ 当页表项包含有效页时，页内字节索引定位程序或数据在物理页框内的地址。虚拟地址变换过程见图 16.6。

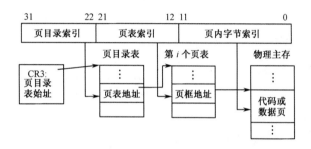

图 16.6 虚拟地址映射到物理主存的变换过程

为了加快页表的访问操作，Windows 也提供了快表（TLB）。每个被频繁访问的页可在 TLB 中占有一项。

3．页框数据库

（1）页框数据库的作用

进程页表用于跟踪虚拟页在物理主存的位置，存储器管理器使用页框数据库跟踪物理主存的使用情况。页框数据库是一个数组，其索引号从 0 到主存的页框总数减 1。每一项记录了相应页框的状态：是空闲的、还是被占用，被谁占用。物理主存中的各页框可能处于以下八种状态之一：

① 活动（又称有效）：是进程工作集的一部分。

② 转换（transition）：不在进程的工作集中，但页的内容还未被破坏，该页框的 I/O 正在进行中。

③ 备用（stand by）：以前属于工作集，现已不再是且未被修改过的页。页表项仍然指向这个物理页，但被标记为正在转移的无效 PTE。

④ 更改：以前属于工作集且已被修改过，但已被删除。并且当前它的内容还未写入磁

盘。页表项仍然指向这个物理页，但被标记为正在转移的无效 PTE。

⑤ 更改不写入：与修改页相同，但存储器管理器的更改页写入器不会将该页写入磁盘。

⑥ 空闲：页是空闲的，不属于任何一个用户进程。

⑦ 零初始化（zeroed）：页是空闲的，并且已经由零页初始化线程进行了清零初始化。

⑧ 坏：页框已经产生了奇偶校验或者其他硬件错误，不可再使用。

为了便于快速定位一个页框，系统把页框数据库中未被使用的、状态相同的页框链在一起，形成六个链表：零初始化的、空闲的、备用的、更改的、更改不写入的和坏的。活动（有效）页框和转换页框不在链表中。活动（有效）的页框则由进程的页表来管理。

页框数据库与进程页表之间的关系如图 16.7 所示。有效的页表项指向页框数据库中的一项，且页框数据库项指回利用它们的页表。对于原型页框号，它们指回原型页表项。

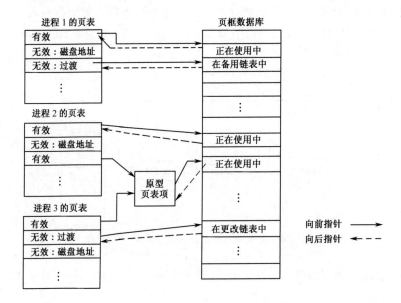

图 16.7　页表与页框数据库的关系

（2）页框号数据结构

为了描述页框数据库中的各页的状态，每个页框都对应一个数据结构，叫 PFN。根据页框的使用情况，可能处于如图 16.8 所示的四种不同的状态之一：活动的、备用或更改的、零或空闲的、正在进行 I/O 的。

四种页框号数据结构的相同字段的含义解释如下：

● 页表项地址：指向此页的页表项的虚拟地址。

● 类型：该页框号所表示的页类型（活动、有效、转换等八种状态之一）

● 访问计数：对此页的访问计数。当页框首次被加入一个工作集和/或当这页由于 I/O（例如，被一个设备驱动程序）锁在主存中时，访问计数就会增加。当从主存中解锁时访问计数减少。当访问计数为 0 时，该页不再属于工作集。于是，可以根据访问计数，更新页框数据库项，以便将该页框添加到空闲、备用或更改链表中。

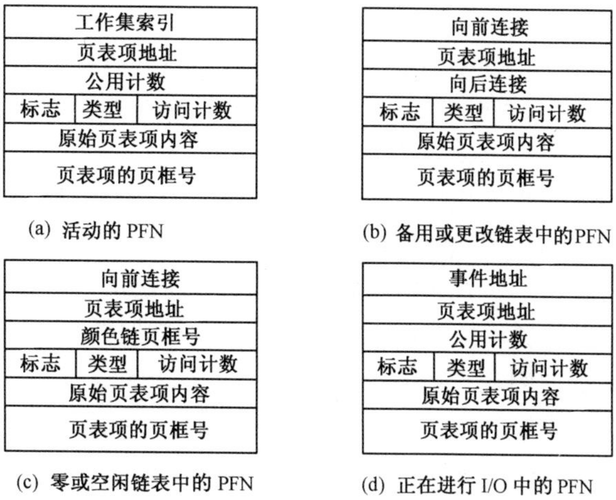

| 工作集索引 |
| 页表项地址 |
| 公用计数 |
| 标志 | 类型 | 访问计数 |
| 原始页表项内容 |
| 页表项的页框号 |

(a) 活动的 PFN

| 向前连接 |
| 页表项地址 |
| 向后连接 |
| 标志 | 类型 | 访问计数 |
| 原始页表项内容 |
| 页表项的页框号 |

(b) 备用或更改链表中的 PFN

| 向前连接 |
| 页表项地址 |
| 颜色链页框号 |
| 标志 | 类型 | 访问计数 |
| 原始页表项内容 |
| 页表项的页框号 |

(c) 零或空闲链表中的 PFN

| 事件地址 |
| 页表项地址 |
| 公用计数 |
| 标志 | 类型 | 访问计数 |
| 原始页表项内容 |
| 页表项的页框号 |

(d) 正在进行 I/O 中的 PFN

图 16.8　页框数据库项（PFN）的可能状态

- 原始页表项内容：表示页框号项包含了页表项的最初的内容，它可能指向一个原型页表项。其目的是，当该物理页不再常驻时，保护该页表项的内容能被恢复。
- 页表项的页框号：包含指向这个页表项所在页表页的页框号。
- 标识：由表 16.1 给出所包含的信息含义。

表 16.1　PFN 项中的标识字段的含义

标　　识	含　　义
更改状态	表示此页是否被修改过。如果被修改过，则它从主存移出前必须将其写入磁盘
原型页表项	指出页框号项引用的页表项是原型页表项（此页是共享页）
奇偶校验错误	表示该物理页包含奇偶校验错误或校正错误
读取正在进行	表示此页正在被调入。页框号中的第一个DWORD型数据包含了I/O完成时将被通知的事件对象的地址
写入正在进行	表示正在对此页执行写操作。页框号中的第一个DWORD型数据包含了I/O完成时将被通知的事件对象的地址
不可分页缓冲池开始	表示这是为不可分页缓冲池分配的第一个页框号
不可分页缓冲池终止	表示这是为不可分页缓冲池分配的最后一个页框号
页调入错误	在调入此页时发生了一个I/O错误，且页框号的第一个域包含了错误代码

在页框号类型中，第一个 PFN 代表该页框号是活动的且包含在某个进程工作集中。公用计数表示指向该页的页表项个数。对于页表页，这个域是页表中有效页表项的个数。只要公用计数大于 0，该页就不能从主存中移出。当一个进程终止时，所有私有页框进入空闲链表中。工作集索引是一个进程（或系统）工作集链表的索引，否则为 0。

第二个 PFN 代表备用链表或者更改链表中的 PFN，其中的向前和向后链接域用于连接链表中的各项。当页框在这两个链表之一时，公用计数为 0，访问计数可能不为 0，因为可能有进程对应于该页的 I/O（例如，该页正在被写入磁盘）。

第三个 PFN 代表空闲或零初始化链表中的 PFN，其中向前链接域实现两个链表内的连接；这些页框数据库项还通过"颜色"附加域来链接物理页框，即在相应处理机主存高速缓存中的这些物理页框的位置。这是为了防止抖动，尽可能避免两个不同的页放在相同的高速缓存项中。

第四个 PFN 代表 I/O 正在进行（例如，页正在读取）的 PFN。"事件地址"指向当 I/O 完成时将被激活的事件对象。如果发生页调入错误，这个域包含 I/O 错误的状态码。该类型的页框号用于解决冲突页错误。

页框数据库中根据各页框使用情况，可以在页框链表间进行移动：

当存储器管理器需要用一个零初始化的页框来满足缺页错误时，它首先试图从零页链表中得到一个页框。如果这个链表为空，则从空闲链表中选取一页并将其用零初始化。如果空闲链表也为空，则从备用链表中选取一页并将其用零初始化。

需要零初始化页框的原因之一是满足 C2 级安全需求（C2 security requirement）。C2 级要求必须分配给用户态进程零初始化过的页框，以防止它们读取先前进程主存中的内容。

当存储器管理器不需要零初始化的页时，它首先取空闲链表中的页。如果这个链表为空，它转到零初始化链表。如果这个链表也为空，它转到备用链表。无论何时，只要零初始化链表、空闲链表、备用链表的页数低于最小允许值时，就唤醒一个更改页写入线程，将更改页的内容写入磁盘，然后将它们移入备用表以备使用。

如果更改表太小，存储器管理器开始调整每个进程的工作集到最小值，新的空闲页框被移入更改表或备用表中，以备需要时使用。页框状态转换见图 16.9。

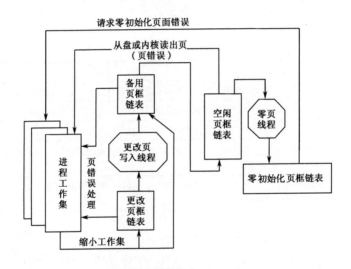

图 16.9　页框的状态转换

16.2.2　页错误处理

1. 无效页处理

当被访问的页无效时，产生无效页错误。内核中断处理程序将这类错误分派给存储器故障处理程序。该例程运行在引起错误的线程描述表上。系统根据情况将分别进行处理：

① 访问一个未知（unknown）页，其页表项为零，或者页表不存在。说明线程首次访问一个地址。此时，系统必须为包含这个地址的页创建一个页表。为此，系统从该进程的虚

拟地址描述符树中查找包含该地址的一个 VAD，并利用它填充页表项。如果该地址没有落在 VAD 覆盖的地址域中，或所在的地址域仅为保留而未被提交，存储器管理器将产生访问违约（access violation）错误。显然，Windows 构造页表采用的是一种怠惰（Lazy）算法。

② 所访问的页没有驻留在主存，而是在磁盘的某个页文件或映射文件中。系统分配一个物理页框，将所需的页从磁盘读出，并放入工作集中。

③ 所访问的页在备用链表或更改链表中，将此页从指定链表中移出放入进程或系统工作集。

④ 访问一个请求零初始化的页，页调度器（Pager）查看零页链表是否为空，若是，从自由链表中取一页将其清零。如果自由链表也空，则从备用页链表中取一页将其清零，放入进程的工作集。

⑤ 对一个只读页执行写操作，访问违约。

⑥ 从用户态访问一个只能在核心态下访问的页，访问违约。

⑦ 对一个写保护页执行写操作，写违约。

⑧ 对一个写时复制的页执行写操作，为进程进行页复制。

⑨ 在一个多处理机系统中，对一个有效但尚未执行写操作的页执行写操作，在页表项中将修改位置1。

2. 原型页表项

如果一个页被多个进程共享，存储器管理器依靠一个称为原型页表项（Prototype PTE，原型 PTE）的软件结构来映射这些被共享的页。对于页文件的后备段，当一个区域对象第一次被创建时，这些原型页表项数组"按段"同时被创建。

当进程首次访问一个映射到区域对象视口的页时，存储器管理器利用原型页表项中的信息填写进程的页表。当共享页变为有效时，进程页表项和原型页表项都指向该物理页框。为了跟踪有多少进程正在访问该共享页，页框号数据库项内增加了一个访问计数器。这样，当它的访问计数为 0 时，存储器管理器就将这个页框标记为无效，并移到转换链表或将修改页写回磁盘。

使一个共享页无效时，进程页表中的页表项由一个特殊的页表项来填充。这个特殊的页表项指向描述该页的原型页表项，如图 16.10 所示。

图 16.10　一个指向原型页表项的无效页表项的结构

虽然这些原型页表项的格式与实际的 PTE 不同，但这些页表项不用于地址转换，它们只是页表和页框数据库之间的一个层，不会直接出现在页表中。

通过使共享页的所有访问者指向一个原型页表项解决失效，存储器管理器不必修改共享该页的各进程的页表，就可以管理共享页。引入原型页表项是为了尽可能地减少对各进程的页表项的影响。例如，一段共享代码或者一个数据页在某个时候被调出到磁盘，当存储器管理器将此页重新从磁盘调入时，只需更新原型 PTE，使之指向此页新的物理位置，而共享此页的诸进程的页表项始终不变（只需清除有效位）。此后，当进程访问该页时，实际的页表项才得到更新。

图 16.11 给出了映射视口中进程涉及的各个数据结构之间的关系。图中，一个进程有两个虚页。第一页是有效的，并且进程页表项和原型页表项均指向对应的页框。而第二页无效且在页文件中，由原型页表项保存着它的确切位置。该进程以及其他映射该页的进程的页表项指向这个原型页表项。

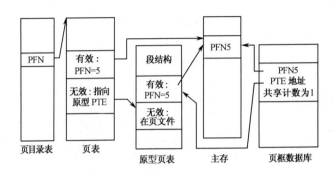

图 16.11　进程涉及的各个数据结构之间的关系

3．冲突页错误

当系统正为一个线程处理调页时，另一个线程或进程也对正在被调入的页产生缺页错误，导致冲突页错误（collided page fault）。

当页调度程序（Pager）检测到冲突页错误时，保存在页框数据库项中的信息会通告"此页正在读取中"。在这种情况下，页调度程序对页框数据库项中的特定事件发出一个等待操作。该事件是由首次发出缺页错误 I/O 的线程来初始化的。

当 I/O 操作完成后，所有等待该事件的线程都会被唤醒。第一个获得页框数据库锁的线程负责完成页调入操作的所有处理，包括检测 I/O 状况以确信 I/O 操作成功完成，清除页框数据库中的正在读入位，以及对进程的页表项或原型页表项的更新等。

当后续的线程获得页框数据库锁来完成冲突页错误时，页调度程序确认"读取在进行"的位被清零，初始化更新已经完成，该进程就可以继续执行。

16.3　页调度策略

Windows 的存储器管理器的调页策略采用请求调页和"集群（clustering）"的方式。当线程产生一次缺页中断时，存储器管理器将所缺的页及其前后的一些页装入主存。这个策略试图减少线程引起的调页 I/O 数量。因为根据局部性原理，程序往往在一段特定的时间内仅访问它地址空间中的一小块区域。读取默认页簇的规模取决于物理主存的大小。对于引用映像中的数据页，群集的尺寸为 3 页；对于其他的页失效，群集的尺寸为 7 页。表 16.2 列出了预读的簇数。

当线程产生缺页中断时，存储器管理器还必须确定将调入的虚拟页放在物理主存的何处，这称为置页策略。

如果缺页错误发生时物理主存已满，置换策略被用于确定哪个虚页必须从主存中移出。在多处理机系统中，Windows 采用了局部先进先出置换策略。而在单处理机系统中，Windows 的实现更接近于最近最久未使用策略（LRU，最近最少使用算法）。Windows 为每个进程分配一定数量的页框，称为进程工作集。

1．工作集管理

（1）进程工作集

在开始时所有进程默认的工作集最大值和最小值是相同的。在系统初始化时基于物理主存的大小计算出这些数值，表 16.3 列出了这些值。

表 16.2　缺页故障读取簇的数量

主存大小	代码页框簇数	数据页框簇数	其他页框簇数
<12MB	3	2	5
12～19MB	3	2	5
>19MB	8	4	8

表 16.3　进程默认的最大和最小工作集的页框数量

主存大小	默认的最小工作集大小	默认的最大工作集大小
<20MB	20	45
20～32MB	30	145
>32MB	50	345

当缺页错误产生时，检测进程的工作集限制和系统中空闲主存的数量。如果有足够的空闲页框，Windows 允许进程把工作集规模增到最大值，甚至可以超过这个最大值。否则，只能替换工作集中的页。

当物理主存所剩空闲页框较少时，存储器管理器使用"平衡工作集管理器"自动修剪各工作集，以增加系统中可用的空闲页框数量。平衡工作集管理器作为一个系统线程，检测每个进程的工作集，设法减少各个进程的当前工作集。直到主存空闲页框足够多，且每个进程达到最小工作集为止。

（2）系统工作集

正如进程拥有工作集一样，系统工作集用来存储操作系统的可分页的代码和数据。系统工作集中可以驻留 5 种不同的页：

① 系统高速缓存的页。

② 可分页缓冲池。

③ 核心 Ntoskrnl.exe 中可分页的代码和数据。

④ 设备驱动程序中可分页的代码和数据。

⑤ 系统映射的视口（如 Win32k.sys）。

系统工作集的最大值和最小值与物理主存的大小，以及系统是 Windows Professional 还是 Windows Server 有关，是在系统初始化时计算出来的，列于表 16.4 中。

表 16.4　系统工作集的最小值和最大值

主存规模	系统工作集最小值（页）	系统工作集最大值（页）
小	388	500
中	688	1150
大	1188	2050

2．平衡工作集管理器

平衡工作集管理器（KeBalanceSetManager）是在系统初始化时被创建的一个系统线

程，主要实现对进程和系统工作集进行扩展和减少。在它的生命期中等待两个不同的事件对象：在每秒激发一次的定时器到期后产生的一个事件；由存储器管理器确定工作集需要调整时发出的另一个内部工作集管理器事件。

当系统缺页率很高，或者空闲链表的页框太少时，存储器管理器就会唤醒平衡集管理器，它将调用工作集管理器开始修剪工作集。如果主存充足，当进程的工作集未达到最大时，工作集管理器通过把所缺页调入主存的方式，使进程达到允许的最大工作集。

当平衡集管理器由自身的 1s 定时器到期而被唤醒时，执行下面的操作：

① 平衡集管理器每被唤醒 4 次，就产生一个事件。这个事件唤醒另一个负责交换的系统线程。

② 为了改善访问时间，平衡集管理器检查预读表，设法增加它的页框数。

③ 寻找并提高处于 CPU "饥饿状态" 的线程的优先级。

④ 调用存储器管理器的工作集管理器，调节执行工作集修剪的时间和速度。

如果需要运行的线程核心栈被换出主存，或者该线程的进程已经被换出主存，交换程序也可以由内核的调度代码唤醒。之后，交换程序寻找在一段时间内（小主存系统 3s，中主存或大主存系统 7s）一直处于等待状态的线程。如果找到一个，则将标记并回收线程的核心栈所占物理页框。所遵循的原则是：如果一个线程已经等待了相当长的时间，那么它将等待更长时间。当进程最后一个线程的核心栈也从主存中移去时，这个进程将标记为被完全换出。这也是已经等待很长时间的进程（如 Winlogon）可以有零工作集的原因。

16.4 小　　结

Windows 的存储器管理主要涉及以下内容。

1. Windows 的存储器存管理提供的几个服务

存储管理所需的系统服务包括分配、释放和保护虚存和物理内存，写时复制，获得有关虚拟页的信息，主存共享和存储器映射文件等。

2. 进程地址空间的管理

以 x86 为例，允许每个用户进程占有 4GB 的虚存空间。低 2GB 为进程的私有地址空间，高 2GB 为进程公用的操作系统空间。

对进程私有空间的分配，采用两种描述方法：虚拟地址描述符 VAD 和区域对象。存储器管理器通过维护一组虚拟地址描述符结构来记录每个进程虚拟地址空间的状态。进程的一组虚拟地址空间的描述符结构被构造成一棵自平衡二叉树（self-balancing binary tree），以便快速查找。

区域对象（section object）被称为文件映射对象，它是一个可被多个进程共享的存储区。

3. 地址转换

（1）Windows 采用二级页表实现地址转换。地址转换所涉及的数据结构有页目录表和页表。页表是依据虚拟地址描述符 VAD 来动态建立的。

（2）主存空间管理。进程页表用于跟踪虚拟页在物理主存的位置，存储器管理器使用页框数据库跟踪物理主存的使用情况。在内存中的页框可能处于 8 种状态之一：① 活动（又称有效）；② 转换（transition）；③ 备用（stand by）；④ 更改；⑤ 更改不写入；⑥ 空闲；⑦ 零初始化（zeroed）；⑧ 坏的。

（3）无效页和冲突页的处理，又叫做缺页处理。

（4）实现多进程共享页的原型页表页的处理。

4．进程和系统的工作集

为了提高系统的运行效率，引入平衡工作集管理器，以便及时地调整进程和系统的工作集。

习　题

16-1　虚拟地址描述符的作用是什么？

16-2　Windows 的进程页表是如何建立的？页表中各个字段的作用是什么？叙述进程的地址转换过程。

16-3　页框数据库的作用是什么？

16-4　叙述一个页在进程的生命期内可能发生的状态变化情况。

第 17 章　Windows 的文件系统

17.1　文件系统概述

Windows 支持多种文件系统格式，其中磁盘分区主要支持两种格式的文件系统：FAT 和 NTFS 文件系统。FAT 文件系统是支持向下兼容的文件系统，因此，Windows 可以支持 FAT12、FAT16 和 FAT32 文件系统，这里的 12、16 和 32 分别描述磁盘块簇地址使用的位数。NTFS 使用 64 位的磁盘地址。理论上，它可以支持的磁盘分区大小为 2^{64}B。FAT 和 NTFS 文件系统都是以簇为单位管理磁盘空间的。卷上簇的大小，是在使用 Format 命令格式化卷时确定的。簇的大小随卷的大小不同而不同，通常卷容量越大，簇越大。它是物理扇区的 2 的整次幂。

FAT 和 NTFS 将卷划分成若干簇，并从卷头到卷尾按簇进行编号，称为逻辑簇号（Logical Cluster Number，LCN）。

1.　FAT 文件系统

FAT 文件系统支持的文件的物理结构是链接式的。所有文件的链接关系由 FAT 表给出。有关 FAT 表的结构已经在第 5 章介绍过。

FAT12 与 FAT16 文件系统是用于 MS-DOS 的。在 Windows 2000 中，FAT12 文件卷的大小至多只有 32MB，簇大小在 512B 与 8KB 之间。FAT16 的簇大小从 512B 到 64KB，这使它的卷大小理论上可以达到 4GB。由第 5 章可知，FAT12 和 FAT16 卷的结构组织其根目录区是预先分配的，最多存储 256 个目录项。现在 FAT12 已经不再使用。

在磁盘分区超过 512MB 时使用 FAT32 格式。对于 FAT32 文件系统，目前高 4 位保留不用，实际有效位是 28。它的簇大小可以达到 32KB，这使 FAT32 理论上拥有 8TB 的寻址能力。但 Windows 2000 限制 FAT 卷的大小为 32GB。FAT32 的卷与簇的大小的关系如表 17.1 所示。

表 17.1　卷容量与 FAT32 簇大小关系

卷　大　小	簇　大　小
32MB～8GB	4KB
8～16GB	8KB
16～32GB	16KB
32GB	32KB

FAT32 的根目录区（ROOT 区）已不再预先分配一个固定大小的区域，而是作为根目录文件，采用与子目录文件相同的管理方式，占用数据区的一部分。从而使根目录下的文件数目不再受最多 512 的限制。

FAT32 支持长文件名格式，一个目录项仍占用 32B，存储文件名、文件大小、文件首簇号和文件创建、最近访问时标等信息。对于具有长名字的文件或目录，FAT32 为其分配多个目录项。其中一个为主目录项是符合 8.3 命名规则的，其余的是长文件名的目录项，且放在文件主目录项之前。图 17.1 给出了文件名为"The quick brown fox"的各个目录项。图中，每行有 16 个字节。

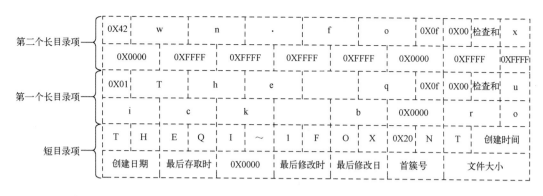

图 17.1　FAT 的目录项

2. NTFS 文件系统

NTFS 文件卷的组织方法非常简单。卷上的每个成分都是一个文件，每个文件由一组属性组成。即使一个普通文件的具体内容也是作为一个属性进行处理的。使用这种简单的结构，系统只要提供几个通用函数就可以组织和管理一个文件系统。NTFS 卷结构由三部分组成：分区引导扇区（Partition Boot Sector）、主控文件表（Master File Table，MFT）区和文件数据区，如图 17.2 所示。

分区引导扇区	主控文件表区	文件数据区

图 17.2　NTFS 卷的结构

分区引导扇区最多占用 16 个扇区，它包含有卷的布局、文件系统结构，以及引导代码等信息；其后是主控文件表区，它是 NTFS 卷的管理控制中心，包含了卷上所有的文件、目录及空闲未用盘簇的管理信息；最后是文件数据区。在文件数据区，依次存放 NTFS 所有系统文件、主控文件表 MFT 的镜像文件、根目录、普通文件和子目录及空闲未用的一些簇等信息。

NTFS 支持的文件的物理结构是索引式的，它通过磁盘的逻辑簇号引用文件在磁盘上的物理位置。通过虚拟簇号（Virtual Cluster Number，VCN）来引用文件中的数据。虚拟簇号和逻辑簇号之间的映射是通过主控文件表中的索引表实现的。

17.2　主控文件表

17.2.1　主控文件表的结构

主控文件表（Master File Table ，MFT）是 NTFS 卷的管理控制核心。它包含了系统引导程序、用于定位和恢复卷中所有文件的数据结构，以及记录整个卷的分配状态的位图等的信息。NTFS 把这些信息叫做元数据（metadata）。MFT 由若干个记录构成，记录的大小固定为 1KB。MFT 中的每个记录都描述一个文件或目录。MFT 中的前 16 个记录保留为 NTFS 的元数据文件，每个元数据文件具有一个以"$"开头的文件名，但该符号是隐藏的。16 个元数据文件之后是一般文件和目录的记录。主控文件表的结构如表 17.2 所示。

表 17.2　主控文件表的结构

序　号	符　号　名	意　　　义
0	$Mft	MFT本身的信息
1	$MftMirr	MFT的镜像文件，提供MFT的镜像信息，以便文件系统故障时进行恢复。它实际存储在文件数据区的系统文件之后
2	$Logfile	日志文件，用于实现NTFS的可恢复性和安全性
3	$Volume	卷文件，包含了卷标号、卷的大小、卷的版本号和指示该卷是否损坏的标识位。当该位被置位时，表示该卷已经损坏，必须调用Chkdsk程序来进行系统修复
4	$AttrDef	属性定义文件。它定义了该文件系统支持的所有文件属性类型，并指出相应的属性是否可以被索引和系统恢复操作中是否可以被恢复等
5	$\	根目录，记录卷的根目录下所有文件和目录的索引
6	$Bitmap	位图文件，记录NTFS卷上各簇的使用情况
7	$Boot	引导文件，负责系统的引导。该代码是在格式化卷时写入到卷中第一个扇区的。将它定义成一个文件，使它与普通的文件一样，可以进行修改和实现安全保护
8	$BadClus	坏簇文件，将卷中所有损坏簇组成一个文件
9	$Secure	安全文件，存储了整个卷的安全描述符数据库信息
10	$UpCase	大写文件，包含一个大小写字符转换表
11	$Extended metadata directory	扩展元数据目录。它包含了几个元数据文件 包括对象标识文件$OBjId（存储各个对象的ID）、磁盘限额文件$Quota、重分析点文件$Reparse（存储重分析点数据）等。这是NTFS可选特色的相关信息
12～15		目前保留未用
>15		其后记录的是普通文件和目录的信息

当一个文件或目录太大时，可能需要占用多个 MFT 文件记录。用于存放同一文件属性的第一个记录叫做文件的基记录（base record）。其他记录叫做扩展记录。

17.2.2　主控文件表的记录结构

每个记录由一个记录头和紧跟其后的一系列（属性，属性值）对组成。记录头包含了一个用于有效性检查的魔数、文件生成时的顺序号、文件的引用计数、记录中实际使用的字节数。对于扩展记录可能还有文件基记录的标识（文件号，顺序号），以及其他各种字段。记录头之后依次是文件的各个属性。MFT 记录的结构如图 17.3 所示。其中，（属性，属性值）对是指属性的名字和属性的具体内容。NTFS 通过在大写字母前加一个"＄"符来指定属性，如$FILE_NAME 和$DATA 分别是文件名属性和文件内容的属性，其对应的属性值就是具体的文件名和文件的具体内容。NTFS 不是简单地将文件视为一系列字节的集合，而是将它看成由许多（属性，属性值）集合来进行存储和处理的。表 17.3 给出了 NTFS 可能支持的属性。属性主要通过属性类型偏码来区分，属性名并不是所有属性都必须有的。因此，文件属性分为有名属性和无名属性。典型的有名属性包括文件名、文件拥有者、时间标记、安全描述体等，而文件的内容（$DATA）则是无名属性。一个文件由若干属性组成。每个属性通过单独的字节流（stream）进行并发存取。这样，NTFS 只负责读写有名的属性流，应用程序读写实际文件的数据（即无名属性）。

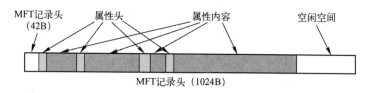

图 17.3 MFT 记录结构

由此可见，NTFS 文件系统支持多数据流。这种实现方法使得为每个文件添加更多属性变得非常容易。MFT 中的属性定义文件定义了 NTFS 卷上文件的常用属性。表 17.3 给出了 NTFS 可能支持的文件属性。

表 17.3 NTFS 卷上常用属性说明

属性 编码	属　性	属　性　意　义
0x10	$STANDARD_INFORMATION	标准信息包含了文件的基本属性，如文件的拥有者、只读、归档、时标（创建或修改）以及文件的硬链接数等，其长度固定，且每个记录都有
0x30	$FILE_NAME	以 Unicode 字符表示的可变长度的文件名（最长为 255 个字符），以及兼容 MS-DOS 由 Win32 子系统创建的文件名
0x50	$SECURITY_DESCRIPTOR	安全描述符，主要用于文件保护。这是为了向下兼容而保留的。现在，为了多文件共享使用相同的安全描述符，Windows 2000 已将所有文件的安全描述符存放在$Secure 元数据文件中
0x80	$DATA	文件内容
0x90	$INDEX_ROOT	索引根及其后的索引分配和位示图，用于解释大目录的实现方法
0xA0	$INDEX_ALLOCATION	索引分配，实现文件名的分配
0xB0	$BITMAP	位示图
0x20	$ARRIBUTE_LIST	属性列表，当一个文件的属性需要占用多个 MFT 文件记录时才用。它给出扩展记录在 MFT 中的文件引用号
0x40	$OBJECT_ID	对象 ID，给出每个文件的标识。每个对象在卷中具有一个 64 位的文件标识符
0xc0	$REPARSE_POINT	重解析点，NTFS 具有符号链接与装配点时，才包括这个属性
0x100	$LOGGED_UTILITY_STREAM	日志实用程序流，这是加密文件系统（encrypted file system，EFS）属性，主要为实现 EFS 而存储有关加密信息，如解码密钥、合法访问的用户列表等
0x60	$VOLUME_NAME	卷的名字，只有卷文件才有，用于识别卷
0x70	$VOLUME_INFORMATION	卷的版本号，只有卷文件才有

为了使 32 位的 Windows 应用与 MS-DOS 应用兼容，Windows 子系统在 NTFS 卷上创建长文件名的文件时，也为 MS-DOS 自动生成一个 8.3 格式的名字。当使用 dir/x 命令时，可以看到短文件名。MS-DOS 文件名是 NTFS 文件的别名，且与长文件名存储在同一个目录中。带有自动生成 MS-DOS 文件名的 MFT 的文件记录如图 17.4 所示。

标准信息	NTFS文件名	NS-DOS文件名	数据

图 17.4 带有 MS-DOS 文件名属性的 MFT 文件记录

根据文件的大小，文件属性有常驻属性与非常驻属性。当一个文件很小时，其所有属性和属性值可存放在 MFT 的一个文件记录中，该属性称为常驻属性（Resident Attribute）；否则称为非常驻属性（Non-Resident Attribute）。

每个属性以属性头开始，且属性头总是常驻的。属性头中包含了该属性是否有名、是否常驻、属性类型、属性长度等信息。若常驻，则给出从头到属性值的偏移、属性值的长度；若非常驻，它的头包含查找属性值所需的信息。文件的几个属性总是被定义为常驻的，例如标准信息属性和索引根属性。这样 NTFS 就能够定位其他非常驻属性。文件的数据属性则可能有些是非常驻的。根据属性头中的定义，可以将属性分为了以下四类：常驻有名属性；常驻无名属性；非常驻有名属性和非常驻无名属性。表 17.4 至表 17.7 给出了四类属性的属性头格式。表 17.8 和表 17.9 给出了文件名属性和数据属性示例。

表 17.4　常驻无名属性的属性头

偏移	大小	取值	描述
0x00	4		属性类型编码
0x04	4		属性长度（包含属性头）
0x08	1	0x00	是否非常驻
0x09	1	0x00	属性名长度
0x0A	2	0x00	属性名偏移
0x0C	2	0x00	标志
0x0E	2		属性 Id
0x10	4	L	属性值长度
0x14	2	0x18	属性值偏移
0x16	1		未使用
0x17	1	0x00	未使用
0x18	L		属性值

表 17.5　常驻有名属性的属性头

偏移	大小	取值	描述
0x00	4		属性类型编码
0x04	4		属性长度（包含属性头）
0x08	1	0x00	是否非常驻
0x09	1	N	属性名长度
0x0A	2	0x18	属性名偏移
0x0C	2	0x00	标志
0x0E	2		属性 Id
0x10	4	L	属性值长度
0x14	2	2N+0x18	属性值偏移
0x16	1		未使用
0x17	1	0x00	未使用
0x18	2N	Unicode	属性名
2N+0x18	L		属性值

表 17.6　非常驻无名属性的属性头

偏移	大小	取值	描述
0x00	4		属性类型编码
0x04	4		属性长度（包含属性头）
0x08	1	0x01	是否非常驻
0x09	1	0x00	属性名长度
0x0A	2	0x00	属性名偏移
0x0C	2		标志
0x0E	2		属性 Id
0x10	8		开始 VCN
0x18	8		结束 VCN
0x20	2	0x40	数据 Run 偏移
0x22	2		属性压缩
0x24	4	0x00	填充
0x28	8		属性值分配的簇大小
0x30	8		属性值占用磁盘大小
0x38	8		初始化属性值大小
0x40	...		数据 Run 列表

表 17.7　非常驻有名属性的属性头

偏移	大小	取值	描述
0x00	4		属性类型编码
0x04	4		属性长度（包含属性头）
0x08	1	0x01	是否非常驻
0x09	1	N	属性名长度
0x0A	2	0x40	属性名偏移
0x0C	2		标志
0x0E	2		属性 Id
0x10	8		开始 VCN
0x18	8		结束 VCN
0x20	2	2N+0x40	数据 Run 偏移
0x22	2		属性压缩
0x24	4	0x00	填充
0x28	8		属性值分配的簇大小
0x30	8		属性值占用磁盘大小
0x38	8		初始化属性值大小
0x40	2N	Unicode	属性名
2N+0x40	...		数据 Run 列表

表 17.8 $FILE_NAME(0x30)属性示例

偏移	大小	描述	偏移	大小	描述
~	~	属性头（$FILE_NAME 为常驻有名属性）	0x30	8	文件占用磁盘空间
0x00	8	父目录引用	0x38	4	标志，例如是否为目录，是否压缩，是否隐藏等
0x08	8	创建时间	0x3c	4	用于重新分析
0x10	8	修改时间	0x40	1	文件名长度
0x18	8	MFT 修改时间	0x41	1	文件名类型
0x20	8	访问时间	0x42	L	文件名
0x28	8	文件大小			

表 17.9 $DATA(0x80)属性示例

偏移	大小	描述
~	~	属性头（$DATA 可能为常驻无名属性或者非常驻无名属性）
0x00		文件内容

如果属性值直接存放在 MFT 中，那么 NTFS 只需访问一次磁盘，就可立即获得数据，而不必像 FAT 文件系统那样，先在 FAT 表中查找文件所在的簇，才能找到文件的数据。

小文件或小目录的所有属性常驻在 MFT 中。小文件的无名属性可以包括文件的所有数据。小目录的索引根属性包括了该目录中的所有文件和子目录的文件引用索引。图 17.5 给出了小文件和小目录的 MFT 的记录格式。

(a) 小文件　　　　　　　　　　　　　　　　　(b) 小目录

图 17.5　小文件和小目录的 MFT 记录格式

大文件或大目录的所有属性不可能都常驻在 MFT 中。如果一个属性（如文件内容属性）太大而不能存放在 1KB 大小的 MFT 文件记录中，那么 NTFS 将为它分配一个与 MFT 分开的区域。这个区域称为一个运行（run）或一个扩展（extent），用来存储属性值（如文件内容）。如果以后该属性值再增加，那么 NTFS 将会再分配一个或多个运行。

对于大文件的数据属性，它的头包含 NTFS 定位磁盘上的属性值所必需的信息。每个运行有一个虚拟簇号（VCN）和逻辑簇号（LCN）之间的映射和该运行的长度。这个映射信息告诉 NTFS 组成 MFT 的运行定位在磁盘上的位置。图 17.6 示出了一个非常驻数据属性存储在两个运行中的 VCN 与 LCN 编号之间的映射关系。

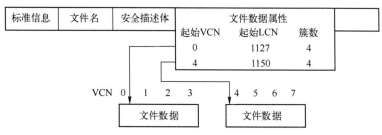

图 17.6　非常驻数据属性的 VCN 与 LCN 的映射关系

当一个文件含有的运行超过 2 个时，第三个运行将从 VCN 8 开始。为了便于 NTFS 快速查找，在具有多个运行文件的常驻的数据属性头中包含了 VCN 与 LCN 的映射关系。

另外，如果一个文件有太多的属性而不能存放在 MFT 记录中，那么第二个 MFT 文件记录就可用来容纳这些额外的属性（或非常驻属性的头）。此时引入属性列表（attribute List）的属性。属性列表属性包括文件每个属性的名称和类型代码，以及该属性所在 MFT 中的文件引用。属性列表通常用于太大或太零散的文件，这种文件因 VCN 与 LCN 映射关系太大而需要多个 MFT 文件记录。当运行超过 200 个时，需要一个属性表。

17.3 NTFS 文件的引用和索引

1. NTFS 文件的索引

在 NTFS 系统中，文件的物理结构是索引式的。文件目录则是文件名的一个索引。当创建一个目录时，NTFS 必须对目录中的文件名和子目录名属性进行索引，从概念上讲，对于目录的 MFT 记录在索引根属性中包含了该目录中文件的分类表。图 17.7 示出了卷的 MFT 的根目录记录。

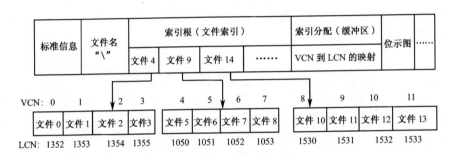

图 17.7 NTFS 根目录文件的文件名索引

对于一个大目录，以根目录为例，MFT 文件记录没有足够多的空间存储文件的索引，一部分索引存储在索引根属性中，剩余的索引存储在叫做索引缓冲区（即索引分配）的非常驻的运行中。图 17.7 给出了索引根、索引分配和位示图属性的简化形式。文件名实际存储在固定 4KB 大小的索引分配（即索引缓冲区）中。索引缓冲区是采用 B+树数据结构实现的。B+树是平衡树的一种，它使得查找一个特定文件的磁盘访问次数减到最少。索引根属性包含 B+树的第一级（根目录）并指向包含下一级（子目录或文件）的索引缓冲区。

在 MFT 中，一个目录索引根属性包含了几个文件名，它们充当查找 B+树的第二级的索引。索引根属性中的每个文件名都指向一个索引缓冲区，它指向的索引缓冲区包含的文件名都小于它自己的文件名。

2. 文件的引用

NTFS 卷上每个文件都有一个 64 位的唯一的文件引用。系统通过文件引用号（file reference Number）引用文件。

一个文件引用由文件号和文件顺序号两部分组成。文件号占低 48 位（0～47），文件顺序号占高 16 位（48～63）。文件号指出文件的基记录在 MFT 中的位置减 1，即索引。文件顺序号是每当在 MFT 的一个文件记录被重用时而增 1。实际就是当文件在 MFT 中占几个记录时，顺序号给出该文件在 MFT 中的第几个记录。这是为了 NTFS 执行一致性检查时使用的。

17.4　Windows 文件系统模型

17.4.1　文件系统分层模型

在 Windows 中，I/O 管理器负责处理所有文件和设备的 I/O 操作。I/O 管理器通过设备驱动程序、容错驱动程序、过滤驱动程序、文件系统驱动程序（File System Driver，FSD）等完成 I/O 操作，图 17.8 给出了 I/O 管理器的层次结构。下面从底向上简单介绍各层实现的主要功能。

- 设备驱动程序：位于 I/O 管理器的底层，直接控制设备完成 I/O 操作。
- 容错驱动程序：与低层设备驱动程序一起提供增强容错功能。例如，当发现 I/O 失败，设备驱动程序返回出错信息时，容错驱动程序在收到出错信息后，可能向设备驱动程序发出重试请求。
- 过滤驱动程序（LANMan Redirector）：它位于文件系统驱动程序与文件系统API之间，是网络重定向程序。它截获文件系统的各种操作命令，当分析该操作是对远程文件的操作时，将把它重定向到远程文件服务器上。
- 文件系统驱动程序：用来实现特定的文件系统的功能。

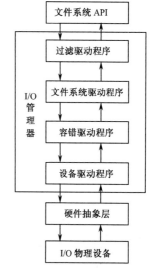

图 17.8　I/O 管理器的层次结构

17.4.2　Windows 文件系统驱动程序的体系结构

Windows 的文件系统驱动程序（FSD）可分为本地 FSD 和网络 FSD。前者允许用户访问本地计算机上的文件；后者允许用户访问远程计算机上的文件。

1. 本地 FSD

本地 FSD 可以支持的文件系统有：NTFS 文件系统（Ntfs.sys），基于 FAT 的文件系统（Fastfat.sys），光盘文件系统（Udfs.sys）（Universal Disk Format，UDF），只读光盘文件系统（Cdfs.sys）等。UDF 比 CDFS 更加灵活，UDF 具有如下的特点：① 文件名区分大小写；② 文件名可以有 255 字符；③ 最长路径为 1023 个字符。

系统启动时，本地 FSD 向 I/O 管理器注册自己。一旦 FSD 被注册，当应用程序或系统开始访问卷时，I/O 管理器就可以调用它识别卷：检查卷的引导扇区和文件系统元数据。

当本地 FSD 识别一个卷时，创建一个代表安装文件系统格式的设备对象。当系统初始化时，I/O 管理器通过卷参数块（Volumn Parameter Block，VPB）在由存储设备创建的卷设备对象与本地文件系统驱动程序 FSD 创建的设备对象之间建立两者的连接，将有关卷的 I/O

请求转交给本地 FSD 的设备对象。

本地 FSD 是基于高速缓存管理器来缓存文件系统的数据（如元数据）的，以提高系统性能。

2. 远程 FSD

远程 FSD 由客户端 FSD 与服务器端 FSD 两部分组成。客户端 FSD 接收来自本机应用程序对远程文件和目录访问的 I/O 请求，通过重定向驱动程序将其转换为网络文件系统协议命令，然后再通过网络发送给服务器端 FSD。服务器端 FSD 监听网络命令，接收网络文件系统协议命令，检查本地高速缓存中是否已有所需信息，若无转交给本地 FSD 去执行。最终将完成结果通过网络文件系统协议发送给客户端，完成一次信息交换。

3. FSD 的功能

Windows 的 FSD 的功能如下。

（1）处理文件系统的操作命令。应用程序通过 Win 32 I/O 接口函数，如 CreateFile，ReadFile，WriteFile 等来访问文件。

当用户程序使用 fopen（文件名，操作方式）运行时间函数请求打开一个文件时，这个请求传送给 Win 32 客户端动态连接库 Kernel32.dll，它进行参数的合法性检查后，以函数 CreateFile()取代它，进而转换成 NtCreateFile()的系统调用。对象管理器检查文件名字符串（如 C：\file.c），开始搜索它的对象名空间，找到代表有效卷驱动字母的符号链接对象（\??\C：），该符号链接指向在"\Device"下的卷设备对象（如\Device\HarddiskVolume1）。此时，对象管理器将剩余的路径名 file.c 传递给 I/O 管理器为已经注册的设备对象的分析（parse）函数。该函数创建一个 I/O 请求包（IRP），创建一个存储打开文件名的文件对象，通过卷设备对象的卷参数块（VPB）找到该卷的已安装文件系统设备对象，并将 IRP 传送给拥有该文件系统设备对象的 FSD。

此后 FSD 询问安全子系统，以确定用户对文件的访问方式有效，返回一个打开成功的代码。对象管理器在进程句柄表中为该文件对象创建一个句柄，对象管理器将把允许的存取权和文件句柄一起返回给用户。之后，用户可使用文件句柄对文件进行存取。

用户通过 fread()或 fwrite()读写文件时，同样，这个请求传送给 Win 32 客户端动态链接库 Kernel32.dll，它进行参数的合法性检查后，用函数 ReadFile()或 WriteFile()代替它。继续转换成对 NtReadFile()或 NtWriteFile()的系统调用。NtReadFile()调用对象管理器，将已打开文件的句柄转换成文件对象指针，检查访问权限合法性，创建 I/O 请求块 IRP，并把 IRP 交给文件驻留的 FSD。NtReadFile()获得了 FSD 的存储在该文件对象中的设备对象。之后检查文件是否已放在高速缓存中，如不在，申请一个高速缓存映射结构，将指定文件块读入其中。之后，NtReadFile 从高速缓存中读取数据送用户指定区域，完成本次 I/O 操作。这部分功能的详细实现见后序章节。

（2）高速缓存延迟写。该线程负责定期异步地将在缓存中映射的文件段的视口泄放到磁盘上。它调用主存管理器的更改页写入器把高速缓存中已被修改的页面发送给 FSD，由 FSD 将数据写入磁盘。

（3）高速缓存提前读。该线程通过分析已完成的读操作，将要读的文件部分映射到高速缓冲并通过存储器访问引起页失效，调用缺页失效处理程序，提前读数据到系统工作集。

（4）主存管理器的页失效处理。应用程序访问映射文件的页不在主存时，产生缺页中断，存储器管理器的失效处理程序向文件系统发送 I/O 请求包 IRP 来完成缺页处理。

（5）主存脏页写。该线程定期地将高速缓存中的不再使用的页写入页文件或映射文件，以便向主存管理器提供更多的空闲页。该线程通过异步写页命令来创建 I/O 请求包 IRP，由 FSD 直接送交到磁盘驱动程序。

4．NTFS 的 FSD

应用程序通过 NTFS 的 FSD 创建和存取文件的过程比较复杂，涉及以下几个步骤：

（1）首先 Windows 对象管理器和安全认证系统对调用进程进行有关使用权限的检查。安全认证系统看调用者的访问令牌与文件对象的访问控制表项规定的是否符合。若符合，该用户的请求才会被执行。

（2）I/O 管理器将文件句柄转换为文件对象指针。

（3）NTFS 通过文件对象中的信息来访问磁盘上的文件。

NTFS 是如何通过文件对象指针来获得磁盘上的文件的呢？首先每个打开文件的系统服务调用都对应一个文件对象。一个文件对象指向调用者要读或写的文件属性的一个流控制块（Stream Control Block，SCB）。SCB 包含如何获得该属性的信息。同一个文件的所有 SCB 都指向一个共同的文件控制块结构（File Control Block，FCB）。FCB 包含一个指向主控文件表（Master File Table，MFT）中该文件记录的指针，NTFS 通过该指针获得对文件的访问。图 17.9 给出了 NTFS 处理文件的过程。图中，一个进程已经打开了同一个文件的一个无名属性流和一个有名属性流。

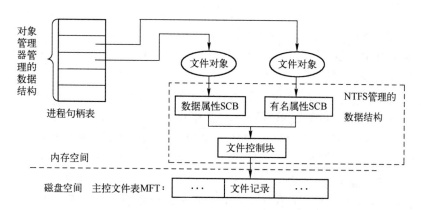

图 17.9　NTFS 处理文件涉及的数据结构

5．NTFS 文件的安全性

为了保证文件系统的安全性，NTFS 对其管理的文件和目录设置权限，以保证用户安全地使用文件。

在创建文件时，由文件创建者为文件设定本人及其他用户对该文件的访问权限并记录在文件目录中。拥有者也可以通过操作系统提供的命令随时修改文件的访问权限。可能的权限有：读（R）、读和添加（W）、更改权限（P）、完全控制（O）、列表（L）、执行（X）和拒绝访问。

NTFS 允许的文件和目录的权限设置规则：

① 用户或其所在的组必须按照指定权限对文件或目录进行访问。

② 权限是累积的。如果组 A 用户对文件拥有写入权限，组 B 用户对该文件只有读权限，而用户 C 同属两个组，则 C 将获得写入权限。

③ 拒绝访问权限的优先级高于其他所有权限。如果组 A 的权限是写入，组 B 是拒绝访问，那么同属两个组的用户 C 被拒绝访问。

④ 文件权限优先于目录权限。

当用户在相应权限的目录中创建新的文件和子目录时，创建的文件和子目录继承该目录的权限。

17.5 NTFS 可恢复性支持

NTFS 可恢复性支持确保系统在掉电或软件故障时，使磁盘卷结构保持完整。它使用基于事务日志的方法实现可恢复性。但 NTFS 只能恢复文件系统的元数据，对用户的数据无法恢复。

17.5.1 文件系统优化技术

为了叙述 NTFS 的可恢复能力，首先介绍早期的两种文件系统优化技术。

1. 谨慎写文件系统

DEC 公司的 VAX/VMS 系统开发的文件系统使用谨慎写（lazy write）技术。所谓谨慎写是指，当系统收到一个更改磁盘的请求时，对写入磁盘的操作分成几个顺序执行的子操作，按序在磁盘上完成这几个子操作。这样，在系统故障时，使系统产生的错误可预测且不重要，从而使文件系统可恢复。

例如，当收到为文件分配一个簇的操作时，这个请求由两个子操作组成：① 查位示图，找到一个空闲的簇，并修改对应的位为已占用；② 将为文件分配的簇记录到相应的目录项中。谨慎写文件系统会首先做①，然后再做②。若做完①后，系统故障，可能会丢失一些盘簇，但不会出现文件系统的不一致。这样，当系统恢复后，再运行相应的应用程序，对系统和用户几乎没有影响。

又如，有两个并发进程 P1 和 P2。P1 要求分配磁盘空间，随后 P2 创建一个文件。谨慎写对这两个操作进行排序，它先完成 P1 的空间分配操作，再完成 P2 的创建文件操作。否则，由于两个操作有许多子操作，若这些子操作交叉执行，可能导致文件系统的不一致性。

谨慎写文件系统的好处是：系统发生故障时，引起卷的不一致是可预测的、非破坏性的。可通过运行用户应用程序来更正。

FAT 文件系统使用的是写直通（write-through）策略，使所引起的磁盘修改立即写到磁盘。

2. 延迟写文件系统

谨慎写虽然提供了对文件系统的可恢复性支持，但由于限制了并发而牺牲了速度。延迟写利用高速缓存实现文件的读写，真正写入磁盘的操作通常是在后台完成的，从而获得了高速度。

延迟写文件系统的好处是：大大减少了读写磁盘的次数；加快服务于应用请求的速度；不会出现多个 I/O 操作请求交叉发生时，导致系统片刻不一致性。因此它使多线程的 I/O 操作能并发进行。但当系统故障时，可能使系统遭受严重破坏，甚至使文件系统不可恢复。

3. NTFS 可恢复文件系统

谨慎写文件系统和延迟写文件系统都不能保证系统崩溃时用户文件数据的安全性。NTFS 的可恢复性文件系统试图既超越谨慎写文件系统的安全性，也达到延迟写文件系统的高速度的性能。它采用基于原子事务的日志（logging，也即 journaling）文件技术来确保文件系统的一致性。

NTFS 为提供安全性，要求把改变卷结构的每个事务（如写或删除操作）的各个子操作都记录到日志文件中。所有改变文件系统的子操作在修改磁盘之前，先被记录在日志文件中。同时，NTFS 还利用延迟写文件系统的优化技术，提高系统速度。这样，一旦故障，根据日志文件中的文件操作信息，对那些部分完成的事务进行重做或撤销，从而保证了磁盘上文件系统的一致性。这种技术称为预写日志记录（write-ahead logging）。同时，为保证用户数据尽可能不丢失，允许用户程序采用写直通和高速缓存的快速刷新能力，确保文件修改以适当时间间隔记录到磁盘上。由此可见，NTFS 的可恢复性既保证卷的结构不被破坏，也保证用户数据尽可能少地被破坏。

17.5.2 日志文件服务的实现

下面讨论日志文件系统是如何在 NTFS 上实现的。

1. 日志文件服务

日志文件服务（Log File Service，LFS）是 NTFS 驱动程序内的一组核心态例程。NTFS 是通过 LFS 例程来访问日志文件的。

每当系统启动时，NTFS 首先打开一个日志文件，并将该打开日志文件对象的指针传递给 LFS，以便 LFS 记录将要发生的事务。LFS 对该日志文件进行初始化。其工作过程如下：

① NTFS 执行所有修改卷结构的事务（如创建和复制文件）时，它调用 LFS，LFS 调用高速缓存管理器，要求将这次写操作记录在高速缓存的日志文件中。

② NTFS 在高速缓存中修改卷结构。

③ 高速缓存管理器调用 LFS 提示它将高速缓存中的日志文件刷新到磁盘。LFS 通过回调高速缓存管理器，要求它将应刷新的主存日志文件刷新到磁盘上。

④ 高速缓存管理器将修改卷结构的缓存内容写入磁盘。

NTFS 对下面的每个事物都写修改记录：创建文件、删除文件、扩充文件、截短文件、设置文件信息、重命名文件和修改文件的安全访问方式。

LFS 结构示意图如图 17.10 所示。

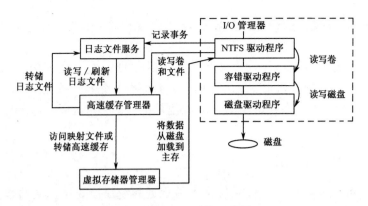

图 17.10　LFS 结构示意图

LFS 将日志文件分为两个区域：重启动区域（restart area）和日志记录区域（infinite logging area）。重启动区域存储了恢复系统所需的描述信息，NTFS 重启恢复时，依据这些信息找到应读取的日志记录区的起始位置。为了保证系统的可恢复性，LFS 还保存了重启动区域的一个副本，并紧随其后。在 LFS 重启动区域之后，为日志记录区域，采用环形队列的形式进行管理，用于记录 NTFS 写入的事务记录。日志文件结构如图 17.11 所示。

LFS 利用逻辑序列号（Logical Sequence Numbers，LSN）来标识写入日志文件中的记录。

重启动区域副本 1	重启动区域副本 2	日志记录区

图 17.11　日志文件结构

LFS 循环使用日志记录区，从而可以保存无限多的日志记录。

NTFS 通过 LFS 来读写日志记录。LFS 提供了打开（open）、写入（write）、向前（prev）、向后（next）、更改（update）等操作来处理日志文件。

2．日志记录类型

LFS 允许 NTFS 向日志文件中写入任何类型的记录。每个日志记录描述了一个事物写的子操作，一般有如下一些字段：① 事物名字；② 修改的数据项名字；③ 修改前的值；④ 修改后的值。

NTFS 所支持的两种主要类型的日志记录是更改记录（update records）和检查点记录（checkpoint record）。

此外，还有一些特殊的日志记录，说明事物处理期间记录的有意义的事件。例如，事物开始时间、提交时间或故障终止时间。它们在系统的恢复过程中起重要作用。

（1）更改记录

更改记录是 NTFS 中写入日志文件的最普通的记录类型。它记录的是文件系统的更改信息。在更改记录中一般包含两种信息：

① 重做（redo）信息。系统崩溃时，在事务从高速缓存刷新到磁盘之前，如果事务已经提交，即日志文件已经完全记录到磁盘上，通过日志记录重新执行事务，以恢复对卷的修改，使系统恢复到修改后的新状态。

② 撤销（undo）信息。当系统崩溃时，若对卷修改的事务还未提交，即日志文件还未记录到磁盘上或记录不完整，则撤销这个对卷修改还未提交的事务的所有子操作，使系统恢复到未修改前的状态。

图 17.12 给出了创建一个新文件事务所涉及的三个子操作的日志记录结构 T1a～T1c。

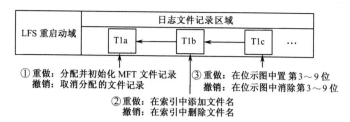

图 17.12　创建一个新文件的日志文件中的更改记录

其中每个记录代表了该事务的一个子操作。NTFS 根据每个更改记录中的重做项来决定如何重新执行该子操作，而根据撤销项来决定如何回退该子操作。

当一个事务的最后一个子操作被记录后，NTFS 就对高速缓存中的卷自身执行子操作。在完成高速缓存的卷更改以后，NTFS 就向日志文件写入该事务的最终记录，即提交一个事务的子操作。当将整个事务完整地记录到磁盘后，就完成了该事务的提交过程。

当系统失败需进行恢复时，NTFS 通过读取日志文件，重做每一个提交的事务。由于 NTFS 并不清楚已经提交的事务是否已从高速缓存中及时刷新到磁盘上，所以 NTFS 还要重做一次已提交事务的各个子操作。

在文件系统恢复过程完成了重做操作之后，NTFS 根据系统崩溃时未被提交事务的日志文件中的撤销信息来回退已经记录的每一个子操作。在图 17.12 中，NTFS 首先撤销了 T1c 子操作，然后是 T1b，依此类推，直到事务中的第一个子操作 T1a 被撤销。

重做和撤销操作是幂等的。即这些操作无论执行多少遍，其结果是唯一的。这样即使在恢复过程中失败了，通过重做，仍能保证系统最终处于正确状态。

（2）检查点记录

虽然重做数据修改系统不受损害（用于操作是幂等的），但会浪费很多时间。因此为了减小不必要的开销，除了更改记录之外，NTFS 还周期性地向日志文件中写入检查点记录。检查点记录能帮助 NTFS 决定需要进行哪些处理才能恢复一个卷。检查点记录将引起下面的活动发生：① 将当前主存中的所有日志记录写到磁盘；② 将当前主存中的所有修改的数据写到磁盘；③ 将检查点日志记录写到磁盘。在写入检查点记录以后，NTFS 在重启动区存储该检查点记录的逻辑顺序号 LSN。在系统失败进行恢复过程中，NTFS 通过存储在重启动区中记录的检查点记录的 LSN 来定位日志文件中最近写入的检查点记录，通过检查点记录，NTFS 就知道应该在日志文件中回退多远，才能定位到可恢复的起点。如果一个事物的"事物提交"记录出现在检查点记录之前，由于该事物已经成功完成了对数据项的修改，恢复时，不必再进行重做。从而使恢复例程只要检查在最近检查点记录发生之前刚刚开始的所有事物的事物开始时间的日志记录即可。然后再对这些事物进行重做或撤销来恢复系统。参见图 17.13。

图 17.13　日志文件中检查点记录

3. 系统的恢复过程

NTFS 的可恢复过程依赖于主存中维护的两张表：

① 事务表：跟踪已经启动但尚未提交的事务。在恢复过程中，必须从磁盘删除这些活动事务的子操作。

② 脏页表：记录了尚未写入磁盘的高速缓存中的改变 NTFS 卷结构操作的页面。在恢复过程中，这些改动必须刷新到磁盘上。

NTFS 每隔 5 秒钟向日志文件写入一个检查点记录。在写入之前，NTFS 调用 LFS 在日志文件中存储事务表和脏页表的当前副本。然后，NTFS 在检查点记录中记录包含了已复制表的日志记录的 LSN。当系统恢复失败时，NTFS 调用 LFS 来定位日志文件记录中最近的检查点记录，以及最近的事务表和脏页表的副本，并将这些表复制到主存。

在最近的检查点记录之后，日志文件通常包含更多的更改记录，这些更改记录显示了在最近一次检查点记录写入后卷的更改。为此，NTFS 必须更新事务表和脏页表。通过更新这些表和日志文件中的内容来更改卷本身。

为了实现卷的恢复，NTFS 要对日志文件进行三次扫描：

（1）分析扫描（analysis pass）

NTFS 从日志文件中最近的一个检查点操作的起点开始进行分析扫描。因为检查点操作起点之后的每一个更改记录都代表对事务表或脏页表的修改。例如，一个更改记录是事务提交的记录，代表事务的记录必须从事务表中删除。同样，一个页面更改记录则表示修改了文件系统的一个数据结构，相应的脏页表也必须更新。参见图 17.14。

图 17.14　分析扫描

这两个表被复制到主存以后，NTFS 将搜索这两个表。事务表中包含了未提交（不完整）事务的 LSN，脏页表中包含了高速缓存中还未刷新到磁盘的记录的 LSN。NTFS 根据这两个表的信息来确定最早的更改记录的 LSN，决定重做扫描的开始点。

（2）重做扫描（redoing pass）

在重做扫描过程中，NTFS 将从分析扫描得到的事务表和脏页表中最早记录的 LSN 开始，在日志文件中向前扫描，查找页面更新记录（这个记录包含了在系统失败前已经写入的卷更新，但是可能还未刷新到磁盘上）。之后，NTFS 将边查找边在高速缓存中重做这些更新。当 NTFS 到达日志文件的末尾时，它已经利用必要的卷更改更新了高速缓存。之后，高速缓存管理器在后台向磁盘写入高速缓存的内容，从而恢复了文件系统。参见图 17.15。

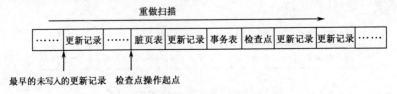

图 17.15　重做扫描

（3）撤销扫描（undoing pass）

在 NTFS 完成重做扫描后，它将开始撤销扫描，以撤销系统失败时任何未提交的事务。

图 17.16 中有两个事务。在断电时，事务 1 已经提交，事务 2 尚未提交。假设事务 2 创建一个文件，它由 3 个子操作构成，每个子操作对应一个更改记录，且它们之间通过一个后向指针链接。事务表列出了每个未提交的事务最后更改记录的 LSN，如 1028。

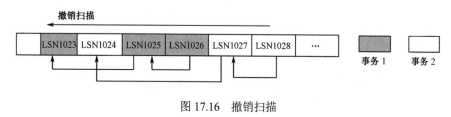

图 17.16　撤销扫描

之后，从后向前，按照它的各个撤销子操作执行：① 在位示图中消除第 3~9 位；② 在索引中删除文件名；③ 取消在 MFT 中分配的文件记录，从而完成事务 2 的回退。

恢复完成后，NTFS 将高速缓存写入磁盘，以保证卷是最新的。最后，NTFS 写入一个"空"到 LFS 重启动区，指明卷是一致的。这样，即使系统再次崩溃，也不必再进行恢复了。

17.5.3　NTFS 坏簇恢复的支持

NTFS 通过卷管理工具和容错磁盘驱动程序 FtDisk.exe 的支持，增加了磁盘的数据冗余和容错功能，为文件系统数据提供了极高的可靠性。

Windows 2000 卷管理工具通过磁盘容错程序 FtDisk.exe 和动态磁盘的逻辑磁盘管理器（Logic Disk Manager，LDM）的卷管理工具来实现坏簇的修复。在系统运行时，NTFS 会动态收集有关坏簇的资料，并把它存储在系统文件里。这样，NTFS 对应用程序隐藏了坏簇恢复的细节。

如果一个扇区发生错误并且磁盘不能提供备用扇区，NTFS 卷管理工具会给系统发出警告。当卷管理器返回一个坏扇区警告，或是当磁盘驱动程序返回坏扇区错误信息时，NTFS 分配一个新的簇替换包含坏扇区的簇。NTFS 动态地替换包含坏扇区的簇，并且跟踪这些簇，以保证它们不被重新使用。

通过和卷管理器工具的配合，NTFS 最大限度地减少了坏簇对整个文件系统的危害。当坏扇区出现在一个冗余卷上，卷管理工具尽可能地恢复并替换扇区。如果它不能替换扇区，就向 NTFS 返回一个警告，由 NTFS 来替换包含坏扇区的簇。假如磁盘不是以冗余卷的形式组织的，坏扇区上的数据就无法恢复了。NTFS 还对坏簇进行标记，以防止系统对它的继续使用，从而最大限度地保护了用户的数据。

图 17.17 所示为 NTFS 坏簇重映射示意图。假定在 MFT 中的一个文件中的数据包含了坏扇区的簇为 1217。当 NTFS 记录收到一个坏扇区的错误时，它将该坏扇区放入坏簇文件中，从而防止坏簇被重用。然后 NTFS 为文件分配一个新簇 1023，并更改文件 VCN 到 LCN 的映射为 1023。

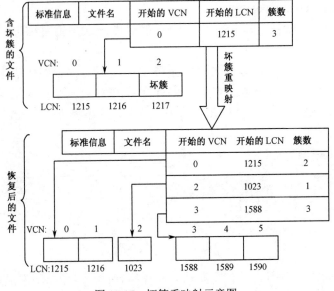

图 17.17　坏簇重映射示意图

如果存放文件系统元数据的扇区发生错误，也依照同样的方法进行恢复。

17.6　小　　结

Windows 文件系统涉及的主要内容如下。

1．Windows 的文件系统支持的文件系统

它支持两种类型的文件系统：

（1）FAT 主要考虑向下兼容 DOS 等，其文件的物理结构是链接式的。

（2）NTFS 才真正体现了它的特色。NTFS 文件的物理结构是索引顺序式的。目录文件就是以文件名作为索引建立的。

在 NTFS 文件系统中，主控文件表 MFT 是它的管理和控制核心。为了方便管理，它将系统中记录的所有信息都当做文件进行处理。MFT 中的每个记录就是一个文件或目录。通过文件号和文件顺序号引用文件。

2．Windows 的文件系统模型

Windows 的文件系统采用分层结构，共分为四层。通过 I/O 管理器将它的各个层次有机地联系起来。其中，文件系统驱动程序 （File System Driver，FSD）分为本地 FSD 和远程 FSD，分别用来实现本地和远程文件系统的管理。

3．NTFS 文件系统的安全性

文件系统常用文件保护技术，就是为文件和目录设置访问权限。文件系统的优化技术有谨慎写文件系统和延迟写文件系统。

（1）NTFS 对其管理的文件和目录设置访问权限，以保证用户安全地使用文件。

（2）NTFS 文件系统对系统可恢复性支持是基于事务日志的方法。它即可超越谨慎写文件系统的安全性，又可达到延迟写文件系统的高速度的性能。当系统掉电或软件故障时，采用了日志文件服务，使磁盘卷结构保持完整。但 NTFS 只能恢复文件系统的元数据，对用户的数据无法恢复。

习　　题

17-1　Windows 支持哪些类型的文件系统？它们支持文件的物理结构具有什么特点？

17-2　主控文件表的作用是什么？

17-3　NTFS 文件系统如何实现对一个文件的读写？

17-4　Windows 支持的文件系统模型主要实现哪些功能？

17-5　NTFS 文件系统提供对文件和目录操作的安全性具有哪些特点？

17-6　通常操作系统对文件系统可恢复性支持常用的有哪些技术？

17-7　NTFS 的日志文件服务如何实现文件系统的可恢复性？

第 18 章 Windows 的设备管理

18.1 Windows 的 I/O 系统结构

Windows 的 I/O 系统是由几个执行体的组件组成的。它一方面向用户提供了一个统一的高层接口，方便用户的 I/O 操作；另一方面保护操作系统的其他组件不受各种设备操作细节的影响，提供了设备的独立性。

Windows 的 I/O 系统的设计目标如下。

① 无论单处理机或多处理机体系结构，提供设备的统一的安全和命名，以保护可共享的资源；能提供快速 I/O 处理；允许用高级语言写设备驱动程序，以便在不同的硬件平台间进行移植。

② 允许透明于其他设备或驱动程序来添加驱动程序，以提供设备的可扩展性。

③ 支持即插即用。允许在系统中动态地添加或删除设备。

④ 支持电源管理。允许整个系统或者单个硬件设备进入低功耗状态，异步节省能源。

⑤ 支持 Windows 管理设施（Windows Management Instrumentation，WMI），以管理和监控驱动程序。

图 18.1 给出了 Windows I/O 系统的结构。

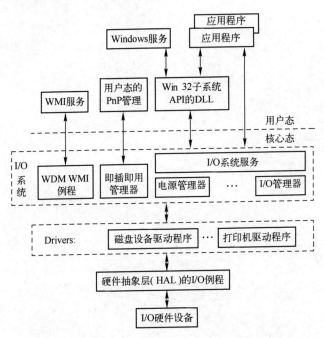

图 18.1 Windows I/O 系统的结构

在用户态 I/O 库函数和物理 I/O 硬件之间，Windows 子系统 I/O 服务是以 API 的形式提供的，它通过子系统动态链接库调用核心态的执行体系统服务完成用户程序的 I/O 请求。图 18.1Windows 的 I/O 系统是由核心态的几个执行体组件和设备驱动程序组成的。它包括的组件有：

① I/O 管理器。它是 I/O 系统的核心，负责在应用程序和系统组件与虚拟的、逻辑的和物理的设备之间建立链接。它驱动 I/O 请求，完成对下层的 I/O 调用处理。

② 文件系统驱动程序。接收文件的 I/O 请求，通过对自己和多个块设备和网络设备泄放这些请求，完成 I/O 请求。

③ 功能性的设备驱动程序。为一个特定类型设备提供相应设备的 I/O 接口。设备驱动程序接收 I/O 管理器送来的命令，当命令完成时，将处理结果通知 I/O 管理器。

④ 总线驱动程序。用来管理逻辑的和物理的总线。总线包括：PCMCIA、PCI、USB、IEE 1394 和 ISA。总线驱动程序负责探测设备（添加和移去），负责建立和删除设备对象和通知连到该总线上的即插即用管理器，以及它管理的总线电源设备。

⑤ PnP 管理器。与 I/O 管理器和总线驱动器（即设备类型驱动器）密切配合，指导硬件资源的分配及探测，以响应新插入和移去的硬件设备。

⑥ 电源管理器。与 I/O 管理器密切配合，指导系统和各个设备驱动器进入或退出低能耗状态。

⑦ Windows 管理设施（Windows Management Instrumentation，WMI）支持例程，又叫做 Windows 驱动器模型（WDM）的 WMI。有了 WMI，允许通过一个公共的 API 接口，工具软件和脚本程序就能访问操作系统的不同部分。允许设备驱动程序通过 WDM WMI 与用户态的 WMI 服务进行通信。

⑧ 注册。作为一个数据库服务，它存储了链接到系统的基本硬件的描述，以及驱动程序的初始化和配置设置。

⑨ 硬件抽象层（HAL）的 I/O 例程。把设备驱动程序与多种不同的硬件平台隔离开来，使它们在给定的体系结构中，二进制代码可移植，且在 Windows 支持的硬件体系结构中使源代码可移植。

本章集中介绍核心态的设备驱动程序。

18.2　I/O 管理系统所涉及的关键数据结构

I/O 管理系统的特点如下。

① I/O 系统是包驱动的（Packet Driven）。在执行 I/O 请求时，通过建立一个 I/O 请求包（I/O Request Packet，IRP），实现从 I/O 系统的一个组件到另一个组件的 I/O 操作。这种设计允许一个应用线程并发地控制多个 I/O 请求。

② 通过虚拟文件实现所有的 I/O。Windows 与 UNIX 系统一样，所有的 I/O 操作都通过虚拟文件实现，即使用文件句柄进行操作。用户态应用程序（不管它们是 Win 32、POSIX 或 OS/2）调用本机的文件对象服务进行文件读写和文件的其他操作。I/O 管理器能够动态地把这些虚拟文件请求指向控制真正的文件、文件目录、管道、邮件槽、物理设备、网络等操作的适当的设备驱动程序。

③ Windows 系统同样支持同步 I/O 和异步 I/O 两种操作方式。

Windows 的 readfile 和 WriteFile 函数就是采用同步 I/O 方式实现的。

如果采用异步 I/O，Windows 要求在创建文件时，必须设置一个允许重叠操作的标志。同时，在启动异步 I/O 操作后，线程必须通过监视一个同步对象，可能是一个事件、一个 I/O 完成端口，或文件对象等的句柄变为有信号状态后，才可以访问这些被传输完成的数据。

下面介绍 I/O 管理系统所涉及的关键数据结构。

1．驱动程序的组成

Windows 的每一类设备驱动程序都包括一组处理 I/O 请求必须调用的不同阶段的例程。下面是它的一套标准的组件：

① 初始化例程。当系统初启完成，设备驱动程序被加载到主存时，I/O 管理器执行驱动程序的初始化例程。这个例程将创建驱动程序和设备的系统对象。I/O 管理器利用这些系统对象去识别和访问设备驱动程序和设备。

② 添加设备例程。用于支持 PnP 管理器的操作。不论什么时候探测到一个设备，PnP 管理器通过该例程发送一个驱动程序的通知。该例程就为该设备分配一个设备对象。

③ 一组功能例程。这是设备驱动程序提供的主要功能函数，包括打开、关闭、读写等功能函数。

④ 启动 I/O 例程。驱动程序可以使用 I/O 启动例程来实现系统与设备之间的数据传输。

⑤ 中断服务例程（ISR）。当设备中断时，内核的中断调度程序把控制转交给 ISR。在 Windows 的 I/O 模型中，运行在相应设备中断请求级（IRQL）上的 ISR 只是做很少的工作，以避免对低优先级设备的中断响应的推迟。它将中断处理的其他大量工作放在低 IRQL 的延迟过程调用（DPC）中去做。ISR 在进行一些必要处理后，将 DPC 排到 DPC 队列上，就立即退出中断。

⑥ 延迟过程调用例程（DPC）。在低于设备的 ISR 的 IRQL 上运行的 DPC 真正负责设备的大部分中断处理工作。当 CPU 运行的中断优先级低于 DPC 的 IRQL 时，DPC 例程执行，它对 I/O 完成操作进行初始化并检查和启动设备队列的下一个 I/O 请求。

⑦ 一个或多个 I/O 完成例程。在设备的中断处理完成后，就进入 I/O 结束处理。它所做的工作随 I/O 操作不同而异，但所有 I/O 服务都要将操作成功或失败的结果状态记录在 I/O 请求包（IRP）的 I/O 状态块中。例如，当设备驱动程序完成了文件的数据传输以后，I/O 管理器将调用文件系统的完成例程，该完成例程通知文件系统本次 I/O 操作是成功、失败还是被取消，并且允许文件系统执行清理操作。对于采用缓冲 I/O 的服务，还要把存放在系统缓冲区中的用户需要的数据复制到调用者指定位置。

⑧ 取消 I/O 例程。如果某个 I/O 操作可以被取消，驱动程序就要定义一个或多个取消 I/O 例程。I/O 管理器调用什么样的取消例程，取决于 I/O 操作被取消时已进行到什么程度。通常按照 I/O 请求包中记录的 I/O 操作执行情况，释放处理 I/O 过程中分配的任何资源，并将删除状态记录到 IRP 中。

⑨ 卸载例程。卸载例程释放驱动程序使用的任何系统资源，以使 I/O 管理器能从主存中删除它们。

⑩ 系统关闭通知例程。这个例程允许驱动程序在系统关闭时做清理工作。

⑪ 错误日志例程。当意外错误发生时（例如，当磁盘分区的某块被损坏时），驱动程序的错误日志例程将记录所发生的事情，并通知 I/O 管理器，I/O 管理器把这个信息写入错误日志文件。

2. 文件对象

文件是可以被多个用户态线程共享的系统资源。文件对象提供了基于主存的共享物理资源的表示。在 Windows 的 I/O 系统中，文件对象也代表命名的管道和邮箱这些资源。表18.1 列出了文件对象的一些属性。

表18.1 文件对象的属性

属　　性	意　　义
文件名	标识文件对象指向的物理文件
当前字节偏移量	标识要读写的文件中当前位置
共享模式	表示当调用者正在使用文件时，是否允许其他的调用者打开文件进行读写
打开模式	表示 I/O 方式是同步还是异步、顺序还是随机，是否允许高速缓存等
指向设备对象的指针	表示文件驻留的设备类型
指向卷参数块（VPB）的指针	表示文件驻留的卷或分区
指向区域对象指针的指针	表示描述一个映射文件的根结构
指向专用高速缓存映射的指针	表示文件的哪一部分由高速缓存管理器管理，以及驻留在高速缓存的位置

当调用者打开一个文件或设备时，I/O 管理器将为文件对象返回一个句柄。调用者使用文件句柄对文件进行操作。

3. 驱动程序对象和设备对象

当线程为文件对象打开一个句柄时，I/O 管理器根据文件对象名称来决定它应该调用哪个（或哪些）驱动程序来处理请求。这是通过驱动程序对象和设备对象来满足这些要求的。

① 驱动程序对象代表系统中一个独立的驱动程序。I/O 管理器从这些驱动程序对象中获得每个装入主存的驱动程序的各调度例程的入口地址。

② 设备对象在系统中代表一个物理的、逻辑的或虚拟的设备并描述了它的特征。其中包括，它所需要的缓冲区的对齐方式和用来保存各个 I/O 请求包的设备队列的位置。如硬盘的每个分区都有一个独立的设备对象。但同一个硬盘驱动程序被用于访问所有的分区。

当驱动程序被加载到系统中时，I/O 管理器将创建一个驱动程序对象，然后调用驱动程序的初始化例程，把驱动程序的入口地址填入该驱动程序对象中。初始化例程还为每个设备创建设备对象，通常为它分配一个名字，并放到对象管理器的名空间中。还要将与该驱动程序对象相关的所有设备对象链成一个链。图18.2 给出了驱动程序对象和设备对象之间的链接关系。

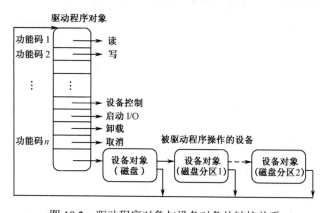

图 18.2　驱动程序对象与设备对象的链接关系

图中的每个设备对象反过来指向它自己的驱动程序对象。这样 I/O 管理器就知道在接收一个 I/O 请求时应该调用哪个驱动程序。它使用设备对象找到对应的驱动程序对象，然后利用在初始请求中提供的功能码来索引驱动程序对象，从而找到相应的设备驱动程序。当一个驱动程序从系统中被卸载时，I/O 管理器就会使用设备对象队列来确定哪个设备由于取走了驱动程序而受到了影响。

4. I/O 请求包（I/O Request Packet，IRP）

IRP 是 I/O 系统用来存储处理 I/O 请求所需信息的结构。当线程调用 I/O 服务时，I/O 管理器构造一个 IRP，来表示在 I/O 进展中整个系统要进行的操作。

IRP 由两部分组成：一个叫做头标的固定部分和一个或多个堆栈单元。固定部分包括：请求的类型和大小、是同步还是异步请求、用于缓冲 I/O 的指向缓冲区的指针和随着请求的进展而变化的状态信息等。IRP 的堆栈单元包括了一个功能码，如 create、open、close、read/write、设备 I/O 控制、电源和 PnP 等，用来指示 I/O 管理器传递 IRP 时应该调用的驱动程序、完成特定功能所需的参数和一个指向调用者文件对象的指针。文件系统驱动程序常用这些功能码填充大部分或全部驱动程序的入口点。

当 IRP 构造好之后，I/O 管理器将每个 IRP 都放在与请求 I/O 的线程相关的 IRP 队列中，以便 I/O 系统能够找到和删除任何未完成的 IRP。

18.3　Windows 的 I/O 处理

Windows 对核心态设备驱动程序的 I/O 请求的实现，通常包括以下几步：

① I/O 库函数经过某语言的运行时间转换成对子系统 DLL 的调用。

② 子系统 DLL 调用 I/O 的系统服务。

③ I/O 的系统服务调用对象管理程序，检查给定的文件名参数，之后开始搜索它的名空间。然后把控制转交给 I/O 管理器寻找文件对象。

④ I/O 管理器询问安全子系统，以确定文件存取控制表是否允许线程以该请求方式存取文件。如果不允许，则出错返回；若允许，由对象管理程序把允许的存取权和返回的文件句柄连在一起返回给用户态线程，之后线程用文件句柄对文件进行所希望的操作。

⑤ I/O 管理器以 IRP 的形式将请求送给设备驱动程序。驱动程序启动 I/O 操作。

⑥ 设备完成指定的操作，请求中断，设备驱动程序服务于中断。

⑦ I/O 管理器再调用 I/O 完成过程，将完成状态返回给调用线程。

上述是同步 I/O 执行的步骤，对于异步 I/O，在第⑤步和第⑥步之间又增加了一步，即 I/O 管理器将控制返回给调用线程，从而使调用线程与 I/O 操作并行执行。另外，线程必须与第⑦步同步，才能使用本次 I/O 传输的数据。

下面用例子说明当采用单层和多层设备驱动程序时，I/O 系统的工作过程。

18.3.1　对单层驱动程序的 I/O 请求

以写打印机为例，说明采用单层驱动程序的 I/O 处理过程。假定应用程序线程同步向打印机缓冲区中写若干字符，且打印机连接在计算机的并行端口上。

在 Windows 中，应用程序调用如下系统调用实现同步向打印机写：

WriteFile(hFile,Buf,nbytes,NULL);

这里的 hFile 是打印机对象的句柄，该句柄是子系统事先用 CreateFile()系统调用打开的并行口（即名为"\device\parallel()"的虚拟文件）的句柄，且采用同步 I/O（NULL 参数）。其实现过程如图 18.3 所示。

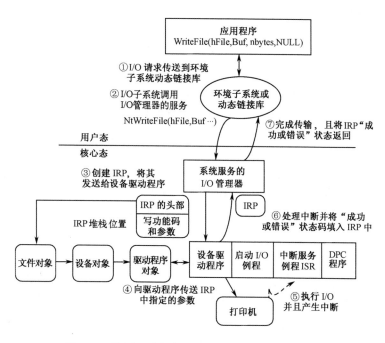

图 18.3　单层驱动程序处理一个同步 I/O 请求的过程

环境子系统接到写命令，检查命令和参数的合法性后，转换成对核心的系统服务 NtWriteFile()调用，之后 I/O 管理器接管此工作，完成以下几步：

① I/O 管理器根据调用命令生成一个 I/O 请求包（IRP），其中包括指向文件对象的指针、应执行的操作和参数、初始化第一个堆栈单元。

② I/O 管理器根据 IRP 中的文件对象指针定位打印机设备对象，找到打印机的驱动程序，并以 IRP 中的参数调用该驱动程序。

③ 驱动程序启动设备并将要打印数据传输给打印机，执行写操作。

④ 设备完成写操作后，请求中断。系统响应中断，转入中断处理程序，产生和排队一个 DPC，中断返回。DPC 执行，且将操作的状态码写入 IRP 中，控制返回 I/O 管理器。

⑤ I/O 管理器调用驱动程序的 I/O 完成例程，将一个核心态的 APC 排到启动 I/O 的线程中，并清除 IRP。

⑥ I/O 管理器最终将控制返回给环境子系统或 DLL，依次再传输给用户线程。当用户线程执行时，响应 APC 中断，从而真正完成该次的 I/O 请求操作。

18.3.2　设备 I/O 的中断处理

在打印机完成数据传输之后，产生中断。处理机响应中断，并将控制传递给核心陷阱处理程序。它根据 IRQL 找到中断分派表，定位该设备的 ISR。最终将控制转交给设备的中断服务例程 ISR。Windows 上的 ISR 典型地用两步来处理设备中断：

① 当 ISR 被首次调用时，它在设备 IRQL 上获得设备状态。然后它使一个软件中断 DPC 排入 DPC 队列，并退出中断服务例程，清除中断。

② 当中断请求级降低到 DPL 以下时，软件中断 DPC 调用 DPC 例程，最终完成对设备的中断处理。DPC 所做的工作是检查设备是否正常完成，若是，它可以启动下一个正在设备队列中等待的 I/O 请求，并将本次 I/O 完成或出错状态码记录到 IRP 中。DPC 完成中断处理后，调用 I/O 管理器来完成本次 I/O 并清除 IRP。

使用 DPC 来执行大多数设备服务的优点是，任何优先级位于设备 IRQL 和 Dispatch/DPC IRQL 之间被阻塞的中断，允许在低优先级的 DPC 处理发生之前发生，因而中间优先级的中断就可以更快地得到响应和服务。

18.3.3 I/O 请求的完成处理

当设备驱动程序的 DPC 例程执行完以后，在结束本次 I/O 请求之前还要做一些工作。这就是 I/O 处理的第三步，称做 I/O 完成处理。它因 I/O 操作的不同而不同。例如，全部的 I/O 服务都把操作的结果记录在由调用者提供的数据结构 I/O 状态块（I/O status block）中。与此相似，一些执行缓冲 I/O 的服务要求 I/O 系统返回数据给调用线程。

在上述这些情况中，I/O 系统必须把一些存储在系统主存中的数据复制到调用者的虚拟地址空间中。要获得调用者的虚拟地址，I/O 管理器必须在调用者线程的描述表中进行数据传输。这样，I/O 完成也需三步完成：

① 由 I/O 管理器把一个核心态的 APC 排队到线程中来实现这个任务，见图 18.4。

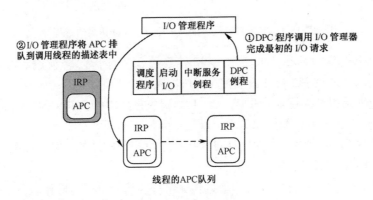

图 18.4 I/O 请求完成的第一步

② 接下来，当线程开始在较低的 IRQL 上执行时，核心态的 APC 中断出现。系统响应 APC 中断，核心把控制权转交给 I/O 管理器的 APC 例程。

③ 该 APC 就可以在指定线程的描述表中执行，完成将被缓存的数据复制到该线程的地址空间、将文件句柄（或调用者提供的事件或 I/O 完成端口）设置为有信号状态、排队任何用户态 APC 以备执行，并释放代表 I/O 操作的 I/O 请求包 IRP。至此完成 I/O。在文件句柄上等待的最初调用者或其他的线程都将从它们的等待状态中被唤醒并恢复继续执行。

图 18.5 示出了 I/O 请求完成的第二步和第三步。

由此可见，APC 在特定线程的描述表中执行，而 DPC 在任意线程的描述表中执行，这就意味着 DPC 例程不涉及用户态进程的地址空间。

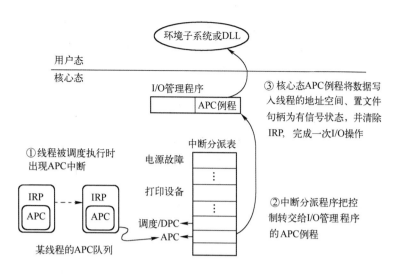

图 18.5　I/O 请求完成的第二步和第三步

18.3.4　对多层驱动程序的 I/O 请求

上面例子是基于单层驱动程序的 I/O 请求，大部分 I/O 请求都必须通过调用多层驱动程序来实现。下面给出了基于文件的实现同步读文件的 I/O 请求的两层驱动程序的处理过程。

在 Windows 中，应用程序请求从磁盘文件同步读写数据时，首先调用打开文件函数，为指定文件创建一个文件对象，并返回文件对象的句柄。第二步，使用文件句柄进行文件读写。

1. 打开一个文件

应用程序使用 C 语言提供的标准库函数 fopen 命令为读而打开一个文件时，其调用格式为

　　　　fp=fopen(D:\myfile.dat,"r");

其执行过程如下：

① C 运行时间库将 fopen 转换成对 Win 32 子系统的 DLL 的 CreateFile 函数的调用：

　　　　fp=CreateFile(D:\myfile.dat,…);

② Win 32 子系统的 DLL 调用 NT DLL 再将它转换为对核心态的系统服务的调用：

　　　　fp=NtCreateFile(D:\myfile.dat,…);

③ 系统服务的 I/O 管理器调用对象管理器。对象管理器根据文件名在它的对象名字空间中查找时，发现驱动器 D 是一个符号链接（"\device\harddisk02"），尽而以该字符串"\device\hardDisk02"为参数调用文件系统并将文件名字"\myfile.dat"传递给它，请求文件系统定位一个磁盘分区和打开该磁盘分区上的这个文件。

④ 文件是一个由安全描述符保护的资源。这样 I/O 管理器查询安全子系统以决定文件的存取控制表 ACL 是否允许进程按照线程请求的方式存取该文件。如果允许，I/O 管理器调用对象管理器创建一个文件对象和文件驻留的设备（这里是 hardDisk02）对象，并在文件

对象中存储该设备对象的一个指针，然后给调用者返回一个允许的存取权限的文件句柄。

之后用户使用该文件句柄就可以实现对文件的读写。图 18-6 示意了当一个文件被打开时所发生的情况。

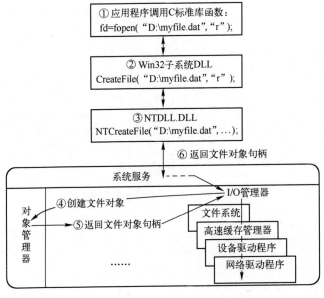

图 18.6　打开一个文件对象

2．读文件

调用者使用文件句柄进行读请求时，调用如下的 C 标准库函数。

ReadFile(hFile,Buf,nbytes,NULL);

其执行过程如下：

① 通过环境子系统将命令转换成 NtReadFile( )。系统使用文件对象通过存取控制表检查操作方式的合法性。若合法，转②，否则错误返回，以实现对象保护。

② I/O 管理器创建代表这个操作的 I/O 请求包（IRP），填写读功能码和参数到第一个栈位置，传递 IRP 给文件系统驱动程序。

③ 文件系统根据 IRP 的读请求类型和文件的读指针，计算要读文件的相对块和块内地址，进而找到磁盘的相对块，将修改后的 IRP（或者生成一个新的堆栈或再产生一个新的 IRP，准备放读功能码和磁盘相关的参数）返回给 I/O 管理器。

④ I/O 管理器再用这些 IRP 调用磁盘驱动程序，将磁盘相对块转换为磁盘的三维地址（柱面号、磁头号和扇区号），并排队 IRP。

⑤ 磁盘请求队列空闲时，磁盘驱动程序启动磁盘完成读一个盘块到缓冲区的操作。把执行的状态码填入 IRP 中，并送回 I/O 管理器。

⑥ 磁盘完成传输，产生中断。中断处理程序进行简单处理后，生成一个 DPC 并排队 DPC。之后中断返回。

⑦ 当 IRQL 降到低于 DPC 的 IRQL 时，磁盘的 DPC 软中断被系统接收，具体处理设备的中断。它主要检查设备是否正常完成，形成 APC，并将 APC 排队到请求线程。再检查

磁盘队列是否还有 IRP 排队，若有，再启动下一个请求，并立即返回 I/O 管理器。

⑧ I/O 管理器调用 I/O 完成例程，最终将完成状态返回给用户线程。当用户线程执行时，APC 中断出现，在该线程的描述表上，对 APC 进行处理，将应用程序所需的数据送用户区，完成本次读请求。其实现过程见图 18.7。

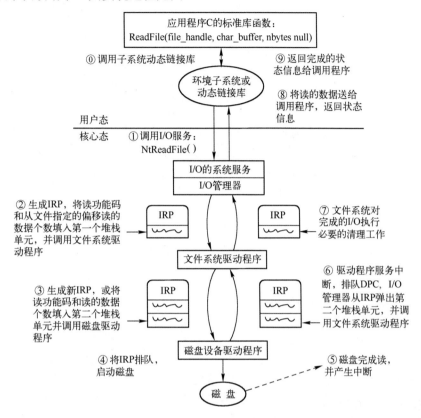

图 18.7　文件系统和磁盘的两层驱动程序的同步读的 I/O 工作过程

3. 写文件

图 18.8 给出了向文件异步写几个字节的例子，以说明采用两层驱动程序时彼此是如何配合工作的。为了实现异步写，应该以重叠方式打开文件。调用者使用文件句柄进行写请求时，调用 C 的标准库函数：

WriteFile(hFile,Buf,nbytes,…);

① 通过环境子系统将命令转换成 NtWriteFile()。系统使用文件对象通过存取控制表检查操作方式的合法性。若合法，转②，否则错误返回，以实现对象保护。

② I/O 管理器创建代表这个操作的 IRP，将写功能码和参数填入第一个栈的位置，传递 IRP 给文件系统驱动程序。

③ 文件系统根据 IRP 的写请求类型和文件的写指针，计算要写文件的相对块和块内地址，检查有无为其分配高速缓存。若没有分配，为其分配；若已分配，直接写高速缓存。再检查是否已经分配磁盘块。若未分配，为其分配。将修改后的 IRP（或者生成一个新的堆栈或再产生一个新的 IRP，准备放写功能码和磁盘相关的参数）返回给 I/O 管理器。

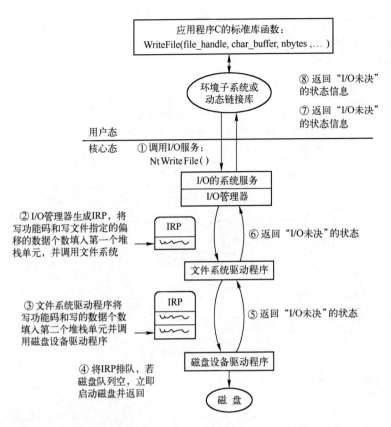

图 18.8　文件系统和磁盘的两层驱动程序实现异步写的 I/O 工作过程

之后，系统在后台完成文件的写。完成写磁盘的步骤：

④ I/O 管理器再用这些 IRP 调用磁盘驱动程序，将磁盘相对块转换为磁盘的三维地址（柱面号、磁头号和扇区号），并排队 IRP。

⑤ 磁盘请求队列空闲，且磁盘缓冲区已经满时，磁盘驱动程序启动磁盘执行写直通将缓冲区内容写到一个盘块。之后，立即以 I/O 未完成的状态将控制逐层返回给调用线程。设备开始传输数据，调用程序继续运行，使两者并行运行。其实现过程见图 18.8。

⑥ 在磁盘驱动完成数据传输后，磁盘产生中断。系统响应中断，进行与同步中断处理相同的操作。最终完成 I/O 全过程处理，且置"传输完成标志"的同步对象为有信号状态。见图 18.9。

采用异步 I/O 时，调用者必须在使用已传输的数据和设备真正完成传输之间保持同步。也即必须检查它等待的同步对象变为有信号状态后才可以使用传输的数据。

4．多层驱动程序的处理

对于操作系统来说，所有的驱动程序（包括设备驱动程序和文件系统驱动程序）都呈现相同的结构，一个驱动程序可以不经过修改当前的驱动程序或 I/O 系统，就能容易地被插入到分层结构中。例如，通过添加驱动程序，可以使几个磁盘看起来很像非常大的单个磁盘。在 Windows 中实际上就存在这样一个驱动程序来提供容错磁盘的支持。这个逻辑的、多卷的驱动程序位于文件系统和磁盘驱动程序之间，如图 18.10 所示。

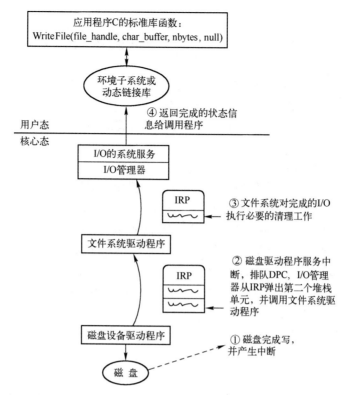

图 18.9　异步写 I/O 的中断处理和 I/O 完成的工作过程

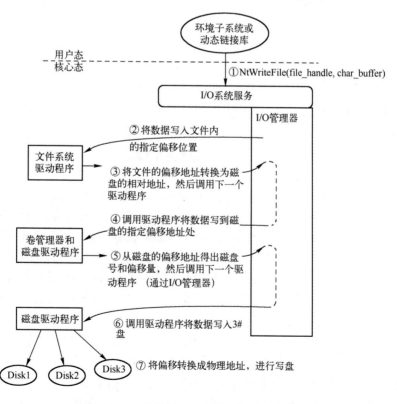

图 18.10　一个分层的驱动程序的写驱动过程

18.4　多处理 I/O 中的同步问题

在多处理机系统中，Windows 能够同时在多个处理机上运行。驱动程序必须同步执行它们对全局驱动程序数据的访问，这有两个主要原因：

①　驱动程序的执行可以被高优先级的线程抢先，或时间片到时被中断，或被其他中断所中断。

②　在多个处理机上可能同时运行同一个驱动程序代码。

若不能同步执行，就会导致相应错误的发生。例如，因为设备驱动程序代码运行在低优先级的 IRQL 上，所以当调用者初始化一个 I/O 操作时，可能被设备中断请求所中断，从而导致在它的设备驱动程序正在运行时让设备驱动程序的 ISR 去执行。如果设备驱动程序正在修改其 ISR 也要修改的数据，例如设备寄存器、堆存储器或静态数据，则在 ISR 执行时，数据可能被破坏。要避免这种情况发生，为 Windows 编写的设备驱动程序就必须与 ISR 同步对共享数据的访问。在尝试更新共享数据之前，设备驱动程序必须锁定所有其他的线程或 CPU，以防止它们修改同一个数据结构。

当设备驱动程序访问其 ISR 也要访问的数据时，Windows 的内核提供了设备驱动程序必须调用的特殊的同步例程。当共享数据被访问时，这些内核同步例程将禁止 ISR 的执行。在单 CPU 系统中，在更新一个结构之前，这些例程将 IRQL 提高到一个指定的级别。然而，在多处理机系统中，因为一个驱动程序能同时在两个或两个以上的处理机上执行，以致这种技术就不足以阻止其他的访问。因此，采用另一种被称为 "自旋锁" 的锁定机制来防止其他 CPU 对结构的访问。

到目前为止，应该意识到尽管 ISR 需要特别的关注，但一个设备驱动程序使用的任何数据将面临运行于另一个处理机上的相同的设备驱动程序的访问。因此，对设备驱动程序代码来说，同步它对所有全局或共享数据（或任何到物理设备本身的访问）的使用是很关键的。如果数据被 ISR 使用，设备驱动程序就必须使用内核同步例程或者使用一个内核锁。

18.5　快速 I/O

快速 I/O 是一个特殊的机制，它允许 I/O 系统不产生 IRP 而直接到文件系统驱动程序或高速缓存管理器去执行 I/O 请求。这是由于 Windows 的高速缓存是基于文件虚拟块的。

大多数操作系统高速缓存管理器（OS/2、UNIX 系统等）基于磁盘块缓存数据。用这种方式，高速缓存管理器知道磁盘分区中的哪些块在高速缓存中。而 Windows 高速缓存管理器采用缓存文件虚拟块（virtual block caching）方式。因为高速缓存管理器可以使用存储器管理器提供的系统高速缓存例程通过把 256KB 的文件视口映射到系统虚拟地址空间，就能知道哪些文件的哪些部分在高速缓存中。这一方式的优点如下：

①　为智能地预读文件提供可能。因为高速缓存能够追踪哪些文件的哪些部分在缓存中，因而能够预测调用者下一步将访问哪里。

②　它允许 I/O 系统绕开文件系统访问已在高速缓存中的数据，即快速 I/O。因为高速缓存管理器知道哪些文件的哪些部分在缓存中，从而不必通过文件系统就能返回一个被高速缓存的数据地址来满足一个 I/O 请求。

18.6 即插即用 PnP 管理器

即插即用（Plug and Play，PnP）是计算机系统的 I/O 设备与部件配置的应用技术。顾名思义，PnP 是指设备插入就可用，不需要进行任何设置操作。

1．PnP 技术的特点与功能

（1）PnP 技术的特点

① 支持 I/O 设备和部件的自动配置。

② 简化部件的硬件跳接线设置，使 I/O 附加卡和部件不再具有人工跳接线设置电路。

③ 在主机板和附加卡上保存系统资源的配置参数和分配状态，有利于系统对整个 I/O 资源的分配和控制。

④ 支持和兼容各种操作系统平台，具有很强的扩展性和可移植性。

⑤ 在一定程度上具有热插入、热拼接技术，使用户在不关闭计算机电源的情况下，插拔扩充板，进行动态配置。

（2）PnP 技术的功能

① 附加卡的识别与确认。每个卡都需要一组资源：I/O 端口、中断请求级和 DMA 通道等。通过主机板和功能卡上的 PnP 硬件逻辑，确认该部件实际能够使用的系统资源，确认能否自动配置。

② 资源分配。通过固化在主机系统初启引导模块中的 PnP 软件扩展层，在系统启动过程中查找所有连接到系统的 I/O 设备和部件，决定哪些资源由哪个 I/O 设备控制卡和部件使用，并与每个附加卡和部件通信。然后通过高层的配置管理软件（Configuration Manager，CM）来分配资源，避免资源冲突。

③ 附加卡自动配置。一旦资源分配确定，附加卡上的 PnP 硬件逻辑就对该卡进行配置，设置必要的参数和控制寄存器，并记录配置状态。

实现这三个功能需要多方面的支持。它包括系统软件的支持，如具有 PnP 功能的操作系统、配置管理软件、软件安装程序、设备驱动程序等。也包括网络设备的 PnP 支持，如桌面管理接口 DMI。还包括系统平台的支持，如具有 PnP 逻辑的主机板、控制芯片组和PnP BIOS 等。也包括各种支持 PnP 规范的各种总线的 I/O 控制卡和部件。

2．Pnp 自动配置过程

自动配置是软硬件共同协作的过程，目前分为两个部分，一个针对具有 PnP 功能的部件，另一个针对非 PnP 功能的部件。

对 PnP 设备和部件，用户首先装入 PnP 设备驱动程序，然后关闭电源，插入 PnP 设备或 I/O 附加卡，接着上电。计算机上电后，PnP BIOS 首先检测和确认 PnP 设备，并关闭（禁止）所有插入的 PnP I/O 卡，然后依次从各个 I/O 卡上读出该卡所需的系统资源的数据，这些数据构成了若干种可能的组合，将这些数据与系统保留的最近的配置数据进行比较，分析它们是否发生冲突。PnP BIOS 将试图建立不冲突的资源分配表，并进行逐个测试。直到资源分配不发生冲突为止。

PnP 技术减少了由制造商造成的种种用户限制，简化了部件的硬件跳线设置，使 I/O 附加卡和部件不再具有人工跳线设置电路；利用 PnP 技术可以在主机板和附加卡上保存系统资源的配置参数和分配状态，有利于系统对整个 I/O 资源的分配和控制；PnP 技术支持和兼容各种操作系统平台，具有很强的扩展性和可移植性。

PnP 管理器为 Windows 2000/XP 提供了识别并适应计算机系统硬件配置变化的能力。

① PnP 管理器自动识别所有已经安装的硬件设备。在系统启动的时候，一个进程会检测系统中硬件设备的添加或删除情况。

② PnP 管理器通过一个名为资源仲裁（resource arbitrating）的进程收集硬件资源需求（中断，I/O 存储器，I/O 寄存器，或总线专用的资源等）来实现硬件资源的优化分配，满足系统中的每一个硬件设备的资源需求。PnP 管理器还可以在启动后根据系统中硬件配置的变化对硬件资源重新进行分配。

③ PnP 管理器通过硬件标识，选择应该加载的设备驱动程序。如果找到相应的设备驱动程序，则通过 I/O 管理器加载；否则启动相应的用户态进程，请求用户指定相应的设备驱动程序。

④ PnP 管理器也为检测硬件配置变化提供了应用程序和驱动程序的接口。因此在 Windows 2000/XP 中，在硬件配置发生变化的时候，相应的应用程序和驱动程序也会得到通知。

为了支持 PnP，设备驱动程序必须支持 PnP 调度（dispatch）例程和添加设备的例程，总线驱动程序必须支持不同类型的 PnP 请求。在系统启动的过程中，PnP 管理器向总线驱动程序询问得到不同设备的描述信息，包括设备标识、资源分配需求等，然后 PnP 管理器就加载相应的设备驱动程序并调用每一个设备驱动程序的添加设备例程。

设备驱动程序加载后已经做好了开始管理硬件设备的准备，但是并没有真正开始和硬件设备通信。设备驱动程序等待 PnP 管理器向其 PnP 调度例程发出启动设备（start-device）的命令，启动设备命令中包含 PnP 管理器在资源仲裁后确定的设备的硬件资源分配信息。设备驱动程序收到启动设备命令后开始驱动相应设备并使用所分配的硬件资源开始工作。

18.7　小　　结

本章重点讨论了 Windows 的设备管理。

1. Windows 的 I/O 系统结构

Windows I/O 系统是由几个执行体的组件组成的。它提供的设备的独立性表现在：向上层用户提供了一个统一的高层接口，方便用户的 I/O 操作；使操作系统的其他组件不受各种设备操作细节的影响。

2. I/O 管理系统所涉及的关键数据结构

（1）I/O 系统是包驱动的，通过建立 I/O 请求包（I/O Request Packet，IRP），允许一个应用线程并发地控制多个 I/O 请求。

（2）一组驱动程序例程。I/O 管理器利用这些例程访问控制和驱动设备。

（3）与 I/O 相关的几个对象，包括文件对象、设备对象和驱动程序对象。I/O 管理器利用这些系统对象去识别和访问设备驱动程序和设备。

3. Windows 上的 I/O 处理

以读写为例，给出单层或多层驱动程序完成 I/O 请求实现的功能。Windows I/O 在系统内部是以异步操作方式获得高性能的，并且向用户态应用程序提供同步和异步 I/O 功能。Windows 所有的设备驱动程序都设计成既能在单处理机上，也能在多处理机系统上工作。

4. 与 I/O 相关的其他功能

（1）在多处理机系统中，Windows 能够同时在多个处理机上运行。驱动程序必须同步执行它们对全局驱动程序数据的访问。

（2）快速 I/O。Windows 的高速缓存是基于文件虚拟块的，从而允许 I/O 系统不产生 IRP 而直接到文件系统驱动程序或绕开文件系统驱动程序直接访问高速缓存管理器，去执行 I/O 请求。

（3）支持 PnP 管理器。PnP 管理器可以动态地检测、安装和卸载设备，方便用户的使用。

习　　题

18-1　给出在 Windows 中，一个典型的 I/O 请求的实现流程。

18-2　在 Windows 中，I/O 管理器的作用是什么？

18-3　什么是 I/O 请求包（IRP）？它在 Windows 的 I/O 系统中起什么作用？

18-4　在设备的中断处理中，为什么要引入延迟过程调用？

18-5　快速 I/O 的实现原理是什么？

18-6　什么是即插即用技术？

参 考 文 献

[1] 尤晋元. UNIX 操作系统教程. 西安电子科技大学出版社，1989.

[2] 汤子瀛等. 计算机操作系统. 西安电子科技大学出版社，1992.

[3] 孙钟秀等. 操作系统原理. 第 3 版. 北京：高等教育出版社，2003.

[4] 张尧学等. 计算机操作系统教程. 北京：清华大学出版社，1993.

[5] 胡希明等. UNIX 结构分析. 杭州：浙江大学出版社，1990.

[6] 陈莉君等译. 深入理解 Linux 内核. 北京：中国电力出版社，2007.

[7] 北京博彦科技发展有限公司译. Windows NT 技术内幕. 1999.

[8] 杨学良等. UNIX SYSTEM V 内核剖析. 北京：电子工业出版社，1990.

[9] 魏迎梅，王涌等译. 操作系统——内核与设计原理. 第 4 版. 北京：电子工业出版社，2001.

[10] 尤晋元等. Windows 操作系统原理. 北京：机械工业出版社，2001.

[11] 麦道格等. MS-DOS 入门教程. 北京：科学出版社，1993.

[12] 张昆苍. 操作系统原理 DOS 篇. 北京：清华大学出版社，1994.

[13] Harvey M.Peitel.An Introduction to Operating systems.Addisonwesley, 1983.

[14] Mamoru Maekawa, Arthur E.oldehoeft.Operating Systems Advanced Concepts. Benjamin/ Cummings,1987.

[15] William Stallings.Operating Systems.macmillan，1992.

[16] （美）加里 J.纳特著. Operating Systems.Third Edition. 北京：机械工业出版社，2005.

[17] Maurice J.Bach.The Design of the UNIX Operating System.PrenticeHall，1986.

[18] 陈健等译.Beginning Linux Programming.Third Edition. 北京：人民邮电出版社，2007.

[19] 尤晋元等.Advanced Programming in the UNIX Environment.Second Edition. 北京：人民邮电出版社，2006.

[20] 程渝荣译. Windows NT 技术内幕. 北京：清华大学出版社，1993.

[21] 于明俭等. Linux 程序设计权威指南. 北京：机械工业出版社，2001.

[22] Andrew S.Tananbaum. Ditributed Operating System. Second Edition. Prentice Hall，2001.

[23] Jeffrey Richter. 郑全战等译. Windows NT 高级编程技术. 北京：清华大学出版社，1994.

[24] 全兆歧主编. 计算机网络. 山东：石油大学出版社，1995.

[25] 胡道元. 计算机局域网. 北京：清华大学出版社，1992.

[26] 熊成烈等编. 计算机局部网络. 北京：电子工业出版社，1994.

[27] Abraham Silberschatz. 郑扣根，等译. 操作系统概念（第 9 版）. 北京：机械工业出版社，2018.

[28] 费翔林等. 操作系统教程（第 5 版）. 北京：高等教育出版社，2014.

[29] Umakishore Ramachandran. 陈文光，等译. 计算机系统：系统架构与操作系统的高度集成. 北京：机械工业出版社，2015.

[30] 李治军. 操作系统原理、实现与实践. 北京：高等教育出版社，2018.

[31] William Stallings. 陈向群，等译. 操作系统：精髓与设计原理（第 6 版）. 北京：机械

工业出版社，2010.

[32]　张天飞. 奔跑吧 Linux 内核：基于 Linux 4.x 内核源代码问题分析. 北京：人民邮电出版社，2017.

[33]　Andrew S. Tanenbaum. Modern Operating System. Fourth Edition.Pearson, 2014

[34]　Thomas Anderson. Operating Systems: Principles and Practice. Second Edition. Recursive Books. 2014.

[]Remzi H. Arpaci-Dusseau. Operating Systems: Three Easy Pieces. Arpaci-Dusseau Books, 2015.

反侵权盗版声明

电子工业出版社依法对本作品享有专有出版权。任何未经权利人书面许可，复制、销售或通过信息网络传播本作品的行为；歪曲、篡改、剽窃本作品的行为，均违反《中华人民共和国著作权法》，其行为人应承担相应的民事责任和行政责任，构成犯罪的，将被依法追究刑事责任。

为了维护市场秩序，保护权利人的合法权益，我社将依法查处和打击侵权盗版的单位和个人。欢迎社会各界人士积极举报侵权盗版行为，本社将奖励举报有功人员，并保证举报人的信息不被泄露。

举报电话：（010）88254396；（010）88258888

传　　真：（010）88254397

E-mail：dbqq@phei.com.cn

通信地址：北京市万寿路173信箱

　　　　　电子工业出版社总编办公室

邮　　编：100036